油品储运实用技术培训教材

# 管道抢维修技术

中国石化管道储运有限公司　编

中国石化出版社

## 内容提要

《管道抢维修技术》是《油品储运实用技术培训教材》系列之一，主要内容包括输油管道、机泵阀、SCADA系统、消防自控系统、电气系统、水上溢油处置等专业抢维修知识和抢维修现场安全管理知识及国外抢维修技术。

本书是针对油气管道抢维修队操作人员进行员工岗位技能培训的必备教材，也是抢维修专业技术人员必备的参考书，同时也可作为输油站队应急处置的参考资料。

**图书在版编目（CIP）数据**

管道抢维修技术/中国石化管道储运有限公司编.
—北京：中国石化出版社，2019.10
油品储运实用技术培训教材
ISBN 978-7-5114-5388-4

Ⅰ.①管… Ⅱ.①中… Ⅲ.①石油管道-管道维修-技术培训-教材 Ⅳ.①TE973.8

中国版本图书馆CIP数据核字（2019）第210413号



**中国石化出版社出版发行**
地址:北京市东城区安定门外大街58号
邮编:100011 电话:(010)57512500
发行部电话:(010)57512575
http://www.sinopec-press.com
E-mail:press@sinopec.com
北京科信印刷有限公司印刷
全国各地新华书店经销
*
787×1092毫米 16开本 26.25印张 661千字
2020年1月第1版 2020年1月第1次印刷
定价:120.00元

# 《油品储运实用技术培训教材》
# 编审委员会

# 《管道抢维修技术》编写委员会

**主　编：** 高金初

**副主编：** 祁志江　陈雪华

**编　委：**（按姓氏音序排列）

洪宜斌　侯世泉　李　博　李洪河

李晓鹏　刘佳南　刘乃银　马玉宁

苏彩虹　孙新亮　王　庆　王　茹

王维玺　王智勇　王兴姣　魏　涛

温　建　吴云林　席利军　张　静

庄海波　郑鑫博　周生霞　朱世炫

# 序

管道运输作为我国现代综合交通运输体系的重要组成部分，有着独特的优势，与铁路、公路、航空水路相比投资要省得多，特别是对于具有易燃特性的油气运输、资源储备来说，更有着安全、密闭等特点，对保证我国油气供应和能源安全具有极其重要的意义。

中国石化管道储运有限公司是原油储运专业公司，在多年生产运行过程中，积累了丰富的专业技术经验、技能操作经验和管道管理经验，也练就了一支过硬的人才队伍和专家队伍。公司的发展，关键在人才，根本在提高员工队伍的整体素质，员工技术培训是建设高素质员工队伍的基础性、战略性工程，是提升技术能力的重要途径。基于此，管道储运有限公司组织相关专家，编写了《油品储运实用技术培训教材》。本套培训教材分为《输油技术》《原油计量与运销管理》《储运仪表及自动控制技术》《电气技术》《储运机泵及阀门技术》《储运加热炉及油罐技术》《管道运行技术与管理》《储运 HSE 技术》《管道抢维修技术》《管道检测技术》《智能化管线信息系统应用》等 11 个分册。

本套教材内容将专业技术和技能操作相结合，基础知识以简述为主，重点突出技能，配有丰富的实操应用案例；总结了员工在实践中创造的好经验、好做法，分析研究了面临的新技术、新情况、新问题，并在此基础上进行了完善和提升，具有很强的实践性、实用性。本套培训教材的开发和出版，对推动员工加强学习、提高技术能力具有重要意义。

# 前　言

《管道抢维修技术》为《油品储运实用技术培训教材》其中一个分册，是油品储运单位抢维修人员岗位技能培训类教材，在编写时主要考虑满足员工岗位技能提升和培训工作需要。在油气管道运行过程中，外管道可能因腐蚀、地质灾害、第三方破坏等因素发生泄漏从而影响输油管道运行安全，机、泵、阀等输油设备以及电气、SCADA、消防系统发生故障也会影响输油生产正常运行。为了保障输油生产安全，本教材从原油管道泄漏应急处置技术、离心式输油泵维护与故障处理、阀门及电动执行机构维护与故障处理、SCADA 系统维护与故障处理、消防自控系统维护与故障处理、电气系统维护与故障处理、水上溢油应急处置技术、抢维修现场安全管理等七个方面介绍了抢维修应急处置流程及实用技术，对国外油气管道抢维修技术也进行了简单介绍。

本教材由中国石化管道储运有限公司抢维修中心组织编写，其中，第一章由王庆、魏涛、朱世炫编写；第二章、第三章由王智勇、刘乃银编写；第四章由温建、王兴姣、郑鑫博、孙新亮、苏彩虹、侯世泉编写；第五章由李晓鹏、周生霞编写；第六章由王维玺、庄海波、李博编写；第七章由李洪河、洪宜斌、刘佳南编写；第八章由吴云林、马玉宁、席利军、王茹编写；第九章由张静编写。全书由李洪河、洪宜斌统稿。在编写过程中得到管道储运有限公司人力资源处、管道处、设备处、运销处、安全环保监察处等部门的大力帮助，在此深表感谢。本教材已经中国石化管道储运有限公司审定通过，主审祁志江，审定工作得到了南京培训中心的大力支持；中国石化出版社对教材的编写和出版工作给予了通力协作和配合，在此一并表示感谢。

由于本教材涵盖内容较多，编写难度较大，编者水平有限，加之编写时间紧迫，书中难免存在错误和不妥之处，敬请广大读者对教材提出宝贵意见和建议，以便教材修订时补充更正。

# 目 录

# 第一章　原油管道应急抢修技术

本章主要包括管道抢修基础知识、管道的缺陷类型、常用的管道维抢修技术方法以及典型事故案例分析等内容。

## 第一节　管道抢修基础知识

在原油管道维抢修作业中，要了解掌握压力管道分类、常用术语、钢材的材质及牌号表示方法等方面的基础知识。

### 一、压力管道的分类

压力管道，指利用一定的压力，输送气体或液体的管状设备。《压力管道安装许可规则》将压力管道按用途分为四大类：GA 类（长输管道）、GB 类（公用管道）、GC 类（工业管道）、GD 类（动力管道）。长输油气管道属 GA 类，又分 GA1 级和 GA2 级。

符合下列条件之一的长输油气管道为 GA1 级：

①输送有毒、可燃、易爆气体介质，设计压力大于或者等于 4. 0MPa、小于 10MPa 的；

②输送有毒、可燃、易爆液体介质，设计压力大于或者等于 6. 4MPa、小于 10MPa 的；

③输送有毒、可燃、易爆气体或液体介质，设计压力大于或者等于 10MPa 的；

④输送距离大于或者等于 200km，且公称直径大于或者等于 500mm 的；

⑤输送距离大于或者等于 1000km，且公称直径大于或者等于 1000mm 的。

GA1 级以外的长输油气管道为 GA2 级。

### 二、常用术语及含义

**1. 公称直径**

公称直径（或称公称尺寸、公称通径）是各种管子与管路附件的通用口径。它不是外径，也不是内径，而是近似普通钢管内径的一个名义尺寸。公称直径用符号 *DN* 表示，其后附加具体的数值，公制单位为 mm，英制单位为 in。

**2. 管道外径**

一般采用 $D_e$ 标注的，均需要标注成外径 × 壁厚的形式。常用管道公称通径 *DN* 和外径 $\phi$ 对照表见表 1. 1 – 1。

**表 1.1－1　管道公称通径 *DN* 和钢管外径 $\phi$ 对照表**

mm

| 公称通径 *DN* | | 10 | 15 | 20 | 25 | 32 | 40 | 50 | 65 | 80 | 100 |
|---|---|---|---|---|---|---|---|---|---|---|---|
| 英制 | | 3/8″ | 1/2″ | 3/4″ | 1″ | 11/4″ | 11/2″ | 2″ | 21/2″ | 3″ | 4″ |
| 钢管外径 | A | 17.2 | 21.3 | 26.9 | 33.7 | 42.4 | 48.3 | 60.3 | 76.1 | 88.9 | 114.3 |
| | B | 14 | 18 | 25 | 32 | 38 | 45 | 57 | 76 | 89 | 108 |
| 公称通径 *DN* | | 125 | 150 | 200 | 250 | 300 | 350 | 400 | 450 | 500 | 600 |
| 英制 | | 5″ | 6″ | 8″ | 10″ | 12″ | 14″ | 16″ | 18″ | 20″ | 24″ |
| 钢管外径 | A | 139.7 | 168.3 | 219.1 | 273 | 323.9 | 355.36 | 406.4 | 457 | 508 | 610 |
| | B | 133 | 159 | 219 | 273 | 325 | 377 | 426 | 480 | 530 | 630 |
| 公称通径 *DN* | | 700 | 800 | 900 | 1000 | 1200 | 1400 | 1600 | 1800 | 2000 | |
| 英制 | | 28″ | 32″ | 36″ | 40″ | 48″ | 56″ | 64″ | 72″ | 80″ | |
| 钢管外径 | A | 711 | 813 | 914 | 1016 | 1219 | 1422 | 1626 | 1829 | 2032 | |
| | B | 720 | 820 | 920 | 1020 | 1220 | 1420 | 1620 | 1820 | 2020 | |

注：A 系列为国际通用系列（俗称英制管），B 系列为国内沿用系列（俗称公制管）。

**3. 公称压力**

公称压力是为了设计、制造和使用方便，而人为地规定的一种名义压力，实际单位是压强，压力是中文的俗称，它是与管道系统部件耐压能力有关的参考数值，用字母 PN 后加无因次的数字表示。如公称压力为 1.6MPa 的管道元件，标记为 *PN*16。

**4. 工作压力**

为了保证管路工作时的安全，而根据介质的各级最高工作温度所规定的一种最大压力，用 $P_t$ 表示，单位为 MPa。

**5. 设计压力**

在正常操作过程中，在相应设计温度下，管道可能承受的最高工作压力，用 $P_e$ 表示，单位为 MPa。

**6. 抗拉强度**

抗拉强度是金属由均匀塑性变形向局部集中塑性变形过渡的临界值，它表示金属材料在拉力作用下抵抗破坏的最大能力，单位为 MPa。

**7. 曲率半径**

管道中心线在弯曲处的圆弧半径，曲率半径没有特定的计算公式，一般用管道直径的倍数表示。

**8. 弯头、弯管**

弯头指曲率半径小于 4 倍公称直径的弯曲管段，一般分长半径弯头（1.5*D*）和短半径弯头（1*D*）；弯管指曲率半径大于 4 倍公称直径的弯曲管段，分为冷煨弯管和热煨弯管，工程上以锐角表示弯管角度。弯头、热煨弯管、冷弯管的规定如表 1.1－2 所示。

**表 1.1－2　弯头、热煨弯管、冷弯管的规定**

<table>
<tr><th colspan="2">种类</th><th>曲率半径</th><th>外观和主要尺寸</th><th>其他规定</th></tr>
<tr><td colspan="2">弯头</td><td><4<i>D</i></td><td>无褶皱、裂纹、重皮、机械损伤；两端椭圆度小于或等于1.0%，其他部位的椭圆度不应大于2.5%</td><td></td></tr>
<tr><td colspan="2">热煨弯管</td><td>≥4D</td><td>无褶皱、裂纹、重皮、机械损伤；两端椭圆度小于或等于1.0%，其他部位的椭圆度不应大于2.5%</td><td>应满足清管器和探测仪器顺利通过；端部保留不小于0.5m的直管段</td></tr>
<tr><td rowspan="5">冷弯管<br>DN/mm</td><td>≤300</td><td>≥18D</td><td rowspan="5">无褶皱、裂纹、重皮、机械损伤；弯管椭圆度小于或等于2.5%</td><td rowspan="5">端部保留2m的直管段</td></tr>
<tr><td>350</td><td>≥21D</td></tr>
<tr><td>400</td><td>≥24D</td></tr>
<tr><td>450</td><td>≥27D</td></tr>
<tr><td>≥500</td><td>≥30D</td></tr>
</table>

注：*D* 为管道外径，*DN* 为管道公称直径。

**9. 弹性敷设**

弹性敷设是指管道在外力或自重作用下产生弹性弯曲变形，利用这种变形进行管道敷设的一种方法。弹性敷设的曲率半径不得小于管道外直径的1000倍，垂直面上弹性敷设管道的曲率半径应大于在自重作用下产生挠度曲线的曲率半径。

**10. 管道纵断面图**

在直角坐标上表示管道长度与沿线高程变化的图形称为管道纵断面图（见图1.1－1）。其横坐标表示管道的实际长度，纵坐标为线路的海拔高程。管道纵断面图上的起伏情况与管道的实际地形并不相同，图上的曲折线不是管道的实长，水平线才是实长。

## 三、钢材的材质及牌号表示方法

钢材按化学成分可分为碳素钢和合金钢。

碳素钢（俗称碳钢WC）是指除铁、碳和限量以内的硅、锰、磷、硫等杂质外，不含其他合金元素的钢。碳素钢的性能主要取决于含碳量，含碳量增加，钢的强度、硬度升高，塑性、韧性和可焊性降低。碳素钢根据含碳量不同分为低碳钢（含碳量≤0.25%）、中碳钢（0.25% < 含碳量 < 0.60%）和高碳钢（含碳量 > 0.60%），如Q235、20#钢等。

合金钢是指钢中除含硅、锰作为合金元素或脱氧元素外，还含有其他合金元素（如镉、镍、钼、钒、铜等）。根据其合金元素的含量可分为低合金钢、中合金钢和高合金钢，如16Mn。

国标钢材牌号格式：L＋数字（最小屈服强度），单位MPa；美国钢材牌号格式：X＋数字（最小屈服强度），单位1000psi。常用管线材质代号：X42（L290）、X46（L320）、X52（L360）、X56（L390）、X60（L415）、X65（L450）、X70（L485）。

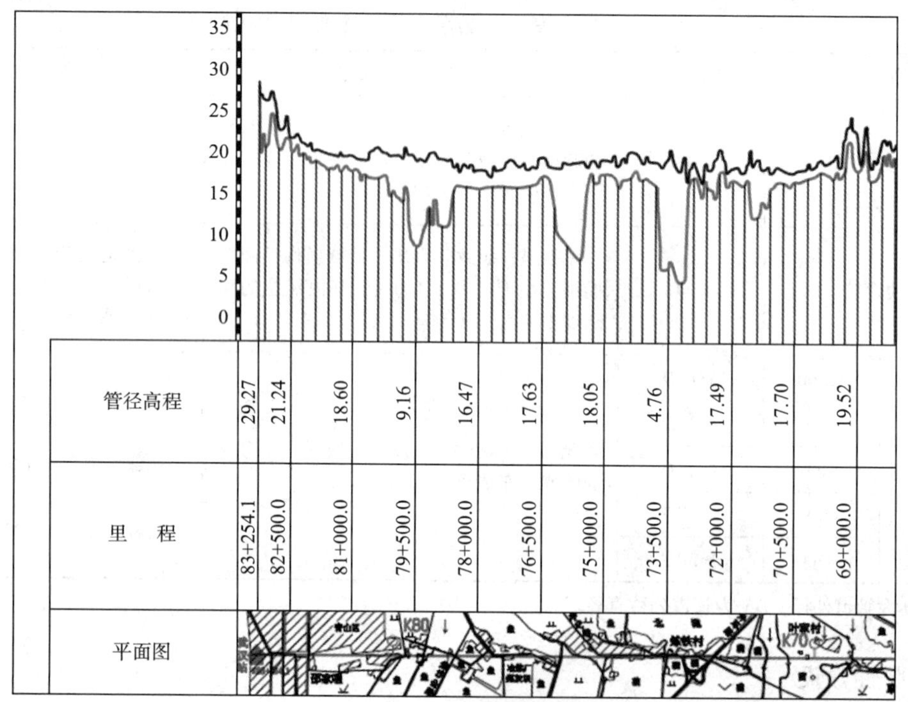


图 1.1－1　管道纵断面图

## 第二节　管道缺陷类型及影响因素

管道缺陷是管体尺寸或特性超过允许界限的异常现象，有的缺陷已发生管道泄漏，有的缺陷虽然未发生泄漏，但对管道完整性和公共安全存在明显影响，也必须进行治理修复。

### 一、常见管体缺陷类型

（1）金属损失：包括管体内外腐蚀、焊缝腐蚀、凿槽、刮伤、外力损伤等。

（2）裂纹：包括管体表面裂纹、焊接及高含硫介质造成的氢致裂纹等。

（3）变形：包括管体有应力集中的凹陷、凸起、皱弯、弯曲缺陷等。

（4）焊缝缺陷：包括因焊接造成的体积型缺陷、线缺陷、电弧烧伤、夹渣、气孔、未熔合等。

（5）其他缺陷：包括管体断裂、鼓泡、砂眼、打孔盗油形成的孔洞等。

### 二、发生泄漏的主要因素

**1. 腐蚀**

腐蚀是造成油气管道泄漏事故的主要原因之一，大面积腐蚀会导致管道壁厚减薄（见图 1.2－1），引发管道变形、穿孔和开裂（见图 1.2－2）。埋地管道主要会发生电化学腐蚀、微生物腐蚀、应力腐蚀和杂散电流腐蚀等。内外腐蚀点多发生在管道的底部、焊道、盲管、弯管、管道穿（跨）越段、锚固及防腐层补口处等位置。

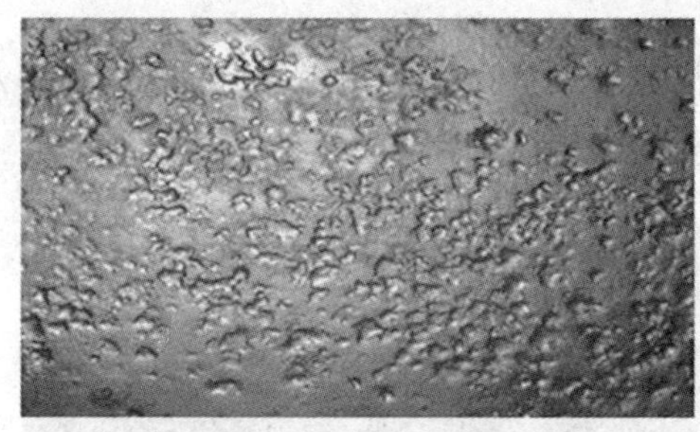
图 1.2－1　表面点蚀坑

图 1.2－2　应力开裂

**2. 外力损伤**

外力损伤是指由于外部的活动或者是第三方恶意损坏等引起的管道损伤。如爆破、土方开挖施工机械损伤（见图 1.2－3）、抛锚、河道疏浚、违章占压、打孔盗油（见图 1.2－4）等。

图 1.2－3　机械损伤

图 1.2－4　盗油阀

**3. 安装质量缺陷**

安装质量缺陷是指在管道施工建设或检维修作业过程中，由于安装质量造成的缺陷。如焊接缺陷（见图 1.2－5）、防腐层破损、管道强力组对产生的应力集中、法兰安装紧固偏差、管沟回填硬质杂物清理不彻底造成管体渗漏或凹陷变形等（见图 1.2－6）。

图 1.2－5　焊缝裂纹

图 1.2－6　凹陷变形

**4. 材料本体质量缺陷**

材料本体质量缺陷包括管材质量问题、加工制作缺陷、砂眼、疲劳损伤等。

**5. 操作失误**

操作失误是指检维修管理不严格，制度执行不到位，人员的误操作和设备的误动作等。如流程切换错误憋压（见图1.2－7）、管道水击爆管（见图1.2－8）等。

图1.2－7　憋压跑油

图1.2－8　管道爆管

**6. 自然灾害**

如地震、塌方、泥石流、洪水、河流冲刷、雷击、地质沉降等造成的管道裸露、悬空（见图1.2－9）、漂管、变形（见图1.2－10）、断裂等损坏。

图1.2－9　管道悬空

图1.2－10　管道褶皱变形

## 第三节　常用抢修设备和工具

根据抢修任务的不同，常用的抢修设备和工具主要分为油水抽吸设备、切割断管设备、带压密闭开孔设备、焊接设备、快速堵漏工具等。

### 一、油水抽吸设备

用于现场油、水及其混合物的快速抽排，根据机泵工作原理的不同，主要包括螺杆泵、离心泵、齿轮泵、渣浆泵、隔膜泵等。

### （一）2HSN85－50 型防爆双螺杆泵

**1. 适用范围**

适用于抽吸原油、成品油等介质（见图 1.3－1）。

**2. 技术参数**

①流量为 $30m^3/h$，进出口径为 100mm，出口压力为 1MPa；

②配套 15kW 防爆电机。

### （二）KCB300 型/KCB133 型齿轮泵

**1. 适用范围**

适用于输送温度不高于 70℃、黏度为 $5\times10^{-5}\sim1.5\times10^{-3}m^2/s$ 的不含固体颗粒和纤维物，无腐蚀性的重油、工业轻油等油类（见图 1.3－2）。

**2. 技术参数**

①KCB300 型，流量为 $18m^3/h$，进出口径为 70mm，吸程为 5m；配套 5.5kW 防爆电机。

②KCB133 型，流量为 $8m^3/h$，进出口径为 50mm，吸程为 5m；配套 3kW 防爆电机。

### （三）TP08 型液压渣浆泵

**1. 适用范围**

适用于抽吸污水混合物等（见图 1.3－3）。

图 1.3－1　防爆双螺杆泵

图 1.3－2　齿轮泵

图 1.3－3　液压渣浆泵

**2. 技术参数**

①流量为 $180m^3/h$，出水口径为 100mm；

②配套液压站流量范围为 26～34L/min。

### （四）PT6LT/PTS4V/ PT2 型离心式排污泵

**1. 适用范围**

适用于抽吸污水混合物等（见图 1.3－4～图 1.3－6）。

**2. 技术参数**

①PT6LT 重型离心式排污泵，排量为 $296m^3/h$，进出口径为 150mm，扬程为 30.5m，吸程为 7.5m，通过颗粒直径为 50mm，配套四冲程三缸柴油发动机，功率为 23.7kW。

图 1.3－4　PT6LT 离心泵

图 1.3－5　PTS4V 离心泵

图 1.3－6　PTS4V 离心泵

②PTS4V 自吸重型离心式排污泵，吸入管直径为 100mm，扬程为 32m，排量为 $160m^3/h$，抽吸高度为 7.6m，通过颗粒直径为 50mm，功率为 11.9kW。

③PT2 离心式排污泵，进出口径为 *DN*50，排量为 $40m^3/h$，配套 3.2kW 空冷单缸四冲程汽油发动机。

#### （五）QBY50/80 气动隔膜泵

**1. 适用范围**

适用于易燃易爆环境各种流体的输送（见图 1.3－7）。

**2. 技术参数**

以压缩空气为动力，进出口径为 50～80mm，流量范围为 12～$24m^3/h$，吸程为 7m，扬程为 50m。

## 二、切割断管设备

管道切割分为手动切割、机械切割、水射流切割、火焰切割等方式。

#### （一）旋转式手动割管机

**1. 适用范围**

适用于狭小空间、不适合机械作业的钢质管道冷切割（见图 1.3－8）。

**2. 技术参数**

根据管径范围，主要规格有 LCRC8（6″～8″）、LCRC12（10″～14″）、LCRC16（16″～18″）、RC20（20″～22″）等。

### （二）TRAV-L（HE）型液压爬管切割机

**1. 适用范围**

适用于油气钢质管道冷切割（见图 1.3－9）。

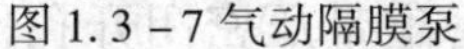
图 1.3－7 气动隔膜泵

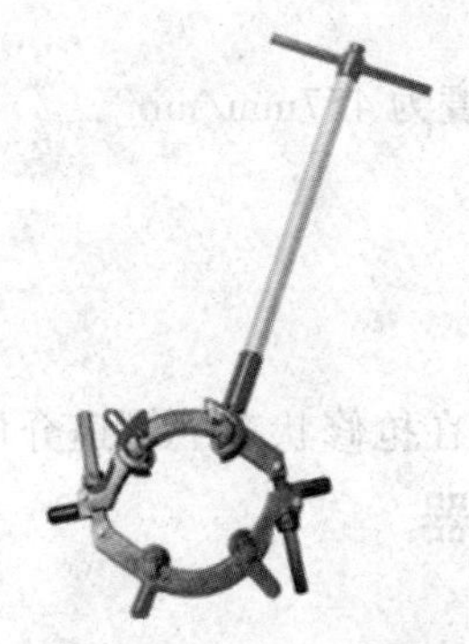
图 1.3－8　手动割管机

图 1.3－9　液压爬管切割机

**2. 技术参数**

①切割管径为 152～1829mm、切割深度为 25mm。

②配套电动液压站功率为 15hp（11kW），电压为 380V，流量为 30L/min。

## （三）QSM25/15-Q 移动式汽油机驱动水切割机

**1. 适用范围**

适用于钢质管道环向、纵向或不规则形状的冷切割（见图 1.3－10）。

**2. 技术参数**

①额定压力为 30MPa，工作压力为 25MPa，切割厚度为 35mm，切割速度为 40～50mm/min。

②汽油机马力为 15hp，水泵流量为 10L/min，磨料罐容积为 25L，使用介质清水、石榴砂，喷嘴直径为 0.6～0.8mm。

③可配套 QSC55 手持式切割器，用于各种形状的切割、表面除锈、清洗等。

## （四）CG2-11 型磁力管道气割机

**1. 适用范围**

适用于非油气环境下钢质管道火焰切割（见图 1.3－11）。

**2. 技术参数**

切割钢管直径 >$\phi$108mm，壁厚为 5～50mm。

## （五）Powermax 125 型等离子切割机

**1. 适用范围**

适用于非油气环境下钢质管道火焰切割（见图 1.3－12）。

图 1.3－10　移动式水切割机

图 1.3－11　磁力管道气割机

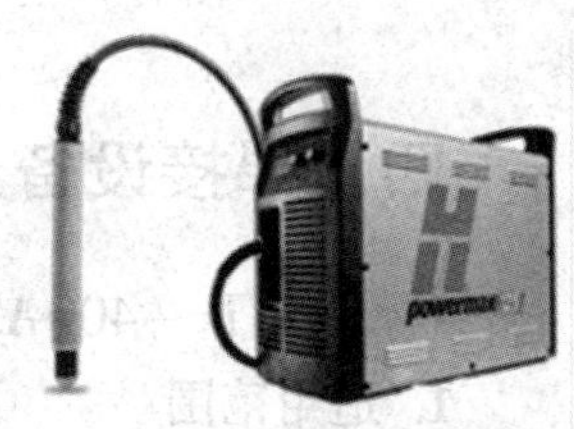

图 1.3－12　等离子切割机

**2. 技术参数**

①切割厚度为38mm，最大切割速度为457mm/min。

②电压为380V、输出电流为125A。

## 三、带压密闭开孔工具

用于管道带压密闭开孔作业，实现在抢修状态下管道介质快速排放泄压。

### (一) RT3422型手动带压开孔器

**1. 适用范围**

适用于在狭窄空间和油气环境下钢、铸铁、球墨铸铁和塑料管道带压密闭开孔作业(见图1.3－13)。

**2. 技术参数**

①开孔能力为3/4～2″，刀具行程为14″，适应工作压力≤1MPa。

②刀具倒钩钻头使锯块不会掉入管道中，可有效避免对后续设备可能造成的介质污染或损坏。

### (二) K75A型半自动开孔机

**1. 适用范围**

适用于油气环境下钢质管道带压密闭开孔作业(见图1.3－14)。

**2. 技术参数**

①开孔范围为*DN*40～100mm，开孔行程为530mm，适应压力≤10MPa。

②配套电机功率为0.75kW。

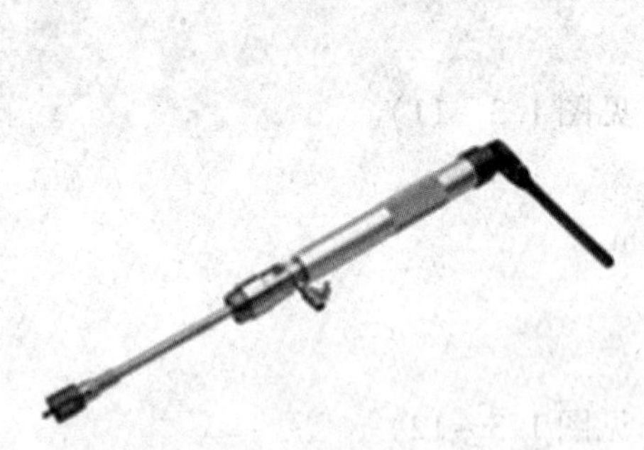
图1.3－13　手动带压开孔器

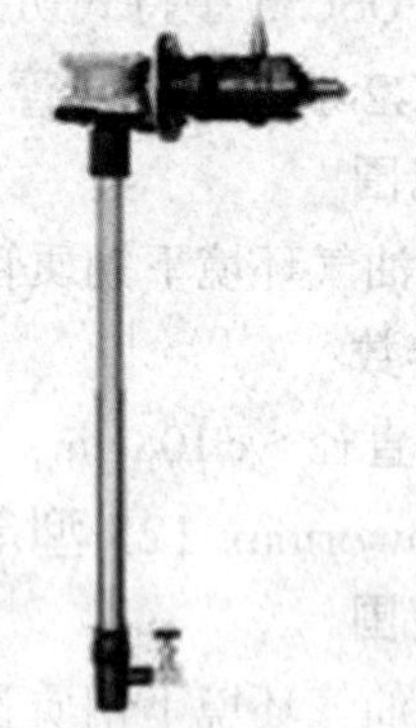
图1.3－14　半自动开孔机

## 四、焊接设备

### (一) YD－400AT型直流弧焊电机

**1. 适用范围**

适用钢质管道焊接作业(见图1.3－15)。

**2. 技术参数**

①额定输入三相电压为380V，频率为50/60Hz，额定输入容量为16.7kW，额定输出空载电压为71V；额定输出电流为400A，推力电流最大为200A，引弧电流最大为150A。

②额定输出电压：手工焊为36V、简易TIG为26V，输出电流范围为20～410A。

③控制方式为IGBT逆变方式。

### （二）SHW 190HS一体式发电电焊机

**1. 适用范围**

适用钢质管道焊接作业（见图1.3－16）。

**2. 技术参数**

①额定马力为13hP（9.56kW），额定交流输出为50Hz/2.0kVA，额定电压为220V。

②焊机额定输出为140A/26V，电流调节范围为50～190A。

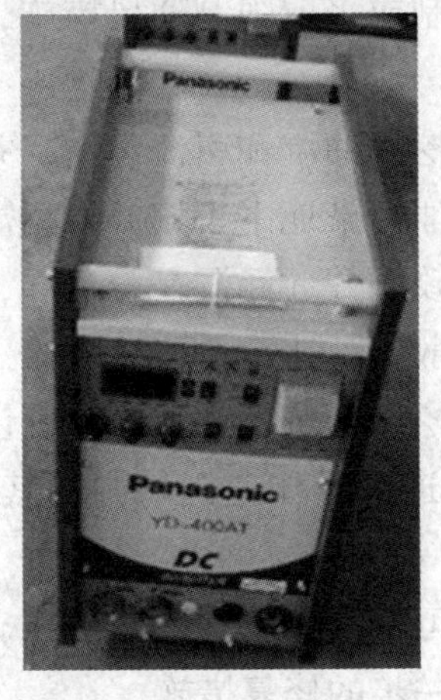


图1.3－15　直流弧焊电机

图1.3－16　一体式发电电焊机

## 五、快速堵漏工具

根据机具堵漏工作原理及材质的不同，主要包括木楔、强磁、气囊、注剂、复合材料、引流式补板、B型套筒、对开式机械夹具等。详见本章第四节的相关内容。

# 第四节　管道泄漏的应急抢修

输油管道发生泄漏后，由于管输运行压力大，介质危险性高，易扩散，存在环境污染、火灾爆炸、人员和财产损失的高风险。应急抢修的基本原则就是：以人为本、控制漏点、反应迅速、安全高效。所以，及时组织有效抢修至关重要。根据管道运行管理方式，应急处置一般分为输油生产单位初期应急处置和抢维修队伍专业抢修两个阶段。

## 一、初期应急处置方法

输油生产单位初期应急处置是防范事故扩大的重要环节，通过现场有效管控和临时应急堵漏，可以避免事故的扩大，减少事故损失，为抢维修队最终处置赢得宝贵的时间。

### （一）应急处置要求

①及时报告险情：现场人员发现险情应立即报告输油生产管理部门，生产管理部门应立即组织确认现场情况，根据需要启动相应级别的应急预案，并及时将险情报告上级部门。

②工艺调整措施：按照上级调度指令，迅速采取工艺泄压控油措施，如停输、泄压、关闭泄漏点上下游阀室控制阀门等。

③现场管控到位：检测现场可燃气体和有毒气体浓度，特别是低洼地带或密闭空间，确认油气扩散范围，设定警戒区域，进行交通、明火管制或采取强制通风措施，并及时疏散危险区域内的无关人员。

④溢油控制围堵：组织人员对漏点周边打围堰、开挖集油坑和引流沟槽，并按照环保要求，在围堰、集油坑和引流槽内铺设防渗膜，防止溢油污染地下土壤；根据需要对附近河道上下游设置多道围油栏；排查警戒区域内的所有市政阀井、涵洞是否过油，可利用充气式内封堵漏袋快速堵塞地下排水孔洞，以防止油品扩散。

⑤作业场地准备：协调地方关系，安排专人负责开挖作业坑。开挖前应确认作业区域内地下有无其他管线、电缆、通讯光缆等，要清理进场道路及作业区域内的其他障碍物，为专业抢修队伍处置创造有利条件。

⑥初期应急堵漏：管道泄漏压力得到有效控制后，可采取木塞、强磁顶压、钢带捆扎等非动火方法应急堵漏，待专业队伍到达后，再采取进一步的修复措施。

### （二）作业坑开挖注意事项

①进场道路应满足抢险救援车辆通过要求，如不具备条件应及时组织力量进行障碍物清理，或铺设碎石、管排等，打通作业临时便道。

②开挖作业坑前，应确认管道上方无其他隐蔽工程，用管线探测仪查明管道走向和埋深，并标示出开挖区域界限，先从管线两侧挖。开挖过程中，应随时用管线探测仪复核埋深变化，并辅助用自制锥形探针确认管线位置，确保开挖过程不伤及管体。

③挖出的土方距沟边不小于1m，堆积高度不超过1.5m；开挖深度超过1.2m时，应采取放坡、打桩支护或分层开挖等措施，防止作业坑塌方。现场地下水位较高时，必须在坑内较低处设立集水井，并由专人在抢修过程中负责排水。

④作业坑管道两侧应设有安全阶梯通道，宽度不小于1m，坡度不大于30°，通道出口不能正对障碍物或不适宜逃生的沟壑。

⑤作业坑周边应拉设警戒线，夜间应设置红色示警灯，并安排人员看护。

### （三）应急堵漏方法

输油生产单位配置的应急堵漏器材，应考虑人员非专业性，多选择一些仅经过简单培训就能掌握的技术方法，满足简单、易学、实用的要求。

**1. 木塞堵漏**

（1）适用范围

适用于压力≤0.2MPa 的泄漏缺陷应急堵漏。通过把圆锥形、方楔形、棱台形或根据管线孔洞缺陷形状现场制作的木质堵漏工具（见图 1.4－1），快速打入管线破损点止漏，是现场控制低压力泄漏的有效方法。常用的木塞工具一般用槐木制作，进入管线的深度不能影响通球。

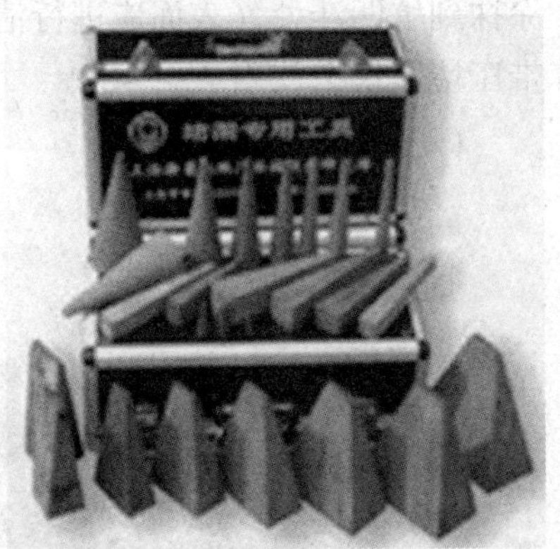


图 1.4－1　木楔堵漏工具

（2）作业方法

①根据泄漏孔洞的大小，选定合适的木塞或几块木塞组合使用，也可现场加工制作。

②作业人员应穿防油服、戴面罩，打入时人员不能正对漏点。

③找准漏点，用铜锤将木塞快速打入泄漏孔洞内即可；如现场人员无法靠近作业，可在木塞工具后安装合适的加长杆进行试堵。

④木塞应避免晃动，可在木塞外部加临时捆扎紧固措施；外露多余部分可适当切除，但木塞余高宜保留 10～30mm，以免顶压过程中木塞松动泄漏。

**2. 强磁堵漏**

根据油气管道是铁磁性材料的特点，可以使用含有强磁材料的堵漏工具快速止漏。如强磁橡胶带压堵漏块、磁压式堵漏工具等。

（1）强磁橡胶带压堵漏块

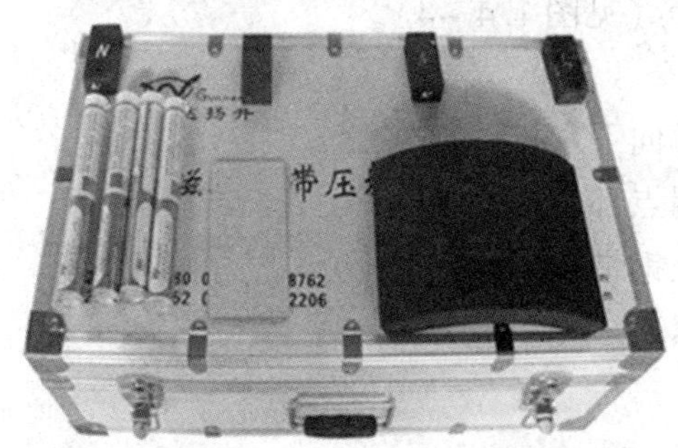

图 1.4－2 强磁堵漏工具

①适用范围

适用于压力≤1.0MPa、外径 $\Phi \geq 32$mm 的管道应急堵漏。主要材料工具包括强磁橡胶带压堵漏块（单体尺寸 70mm×35mm×35mm）、快速堵漏胶棒等（见图 1.4－2）。

②作业方法

a. 平面泄漏：从侧面将强磁橡胶带压堵漏块对准泄漏缺陷点中心放置到位即可止漏；当泄漏缺陷部位表面凸凹不平时，应先用快速堵漏胶棒进行修补找平，以提高堵漏效果，待填补的堵漏胶固化后，再用强磁橡胶带压堵漏块进行堵漏作业。

b. 曲面泄漏：选用两个以上强磁橡胶带压堵漏块并联使用时，应在强磁橡胶带压堵漏块的工作面加设一块专用铁皮，铁皮面上涂抹磁性堵漏胶，以达到扩大吸附面积，增加磁力的目的，操作时可先在泄漏缺陷部位标注出吸附位置再实施精准堵漏。

c. 多块强磁橡胶带压堵漏块平面铺设时，应当磁体南北极交替使用，以获得最大的堵漏吸力。

d. 快速堵漏胶棒是双组分快速固化胶，使用时按用量切下一块，用手充分捏混后再涂抹到坑凹洼处（表面应进行清洁处理），并将表面修整成型；快速堵漏胶棒也可涂抹在带压堵漏块上使用。

（2）磁压式堵漏工具

图 1.4－3　磁压式堵漏工具

①适用范围

适用于压力≤1.5MPa、外径 $\Phi\geq89$mm 的管道应急堵漏。主要材料工具包括磁压堵漏器、极靴弧板、堵漏胶等（见图 1.4－3）。

②作业方法

a. 选一块与泄漏管道规格匹配的极靴弧板，消除极靴上下面和磁压堵漏器底面的杂质。

b. 将极靴弧板安装在磁压堵漏器本体下面。

c. 将调好的堵漏胶堆在极靴工作面中心（如泄漏为线状则将胶体捏成与之相似的形状并堆在与泄漏口相对应的位置上），然后晾置备用。

d. 待胶达到固化临界点，迅速将磁压堵漏器压到泄漏口上，并立即打开磁力开关，保持磁压堵漏器吸合在容器上，完成临时应急堵漏作业。

**3. 钢带拉紧堵漏**

（1）适用范围

适用于压力≤2.5MPa 的直管、三通、法兰焊缝、弯头等位置的应急堵漏。主要材料工具包括：钢带拉紧器、钢带扣、密封封垫、补板等（见图 1.4－4）。

（2）作业方法

①将捆扎带穿入带扣绕在管线上，并将钢带端部向下弯折。

②将补板、密封垫叠放在捆扎带下面并平推至漏点部位

③将钢带穿过拉紧器前端夹缝，旋转手柄，直至钢带拉紧。

④用内六角扳手旋紧带扣紧定螺丝，将钢带压紧。

**4. 管道带压密封捆扎带**

（1）适用范围

管道带压密封捆扎带采用耐温、耐腐蚀、强度高的合成纤维材料做骨架，通过缠绕材料弹性收缩挤压消除泄漏。适用于 *DN*400 以下、压力≤0.3MPa 的直管、三通、弯头、法兰盘根等部位的堵漏抢险（见图 1.4－5）。

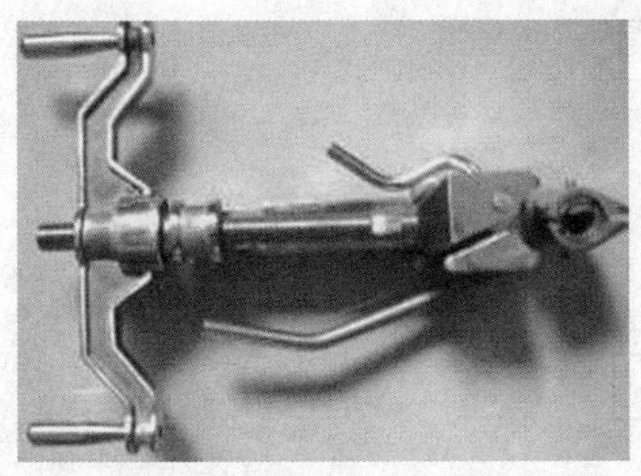

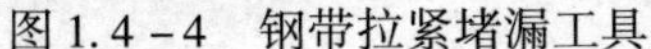

图 1.4－4　钢带拉紧堵漏工具

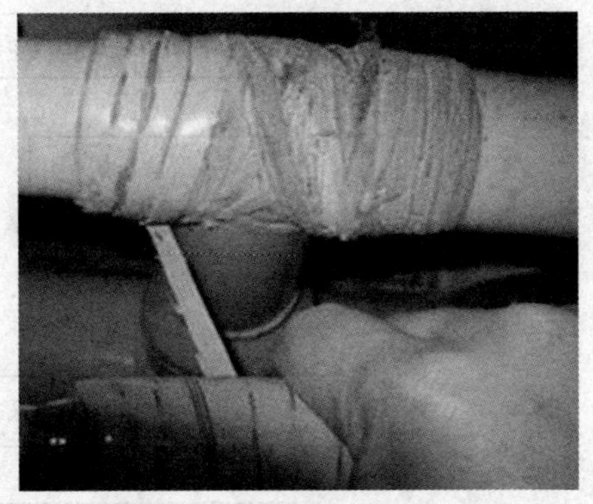

图 1.4－5　管道带压密封捆扎带

（2）作业方法

①清除管道泄漏周边污物。

②将密封胶垫压在泄漏点上，从漏点一侧开始用力拉紧压住胶垫，捆扎到漏点另一侧后再向回捆扎，捆扎期间要一直拉紧捆扎带不放松。

③如此反复捆扎，直至漏点堵住，一般不得少于三层。

## 二、管道泄漏专业抢修常用方法

管道泄漏专业抢修一般采取永久性修复措施，经修复后可满足运行要求。由于油品特性、管道材质、地理环境、地质条件、管道破坏程度等因素的差异，现有的输油管道泄漏抢修方法也是多种多样、各具优劣。以下所述管道抢修技术方法，可单独使用或几种方法综合应用。

### （一）抢修现场一般作业程序

抢修现场一般作业程序如图 1.4－6 所示。

### （二）常用的抢修方法

**1. 补板修复**

（1）适用范围

适用于管道表面腐蚀穿孔、孔洞（包括盗油孔）等缺陷的修复（见图 1.4－7）。补板修复不宜用于管道设计压力高于 6.4MPa 或钢材钢级高于 X60 的管道。补板宜采用与母材相同或相近的材质，其设计强度应大于或等于待修复管道的强度；补板形状宜为圆形或椭圆形。

（2）作业方法

①先用木塞把漏点堵住，如初期木塞处置可靠，可直接利用。

②用角磨机清理干净管体焊接区域的锈蚀物、防腐层、外露的木塞等。

③测量焊接区域的管体壁厚符合焊接要求（一般不小于 4.8mm）。

④利用液压或机械螺杆链钳把补板（下置密封垫）安装到管线上并紧固到位。补板尺寸应覆盖金属损失区域外 50mm，内弧长度与轴线长度不应超过管道外径的一半，补板与

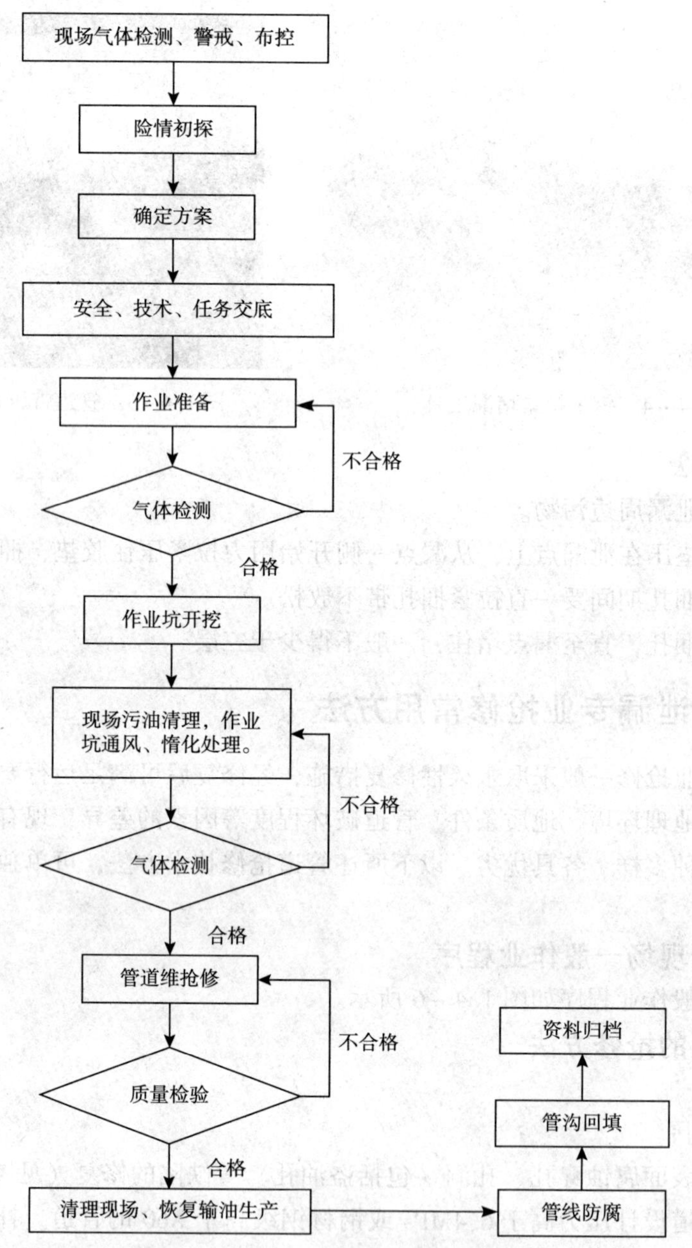


图 1.4－6　抢修现场一般作业程序

管壁应贴合紧密，组对间隙应不大于 5mm。

⑤确认现场油气浓度检测合格后方可施焊，焊工第一遍打底封焊手法应快速，以免焊接热量引起管道内压增高，造成密封失效。

⑥补板焊接完毕，应经外观检查和无损检测质量合格。

**2. B 型套筒修复**

（1）适用范围

适用于管道外表面金属损失、裂纹、凹陷变形、焊缝等缺陷的修复（见图 1.4－8）。套筒宜采用与母材相同或相近的材质，其设计强度应等于或大于待修复管道的强度。所需材料工具包括 B 型套筒、胶垫、木塞、链钳、角磨机、焊机等。

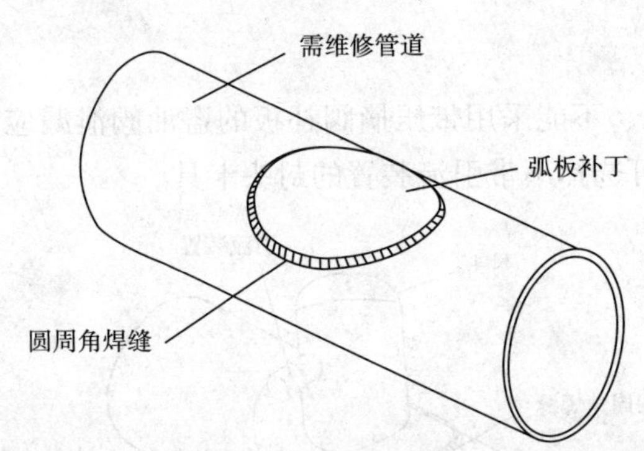

图 1.4－7 补板修复示意图

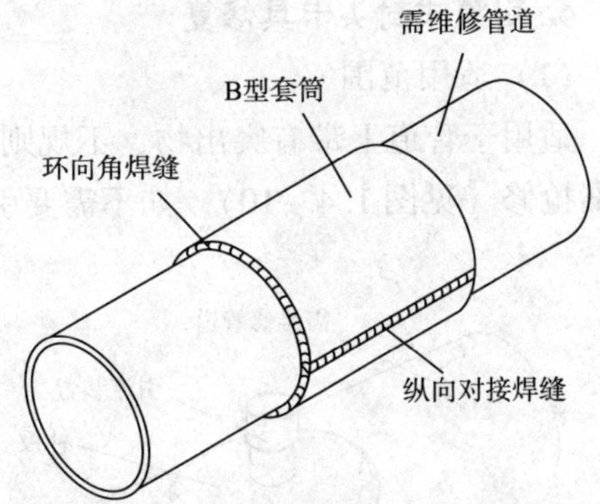

图 1.4－8 B 型套筒修复示意图

（2）作业方法

①首先，用木塞把漏点堵住，如初期木塞处置可靠，可直接利用。

②用角磨机清理干净管体焊接区域的锈蚀物、防腐层、外露的木塞等。

③测量 B 型套筒安装位置管体的椭圆度和壁厚符合要求，对安装区域内影响安装的焊道可打磨至与母材平整。

④利用液压或机械螺杆链钳把 B 型套筒（漏点位置加密封垫）安装到管线上并紧固到位。套筒扣在管道上时，缺陷最严重部位应对准半个 B 型套筒的中心位置；当 B 型套筒长度超出 4 倍管径时，修复时应对被修复管道采取临时支撑措施。

⑤确认作业点油气浓度检测合格、作业票证完备、安全措施到位后方可施焊。在役泄漏采用 B 型套筒抢修，一般先完成有泄漏缺陷侧弧板的打底焊接，防止整个 B 型套筒焊接时间过长、热量过大引起，管线内压升高，造成密封失效。

⑥B 型套筒焊接完毕，应经外观检查和无损检测质量合格。

**3. 引流式补板卡具修复**

（1）适用范围

适用于腐蚀穿孔、外力损伤、局部撕裂、打孔盗油等造成的泄漏在线抢修（见图 1.4－9）。所需材料工具包括引流式补板、链钳、焊机、引流控制阀、软管等。

（2）作业方法

①在管道上安装链式补强板抢修夹具前，将管线压力降至 2MPa 以下。

②除去管道补板安装区域表面的防腐层、铁锈等异物。

③测量焊接补板与管线本体连接部位的壁厚值，应满足焊接要求。

④将夹具安放在抢修管线上，将链钳放在补强板上，顺时针均匀紧固，使补强板与管线沿相惯线接触、无缝。

⑤安装并打开引流泄压球阀，将压力泄放到储油罐（囊）中。

⑥确认作业点油气浓度检测合格、作业票证完备、安全措施到位后方可施焊，焊工打底封焊手法应快速，应使用小电流，避免局部温度过高，造成密封垫失效。

⑦焊接完成后，应将引流孔封堵，经外观检查和无损检测质量合格。

**4. 引流式封头卡具修复**

（1）适用范围

适用于管道上带有突出物、不规则泄漏孔、不能采用带压摘阀补板的盗油阀泄漏应急堵漏抢修（见图1.4－10）。如不需要引流，可选择不带引流装置的封头卡具。

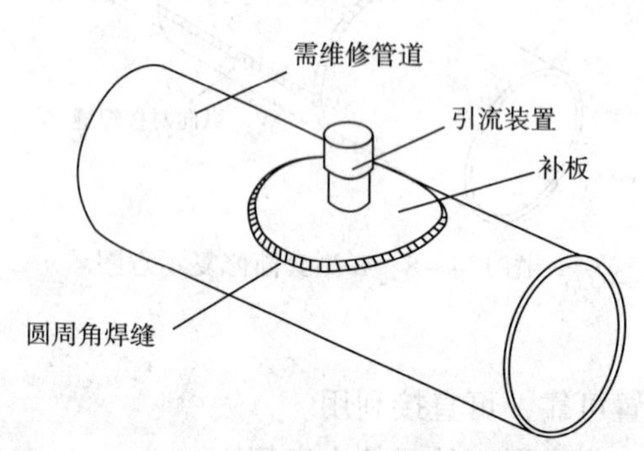


图1.4－9　引流式补板卡具修复示意图

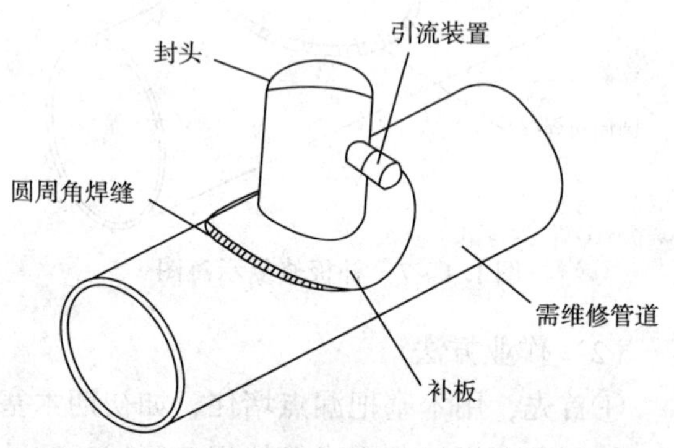


图1.4－10　引流式封头卡具修复示意图

（2）作业方法

①安装前应将管线压力降至2MPa以下，并除去管道封头安装区域表面的防腐层、铁锈等异物。

②将封头卡具（或带补强圈）罩住漏点中心，并提前打开引流泄压球阀，使卡具处引流状态，把压力泄放到储油罐（囊）中。

③将链钳放在封头卡具链座左、右两槽内，顺时针两端均匀紧固，使卡具外套与管线沿相惯线接触、密封。

④确认作业点油气浓度检测合格、作业票证完备、安全措施到位后方可施焊，焊工打底封焊手法应快速，应使用小电流，避免局部温度过高，造成密封垫失效。

⑤焊接完成后，应将引流孔封堵，经外观检查和无损检测质量合格。

**5. 引流式补强套筒修复**

（1）适用范围

适用于管道大面积泄漏、外力损伤、焊缝缺陷的抢修（见图1.4－11）。利用链钳等机具将套筒上下护板固定在待修复腐蚀管线上，在压力引流的状态下完成焊接作业，最后应将引流孔封堵，实现带压应急堵漏。

（2）作业方法

作业程序参照B型套筒修复程序。

**6. 对开式机械夹具密封修复**

（1）适用范围

适用于管道出现裂纹、大面积腐蚀、穿孔等造成的泄漏进行抢修（见图 1.4－12）。可采用机械式对开夹具、弯头夹具等方法。利用夹具内部的密封胶条使夹具体内壁与管线外壁之间形成一个密封腔，在夹具的顶部设有引流孔，将管线泄漏的介质排出，从而达到抢修的目的。带压密封安装后应持续监护，发现泄漏则应重新紧固、加压。

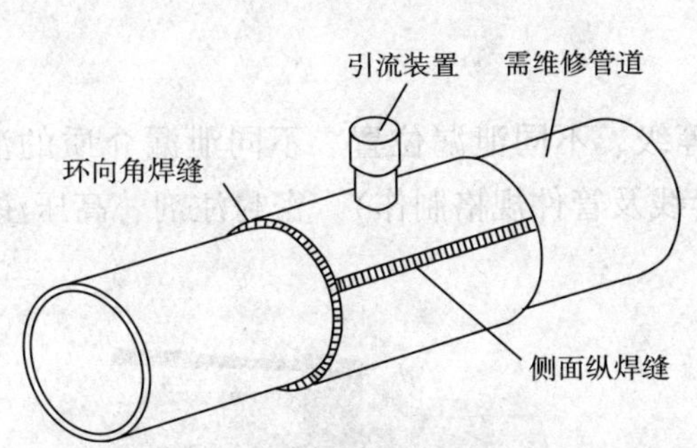


图 1.4－11　引流式补强 B 型套筒修复示意图

图 1.4－12　对开式机械夹具

（2）作业方法

①在安装前应去除管道表面的防腐层，安装前将密封胶圈涂上润滑剂。

②把夹具的两半松弛地套在管道泄漏处的一侧，再将组合起来的夹具移到泄漏处，交叉、均匀地拧紧所有螺栓到接近规定的扭矩值。

③拧紧过程中，先用长紧固螺栓定位，然后再安装短螺栓，安装后应保证胶条的密封性能可靠。

④如果需要永久地焊接安装，应在确认夹具无泄漏后再实施焊接。焊接顺序：两端部角焊→两侧密封焊→螺母底部密封焊→将高于螺母的螺栓端部烧掉，使之与螺母持平，并进行密封焊。

**7. 快速钢丝绳带压临时堵漏**

（1）适用范围

适用于压力≤10MPa、直径为 $\phi25 \sim \phi2500$mm 的法兰及管道泄漏事故的带压堵漏作业。主要材料工机具包括液压钢丝拉紧枪（简称钢丝枪）、前钢丝锁、后钢丝锁、钢丝绳、高压胶管和液压油泵等（见图 1.4－13）。

（2）作业方法

①根据泄漏法兰连接间隙及公称直径选择相应规格的钢丝绳及长度，同时按法兰连接间隙选择一段铝条或铜条，长度为 30～50mm，用于封堵钢丝绳收口处的间隙，防止密封注剂外溢。

②将钢丝绳缠绕在泄漏法兰连接间隙处，两个钢丝绳头同时穿入前钢丝锁、液压钢丝绳拉紧枪及后钢丝锁后，人工拉紧钢丝绳，并调整钢丝绳位置，使其缠绕在泄漏法兰连接间隙内，拧紧后钢丝锁螺钉，锁死钢丝绳。

③通过快速接头连接高压胶管和手动液压油泵，掀动液压油泵手柄，此时钢丝枪油缸伸出，钢丝绳被拉紧，用手锤敲打钢丝绳，使其受力均匀，钢丝绳拉到位后，拧紧前钢丝

锁螺钉，锁死钢丝绳。松开后钢丝锁螺钉，拆除后钢丝锁及液压工具。

④注剂通道可以选择在法兰连接的螺栓孔处注入密封注剂、在泄漏法兰外边缘上直接开设注剂孔及在钢丝绳碰头处加装特制三通注剂接头。

⑤管道泄漏可用快速钢丝绳带压堵漏工具与堵漏弧板、胶垫配合使用。

**8. 带压注剂堵漏修复**

（1）适用范围

适用于管道、法兰、阀门等不同压力等级、不同泄漏位置、不同泄漏介质的泄漏治理。主要材料工机具包括夹具（需要根据管线及管件规格制作）、密封注剂、高压注剂枪、注剂阀（见图 1.4－14）。

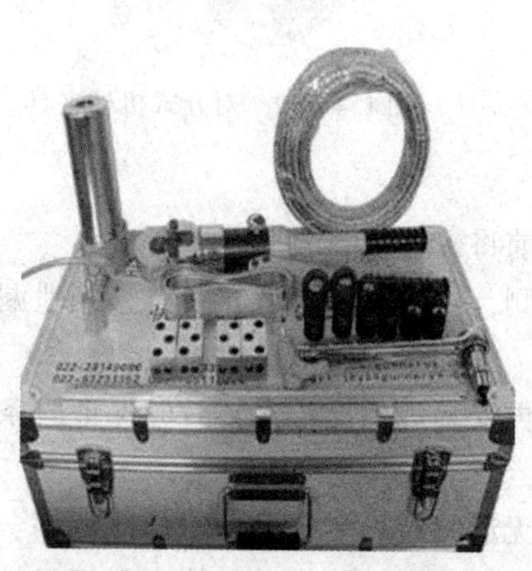

图 1.4－13　快速钢丝带压堵漏工具

图 1.4－14　注剂堵漏工具

（2）作业方法

①将注射枪拧入注射阀中，用高压胶管把注射枪与手压泵连接在一起。

②把密封剂折弯约 120°，并从注射枪的加料口推入到注射筒内。

③旋紧关闭手压泵右前侧的回流阀，上下摇动手压泵手把，从泵前压力表指针摆动判断密封剂的流动情况，当指针连续上升而不下降时，密封剂注射完毕。

④打开回流阀，压力表指针回零，注射枪推料杆回复到起始位置。

⑤开始下一个“加料—注射—复位”循环。

⑥完成注射密封剂后，在压力为零的条件下，卸下高压胶管和其他工具。

**9. 管道连接器修复**

（1）适用范围

适用于管道因各种原因出现断裂时的快速不动火连头。常规焊接能彻底排除险情，但缺点是作业时间长，需要动火，危险性大。

（2）作业方法

采用机械方式连接管道时，连接管子无须任何特殊管端加工，只要把管子切下来，再套上这种管道连接器（见图 1.4－15），拧紧螺栓，两段管子就连接起来了，同时起到防漏密封的作用。这种管道连接器既可作为临时装置，也可以永久性地焊接在管道上。

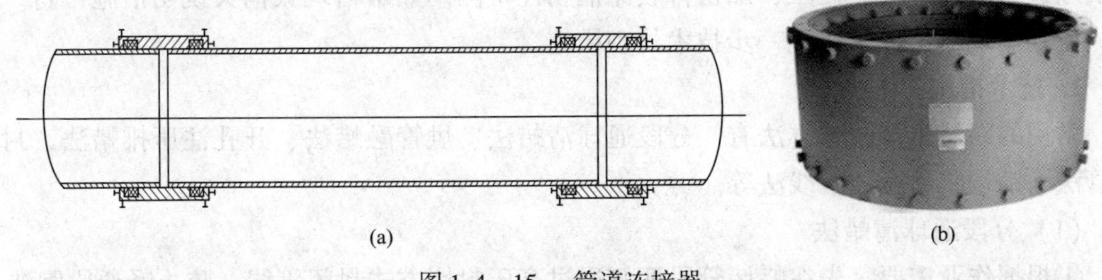

(a)　　(b)

图 1.4－15　管道连接器

**10. 套管内管道泄漏抢修**

套管内管道因腐蚀穿孔发生泄漏，由于在油气环境下，不能直接采用火焰切割，可采用环向冷切割（见图 1.4－16）和轴向冷切割（见图 1.4－17）相结合方式，首先完成套管破拆，再实施管道堵漏作业。

图 1.4－16　环向液压爬管机

图 1.4－17　轴向电动切管机

## 三、其他非泄漏管道应急抢修方法

管道发生蜡堵、漂管、管网沉降变形等险情时，虽然管道暂时未发生泄漏，但如果不能及时处理就可能危及输油安全，造成停输、发生管体损伤跑油等。因此，需要及时组织专业队伍实施抢险作业。

### （一）管道蜡堵应急处置技术要求

管道蜡堵险情容易发生在管道清管作业过程中，如输油干线在无人为操作和调控情况下，清管作业管段上站发现出站压力持续上升，输油量持续下降，输油泵机组的电流下降，下站收油量减少，说明发生蜡堵预兆，如果作业管段接近断流趋势，说明发生严重蜡堵。在判断管道发生蜡堵后，应首先利用清管器定位装置确认管道蜡堵位置，再通过在管线上开探测孔等方式确认蜡堵的长度、凝结物软硬程度等相关信息，为制定抢修方案提供可靠依据。

**1. 工艺处理措施**

初凝管线可通过工艺调整措施，在管线允许的最高压力下，先尝试在蜡堵段管线上游输油站进行持续升温、提压，加密排放原油物性检测。如蜡堵现象消失说明措施可行。否则，应根据现场情况采取进一步技术处理措施。

**2. 技术措施**

常用的蜡堵抢修技术方法有：分段通球清蜡法、烘管融蜡法、开孔注压排蜡法、封堵换管法、铺设临时旁通管线法等。

（1）分段通球清蜡法

①根据作业需要，先在蜡堵管段两侧通过高压封堵方式封闭管线，防止畅通段跑油。

②在蜡堵管段起点位置安装发球筒，中间再分段割管并安装收蜡装置（或开挖收蜡作业坑）。

③利用高压泥浆泵车或压裂车等将大排量的高压水（或柴油等介质）打入管线，推动清管器行走，将管内结蜡彻底排出清除。

④每导通一段就通过动火方式把导通段和相邻的未通段连接起来，继续从起点通球，顺序导通各分段蜡堵管线。

（2）烘管融蜡法

①确定管道蜡堵长度后，组织人员间隔性地开挖管道烘烤作业坑，作业坑一般不大于1.5m，间距为10～20m，也可根据现场情况适当加密烘烤点。

②剥离管道防腐层。

③在烘烤作业坑内堆放适量木材及倾倒少量柴油并引燃，应严格控制烘烤作业点火势大小，严禁大火焚烧。

④在确定管道蜡堵基本融化后熄灭明火，管道启输并提压（为增加除蜡效果也可同时通球），直至管道疏通。

（3）开孔注压排蜡

①通过安装高压注压控制阀、注压泵、排放控制阀、封头等方式建立管道局部通路。

②排放控制阀安装间距应根据管线蜡堵程度选择，注压管线应采用刚性连接至注压泵（一般选用高压柱塞泵），排蜡作业坑应做一定的防渗漏处理。

③用柴油作为注压介质，压力应控制在管道最高允许压力下，并严密关注排蜡情况，如排放口油流状态转好即停止注压，关闭排放控制阀。

④顺序开启其余各排放控制阀，继续进行排蜡作业，直至管道疏通。

上述三种方法的优点是工艺较简单，清蜡效果直观、明显。缺点是通球压力受老管线实际许用应力限制，分段长度确定较困难；现场动火点多，安全控制难度较大。

（4）封堵换管法

将蜡堵管段全部开挖，通过封堵换管的方式，将蜡堵管段用新管替换。该方法的优点是工艺简单，可彻底消除蜡堵影响，效果明显。缺点是用管量大，临时征地工作量大，地方关系协调强度高，投资较大。

（5）定向钻解堵法

如局部直管段、弹性敷设管段蜡堵比较严重，可以根据特殊定向钻穿越工程下套管作业原理，采用定向钻方式在蜡堵管道内进行“导向孔”“扩孔”作业，从而达到清蜡的目的。所需钻头、扩孔器可根据管径大小现场制作，以不损伤管道内壁为准。

（6）铺设临时旁通管线法

如果利用其他方法不能排除蜡堵，或者作业周期长，短时间内不能有效处理，而管线停输时间又受限制，可以采取先封堵，再铺设临时旁通管线方式恢复生产，后期再采取进一步处理措施。

## （二）管道漂管应急处置技术要求

管道穿跨越段由于洪水冲刷、溃堤等因素造成管道悬空外露，如悬空段过长，在浮力、水流冲击力、管道固定墩（管道穿跨越点两侧一般设有固定墩）等作用下，容易发生管道漂管、位移、应力变形，形成泄漏风险。

应急措施：

①对漂管管线全线停输，如需要应用水置换管道内的原油，则关闭上下游截断阀。

②在水利部门配合下，关闭漂管河流上游水库闸门，减缓水流速度，采用水流测速仪连续监控河水流速，为制定现场抢修方案提供可靠的依据。

③如现场无进场道路，应铺设能够抵达漂管河岸的进场作业便道，满足重型车辆通行要求。

④漂管段抢险处置过程中，为防止发生油品泄漏对河流造成污染，应提前在漂管河流下游设置多道围油栏，充分做好防控措施。

⑤在河水水流较大情况下，作业船只应防止倾覆。

⑥根据漂管长度、水流、溃堤口大小等情况制定相应的漂管稳管及堤坝保护措施。

a. 稳管措施：对小型河流，可在紧邻漂管管段两侧，采用大型施工机具抛投毛石方式，修筑贯通河面石质围堰，对中型河流，如条件允许，可在漂管段下游构筑一条阻挡围堰，减缓漂管横向水流受力强度，并在漂管段上游每间隔5m对管线设置固定抛锚一处，以消减漂管段横向水流受力。固定拖锚锚链与管线连接应牢固，间隔应保持均匀。修筑毛石围堰时，抛投毛石应避免对管线造成损伤。

b. 溃堤决口管道保护措施：在靠近管道水工保护区域外用成排钢桩围挡（或用脚手架搭接），钢桩排应设2～3排，桩间距0.2～0.5m；钢桩应相互连接固定，确保围挡稳固成型；用彩条布、无纺土工布或篷布等贴靠到边坡位置防冲刷滑坡；在钢桩围挡内应用沙袋压实。

## （三）站库管网沉降变形的应急处置技术要求

站库管网由于地质条件不稳定，经过多年的运行，管墩可能会出现不同程度的下沉，造成部分管线与原管墩出现悬空、位移，管墩受力不均匀，管线应力集中。一旦管道在应力积聚突变下发生管道断裂、焊缝开裂等情况，将严重危及输油安全。大面积管网沉降可采取网格化整体液压顶升方法，调整管墩高度，修正管线标高，控制管线失稳趋势。

①首先选择测量基准点，用全站仪把所有管线整治前的标高记录完整，预制加工临时

管托、平（斜）垫板。

②根据现场勘察情况，划分若干独立整治区域，在同区域所有要整治的管线正下方安装液压千斤顶，安装点应根据受力分析，每隔 10～30m 设置，弯头部位或受力大的部位应加密布置。千斤顶与管线之间安装预制好的临时管托，中间加胶垫。

③确认待移动管线与其他管线、管墩垫铁、拌热管、过道平台、仪表线缆等所有连接障碍物已临时拆除或移位，管线应停止使用。

④根据预定标高，按现场指挥指令，各作业点应设专人同步缓慢打千斤顶，起升高度应根据指令要求进行，分步实施，不能一步到位；同时，应用全站仪观测各点标高变化。如起升困难应力变形大，应检查确认，严禁贸然加力作业，以防管线焊口撕裂、腐蚀减薄点破裂变形、法兰连接处漏油等。

⑤达到起升高度要求后，及时通过加平垫铁或斜垫铁方式调整原管托高度。

⑥各点调整到位后，可按现场指挥指令缓慢撤除千斤顶，并用全站仪复核各点标高变化，作好相关记录。

## 四、在役管道焊接技术要求

在役管道焊接作业时，管道内存在易燃易爆介质，如果焊接工艺参数选择不当或者操作不规范，容易发生管道烧穿、冷裂纹等焊接风险，造成介质泄漏、火灾或爆炸。因此，焊接时应严格按照评定合格的在役管道焊接作业指导书和焊接工艺规程作业，确保作业过程安全和焊接质量合格。

### （一）焊前准备

在役管道焊接操作前，应综合全面考虑施焊部位管道内的压力、流速和管道壁厚等影响焊接安全可靠性的各方面因素。

**1. 焊前清理**

应检查并清理焊接区域，确保焊接表面均匀光滑，无起鳞、裂纹、锈皮、夹渣、油脂、油漆和其他影响焊接质量的物质。

**2. 管道壁厚及介质流速要求**

现场焊接前，应使用超声波测厚仪或其他仪器确定焊接位置管道壁厚不应小于 4.8mm，管内液体流速不应大于 5m/s。

**3. 管道焊接压力要求**

在役管道焊接时，焊接处管内压力宜控制在 2MPa 以下。如压力不能满足上述要求时，管道允许带压施焊的压力应满足下式的要求。

$$P = \frac{2\sigma_s(t-c)}{D}F$$

式中 $P$——管道允许带压施焊的压力，MPa；

$\sigma_s$——管材的最小屈服极限，MPa；

$t$——焊接处管道实际壁厚，mm；

$c$——因焊接引起的壁厚修正量，mm，按表1.4－1取值；

$D$——管道外径，mm；

$F$——安全系数，按表1.4－2取值。

**表1.4－1　修正量**

| 焊条直径/mm | <2.0 | 2.5 | 3.2 | 4.0 |
|---|---|---|---|---|
| $c$ | 1.4 | 1.6 | 2.0 | 2.8 |

**表1.4－2　安全系数**

| $t$/mm | $t \geqslant 12.7$ | $8.7 \leqslant t < 12.7$ | $6.4 \leqslant t < 8.7$ | $t < 6.4$ |
|---|---|---|---|---|
| $F$ | 0.72 | 0.68 | 0.55 | 0.4 |

## （二）环境要求

当恶劣气候条件影响焊接质量时，应采取必要的防护措施保证焊接质量。在下列任何一种环境中，如未采取有效防范措施不得进行焊接：

①雨雪天气；

②大气相对湿度大于90%；

③低氢型焊条电弧焊，风速大于5m/s；

④自保护药芯焊丝半自动焊，风速大于8m/s；

⑤气体保护焊，风速大于2m/s；

⑥环境温度低于焊接工艺规程中规定的温度。

## （三）预热及清理

### 1. 预热方法

在役管道焊接时，可采用中频加热，当管道内部介质温度偏低或介质流速过快时，预热一般采用火焰加热和中频加热相结合的形式。

### 2. 预热温度

在役管道焊接时，需要对焊接管件进行预热，预热温度应符合焊接工艺规程的要求。整个焊接过程层间温度的最小值应不低于预热温度的最小值；当焊接作业中断时，再次焊接前应重新预热到要求的温度。

### 3. 层间清理

坡口和每层焊道上的锈皮及焊渣，在下一步焊接前应清除干净。

## （四）焊接顺序

B型套筒或对开三通焊接时，应先完成纵向焊缝的焊接，然后进行环焊缝的焊接，环焊缝的焊接不应同时进行。对于其他类型的管件，应采用使残余应力最小化的焊接顺序。

①每道纵向直焊缝应按图1.4－18所示的顺序焊接。

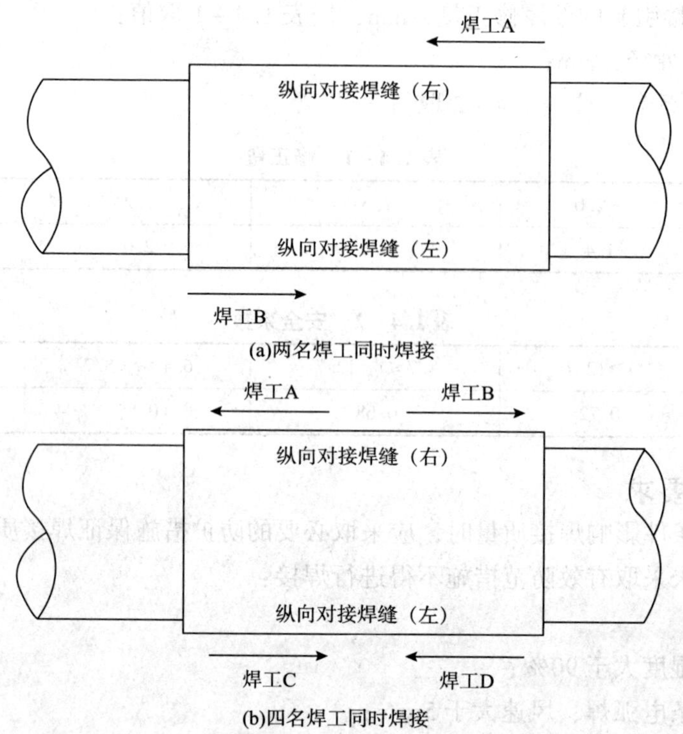


图 1.4－18　B 型套筒（对开三通）纵向直焊缝焊接顺序

②环向角焊缝应按图 1.4－19 顺序焊接，两名焊工先焊一侧环焊缝，再焊另一侧环焊缝。

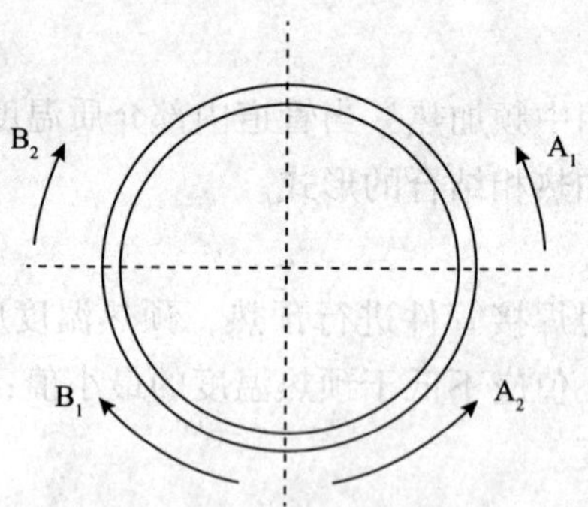


图 1.4－19　B 型套筒（对开三通）环向填角焊缝焊接顺序

## （五）其他要求

①在役管道焊接应使用低氢焊条或低氢焊接工艺方法。

②焊接环向角焊缝前，应在输送管道上焊接预堆层避免烧穿和减小间隙；若管件与输送管道之间间隙较大，可熔敷两层堆焊焊道；第一道预堆层焊道应尽量靠近管件熔敷，但应避免与管件连接或接触。

③焊接时严格按照焊接工艺规程所要求的焊接工艺参数进行，焊接时不得在主体管道

上引弧，在焊接过程中焊条不能停留在一个位置，避免造成烧穿。抢维修焊接时应一次完成，中间不应停止。

④在役管道抢维修焊接属于高危行业，要求对焊接技术人员及焊接操作工人进行岗前专业化的培训，焊接操作人员应取得国家质量技术监督局核发的特种设备焊接作业资格证书。

⑤在役管道焊接焊缝应采用磁粉或渗透检测，对于厚度大于或等于 30mm 的对开三通或 B 型套筒采用磁粉检测时，可采用分层检测的形式。

## 第五节　典型案例分析

本节主要选取管道维抢修作业中不同类别的一些典型案例，通过情景描述、作业中的技术难点、现场采取的主要处置措施等形式进行分析归纳，总结可借鉴的经验。

### 一、管线腐蚀破裂跑油抢修

#### （一）情景描述

2015 年 5 月 28 日，某炼化公司 $\phi377\times7$mm 原油管道发生破裂跑油，原油已流淌到附近的厂区、下水道、路面，周边人口密集、流动车辆多。管线材质为 L415 螺旋缝埋弧焊钢管，设计压力为 8.0MPa。

#### （二）技术难点

①在油气环境下破拆硬化的柏油路存在着火爆炸的风险。

②管道破损点在管线底部 6 点钟位置且靠近弯头部位，破损点外凸变形大。

③管线破损点在停输状态下，空气可能进入管内，直接焊接有闪爆的风险。

#### （三）处置措施

采取 B 型套筒修复缺陷，作业要点如下：

①管线停输、降压，相关部门及时向地方政府报告，做好现场管控。

②现场分区域设置三道警戒线，疏散无关人员及车辆，进行明火管制，设专人负责油气浓度检测、通风。

③清除地面污油，堵截流入排水沟的污油并用泡沫覆盖油气。

④在泡沫覆盖保护下，破拆柏油路面、开挖作业坑。

⑤清理作业坑油污，置换过油土壤、喷砂干粉，对作业坑进行惰化处理。

⑥清理管道防腐层，对管壁外凸的漏点用千斤顶复位，用木塞堵住漏点。

⑦在泄漏点两侧开 2 个 *DN*50 注氮气（水）孔，先在漏点上游孔注水冲刷管内污油，再注氮气置换局部油气。

⑧安装 B 型套筒（内加密封胶垫封），均匀紧固链钳封堵漏点，经现场油气浓度检测合格后再施焊。

## 二、焊缝开裂抢修

### （一）情景描述

2016 年 12 月 9 日，某管道公司 $\phi813\times12.7$mm 原油管线内检测发现疑似缺陷，在开挖验证中，发现在管线 6 点钟方位单侧焊缝与母材融合处有浅裂纹缺陷，长度约为 100mm，深度约为 5mm，外表无渗漏。管线材质为 L450 螺旋缝埋弧焊钢管，设计压力为 8.5MPa。

### （二）技术难点

①管线埋深约为 10m，作业坑开挖难度大，易塌方。

②维修单位无成品 B 型套筒，需现场制作。

### （三）处置措施

由于作业坑太深，采取分层开挖方式处理，对焊缝缺陷采用 B 型套筒修复。作业要点如下：

①作业坑开挖采用土方分层开挖方式，并做好降水措施，防止塌方。

②因焊缝已出现裂纹，应在停输状态下实施打 B 型套筒抢修。

③采用与原管线同规格、壁厚、材质的钢管现场制作 B 型套筒，长度取 400mm。

④清理管线防腐层，用测厚仪检测焊接部位壁厚。

⑤利用链钳紧固方式把 B 型套筒安装到位，组对间隙达到要求，按 B 型套筒在役焊接规范完成施焊作业。

## 三、补板失效跑油抢修

### （一）情景描述

2016 年 2 月 9 日，某管道公司 $\phi762\times10.3$m 原油管线发生泄漏，泄漏点位于一果园内，原油已流入附近河流及田间沟渠。泄漏原因为管道建设时期遗留的打压注水孔焊接补板（嵌入管内，俗称“开天窗”）存在局部焊接缺陷，因疲劳失效导致跑油。管线材质为 L415 螺旋缝埋弧焊钢管，设计压力为 8.5MPa。

### （二）技术难点

由于现场原油扩散范围大，作业坑开挖、溢油回收难度大。

### （三）处置措施

采取打补板方式修复漏油点，同时周边敏感区采取控油措施并回收落地油。作业要点如下：

①在河道快速拉设围油栏，组织人员清理回收外溢原油，做好现场管控，防止溢油进一步扩散。

②在消防车监护下，开挖作业坑、清理干净流淌的污油、置换过油土壤、强制通风，对作业坑进行惰化处理。

③清理管体缺陷点防腐层，对渗漏部位用木塞封堵。

④安装补板（尺寸为400mm×300mm），经现场油气浓度检测合格后再施焊。

## 四、管线蜡堵抢修

### （一）情景描述

2014年4月9日，某管道公司$\phi$377×7mm原油管线在通球清管过程中发生蜡堵险情，管线材质为16Mn，设计压力为6.4MPa。

### （二）技术难点

①结蜡密实度较高、黏度较大。

②管线已运行近40年，存在不同程度的腐蚀减薄，考虑管线的承压能力降低，不适宜采用高压泵车注压解堵。

③蜡堵管线长度约为1.1km，所处地段多为农田及蔬菜大棚。

### （三）处置措施

经现场勘查、资料查阅、分析比较，从工程效果、安全性、工期、投资等方面综合考虑，借鉴定向钻作业原理，采用特殊定向钻解堵工艺，在蜡堵管道内进行导向孔和扩孔作业，以清除管内结蜡。作业要点如下：

①在蜡堵管段两侧先采取高压封堵措施，隔离蜡堵段。

②在蜡堵管段两端，选取定向钻作业点（场地应能满足小型履带式钻机作业需要），并完成密闭开孔抽油、冷切割方式断管、吊离旧管段等作业程序。

③钻机就位并调试，为防止钻杆顶进过程伤到管道内壁及行进轨迹偏心，现场制作了专用特殊钻头及扶正器。

④在管道内完成导向孔施工。

⑤采用聚氨酯材料制作扩孔器，连续进行多次扩孔清蜡，以彻底导通管道。

⑥通过动火连头方式将管线连通，恢复输油生产。

## 五、埋地汇管爆管跑油抢修

### （一）情景描述

2016年8月18日，某管道公司输油站库进站汇管（规格$\phi$610×7.9mm）突然爆裂，发生大面积跑油，已扩散到电缆沟、下水道等低洼区域，现场油气浓度高。发生爆裂的汇管分为地上与地下两段，爆裂点呈撕裂状。

### （二）技术难点

①原油扩散面积大，安全风险高。

②管线内的残油量大，要切除缺陷管段，如何选择最有利的断管点是难点。

### （三）处置措施

由于腐蚀点是死油段，经确认，在工艺流程上可以断开不用。所以，拟采取动火方式加盲板封闭处理。作业要点如下：

①关闭腐蚀点管线上下游最近的控制阀。

②选取合适作业点，将爆裂点汇管在地上与地下直管段位置用切管机冷切割断管。

③汇管断口部位动火加装封头处理。

④黄油墙砌筑完成后，经油气浓度检测合格后焊接封头。焊接前，应清理干净动火部位落地油，地下暂时停用的管线要封口。

⑤彻底清理库区内流淌的原油，包括电缆沟、下水道封闭处等，不留死角。

## 六、管道断管抢修

### （一）情景描述

2017 年 12 月 3 日，某管道公司 $\phi$559 ×8.7mm 管线发生断管跑油事件。经现场勘察，由于周边回填渣土滑坡、位移、挤压，管线已从环焊缝处完全断开（约 1.3m），管口上下左右错位较大，而管线上方地质土壤仍不稳定，已出现多道纵深裂缝，并有继续下滑的趋势，不具备直接连头的条件。

### （二）技术难点

①由于需要平整场地、修筑进场道路，现场土石方清理工作量大。

②允许停输时间短，临时管线安装较长，组织协调难度大。

③管线应力变形大，管线断管过程中有卡刀、管线弹射失稳的风险。

### （三）处置措施

根据现场实际情况，拟采用封堵（双侧单封工艺）换管方式架设一条临时旁通管线（长度约 300m），绕开原泄漏风险点，改为地上浅埋，先尽快恢复生产的抢修方案。此方案能有效规避地址滑坡的风险，确保管线短期内安全可靠运行，不会出现二次断管。后期，再对临时管线采用定向钻换管方式处理，彻底排除此段险情，实现永久修复。作业要点如下：

① 组织大型挖掘机、装载机、吊车等 20 余台施工机械，连夜平整场地，打通临时管线路由上的障碍物，开挖封堵作业坑和设备进场道路。

②在断点两侧选择封堵点，顺序完成焊接封堵三通和平衡短节、密闭开孔、下堵塞、抽油、机械断管、吊离旧管段等工序。

③同时组织两个机组，完成新建管线预制、焊接、检测、下沟工作。

④新旧管线通过砌筑黄油墙、动火连头贯通，恢复输油生产。

## 七、河流跨越点管线腐蚀爆管跑油抢修

### （一）情景描述

2010 年 4 月 14 日，某管道公司 $\phi$720 ×8mm 原油管线在某重要内河大桥跨越处发生爆管事故。爆管发生在桥头管沟内，管沟位于路面下约 1m，腐蚀严重。爆管处壁厚已不足 3mm，破损点呈不规则菱形，大小约为 300mm ×250mm。附近还有重要水系湖泊、居民小区，距上游输油泵站约为 1000m。

### （二）技术难点

①泄漏原油一旦污染周边重要水系、湖泊，将造成不可估量的损失。

②由于上游输油泵站建在一个小山上，停输后这一管段为空管，地沟及管内油气无法排出，给抢修带来极大的安全隐患。

③管沟位于道路底下，污油无法彻底清理，存在油气闪爆风险。

### （三）处置措施

采取在氮气保护下，对管体缺陷打补板修复；同时对周边敏感区采取措施，防止溢油环境污染。作业要点如下：

①在地方政府的配合下，及时封锁道路和航道，陆上设置围油堰，封堵市政管网入口，清理回收落地原油，并水上设置三道围油栏，防止原油进入湖泊。

②采用氮气置换，隔绝管内油气；采用泥土堵塞管沟，隔绝管沟油气；焊工着防火服，防止爆燃造成人身伤害。

③因爆管呈开放撕裂状、管壁外翻，无法直接补板堵漏。观察爆管口，管壁不足3mm，故采用防爆锤轻轻敲击复位后再实施补板作业。

## 八、管线水工保护溃堤防洪抢险

### （一）情景描述

2016 年 7 月，某管道公司 $\phi864\times11.1$mm 原油管线河流穿越段，因洪水冲刷造成管道水工保护处堤坝溃堤，形成宽度约 10m 的决堤口，决口距管道仅 2m。如管道完全裸露悬空，在固定墩和水流横向冲击下，管道应力变形势必加剧，直接威胁管道的安全。穿越段管线材质 L450，设计压力为 8.5MPa。

### （二）技术难点

①由于水流湍急、水位高（已漫过大堤），重装备进场困难，不能采用抛石固堤。

②管道离决堤口距离只有 2m，还有扩大趋势，时间紧、任务重。

③如管线漏油，流动的水体污染处理难度大。

### （三）处置措施

采取对堤坝决口“裹头”护堤与管线用水置换相结合的处置方案。由于水流湍急，当决口未及堵合以前，采取“裹头”是为了应急状态下保护堤头，以防决口被水流继续冲宽，等待洪水退落以后再进行堵口作业。作业要点如下：

①利用工作船、移动浮桥建立临时进场通道，转运抢险物资。

②在溃堤“裹头”处搭设脚手架防冲钢桩排，脚手架立柱全部用桩机打入生根，每根钢管都用角扣固定成一体。

③在脚手架钢桩排内投放砂石袋裹头固堤，防止管线受洪水冲击。

④用水置换管输原油，并在水流下游布放围油栏，防止泄漏后发生大规模环境污染。

## 九、库区管网沉降整治作业

### （一）情景描述

某管道公司临海大型油库，由于填海地质不稳定，经过多年的运行，管墩已出现不同程度的下沉，造成部分管线与原管墩出现悬空、位移、倾斜。2017 年 3 月成功采用网格化整体顶升技术完成隐患治理。

### （二）技术难点

①针对不同部位的顶升高度均不相同，既要保证整体顶升到位，又要保证局部顶升高度达到消除应力的效果，而且多点同时作业，涉及管网范围大，管线长，工艺复杂，控制难度大。

②顶升力过大，可能造成管线局部应力变形、破损、漏油，法兰垫损坏漏油。

③库区临海，在顶升过程中，如发生环境污染控制难度大。

### （三）处置措施

网格化整体顶升技术要求每个作业网格区域内相关联的管线应整体顶升，举升的幅度应一致。不同管径都要有弹性变化的空间，受力应均衡。对阀门、法兰管件平开面等重点部位应采取保护措施，防止应力过大，造成泄漏。作业要点如下：

①作业前，选择测量基准点，用全站仪把所有管线整治前的标高记录完整，绘制详细作业图，明确现状值及预期值。

②提前预制加工临时管托、平（斜）垫板，准备充足的千斤顶、枕木等材料。

③根据现场勘察情况，划分若干独立整治网格化区域，设置液压千斤顶顶升位置（应提前检测管道壁厚，避开腐蚀减薄点），保证受力面、千斤顶等安装平稳可靠。

④顶升作业前，应确认待移动管线与其他管所有连接障碍物已临时拆除或移位。

⑤ 根据预定标高，采取分区作业，统一指挥，整体提升，实时监测顶升数据，少量多次顶升，不能一步到位，防止产生新的应力集中点。

⑥达到起升高度要求后，通过加平垫铁或斜垫铁方式调整原管托高度。

⑦各点调整到位后，应用全站仪复核各点标高变化，并作好相关记录。

## 十、复合材料补强作业

### （一）情景描述

2016 年 5 月，某管道公司 $\phi 762 \times 10.7$mm 原油管线在检测中发现焊缝有未焊透缺陷，缺陷点长 30mm、深 1.7mm。管线材质为 L415，设计压力为 8.5MPa。为不影响正常输油生产，要求采用带压在线维修。

### （二）技术难点

常规打补板、焊套筒动火都需要停输或降压运行，只能采取不动火方式维修。

### （三）处置措施

采用凯夫拉纤维补强技术对管线进行补强，既不影响管线的正常输送，又能保证安全、高效、环保地完成管道的加固补强。凯夫拉纤维加固补强是一种新型的补强技术。将抗拉强度极高的凯夫拉纤维用环氧树脂预浸成为复合增强材料，按照软件设计数据缠绕在需进行补强的部位，形成一个新的复合体，使复合增强材料与原有管线共同受力，提高管道结构的强度、刚度及避免腐蚀。操作要点如下：

①制定维修数据采集及修复方案。采集的信息包括：管道外径、壁厚、钢种等级、运行压力、设计压力、运行温度、防腐层类型、管道位置、缺陷位置、缺陷类型、缺陷长度、缺陷宽度、缺陷深度、管道运行年限、拟使用年限及其他信息。根据采集的信息制定堵漏方案和复合材料补强方案。

②管道表面处理。采用专业工具清除沥青防腐层，对需要修复的管体表面及其两端100mm范围内的防腐层进行粗糙度处理，应达到SA2.5级。

③修补不规则表面。用清洗剂将管道表面清理干净并保持干燥，使用管道表面修补剂修补表面凹陷部分，尤其是焊缝部位。

④调配补强树脂。将树脂按不同配合比称量准确，分别配置底涂树脂及黏结树脂。先将主料搅拌均匀，再将固化剂加入继续搅拌至均匀，充分搅拌后即可使用。树脂每次配置量以1~2kg为宜，所有树脂要求于1h内施工完毕。

⑤涂抹补强树脂。按一定比例将主剂与固化剂先后置于容器中，用搅拌器搅拌均匀，根据现场实际气温决定用量，并严格控制使用时间。用滚桶刷或毛刷将树脂均匀涂抹于管道表面，厚度不超过0.4mm，并不得漏刷或有流淌、气泡。

⑥缠绕凯夫拉复合增强材料。按设计要求的尺寸裁剪凯夫拉纤维带，凯夫拉纤维带长度应在3m以内。将调配好的树脂均匀涂抹于凯夫拉纤维带上，在搭接、拐角部位适当多涂抹一些。缠绕时用力拉紧凯夫拉纤维带，表面看到树脂被挤出。直管段缠绕时第二层压住第一层面积的1/2，搭接缠绕。缠绕至弯头部位时，应当对准弯头的圆心点施力。凯夫拉纤维带沿纤维方向的搭接长度不得小于100mm。凯夫拉纤维带需截断再缠绕时在截断部位要予以适当处理。

## 十一、盗油阀罩帽摘除作业

### （一）情景描述

在应急抢修状态下，采用自制非标准管帽处理的盗油阀，存在焊接不牢固、承压能力低、容易跑油的缺陷。而且凸起的罩帽后期防腐困难，易加速管体腐蚀，给管道正常输油生产带来一定的安全隐患。因此，不规范的罩帽需要摘除。

### （二）技术难点

①盗油阀罩帽内有余气，在摘帽过程中易造成着火、闪爆，罩帽飞出伤人。

②盗油阀门关闭不严、根部开焊或黏接阀弧板脱落，易造成着火、闪爆。

③管线余压超出摘阀工具的使用范围，造成油品外泄。

④管线压力波动造成溢油、堵孔失效、人员伤害。

⑤打磨或焊接中油品泄漏着火、闪爆。

### （三）处置措施

罩帽内先注水或氮气保护再切除罩帽，然后再带压摘除盗油阀、打补板。在补板焊接过程中，宜保持微正压状态。作业要点如下：

①在罩帽侧位或顶部焊接安装½in 的观察阀，对罩帽进行密闭开孔，打开观察阀确认罩帽内有无漏油、无压或吸气现象。如罩帽漏油说明盗油阀已失效，一般应用标准罩帽处理。如无压或吸气可采取以下措施继续处理。

②通过观察阀往管帽内注水或注氮气保护，利用水封原理隔绝罩帽底部油气，贴罩帽根部焊缝，用砂轮机磨切下罩帽。

③在盗油阀上，安装专用摘阀工具，通过装在密闭腔中的尖型木塞（一般用槐木等材质）堵住盗油孔。再确认盗油孔已堵住后，用角磨机贴近管体快速切除盗油阀短节。在木塞切除和固定补板的过程中，应全程对木塞采取顶压措施，防止木塞在管线压力波动下突然失效弹出伤人、漏油。

④盗油阀短节切除后，应迅速用液压链钳紧固补板（内加密封垫）并施焊。

## 思考题

1. 常见的管体缺陷类型有哪些？
2. 初期泄漏处置，常用的非动火应急堵漏方法有哪些？
3. 常用的管道泄漏专业应急抢修方法有哪些？
4. 简述B型套筒修复操作要点。
5. 在役焊接焊前准备的内容包括什么？

# 第二章　离心式输油泵维护与故障处理

## 第一节　输油泵基础知识

### 一、输油泵的基本构造

输油泵主要由叶轮、泵体、泵轴、轴承、密封环、轴封六大部分组成，如图2.1－1所示。

图2.1－1　输油泵基本构造

1—密封环；2—泵轴；3—叶轮；4—轴封；5—轴承；6—泵体

#### （一）叶轮

叶轮是输油泵的核心部件，工作中起主要作用的是叶片。为了减少流体的摩擦损失，叶轮的内外表面要求光滑。叶轮结构如图2.1－2所示。

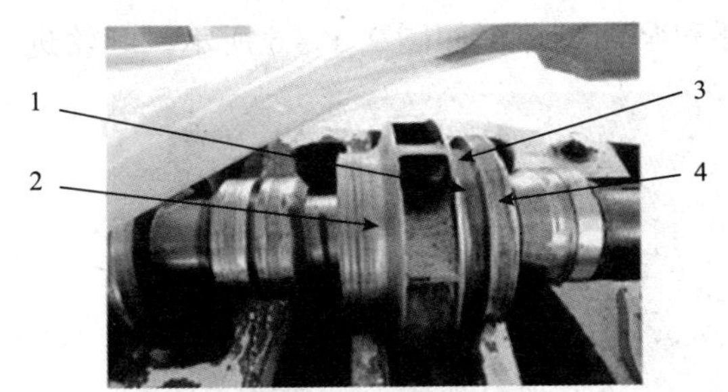


图2.1－2　输油泵叶轮

1—出口；2—入口；3—叶片；4—侧板

图2.1－3　输油泵泵体

1—上泵壳；2—下泵壳；3—轴承托架

### （二）泵体

也称泵壳，它是输油泵的主体，与安装轴承的托架相连接，对输油泵主要起支撑固定作用，如图 2.1－3 所示。

### （三）泵轴

泵轴是离心泵中传递机械能的主要部件，主要作用是将电机的转矩传递给叶轮，如图 2.1－4 所示。

图 2.1－4　输油泵泵轴

### （四）轴承

轴承是安装在泵轴上的构件，主要起支撑泵轴的作用，有滚动轴承和滑动轴承两种，如图 2.1－5 所示。

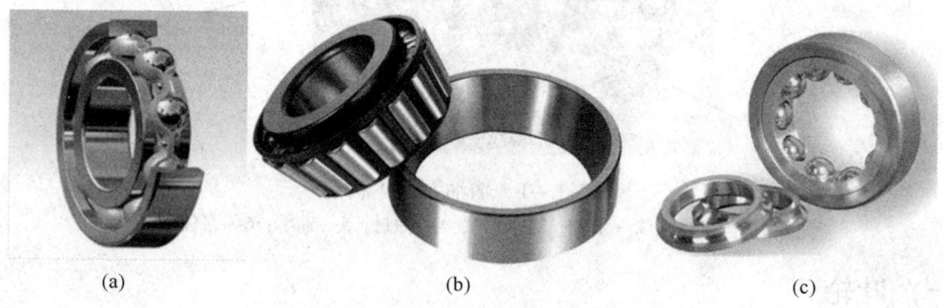

(a)　　(b)　　(c)

图 2.1－5　输油泵轴承

### （五）密封环

密封环又称口环、减漏环，分为叶轮口环和泵体口环，如图 2.1－6 所示。叶轮进口

(a)叶轮口环　　(b)泵体口环

图 2.1－6　输油泵密封环实物图

与泵壳间存在间隙，在泵壳内缘和叶轮外缘结合处装有密封环，以便增加回流阻力减少内漏，延缓叶轮和泵壳的使用寿命，密封的间隙保持在0.25～1.10mm之间。

### （六）轴封

轴封主要由机械密封组成。其主要工作原理是由至少一对垂直于旋转轴线的端面，依靠原油压力和补偿机构弹力，以及辅助密封的配合，保持贴合并相对滑动，防止原油泄漏，如图2.1－7所示。

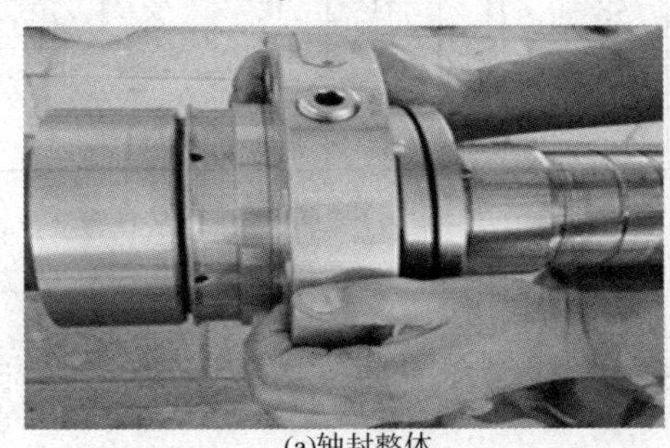
(a)轴封整体

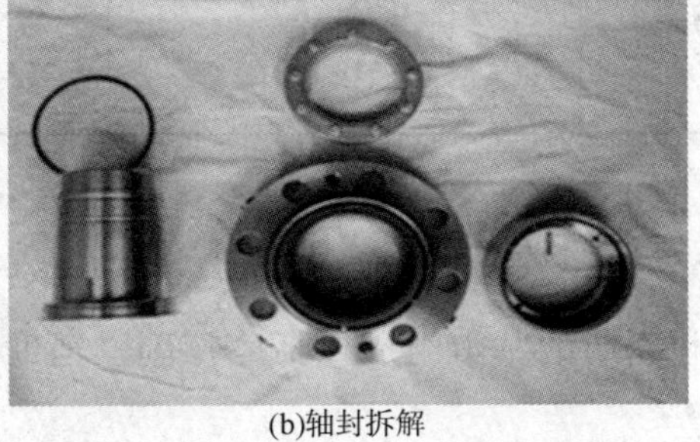
(b)轴封拆解

图2.1－7　输油泵轴封图

## 二、轴承

### （一）滚动轴承

滚动轴承是将运转的轴与轴座之间的滑动摩擦变为滚动摩擦，从而减少摩擦损失的一种精密的机械元件。滚动轴承一般由内圈、外圈、滚动体和保持架四部分组成。使用滚动轴承的主要有德国鲁尔、浙江佳力等品牌的输油泵。

### （二）滚动轴承的分类

轴承按其所能承受的载荷方向或公称接触角的不同分为向心轴承和推力轴承，向心轴承主要用于承受径向载荷，推力轴承主要用于承受轴向载荷。

轴承按其滚动体的种类，分为：球轴承——滚动体为球体；滚子轴承——滚动体为滚子。

### （三）滑动轴承

在滑动摩擦下工作的轴承称为滑动轴承。使用滑动轴承的主要有美国苏尔寿、美国福斯、湖南天一KDY系列等品牌的输油泵。

### （四）滑动轴承的分类

按能承受载荷的方向可分为径向（向心）滑动轴承和推力（轴向）滑动轴承两类。

### （五）轴承的代号

轴承代号是用字母加数字来表示轴承结构、尺寸、公差等级、技术性能等特征的产品符号。

轴承的代号由三部分组成：前置代号、基本代号、后置代号，具体要求见表2.1－1。

表 2.1－1　轴承代号表

<table>
<tr><td>前置代号</td><td colspan="5">基本代号</td><td colspan="8">后置代号</td></tr>
<tr><td rowspan="3">轴承的分部件代号</td><td>五</td><td>四</td><td>三</td><td>二</td><td>一</td><td rowspan="3">内部结构代号</td><td rowspan="3">密封与防尘结构代号</td><td rowspan="3">保持架及其材料代号</td><td rowspan="3">特殊轴承材料代号</td><td rowspan="3">公差等级代号</td><td rowspan="3">游隙代号</td><td rowspan="3">多轴承配置代号</td><td rowspan="3">其他代号</td></tr>
<tr><td rowspan="2">类型代号</td><td colspan="2">尺寸系列代号</td><td colspan="2" rowspan="2">内径代号</td></tr>
<tr><td>宽度系列代号</td><td>直径系列代号</td></tr>
</table>

## 三、机械密封

机械密封的基本组成包括摩擦副、辅助密封、补偿和缓冲机构、传动装置、防转机构等。

依据 API 682 标准规定，密封型式分为 A 型、B 型、C 型三种；密封布置方式也有 3 种，分别是布置方式 1、布置方式 2、布置方式 3。

A 型密封为平衡型、内装式、集装式、多弹簧、止推环式补偿结构、补偿装置旋转，辅助密封件为橡胶 O 形圈。

B 型密封为平衡型、内装式、集装式、无止推环补偿结构（采用波纹管结构）、补偿装置旋转，辅助密封件为橡胶 O 形圈。

C 型密封为平衡型、内装式、集装式、无止推环补偿结构（采用金属波纹管结构）、补偿装置静止，辅助密封件为柔性石墨。

布置方式 1：每套集装式密封中有一对密封端面，输油泵机械密封大多数采用此种方式，如图 2.1－8 所示。

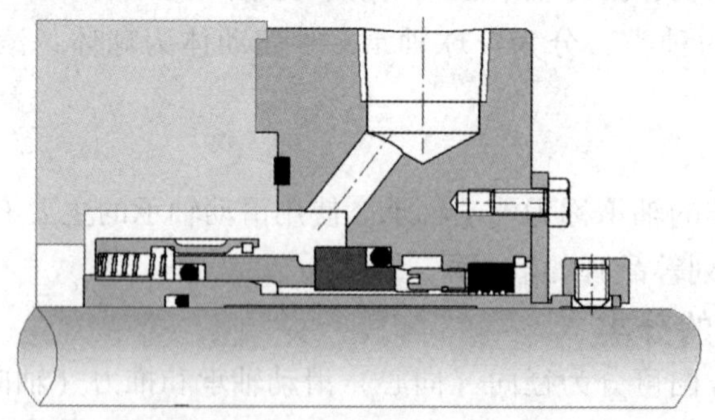

图 2.1－8　机械密封布置方式 1

布置方式 2：每套集装式密封中有两对密封端面，且两对密封端面之间的压力低于密封腔压力，如图 2.1－9 所示。

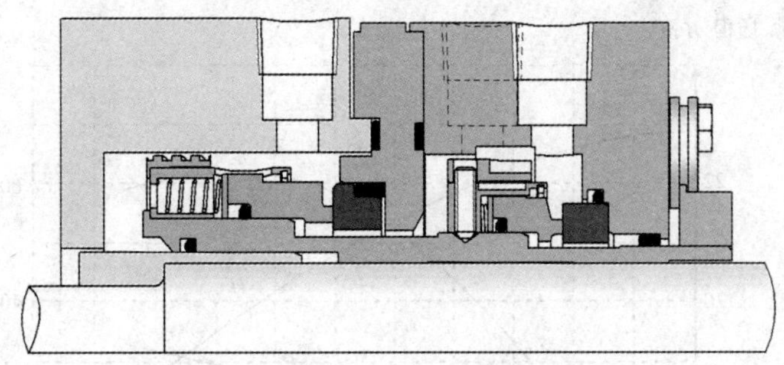

图 2.1－9　机械密封布置方式 2

布置方式 3：每套集装式密封中有两对密封端面，且阻封流体由外部引入到两对密封端面间，其压力高于密封腔压力，如图 2.1－10 所示。

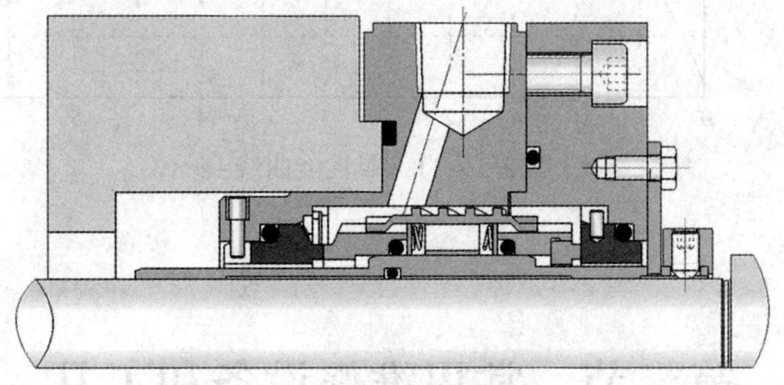

图 2.1－10　机械密封布置方式 3

输油泵所安装的机械密封多为单端面平衡型集装式机械密封，动静环一般采用碳化硅或硬质合金，密封套、密封压盖等多采用 40Cr 材质，弹簧采用 C-276 合金弹簧材质。密封的轴向固定方式一般采用在密封套上安装锁环的方式。

## 四、输油泵工作原理

输油泵工作原理：泵启动前，先将泵灌满原油；启动后，原油随着叶片高速转动，在离心力的作用下，从叶轮中心被抛向外缘并获得能量，高速离开叶轮外缘进入蜗形泵壳，随后由于流道的逐渐扩大而减速，又将部分动能转变为静压能，最后以较高的压力流入排出管道。原油由叶轮中心流向外缘时，在叶轮中心形成了一定的真空，由于储罐液面上方的压力大于泵入口处的压力，原油便被连续压入叶轮中，只要叶轮不断旋转，原油便会不断地被吸入和排出。

泵的性能参数：主要有流量和扬程，此外还有轴功率、转速和汽蚀余量。泵的各个性能参数之间存在着一定的相互依赖变化关系，每一台泵都有特定的特性曲线，由泵制造厂提供。

泵性能曲线主要有三条：流量－扬程曲线（$Q$-$H$）、流量－功率曲线（$Q$-$P$）、流量－效率曲线（$Q$-$\eta$）（再者就是汽蚀余量曲线 *NPSH*），如图 2.1－11 所示。

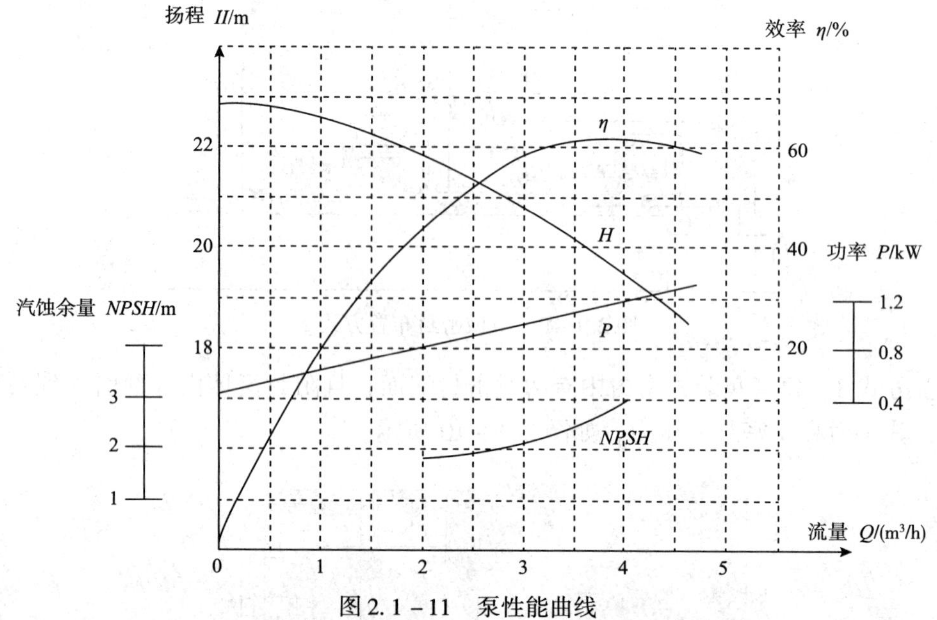


图 2.1－11　泵性能曲线

# 第二节　常用维修设备和工具

## 一、普通工具

### （一）扳手类

扳手、棘轮扳手、活动扳手、普通套筒扳手、重型套筒扳手、内六角扳手等。

### （二）钳类

手钳、尖嘴钳、卡簧钳、管钳等。

### （三）量具类

百分表、千分尺、游标卡尺、塞尺等。

### （四）辅助小工具

各式螺丝刀、铜棒、手锤、千斤顶、撬棍、倒链等。

## 二、专用工具

### （一）液压扳手

#### 1. 设备用途

液压扳手是液压力矩扳手的简称，是以液压为动力，提供大扭矩输出，用于螺栓的安装及拆卸的专业螺栓上紧工具，经常用来上紧和拆松大于 1in 的螺栓。液压扳手由工作头、液压泵以及高压油管组成。通过高压油管，液压泵将动力传输到工作头，驱动工作头旋转螺母的拧紧或松开。液压泵可以由电力或压缩空气驱动。液压扳手的工作头主要由三部分组成，框架（也叫壳体）、油缸和传动部件。油缸输出力，油缸活塞杆与传动部分组成运动副，油缸中心到传动部件中心这个距离是液压扳手放大力臂，油缸出力乘以力臂，就是液压扳手理论输出扭矩，由于摩擦阻力存在，液压扳手实际输出扭矩要小于理论输出扭矩。

**2. 设备参数**

液压扳手参数见表 2.2－1。

**表 2.2－1　液压扳手参数表**

| 名称型号 | 技术参数 | |
|---|---|---|
| 液压扳手 EDGE－8 | 最大扭矩/N·m | 9549 |
| | 最小扭矩/N·m | 1660 |
| | $L_1$/mm | 220.2 |
| | $H_3$/mm | 166.9 |
| | $H_1$/mm | 90.7 |
| | 重量/kg | 9.1 |
| | 操作半径/mm | 154.2 |
| 电动液压泵 | 最高操作压力/psi | 10000psi（700bar） |
| | 电机 | 无碳刷 |
| | 动力源 | 电源 200～230V/50Hz 单相 |
| | 最大油流量/（L/min） | 8.0 |
| | 中压流量/（L/min） | 1.6 |
| | 高压流量/（L/min） | 0.9 |
| | 尺寸/mm | 480×280×400 |
| | 标准遥控线/m | 5 |
| | 充油防震压力表 | 4″ |
| | 质量（不含油）/kg | 26 |

注：1psi＝6895Pa。

## （二）激光对中仪

激光对中仪主要用于旋转设备的对中，如电机与泵的对中等，见表 2.2－2。

表 2.2-2 激光对中仪参数表

| 名称型号 | 技术参数 | |
| --- | --- | --- |
| 激光对中仪瑞典 E540  | 激光发射器类型 | 双激光（双向发射），线激光 |
| | 激光接收器类型 | PSD |
| | 接收器面积/$mm^2$ | 30，容易粗对中 |
| | 测量精度/mm | 0.001 |
| | 测量显示精度/mm | 0.001 |
| | 测量距离/m | 10 |
| | 显示器类型 | 5.7″液晶彩屏 |
| | 操作界面 | 彩屏中文界面，按键式，<br>有多种文字选择功能 |
| | 显示图形 | 在同一界面显示垂直和水平方向的<br>测量数据，不需翻屏，便于调整 |

## （三）轴承加热器

### 1. 设备用途

轴承加热器可对轴承、轴套、衬套、直径环、收缩环、连接器等多种类型的闭合金属件进行加热，通过加热膨胀，满足过盈装配的需要。

### 2. 设备参数

轴承加热器参数见表 2.2-3。

表 2.2-3 轴承加热器参数表

| 名称型号 | 技术参数 | |
| --- | --- | --- |
| 轴承加热器 IH 025 型 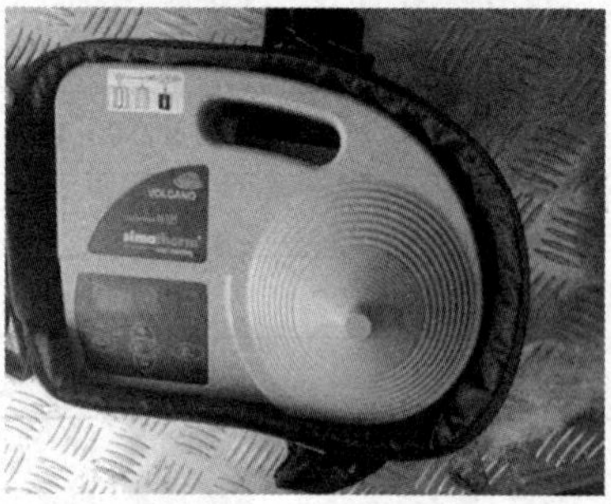 | 工作电源/V | 230V/50Hz |
| | 最大加热工件外径/mm | 100mm |
| | 最大加热工件质量/kg | 10 以内 |
| | 最大温度/℃ | 110 |

## （四）液压拉马

### 1. 设备用途

液压拉马是以油压起动杆直接前进移动，故推动杆本身不作转动。钩爪座可随螺纹直接作前进后退之调距，操作时只要把手前后小幅度摆动，油压起动杆前移，钩爪相对应后退，则被拉物体拉出。

**2. 设备参数**

液压拉马参数见表2.2－4。

**表2.2－4　液压拉马参数表**

| 名称型号 | 技术参数 | |
|---|---|---|
| 液压拉马<br>DHP3－10IN | 出力/t | 10 |
| | 横向最大拉距/mm | 250 |
| | 纵向最大拉距/mm | 160 |
| | 轴心行程/mm | 50 |
| | 质量/kg | 11 |

## （五）动平衡机

**1. 设备用途**

动平衡机就是对转子在旋转状态下进行动平衡校验。它是用于测定转子不平衡的仪器，按其测量结果进行校正，以改善被平衡转子的质量分布，使转子运转时轴颈的振动或作用于轴承的力减小到规定的范围内，如图2.2－1所示。

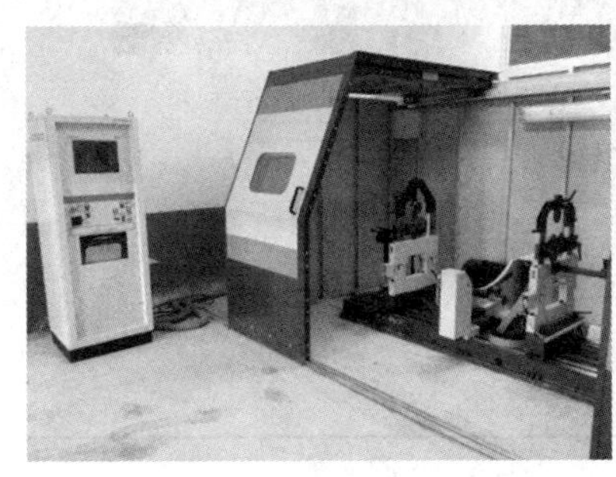

图2.2－1　动平衡机

**2. 动平衡的作用**

动平衡的作用是提高转子及其构成的产品质量，减小噪声，减小振动，提高支承部件（轴承）的使用寿命，降低使用者的不舒适感，降低产品的功耗。

## （六）泵机组监测诊断系统

**1. 设备用途**

①对泵组进行例行检修时，正常工况运行时间内通过不间断地实时采集被测泵组的振动信号，将原始采集数据及处理后的数据上传至服务器或笔记本电脑进行实时显示并存储，及时掌握设备运行状态，为设备维护提供数据支持；

②通过实时监测泵组，一旦发现泵组设备故障后，可通过之前采集并保存的数据进行

有效的泵组设备故障原因分析，为泵组设备维修提供可靠而准确的数据支持；

③泵组故障设备维修后，可通过对泵组进行不间断的实时监测，用以验证泵组故障设备维修是否成功，进而评判泵组是否运行良好；

④对于监测并存储的泵组数据，通过对数据分析（趋势分析、频谱分析等），找出引起泵组设备故障的原因，进而减少设备备件库存、优化维保计划、降低维护成本支出、提升人员职业技能最终提高企业效益。

**2. 设备组成（以 DH5971 为例）**

泵机组监测系统组成如图 2.2－2 所示。

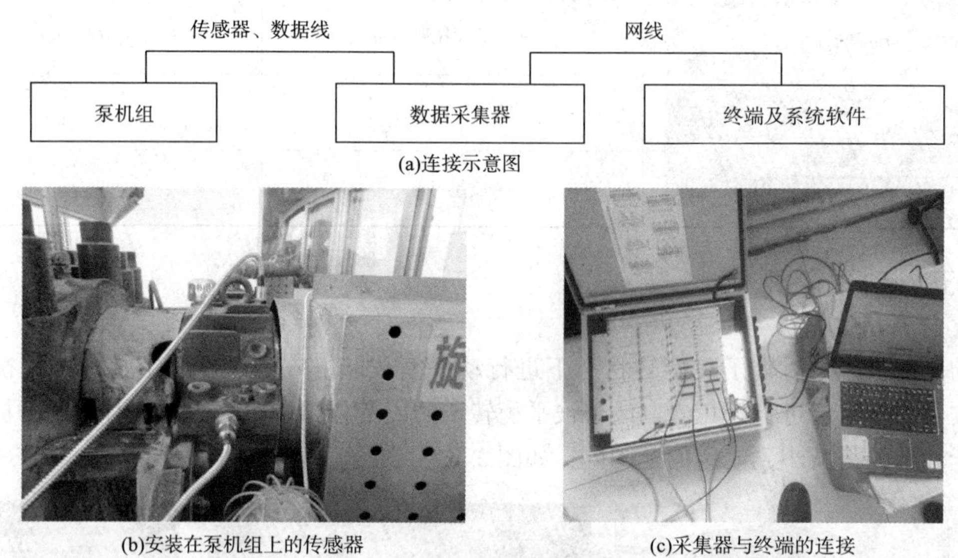


(a)连接示意图

(b)安装在泵机组上的传感器

(c)采集器与终端的连接

图 2.2－2　泵机组监测系统组成

(1) 传感器

传感器参数见表 2.2－5。

**表 2.2－5　1A902E 传感器参数表**

| 型　号 | 1A902E | |
|---|---|---|
| 图例 | | |
| 灵敏度/（mV/g） | 100 | －12mV/℃ |
| 量程/g | 50 | －40～120℃ |
| 频率范围/（Hz±10%） | 1～6000 | |
| 分辨率/grms | 0.0002 | |
| 冲击极限/g | 5000 | |

续表

| 型　号 | 1A902E |
|---|---|
| 温度范围/℃ | -40~120 |
| 外形尺寸/mm | φ17×45 |
| 质量/g | 50 |
| 安装方式 | M6 |
| 输出 | 顶端整体线 |
| 类型 | 单向 |

（2）铠装线

铠装线如图2.2-3所示。

（3）DH5971数据采集器主要技术指标（见图2.2-4）

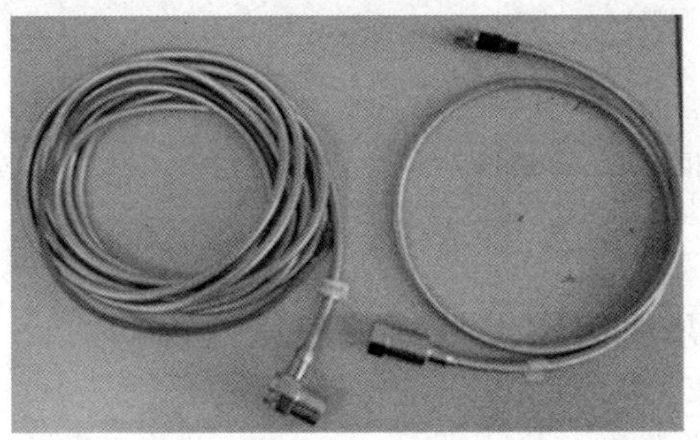

图2.2-3　铠装线

图2.2-4　DH5971数据采集器

①机箱指标

防水防尘式数据采集器，采用进口机箱，适用于厂房内、机器旁等比较恶劣的环境。

②框架指标

带专用PC104工控机、电源、控制卡、本地存储器，用于采集控制、数据传输和本地数据保存。每个框架最多16通道数采、4通道转速。通过采集箱扩展，数采通道、转速测量通道任选。

控制卡：内嵌嵌入式工业计算机和大容量存储器。

通讯方式：以太网接口，通信速率10~1000Mbps。

电源：220VAC/50Hz，最大功率200W。

③轴振动采集卡技术指标

轴振动采集卡用于振动加速度、速度和位移的测量。

可接入传感器：电涡流速度传感器、磁电式速度传感器、ICP加速度传感器、4~20mA电流、电压等。

通道数：2 路/卡。

采样频率：整周期采样时，最大 128 点/转，用户可设置。

A/D 转换器：每通道独立的 16 位 A/D 转换器。

输入保护：量程为 ±30V 时，输入信号大于 ±45V（直流或交流峰值）；其他 量程时，输入信号大于 ±15V（直流或交流峰值），输入全保护。

输入方式：DC、AC、ICP 适调、4 ~ 20mA 适调。

量程范围：±10mV、±30mV、±100mV、±300mV、±1V、±3V、±10V、±30V（±30V 仅适用于间隙电压测量，间隙电压测量和信号可同时测量）。

④温度采集卡及时指标。

可接入信号：4 ~ 20mA 电流，1 ~ 5V 电压。

采样路数：4 路/卡。

A/D 位：16 位。

量程范围：±5V（可根据要求调整）。

⑤转速采集卡技术指标

转速范围：30 ~ 60000r/min。

键相模式：键相采集、虚拟键相采集、无键相采集。

转速误差小于 0.05%，相位测量范围为 0 ~ 360°。

## 第三节　输油泵机组常见故障及应急处置

### 一、输油泵故障产生的原因和主要形式

输油泵在运行、拆卸、组装时会受到各种形式的损伤使设备劣化。就具体某一台泵机组而言，不能明确是在哪个环节中的损伤是造成其劣化的主要原因。但是，就整体而言，正确的拆卸与组装不会对泵机组造成较大的损伤。泵机组的损伤主要发生于运行中。泵机组在运行中的损伤使其劣化，有设计制造时就已确定了的材质、结构、装配等方面不能满足工艺介质要求的原因，也有运行中介质的化学组分、温度、压力等工艺条件超过了泵机组原来的设计条件方面的原因，也有运行中尤其是开停工时操作人员的误操作所引起的原因。

#### （一）机械磨损

机械磨损所引起的某些零件损伤，在泵机组劣化形式中所占的比例最大。无论是回转式还是往复式，屏蔽式还是非屏蔽式，都存在着程度不同、种类不同的磨损。磨损主要存在于泵机组的动静零部件互相接触的部位，如轴与轴承、机械密封的动环与静压之间、转子的轴套与叶轮之间、泵内部的叶轮与口环及耐磨环之间等，都存在着因为零部件之间相互接触，又有相对位移而产生的磨损。

接触部位的材料耐磨性能越好，相互间的作用力越小，润滑条件越好，相对位移的速度越小，则磨损越轻；反之，则磨损越严重。动静零部件之间相对运动的方式不同、结构形状不同、受力不同，其磨损后的形态也不同。例如，作回转运动的零件及与之相接触的静止件的磨损，其磨损方向为圆周方向，如果接触面上的受力是均匀的，那么其磨损的结果是均匀磨损；作往复运动的零件及与之相接触的静止件的磨损均沿轴向分布；离心泵轴与轴承，机械密封以及轴端的各种密封部位，都是产生圆周方向的均匀的或不均匀的磨损，其结果往往表现为内外圆变大或变小、产生椭圆、有锥度、出现圆周向沟槽等；轴与轴承、轴封部位的磨损也沿圆周方向呈均匀的或不均匀的分布。

### （二）由介质产生的腐蚀、冲蚀、气蚀和磨蚀

当介质带有腐蚀性时（相对于机泵的材料而言），会对泵机组的壳体、叶轮、轴套等零部件产生程度不同、性质不同的腐蚀作用。由于介质在泵内的流速明显高于在一般静止设备中的流速，如果下述的一些工况存在时，介质对泵的腐蚀、冲蚀、气蚀和磨蚀作用明显强于静止设备：

①介质为气固两相；

②介质为固液两相（油中含有催化剂）；

③介质为气液两相。

以上三种情况，都是由于在金属表面不能很好地形成起保护作用的氧化膜而使腐蚀的速度明显加快。介质对泵机组的气蚀、冲蚀、磨蚀作用的结果是使泵的某些主要部件，如叶轮、轴套、壳体的有效厚度减薄，强度下降。但是，某些介质，如硫化氯等，对泵机组的损伤并不使零部件减薄，而是使零部件产生氢鼓泡或表面产生应力腐蚀疲劳开裂等现象，其结果同样使零部件的强度下降。

### （三）操作不当引起的损伤

各种各样的操作不当或误操作都可能对泵机组产生各种形式的程度不同的损伤。

泵机组的超速，会明显地增加叶轮、叶片由离心力所产生的应力，严重时会引起叶根的断裂及轮盘的变形或破裂。

润滑不良、油压不足或油温过高过低，都会引起轴承及轴颈的严重磨损。

过高的入口气体温度会改变泵机组的内部间隙，并可能增加动、静零部件之间的摩擦及受力部件的变形。

### （四）过大的接管安装应力引起壳体变形

大型高转速的离心泵等高速轻载机械，在设计时，其缸体、支座的强度均按无配管安装应力或很低的安装应力来考虑。如果与这些泵机组连接的管道设计不合理，安装不正确，就可能使这些泵机组的壳体及支撑因受到了超过设计允许的配管应力而变形或开裂。缸体的变形及位移最容易影响这类机泵的转子与转子之间的对中，不良的对中将引起轴系的严重振动。严重的缸体变形还可能引起缸内动、静零部件产生不应有的摩擦，使缸体的接管处甚至可能产生开裂。

### （五）基础受到的损伤

泵机组在运行中产生的各种形式的振动，尤其是往复式机泵的不平衡力载荷、大气及周围环境的腐蚀作用等，都会对泵机组的基础及底板产生损伤。泵机组基础周期性地受到泵机组所产生的不平衡力，尤其当泵机组的润滑油沿着基础的地面部分渗入到基础的地下部分，整个基础容易因受大的疲劳载荷作用而发生沉陷、开裂等损伤。当泵机组长期处于强烈振动的工况时，其地脚螺栓也容易因疲劳而断裂。

### （六）泵机组常见故障和检查手段

**1. 机组不同心**

包括同心度超标和存在软脚。机组不同心会造成机组振动超标，轴瓦温度上升，口环磨损加重，严重时可造成研瓦、烧瓦和抱轴烧电机。该故障可通过同心度检测或状态监测发现，不需要解体泵壳，可通过电机地脚和垫片的调整来解决。使用激光对中仪进行同心度检测如图 2.3－1 所示。

**2. 轴承故障**

包括滚动轴承支架断裂、滚道损坏、滚珠损坏、游隙超标和滑动轴承间隙超标、研瓦、烧瓦等。轴承故障轻者造成轴承温度报警机组甩泵，重者损坏泵轴、叶轮及烧电机。该故障可通过观察温度显示或进行状态监测发现，如图 2.3－2 所示。

图 2.3－1　机组同心度检测

图 2.3－2　检查轴承故障

**3. 机械密封故障**

包括密封面损坏、弹簧损坏或失效、静密封面损坏、传动键损坏、密封套变形等。机械密封故障轻者造成渗漏超标、甩油，重者损坏泵轴和发生跑油事故。该故障可通过观察温度和渗漏量的变化来判断，如图 2.3－3 所示。

**4. 叶轮故障**

包括口环磨损、叶轮流道有异物、叶片损坏、叶轮紧固件损坏、叶轮松动等。叶轮故障轻者造成泵效降低、振动超标、轴承温度报警、机组甩泵，重者损坏泵轴、叶轮及烧电机。该故障通过解体检查比较容易发现，经解体泵壳维修可解决，如图 2.3－4 所示。

图 2.3－3　机械密封故障

图 2.3－4　叶轮故障

**5. 泵轴故障**

包括泵轴腐蚀、磨损、冲刷造成的沟槽、键槽损坏及泵轴变形等。泵轴故障轻者造成泵效降低，重者损坏泵轴、叶轮及烧电机。该故障只有通过解体检查才能发现，也只有通过解体泵壳维修才可解决，如图 2.3－5 所示。

(a)

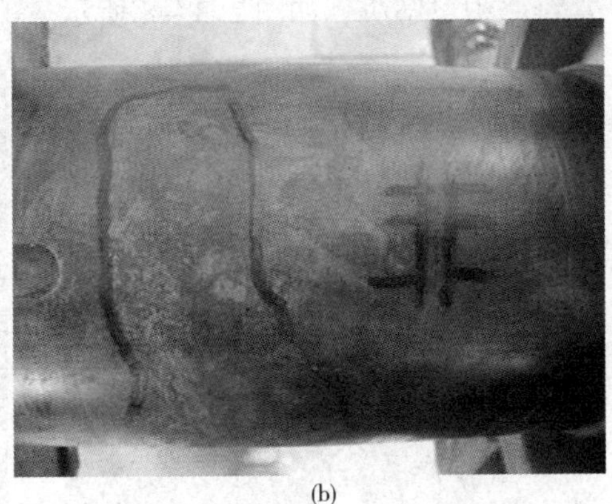

(b)

图 2.3－5　泵轴故障

**6. 转子故障**

包括转子不平衡、隔板磨损、泄压套冲刷腐蚀等。转子故障轻者造成泵效降低、振动超标、轴承温度报警、机组甩泵，重者损坏泵轴或烧电机。该故障可通过状态监测发现，隔板磨损、泄压套冲刷腐蚀只有通过解体检查才能发现，也只有通过解体泵壳维修才可解决，如图 2.3－6 所示。

**7. 泵壳故障**

包括上下泵壳中开面变形、流道损伤、流道堵塞、泵体口环及卡槽损坏等。泵壳故障轻者造成泵效降低，重者发生跑油事故。只有通过解体检查才能发现，也只有通过解体泵壳维修才可解决，如图 2.3－7 所示。

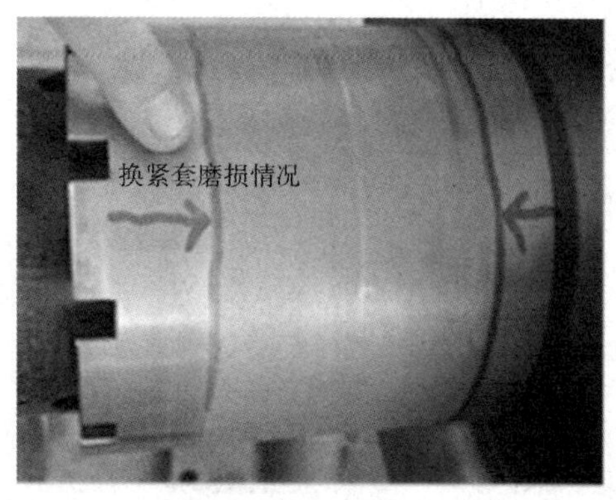


图 2.3－6　转子故障

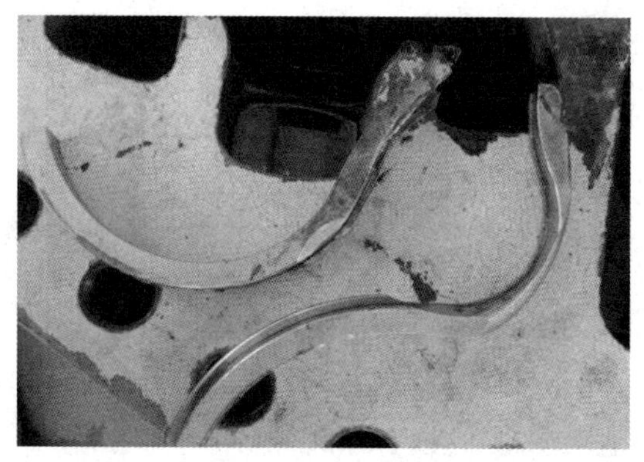

图 2.3－7　泵壳故障

**8. 联轴器故障**

包括弹性片损坏、固定件损坏、传动键损坏或变形、轴孔配合尺寸超标、短节安装尺寸超标等。联轴器故障轻者造成振动超标、轴承温度报警、机组甩泵，重者损坏泵轴或烧电机。该故障可通过停机观察表面变化或进行状态监测就能及时发现，不需要解体泵壳，在正常维修中可解决，如图 2.3－8 所示。

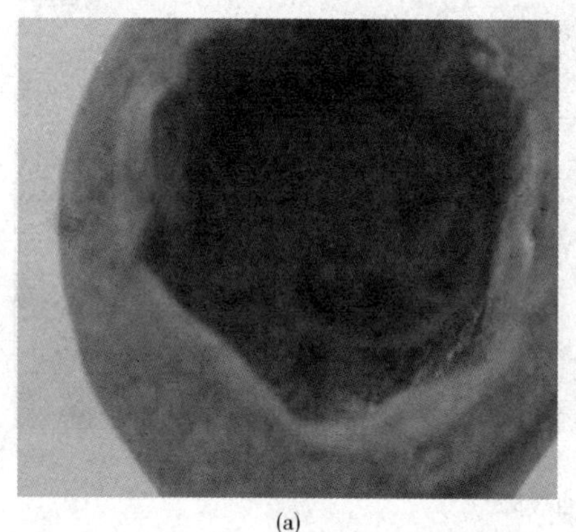

(a)

(b)

图 2.3－8　联轴器故障

图 2.3－9　电机故障

**9. 电机故障**

包括轴承系统、转子系统和定子系统等故障。其中，轴承系统和转子系统的多数故障可以通过仪器、仪表的监测及时发现并解决。但有些故障如线圈内部存积油污等是不易监测和判断的，只有通过解体或由专业的维修部门进行监测来判别，如图 2.3－9 所示。

**10. 电机的吊装**

对于需要返厂进行检修的电机，一般情况下，采用吊车或叉车即可。但目前有部分泵机组是布置在泵房内，吊车和叉车等受作业环境的限制无法使用。针对此种情况，可采用人工的方式，将电机拖移出泵房，在泵房外再实施吊装作业。

①首先采用倒链将电机两头分别固定，防止在移动过程中失去控制，发生安全事故。

②架设轨道，利用长枕木作轨道，轨道应形成一定的角度，便于电机的移动。

③使用多个千斤顶将电机从基座上平稳顶起，顶起高度满足钢管的塞入（一般采用 $\phi110$ 钢管作为滚杠），均匀塞入钢管。

④拉动倒链将电机缓缓拉入轨道，电机沿轨道移出门外，如图 2.3－10 所示。

⑤在室外可继续移动电机直至到达指定位置，如图 2.3－11 所示。

⑥待电机检修后，再逆序进行操作，将电机移至室内基座上。

图 2.3－10 室内电机的移动

图 2.3－11 电机在室外移动就位

## 二、振动频谱分析

### （一）频谱分析的意义

目前站库通常借助 SCADA 生产控制系统，通过输油泵机组振动和温度报警功能，判断设备工作状态，如果机组不能正常启停或异常，则切换到备用机组，同时通知抢维修队到现场维修。这种事后维修方式容易导致“小问题大维修”，从而影响日常生产、降低经济效益，甚至带来严重的安全隐患。因为设备故障在报警之前就已经产生，只是我们对振动和温度数据分析挖掘得不够。利用状态监测技术，获得和分析设备运行时的频谱和数据，可以提前发现设备故障，查找故障源，避免设备故障进一步恶化，实现设备预防型维修管理。

### （二）频谱分析的原理

对泵机组运行的振动数据进行采集，利用信号处理技术，通过傅里叶转变换，将时域信号转换成频域信号加以分析，从而发现设备故障隐患，找出故障源。

通过在泵机组的驱动端和非驱动端选择位置安装传感器，实时监测传感器采集的速度特征值、速度波形、速度频谱、趋势图。通过设置报警阈值、振动变化率，可以有效监测振动变化；同时可以通过软件对信号进行滤波，对一定频宽范围内的信号进行分析，从而初步判断故障类型。

频谱分析常用的图形有：

①波形图：是将振动信号的时间历程表示出来。从波形图可以看出振动信号是否平稳、毛刺、削波、调频、调幅等异常现象，如图 2.3－12 所示。

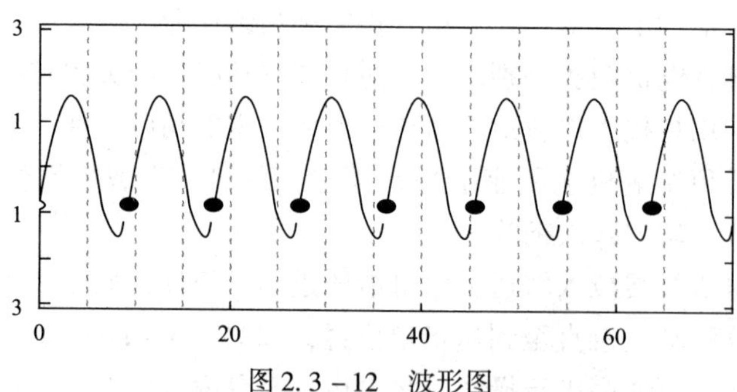


图 2.3－12　波形图

②频谱图：以频率为横坐标，以振幅为纵坐标，将分析结果绘制在图上就可以得到某一时刻的频谱，如图 2.3－13 所示。

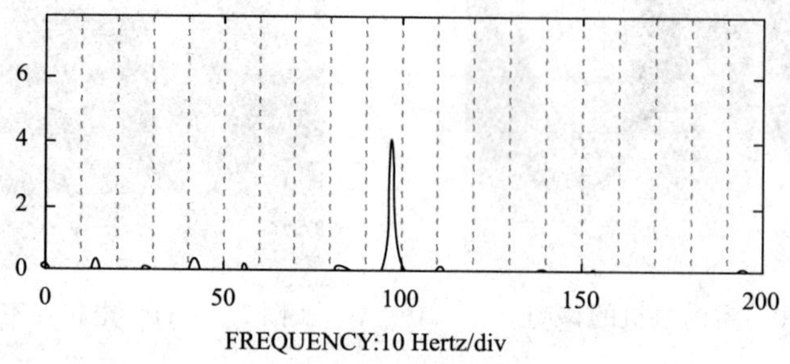


图 2.3－13　频谱图图样

③趋势图：是观察的某个参数随时间变化关系的图形，分析机组的振动随时间、负荷等的变化，如图 2.3－14 所示。

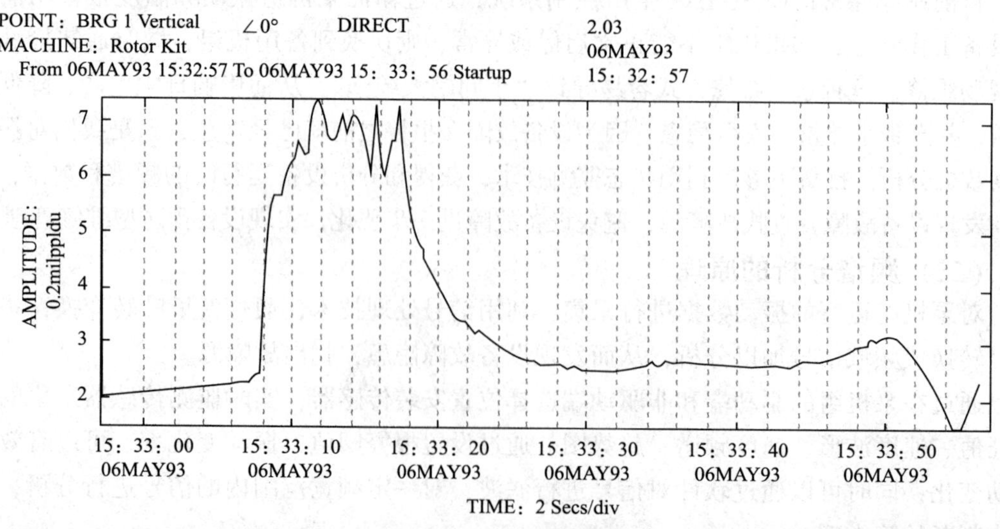


图 2.3－14　趋势图

④瀑布图：由某一测点在连续时间范围内测的频谱图按时间顺序排列组成，如图2.3－15所示。

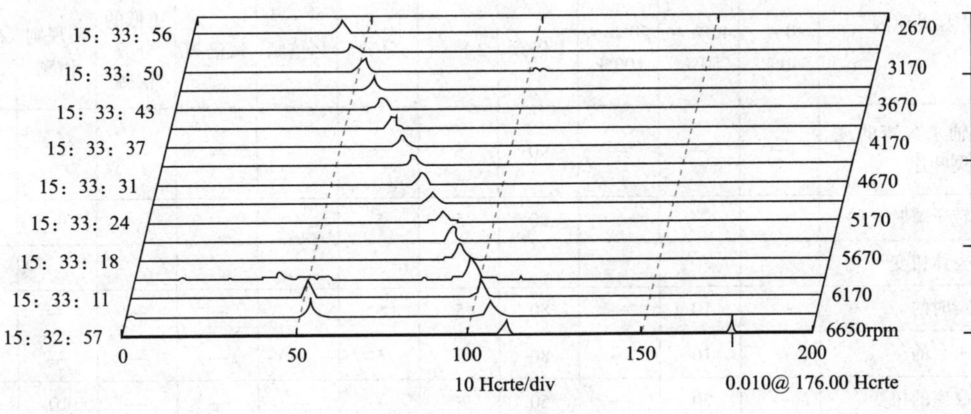


图2.3－15　瀑布图

⑤级联图：是转速连续变化时的频谱图依次组成三维连续的频谱图，如图2.3－16所示。

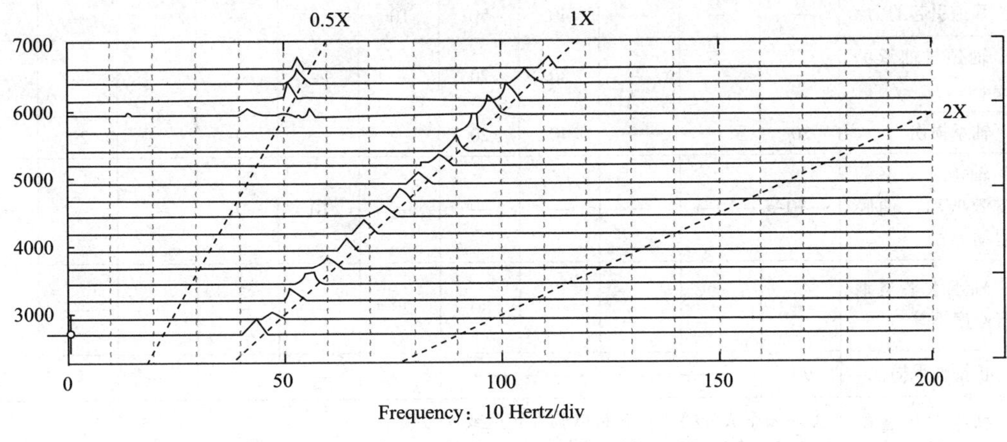


图2.3－16　级联图图样

## （三）频谱分析诊断

通过对振动信号频率分布的分析、相位分析、振动分布位置的分析，有助于对故障的原因及性质进行分析与诊断。表2.3－1～表2.3－3为这种诊断与分析提供了一些参考建议。

表2.3－1　振动原因与频率分布的关系

| 序号 | 振动原因 | 主要频率成分分布 | | | | | | | | | | |
|---|---|---|---|---|---|---|---|---|---|---|---|---|
| | | 0～40% | 40%～50% | 50%～100% | 1倍频 | 2倍频 | 高倍频 | ½倍频 | ¼倍频 | 更低的分数倍频 | 不规则倍频 | 很高的频率 |
| 1 | 制作时的不平衡 | — | — | — | 90 | 5 | 5 | — | — | — | — | — |

续表

| 序号 | 振动原因 | 主要频率成分分布 | | | | | | | | | | |
|---|---|---|---|---|---|---|---|---|---|---|---|---|
| | | 0~40% | 40%~50% | 50%~100% | 1倍频 | 2倍频 | 高倍频 | ½倍频 | ¼倍频 | 更低的分数倍频 | 不规则倍频 | 很高的频率 |
| 2 | 轴永久弯曲或丢失叶片 | — | — | — | 90 | 5 | 5 | — | — | — | — | — |
| 3 | 转子瞬时变曲 | — | — | — | 90 | 5 | 5 | — | — | — | — | — |
| 4 | 壳体扭变 | | | | | | | | | | | |
| | 瞬时的 | ← | 10 | → | 80 | 5 | 5 | — | — | — | — | — |
| | 永久的 | ← | 10 | → | 80 | 5 | 5 | — | — | — | — | — |
| 5 | 底座的扭变 | ← | 20 | → | 50 | 20 | — | — | — | — | 10 | — |
| 6 | 密封部分摩擦 | 10 | 10 | 10 | 20 | 10 | 10 | — | — | 10 | 10 | 10 |
| 7 | 轴向的转子摩擦 | ← | 20 | → | 30 | 10 | 10 | — | — | 10 | 10 | 10 |
| 8 | 不对中 | — | — | — | 40 | 50 | 10 | — | — | — | — | — |
| 9 | 管道引起的力 | — | — | — | 40 | 50 | 10 | — | — | — | — | — |
| 10 | 轴颈与轴承的偏心 | — | — | — | 80 | 20 | — | — | — | — | — | — |
| 11 | 轴承损伤 | 20 | ——→ | | 40 | 20 | — | — | — | — | 20 | — |
| 12 | 轴承和支座的自激振动（油膜涡动等） | ←10→ | ←70→ | — | — | — | — | 10 | 10 | — | — | — |
| 13 | 轴承水平与垂直刚度不等 | — | — | — | — | 80 | 20 | — | — | — | — | — |
| 14 | 止推轴承损伤 | 90 | ——→ | | | | — | — | — | — | — | 10 |
| 15 | 转子（热套配合）装配过盈不足 | 主要频率成分将出现在最低临界转速或共振频率 | | | | | | | | | | |
| | | 40 | 40 | 10 | — | — | — | — | — | — | 10 | — |
| 16 | 轴瓦 | 90 | → | — | — | — | — | — | — | — | 10 | — |
| 17 | 轴承套 | 90 | → | — | — | — | — | — | — | — | 10 | — |
| 18 | 壳体和支座 | 50 | → | — | — | — | — | — | — | — | 50 | — |
| 19 | 齿轮精度不够 | — | — | — | — | — | 20 | — | — | — | 20 | 60 |
| 20 | 联轴节精度不够或损伤 | 10 | 20 | 10 | 20 | 30 | 10 | — | — | — | — | — |
| 21 | 转子和轴承系统处于临界 | — | — | — | 100 | — | — | — | — | — | — | — |
| 22 | 联轴节处于临界 | — | — | — | 100 | 同时可以肯定齿轮配合很紧 | | | | | | |
| 23 | 悬臂临界 | — | — | — | 100 | — | — | — | — | — | — | — |

续表

| 序号 | 振动原因 | 主要频率成分分布 | | | | | | | | | | |
|---|---|---|---|---|---|---|---|---|---|---|---|---|
| | | 0～40% | 40%～50% | 50%～100% | 1倍频 | 2倍频 | 高倍频 | ½倍频 | ¼倍频 | 更低的分数倍频 | 不规则倍频 | 很高的频率 |
| 24 | 壳体结构共振 | — | 10 | — | 70 | 10 | — | 10 | — | — | — | — |
| 25 | 支座 | — | 10 | — | 70 | 10 | — | 10 | — | — | — | — |
| 26 | 底座 | — | 20 | — | 60 | 10 | — | 10 | — | — | — | — |
| 27 | 压力脉动 | 如果同时发生共振，非常麻烦 | | | | | | | | | 100 | — |
| 28 | 电源系统引起振动 | — | — | — | — | — | — | | — | — | — | — |
| 29 | 振动传递 | — | — | — | — | — | — | | — | — | 90 | |
| 30 | 阀门振动 | — | — | — | — | — | — | | — | — | — | 100 |
| 31 | 旋转失速 | $\omega_{SA}=\frac{1}{2}\cdot\frac{Q}{Q_{100\%}}\omega_R$（$\omega_{SA}$：旋转失速频率；$\omega_R$：工作转速；$Q$：实际流量；$Q_{100\%}$：设计流量） | | | | | | | | | | |

**表 2.3－2　振动原因与振动分布方向、分布位置的关系**

| 序号 | 振动原因 | 垂直 | 水平 | 轴向 | 轴 | 轴承 | 壳体 | 底座 | 管道 | 联轴节 |
|---|---|---|---|---|---|---|---|---|---|---|
| 1 | 制作时的不平衡 | 40 | 50 | 10 | 90 | 10 | — | — | — | — |
| 2 | 永久弯曲或丢失零件（叶片） | | | | | | — | — | — | — |
| 3 | 转子瞬时弯曲 | | | | | | — | — | — | — |
| 4 | 壳体扭曲 | | | | | | — | — | — | — |
| 5 | 基础的扭曲 | | | | 40 | 30 | 10 | 10 | 10 | — |
| 6 | 密封部分摩擦 | 30 | 40 | 30 | 80 | 10 | 10 | — | — | — |
| 7 | 转子轴向摩擦 | 30 | 40 | 30 | 70 | 10 | 20 | — | — | — |
| 8 | 不对中 | 20 | 30 | 50 | 80 | 0 | 10 | — | — | — |
| 9 | 管道引起的作用力 | 20 | 30 | 50 | 80 | 10 | 10 | — | — | — |
| 10 | 轴颈与轴承的偏心 | 40 | 50 | 10 | 90 | 10 | — | — | — | — |
| 11 | 轴承损伤 | 30 | 40 | 30 | 70 | 20 | 10 | — | — | — |
| 12 | 轴承和支座的受迫振动（油膜涡动等） | 40 | 50 | 10 | 50 | 20 | 20 | 20 | — | — |
| 13 | 垂直水平刚度不等 | 40 | 50 | 10 | 40 | 30 | 30 | — | — | — |
| 14 | 止推轴承损伤 | 20 | 30 | 50 | 60 | 20 | 20 | — | — | — |
| 15 | 转子（热压配合）过盈不足 | 40 | 50 | 10 | 60 | 20 | 20 | — | — | — |
| 16 | 轴瓦 | 40 | 50 | 10 | 80 | 10 | 10 | — | — | — |

续表

| 序号 | 振动原因 | 垂直 | 水平 | 轴向 | 轴 | 轴承 | 壳体 | 底座 | 管道 | 联轴节 |
|---|---|---|---|---|---|---|---|---|---|---|
| 17 | 轴承套 | 40 | 50 | 10 | 70 | 20 | 10 | — | — | — |
| 18 | 壳体和支座 | 40 | 50 | 10 | 50 | 20 | 30 | — | — | — |
| 19 | 齿轮精度不够 | 30 | 50 | 20 | 80 | 10 | 10 | — | — | — |
| 20 | 联轴节精度不够或损伤 | 30 | 40 | 30 | 70 | 20 | — | — | — | 10 |
| 21 | 转子和轴承系统临界 | 40 | 50 | 10 | 70 | 30 | — | — | — | — |
| 22 | 联轴节临界 | 20 | 40 | 40 | 10 | 10 | — | — | — | 80 |
| 23 | 悬臂临界 | 40 | 50 | 10 | 70 | 10 | — | — | — | 20 |
| 24 | 壳体的结构共振 | 40 | 50 | 10 | — | 40 | 40 | 10 | 10 | — |
| 25 | 支座 | 40 | 50 | 10 | — | 20 | 50 | 20 | 10 | — |
| 26 | 基础 | 30 | 40 | 30 | — | 10 | 40 | 40 | 10 | — |
| 27 | 压力脉动 | 30 | 40 | 30 | 可能激励涡动和共振 | | 30 | 30 | 40 | — |
| 28 | 电源系统引起振动 | 30 | 40 | 30 | ↓ | ↓ | 40 | 40 | 20 | — |
| 29 | 振动传递 | 30 | 40 | 30 | ↓ | ↓ | 40 | 40 | 20 | — |
| 30 | 阀门振动 | 30 | 40 | 30 | — | — | 40 | 40 | 20 | — |
| 31 | 故障 | | | | | | | | | |
| 32 | 次谐波共振 | 30 | 30 | 40 | 20<br>如果轴承被共振 | 80 | 20 | 20 | 20 | — |
| 33 | 谐波共振 | 40 | 40 | 20 | 20 | 10 | 10 | 30 | 20 | — |
| 34 | 摩擦引起振动 | 40 | 50 | 10 | 80 | 20 | — | — | — | — |
| 35 | 临界转速 | 40 | 50 | 10 | 60 | 40 | — | — | — | — |
| 36 | 共振 | 40 | 40 | 20 | 20 | 10 | 20 | 30 | 20 | — |
| 37 | 油膜涡动 | 40 | 50 | 10 | 80 | 20 | — | — | — | — |
| 38 | 油膜振荡 | 40 | 30 | 10 | 20 | 20 | 20 | 20 | 20 | — |
| 39 | 干燥涡动 | 30 | 40 | 30 | 40 | 20 | 20 | 10 | — | 10 |
| 40 | 间隙引起振动 | 40 | 50 | 10 | 70 | 10 | 10 | — | — | 10 |
| 41 | 扭曲共振 | 扭振 | ↓ | — | 100 | 模向幅值<br>40 | 40 | — | — | 10 |
| 42 | 瞬态扭振 | — | ↓ | –<br>– | 扭转<br>100 | 40 | 40 | — | — | 10 |

表 2.3-3　振动机理（类别）与频率分布的关系

| | | | | | | | | | | | |
|---|---|---|---|---|---|---|---|---|---|---|---|
| 分数谐波共振 | — | 非常少见 | | 寻找空气动力学根源（密封） | | | ←100→ | | | — | — |
| 共振 | — | — | — | — | ←100→ | | — | — | — | — | — |
| 摩擦引起涡动 | 80 | 10 | 10 | — | — | — | — | — | — | — | — |
| 临界转速 | — | — | — | 100 | — | — | — | — | — | — | — |
| 共振 | — | — | — | 100 | — | — | — | — | — | — | — |
| 油膜涡动 | — | 100 | 关注空气动力作用使转子抬起（部分许可，等） | | | | | | | | |
| 油膜振荡 | — | 100 | — | — | — | — | — | — | — | — | — |
| 干燥涡动 | — | — | — | — | — | — | — | — | — | — | 100 |
| 间隙引起的振动 | 10 | 80 | 10 | — | — | — | — | — | — | — | — |
| 扭曲共振 | — | — | — | 40 | 20 | 20 | — | — | — | 20 | — |
| 瞬时扭振 | — | — | — | 50 | — | — | — | — | — | 50 | — |

## 三、泵机组常见振动故障的机理与诊断

### （一）不平衡故障的机理与诊断

**1. 振动机理**

不平衡是发生了质心偏离转子轴心线或转子质量对轴心线呈不均匀分布。转子转动时将产生离心力、离心力矩或两者兼而有之，这样就会引起振动。

**2. 故障诊断**

可通过全息谱技术进行确诊。典型特征有工频椭圆较大，其他都较小。如果要区分不同类型的不平衡振动，可通过三维全息谱进行诊断。

### （二）转子弯曲故障的机理与诊断

**1. 振动机理**

轴弯曲振动的机理主要是产生旋转矢量激振力，还会使轴两端产生锥形运动，在轴向产生较大的工频振动。

**2. 故障诊断**

与不平衡故障基本相似。

### （三）偏心故障的机理与诊断

**1. 振动机理**

偏心是指定子与转子之间不同心的一种故障，电机转子偏心振动的激励源为定、转子之间的磁拉力，泵转子偏心振动是由于不相等的液压力作用于转子所致。

**2. 故障诊断**

可通过热像仪检测作出辅助诊断。

### （四）热变形故障的诊断

**1. 机组热变形的原因**

①同心度超标，造成叶轮周向能量转换不等。

②操作不当，造成壳体温升过快。

**2. 故障诊断**

①振动频率以转子工频为主，有时还伴有动静摩擦特征；

②径向振动较大，且 $x$、$y$ 两个方向的幅值有时相差较大；

③用红外热像仪或点温计测量壳体上不同区域的表面温度相差较多；

④振动随转速的变化不明显，有别于不平衡时的情况。

### （五）转子不对中故障的机理与诊断

**1. 故障机理**

刚性联轴节联结的转子对中不良时，会造成转子弯曲变形。

**2. 故障诊断**

不对中的谱特征以二倍频为主，振动比较稳定。在全息谱上表现为二倍频椭圆较扁。

### （六）转轴横向裂纹的诊断

诊断轴裂纹主要通过对比法，观察开停车过程中通过半临界转速时幅值的变化以及监测转子运行中二倍频幅值变化的速度，尤其是停车过程数据更有诊断价值。

### （七）支承系统连接松动故障的机理与诊断

**1. 振动机理**

支承系统连接松动是指系统结合面存在间隙或连接刚度不足，造成机组运行振动过大。

**2. 故障诊断**

①对比不同位置的振幅和相位。

②高次谐波振值大于工频的 1/2 时，一般应判断为松动。

### （八）动静碰摩故障的机理与诊断

**1. 振动机理**

动静碰摩主要是指动静件之间由于间隙过小发生接触再弹开，造成构件的动态刚度的改变。

**2. 故障诊断**

动静碰摩故障主要以分谐波为特征。

### （九）叶轮和转轴之间配合失效故障的机理与诊断

**1. 振动机理**

当过盈量不足时，叶轮有可能在高速旋转过程中松脱，并产生强烈振动。

**2. 故障诊断**

配合失效是在几乎无间隙条件下发生的，不存在碰撞特点。松脱前，振动比较正常，当达到松脱条件后，则失稳特征比较明显，以分频率为主或显出全弧摩擦特征，低阶谐波明显增大，几乎没有高阶成分。从多角度分析比较，可作出比较合乎实际的结论。

# 四、泵机组常见故障应急处理方法

## （一）离心泵常见故障

离心泵常见故障应急处理方法见表2.3－4～表2.3－6。

**表2.3－4　离心泵常见故障、原因及处理方法**

| 序号 | 故障现象 | 产生原因 | 处理方法 |
|---|---|---|---|
| 1 | 启机后压力过低 | 1. 旋转方向错误<br>2. 电机工作转速低<br>3. 进口压力过低<br>4. 进口漏气<br>5. 泵内有气体，吸入管路未充满油 | 1. 调整旋转方向<br>2. 提高转速<br>3. 提高进口压力<br>4. 处理漏气部位<br>5. 充分灌泵 |
| 2 | 离心泵抽空 | 1. 进口压力过低<br>2. 入口阀门故障关死<br>3. 过滤器堵塞<br>4. 油温过低<br>5. 泵内有气体，吸入管路未充满介质 | 1. 提高进口压力<br>2. 排除入口阀门故障，全开入口阀门<br>3. 清洗过滤器<br>4. 提高油温<br>5. 充分灌泵 |
| 3 | 运行中流量降低 | 1. 吸入压力过低<br>2. 吸入管路漏气<br>3. 泵内部零件磨损<br>4. 叶轮堵塞或磨损<br>5. 转速降低 | 1. 提高进口压力<br>2. 处理漏气部位<br>3. 更换零件<br>4. 清洗叶轮流道或更换叶轮<br>5. 检查供电频率或测量电机转速 |
| 4 | 电机过载运行 | 1. 电压过低<br>2. 泵内部零件磨损<br>3. 机组未找正或轴弯曲<br>4. 轴承损坏<br>5. 供电电压不符或电机两相运转 | 1. 提高电压<br>2. 更换零件<br>3. 重新找正或换轴<br>4. 更换轴承<br>5. 调整电压或检查线路 |
| 5 | 泵体温度过高 | 1. 泵或管线未被完全排空<br>2. 产生汽蚀<br>3. 机组未找正<br>4. 转子动平衡不好 | 1. 充分排空<br>2. 提高泵入口压力，检查泵前过滤器是否堵塞<br>3. 重新找正<br>4. 重新做动平衡 |
| 6 | 机械密封泄漏量超标 | 1. 机械密封损坏<br>2. 机械密封轴套磨损<br>3. 油质脏，有沙粒，密封面不清洁<br>4. 泵机组振动大 | 1. 更换机械密封<br>2. 更换机械密封轴套<br>3. 清洗机械密封<br>4. 调整泵机组同心度 |
| 7 | 离心泵机组振动超标 | 1. 泵或管线未被完全排空<br>2. 转子动平衡超标<br>3. 泵入口管线或叶轮堵塞<br>4. 泵机组轴承损坏<br>5. 机泵同心度超标<br>6. 泵进出口管线固定不牢<br>7. 设备基础螺丝松动 | 1. 充分排空<br>2. 重新做动平衡<br>3. 清理堵塞管线和叶轮<br>4. 更换泵机组轴承<br>5. 机泵重新找正<br>6. 加固泵进出口管线<br>7. 紧固设备基础螺丝 |

**表 2.3－5　滚动轴承故障、原因及处理方法**

| 序号 | 故障现象 | 产生原因 | 处理方法 |
| --- | --- | --- | --- |
| 1 | 轴承过热 | 1. 轴承内润滑脂过多<br>2. 接触式密封压紧在轴上<br>3. 联轴器变形<br>4. 轴承污染<br>5. 环境温度超过40℃<br>6. 润滑不适当<br>7. 轴承倾斜<br>8. 轴承游隙过小<br>9. 轴承被腐蚀 | 1. 清理过多的润滑脂<br>2. 将环安装在槽内或进行更换<br>3. 重新找正<br>4. 清洁或更换轴承，检查密封<br>5. 使用指定的高温润滑脂<br>6. 按手册进行润滑<br>7. 检查安装状况，以较松的配合安装外圈<br>8. 以适当的间隙装配<br>9. 更换轴承，检查密封 |
| 2 | 轴承发出啸叫声 | 1. 润滑不适当<br>2. 轴承倾斜<br>3. 轴承游隙过小<br>4. 轴承被腐蚀 | 1. 按手册进行润滑<br>2. 检查安装状况，以较松的配合安装外圈<br>3. 以适当的间隙装配<br>4. 更换轴承，检查密封 |
| 3 | 轴承运转不规律，有冲击 | 1. 划伤<br>2. 过大的轴承间隙<br>3. 在轨道上有划痕 | 1. 更换轴承，停机时应避免电机受到振动<br>2. 以较小的间隙装配轴承<br>3. 更换轴承 |

**表 2.3－6　滑动轴承故障、原因及处理方法**

| 序号 | 故障现象 | 产生原因 | 处理方法 |
| --- | --- | --- | --- |
| 1 | 轴承过热 | 1. 油位过低<br>2. 润滑油时间过长或脏<br>3. 油环没有均匀转动<br>4. 轴向止推和径向负荷过大<br>5. 油的黏度过高 | 1. 加油<br>2. 清洁轴承箱并换油<br>3. 更换油环<br>4. 校核并重新调整联轴器<br>5. 检验黏度，如果有必要，换油 |
| 2 | 轴承箱泄漏 | 1. 轴封损坏<br>2. 轴封排油孔堵塞<br>3. 油太多<br>4. 轴封间隙过大<br>5. 平衡孔堵塞 | 1. 更换密封<br>2. 清洁排空孔和槽<br>3. 调整油量<br>4. 更换轴封<br>5. 清洁平衡孔 |
| 3 | 润滑油很快变色 | 1. 油位过低<br>2. 油环没有均匀转动<br>3. 轴向止推和径向负荷过大<br>4. 油的黏度过低<br>5. 轴承表面损坏 | 1. 加油<br>2. 更换油环<br>3. 校核并重新调整联轴器<br>4. 检验黏度，如果有必要，换油<br>5. 更换轴承 |
| 4 | 轴承温度出现大幅波动 | 1. 润滑油时间过长或脏<br>2. 油的黏度过低（质量有问题或牌号不符）<br>3. 轴承表面损坏 | 1. 清洁轴承箱并换油<br>2. 校核黏度，如果有必要，换油<br>3. 更换轴承 |

## （二）电机电气故障应急处理方法

电机电气故障应急处理方法见表2.3－7。

表2.3－7　电机常见故障、原因及处理方法

| 序号 | 故障现象 | 产生原因 | 处理方法 |
|---|---|---|---|
| 1 | 电机不能启动 | 1. 过载<br>2. 电源一相开路<br>3. 定子绕组没有正确连接 | 1. 降低负荷<br>2. 检查开关装置和供电回路<br>3. 检查绕组接线 |
| 2 | 电机加速困难 | 1. 过载<br>2. 开关合上后，电源一相开路<br>3. 定子绕组没有正确连接<br>4. 在定子绕组中，相互转换或相间短路 | 1. 降低负荷<br>2. 检查开关装置和供电回路<br>3. 检查绕组接线<br>4. 测量绕组电阻和绝缘电阻，送到工厂修理 |
| 3 | 在启动时发出蜂鸣声 | 1. 开关合上后，电源一相开路<br>2. 定子绕组没有正确连接<br>3. 在定子绕组中，相互转换或相间短路 | 1. 检查开关装置和供电回路<br>2. 检查绕组接线<br>3. 测量绕组电阻和绝缘电阻，送到工厂修理 |
| 4 | 在运行时发出蜂鸣声 | 1. 过载<br>2. 开关合上后，电源一相开路<br>3. 定子绕组没有正确连接<br>4. 在定子绕组中，相互转换或相间短路 | 1. 降低负荷<br>2. 检查开关装置和供电回路<br>3. 检查绕组接线<br>4. 测量绕组电阻和绝缘电阻，送到工厂修理 |
| 5 | 空载运行，温度过高 | 系统电压低，频率低 | 改变系统条件 |
| 6 | 在负载运行时，温度过高 | 1. 过载<br>2. 开关合上后，电源一相开路 | 1. 降低负荷<br>2. 检查开关装置和供电回路 |
| 7 | 个别绕组区过热 | 1. 定子绕组没有正确连接<br>2. 在定子绕组中，相互转换或相间短路 | 1. 检查绕组接线<br>2. 测量绕组电阻和绝缘电阻，送到工厂修理 |
| 8 | 摩擦噪声 | 回转部件摩擦 | 查明原因，重新对中 |
| 9 | 过高的温度 | 1. 供风堵塞、过滤器脏、转向错误<br>2. 冷却能力不足 | 1. 检查风道、清洁过滤器、更换风扇<br>2. 清洁冷却器和风道 |
| 10 | 径向振动 | 1. 转子不平衡<br>2. 转子不正，轴变形<br>3. 泵机组找正不良<br>4. 泵不平衡<br>5. 传动装置干扰<br>6. 基础共振<br>7. 基础改变 | 1. 拆出转子并重新平衡<br>2. 回厂处理<br>3. 重新找正，检查联轴器<br>4. 重新平衡泵<br>5. 检查传动装置<br>6. 回厂检修，加强基础<br>7. 弄清改变的原因并消除，重新进行电机对中 |
| 11 | 轴向振动 | 1. 泵机组对中粗糙<br>2. 传动装置干扰<br>3. 基础共振<br>4. 基础改变 | 1. 重新对中，检查联轴器<br>2. 检查传动装置<br>3. 回厂检修，加强基础<br>4. 弄清改变的原因并消除，重新进行电机对中 |

# 第四节　典型案例分析

## 一、某站 10#输油泵机械密封泄漏检修

### （一）10#泵检维修情况

2017 年 5 月 12 日，某站 10#泵启泵，驱动端机械密封原油泄漏偏大，SCADA 系统泄漏检测直接报警，造成 10#泵部分原油泄漏到泵区地面上。

5 月 17 日上午到某站进行检修，依次拆除联轴器、靠背轮、轴承箱、轴承、机械密封，将机械密封打开进行检查，发现机械密封动静环上有大面积结胶和脏物，导致机械密封动静环贴合面贴合不紧，从而导致部分原油泄漏。将机械密封打开，将结胶部分和脏物进行清理，清理干净后重新组装机械密封，在泵轴驱动端依次安装机械密封、轴承、轴承箱、靠背轮、联轴器。

5 月 18 日，对非驱动端机械密封也进行一次检查，以避免短期内再次出现原油泄漏问题，依次拆除端盖、轴承箱、轴承、机械密封，将机械密封打开进行检查，发现机械密封动静环上也有大面积结胶和脏物。将机械密封打开，将结胶部分和脏物进行清理，清理干净后重新组装机械密封，在泵轴非驱动端依次安装机械密封、轴承、轴承箱、端盖。

5 月 19 日上午，10#泵启动，运行一切正常。

### （二）检维修情况图示

①清洗前的驱动端机械密封，拆解下来的动静环及杂质，如图 2.4－1 和图 2.4－2 所示。

图 2.4－1　清洗前的驱动端机械动、静环

②清洗完成后的驱动端机械密封，如图 2.4－3 所示。

图 2.4 -2　清洗前的驱动端机械密封

图 2.4 -3　清洗后的机械密封

③清洗前的非驱动端机械密封及拆解下来的动静环，如图 2.4 -4 和图 2.4 -5 所示。

④清洗完成后的非驱动端机械密封，如图 2. 4 -6 所示。

图 2.4 -4　清洗前的机械密封动静环

图 2.4 -5　清理出来的杂质

图 2.4 -6　清洗后的非驱动端机械密封

## (三) 原因分析

根据现场检维修情况和运行工况，对机械密封原油结胶情况进行了分析，可能有以下原因：

①输送原油比较脏，颗粒比较大，易造成冲洗管堵塞，进而影响机械密封的冲洗效果。

②该泵是变频启动，有时转速比较低，杂质、脏物易进入机械密封腔体内形成结胶。

③该泵机械密封是博格曼生产的机械密封，结胶可能与机械密封的设计有关系，可以咨询一下厂家，目前运行工况是否对机械密封有影响，是否有改进余地。

④该泵为长期运行泵，运行时间偏长，脏物日积月累，容易造成机械密封的堵塞。

## 二、某站转油泵大修案例

### （一）转油泵故障情况

2016 年 11 月在某站设备秋检过程中发现，转油泵无法进行正常盘车，对转油泵进行解体检查，依次拆除联轴器、靠背轮、两端轴承箱、机械密封，发现机械密封有损伤、需更换，拆除泵盖，发现泵体中开面严重锈蚀、转子严重锈蚀、五级叶轮隔离套严重锈蚀。决定对转油泵进行大修，对泵轴转子进行除锈、清洗、润滑、动平衡检测调整，处理完成后再运回该站进行组装。

### （二）转油泵大修情况

由于大修需要更换机械密封、轴承、中开面垫子，采购需要一定时间，2017 年 2 月到货后进行组装。大修步骤如下：

①对泵轴转子进行除锈、清洗、润滑，利用动平衡机对泵轴转子进行检测和调整。

②将处理完成后的泵轴转子运回该站。

③对转油泵泵盖、泵体中开面进行除锈、研磨、清洗、润滑。

④安装转子，制作中开面垫子，安装泵盖，紧固泵盖螺栓。

⑤依次安装驱动端机械密封、轴承、轴承箱、靠背轮、联轴器。

⑥依次安装非驱动端机械密封、轴承、轴承箱、端盖。

⑦泵体附件安装，对中找正，具备启泵条件。

⑧5 月 24 日下午 18 时 28 分启泵、18 时 40 分停泵，转油泵运转一切正常，泵体中开面、螺栓连接处、冲洗管、排污管、排气管，均无渗漏，大修全部完成。

### （三）转油泵大修图示

①除锈、清洗前转油泵转子，如图 2.4－7 所示。

②除锈、清洗前泵体中开面，如图 2.4－8 所示。

图 2.4－7　除锈、清洗前转油泵转子

图 2.4－8　除锈、清洗前泵体中开面

③非驱动端机械密封，如图 2.4－9 所示。

图 2.4－9　非驱动端机械密封

④除锈清洗后的泵体及中开面，如图 2.4－10 所示。

(a)泵体

(b)中开面

图 2.4－10　除锈清洗后的泵体及中开面

## (四) 原因分析

根据现场检维修情况和转油泵的运行情况，对转油泵转子、中开面、机封大面积锈蚀情况进行了分析，主要有以下原因：

①2011 年该站转油泵安装管线及设备整体试压后，泵体未能及时进行排空，泵体内部存有大量水气。

②2011 年管线线投产后，由于工艺原因，转油泵一直未启泵，泵体内存有的水气侵蚀造成转子各部件、泵壳内部、机械密封、轴承、轴瓦严重锈蚀，最后导致转油泵根本无法进行手工盘车。

## (五) 建议

针对该站转油泵运行情况，特提出以下建议：

①由于转油泵主要负责将罐内的原油打入干线，因此转油泵启泵的运行次数和时间并不长，建议运行人员定期对转油泵进行盘车，定期检查机械密封和润滑油状况。

②由于转油泵运行次数及时间比较短，建议新增加一个小的自循环流程，每季度运行一次，避免设备长期停用出现故障。

## 三、某站 P202 滑动轴承刮研维修

### （一）故障现象

某站 P202 离心泵为天一泵业产品，型号为 TSY400-350-400，电机为南阳电机厂电机，型号为 YB630M1-2WF2，电机腰部轴承箱温度较高，润滑油有发黑现象，振动值未报警。

### （二）故障分析

根据故障现象分析为轴承润滑不好，未能形成有效润滑，滑动轴承摩擦发热，造成研瓦。

### （三）维修步骤

①办理《检维修施工安全许可票（A）票》，确认泵已退出运行，进出口阀门已关闭，泵机组、进出口阀门电源已断开。

②进行拆卸前的对中检查。

③拆卸联轴器，将拆卸的零件集中规范放置。

④放空润滑油，拆卸润滑油轴承箱，并用气体检测仪检测可燃气体浓度及硫化氢浓度，未超标，继续施工，拆卸滑动轴承，并进行清洗。经过观察，发现滑动轴承下瓦出现研磨现象，如图 2.4－11 所示。

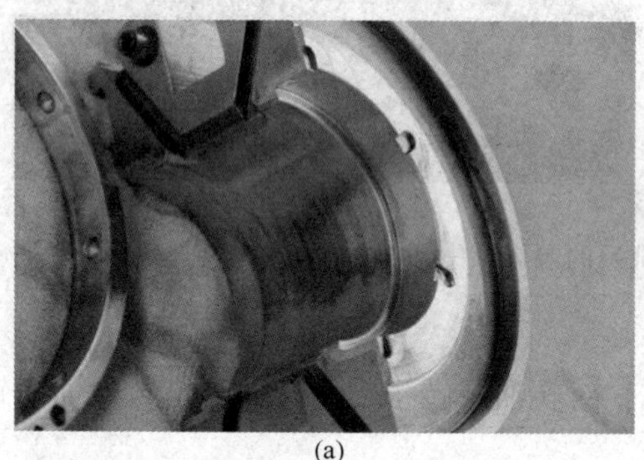
(a)

(b)

图 2.4－11　轴瓦研磨现象

⑤对滑动轴承进行刮研，并进行压铅丝测量。间隙控制为轴径的 1.5%～2‰。保证轴与轴瓦的接触角度大于 60°小于 120°。不能有光滑的接触面，直到每平方厘米中产生 15～20 个接触点为止，如图 2.4－12 所示。

⑥合格后进行组装，并加注润滑油。

⑦进行电机空运，并观察各部分温度，观察 2h。

⑧空运无问题，安装联轴器，进行对中检查并调整。

⑨配合站方进行启泵运行监护，清理作业现场，与站队值班员进行交接，说明维修事项及后期运行注意事项。

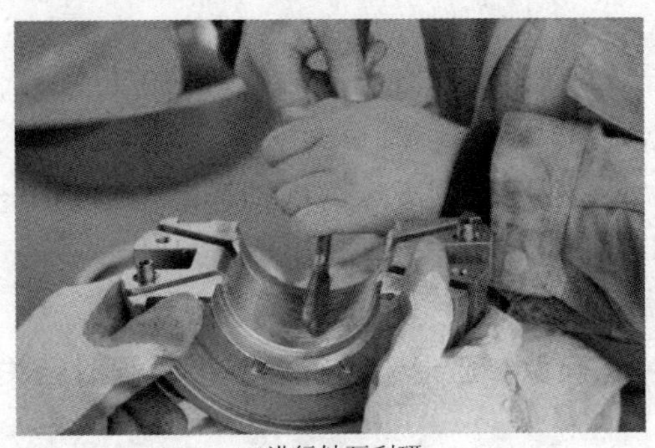
(a)进行轴瓦刮研

(b)轴瓦刮研完成

图 2. 4 – 12　轴瓦刮研

### （五）维修总结

轴承箱温度或振动出现异常情况时，可能性较大的原因为轴瓦出现异常磨损，轴瓦发生研磨。此种情况就要对轴瓦进行刮研，刮研需要有较为丰富的经验，同时要反复不断地进行接触点的观察，使接触点达到标准，不能有较大接触面，同时配合压铅丝测量轴与轴瓦间隙，若间隙过大，则需要更换新的轴瓦。

## 四、某站 P203 输油泵轴颈磨损维修

### （一）故障现象

某站 P203 离心泵为鲁尔泵，型号为 ZM IP 375/06，电机为湘潭电机，型号为 YK2300-2，已经运行 6 万多小时。运行过程中润滑油温度上升，输油泵端部振动也随之上升，振动最大达到 8mm/s，对泵端部轴承座解体检查，发现端部径向轴承轴颈部位磨损，磨损部位金属表面呈现蜂窝状，磨损部位没有过热痕迹。轴颈磨损部位直径为 84. 45mm，未磨损部位直径为 85. 02mm。故障现象如图 2. 4 – 13 所示。

(a)

(b)

图 2. 4 – 13　轴颈磨损

### （二）故障分析

此种型号输油泵采用滚动轴承，根据故障现象分析为滚动轴承安装时存在问题，造成轴承高速运行期间轴承内圈跑内圆，造成轴颈部位磨损。

### （三）维修方案

①根据泵轴磨损情况，需要对泵轴进行维修。制定维修方案，对此泵轴进行维修，同时拆卸、检查叶轮、口环、轴套等转子部件状况。

②对泵轴的维修方法确定为：测量轴颈尺寸，利用外圆磨床磨削损坏部位轴颈至金属基底；采用镀铁工艺，恢复轴颈部位尺寸；利用外圆磨床加工轴颈至要求尺寸。

### （四）维修步骤

①办理《检维修施工安全许可票（A）票》，确认泵已退出运行，进出口阀门已关闭，泵机组、进出口阀门电源已断开。

②进行拆卸前的对中检查。

③拆卸泵壳螺丝、联轴器等零件，将拆卸的零件集中规范放置。

④吊装泵壳。

⑤将泵轴运到维修厂家进行维修。通过厂家测绘发现腰部轴颈尺寸变小，有波纹状痕迹，如图 2.4－14 所示。遂决定对腰部轴颈位置进行探伤，若内部有裂纹等隐患则进行相应处理，若无隐患，则进行电镀处理，补齐尺寸。

⑥同时发现轴套止退键有磨损，根据发现的问题进行一并处理，如图 2.4－15 所示。

图 2.4－14　腰部轴承波纹状磨痕

图 2.4－15　止退键磨损

⑦电镀处理泵轴，如图 2.4－16 和图 2.4－17 所示。

图 2.4－16　端部轴颈修复完成

图 2.4－17　腰部轴颈修复完成

⑧对泵轴进行动平衡。

⑨安装泵轴，并进行泵体的安装。进行对中检查并调整。

⑩配合站方进行启泵运行监护，清理作业现场，与站队值班员进行交接，说明维修事项及后期运行注意事项。

### （五）维修总结

滚动轴承安装时存在问题，造成轴承高速运行期间轴承内圈跑内圆，造成轴颈部位磨损。对于运行时间超过大修周期的泵机组，建议进行解体大修。并对泵轴磨损部位采用电镀进行处理，重新对泵轴转子进行动平衡试验。

## 五、某站 15#输油泵抽空故障的处理

### （一）故障发生过程

2014 年 10 月 11 日，某站接到调度通知准备外管线注水，15：28 给外管线输水，泵运行 35min 后发现泵入口压力波动较大，并且输油泵有产生空转的迹象，输油泵出口压力指针下降并动荡不定，电流表电流急速下降，泵体发生振动，管线剧烈震动并有很大“叮叮”声，机械密封漏油量增大，止推轴承温度急剧上升，同时泵体温度急剧上升。16：23 端瓦温度超高报警，泵入口压力过低报警，进行紧急停泵。

### （二）故障原因分析

储油罐出口管线更换阀门时进行过管线封堵，更换完毕后管线内黄油墙没有溶化，残留在管线中，输水时因黏度减低流速加快使管线中的油泥进入泵入口过滤器，致使泵入口过滤器堵塞，造成输油泵入口压力过低产生泵抽空故障。

处理方法：首先打开过滤器，对输油泵入口过滤器进行清理；其次，对输油泵进行解体检查，发现如下问题：

①轴承支架断裂、止推轴承滚珠损坏、内外固定套磨损，如图 2.4－18 所示。

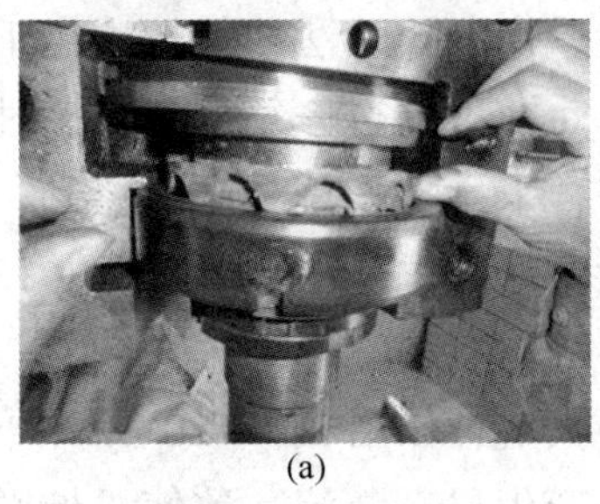
(a)

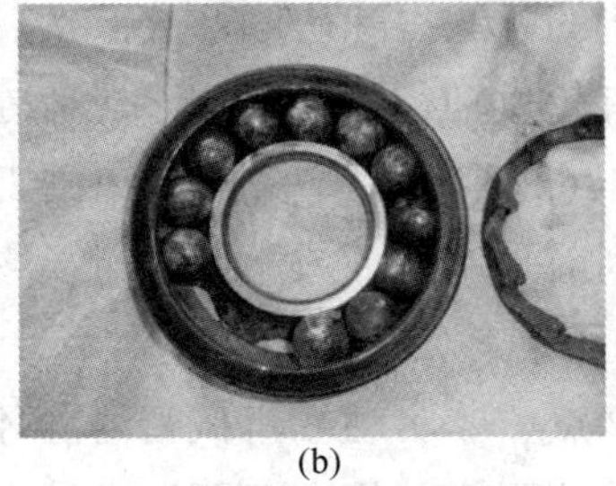
(b)

(c)

图 2.4－18　止推轴承损坏情况

造成以上问题的主要原因是因输油泵抽空产生局部断流，各级叶轮的排量发生变化，造成级间轴向力严重不平衡，这些不平衡力作用于止推轴承上，使止推轴承产生高温变形，造成止推轴承损坏。

处理方法：更换止推轴承。

②非驱动端滑动轴承磨损严重、驱动端滑动轴承轻微磨损，如图 2.4－19 所示。

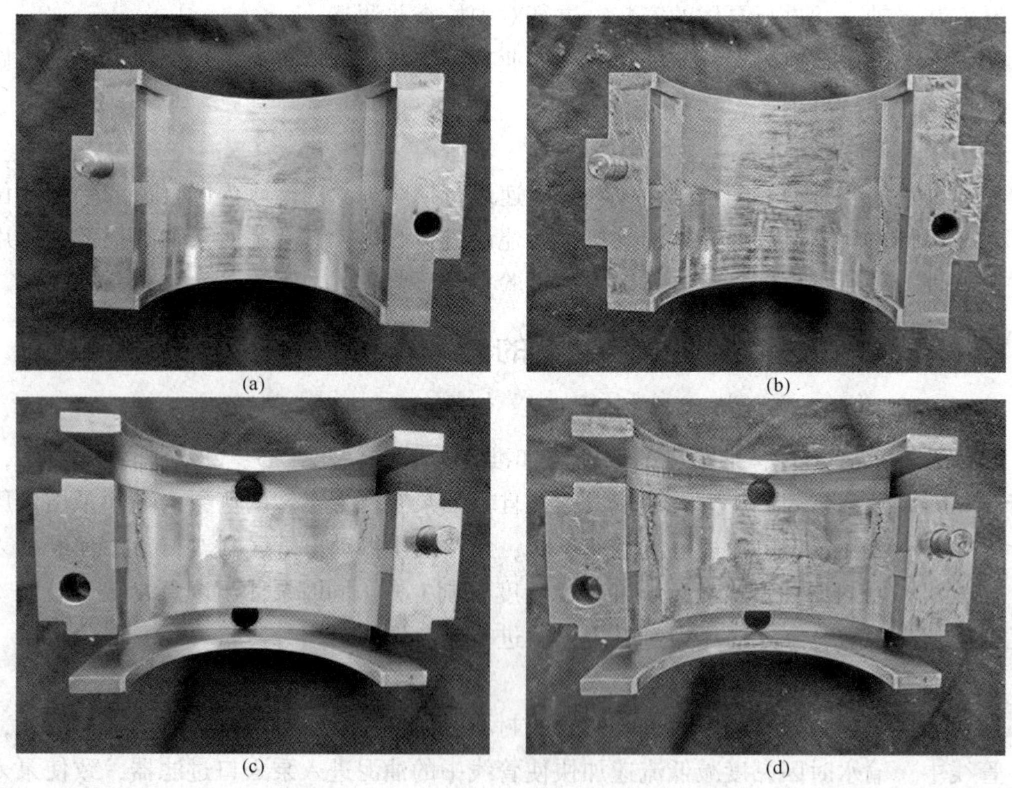

图 2.4－19　滑动轴承磨损

造成输油泵研瓦的主要原因是由于输油泵抽空，输油泵转子产生严重不平衡，转子受强大的径向力作用使转子产生剧烈的振动，由于转子剧烈振动造成泵两端滑动轴承油膜破坏发生研瓦故障。

处理方法：首先用交叉刮研的方法去除研磨部分，然后采用压铅丝法或使用内径千分尺测量轴瓦间隙，如果间隙没有超过轴径的 2‰，可以对滑动轴承进行修复，如果超过轴径的 2‰就更换新轴承。修刮轴瓦时应采用蛇头形三角刮刀，采用推、拉法进行修刮，并采用去大点留小点的方法，修刮前采用蓝油或干研进行显影，直到每平方厘米中产生 15 ~ 20 个接触点为止。

③驱动端机械密封端面有麻点、非驱动端机械密封静环损坏，如图 2.4－20 所示。

造成输油泵机械密封损坏的主要原因是由于泵发生抽空产生局部断流，致使机械密封失去冷却和润滑，造成密封在高温下运行，因高温使动静环在外载荷的作用下抵抗塑性变形和断裂的能力下降，造成密封环断裂。

处理方法：更换机械密封。

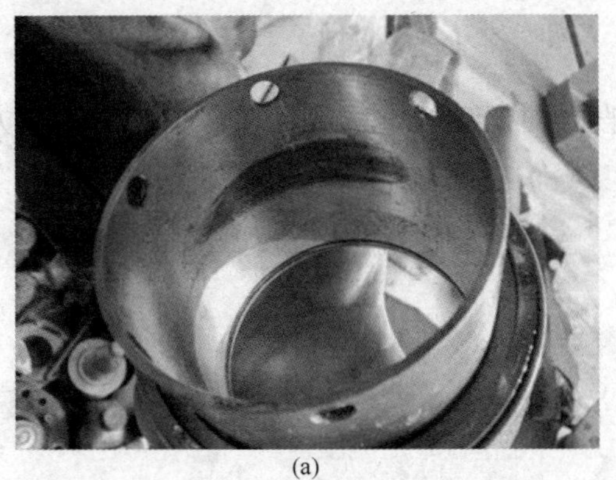

(a)

(b)

图 2.4－20 机械密封有损坏

## 六、输油泵转子不平衡的处理

### （一）故障发生过程

2006 年 6 月 12 日下午 14：30，运行人员发现某一号站 9#输油泵端瓦温度出现忽高忽低的现象，而且润滑油颜色变成黑色。立即对其进行部分更换，温度有所下降，后经多次更换润滑油，但轴瓦温度还是居高不下。经现场振动检测，结果发现驱动端轴承座径向垂直振动值为 3.37mm/s、径向水平振动值为 2.40mm/s、轴向振动值为 0.95mm/s，非驱动端轴承座径向垂直振动值为 3.40mm/s、驱动端轴承座径向水平振动值为 1.84mm/s、轴向振动值为 0.87mm/s，而且 9#输油泵在这之前 9 个月内连续出现了 4 次研瓦故障。

### （二）故障原因分析

**1. 不同站同型号同排量泵振动值对比分析（见表 2.4－1 和表 2.4－2）**

**表 2.4－1 一号站 9#输油泵各部总振值汇总表**

| 测点 | 电机非驱动端垂直 | 电机非驱动端水平 | 电机非驱动端轴向 | 电机驱动端垂直 | 电机驱动端水平 | 电机驱动端轴向 | 泵驱动端垂直 | 泵驱动端水平 | 泵驱动端轴向 | 泵非驱动端垂直 | 泵非驱动端水平 | 泵非驱动端轴向 |
|---|---|---|---|---|---|---|---|---|---|---|---|---|
| 总振值/(mm/s) | 1.84 | 0.71 | 0.59 | 2.18 | 2.95 | 2.02 | 3.37 | 2.40 | 0.95 | 3.40 | 1.84 | 0.87 |

**表 2.4－2 二号站 9#输油泵各部总振值汇总表**

| 测点 | 电机非驱动端垂直 | 电机非驱动端水平 | 电机非驱动端轴向 | 电机驱动端垂直 | 电机驱动端水平 | 电机驱动端轴向 | 泵驱动端垂直 | 泵驱动端水平 | 泵驱动端轴向 | 泵非驱动端垂直 | 泵非驱动端水平 | 泵非驱动端轴向 |
|---|---|---|---|---|---|---|---|---|---|---|---|---|
| 总振值/(mm/s) | 0.78 | 1.50 | 0.32 | 1.37 | 1.66 | 1.04 | 1.18 | 1.32 | 0.77 | 1.56 | 1.56 | 0.79 |

从表中可以看出一号站 9#泵的总振值比同型号同排量下的其他泵要高 1 倍左右。特别

是泵机组的径向垂直方向明显高于其他机组。

**2. 9#输油泵振动频谱分析**

如图 2.4－21 所示，红色（浅色）为垂直方向振动频谱，蓝色（深色）为水平方向振动频谱。

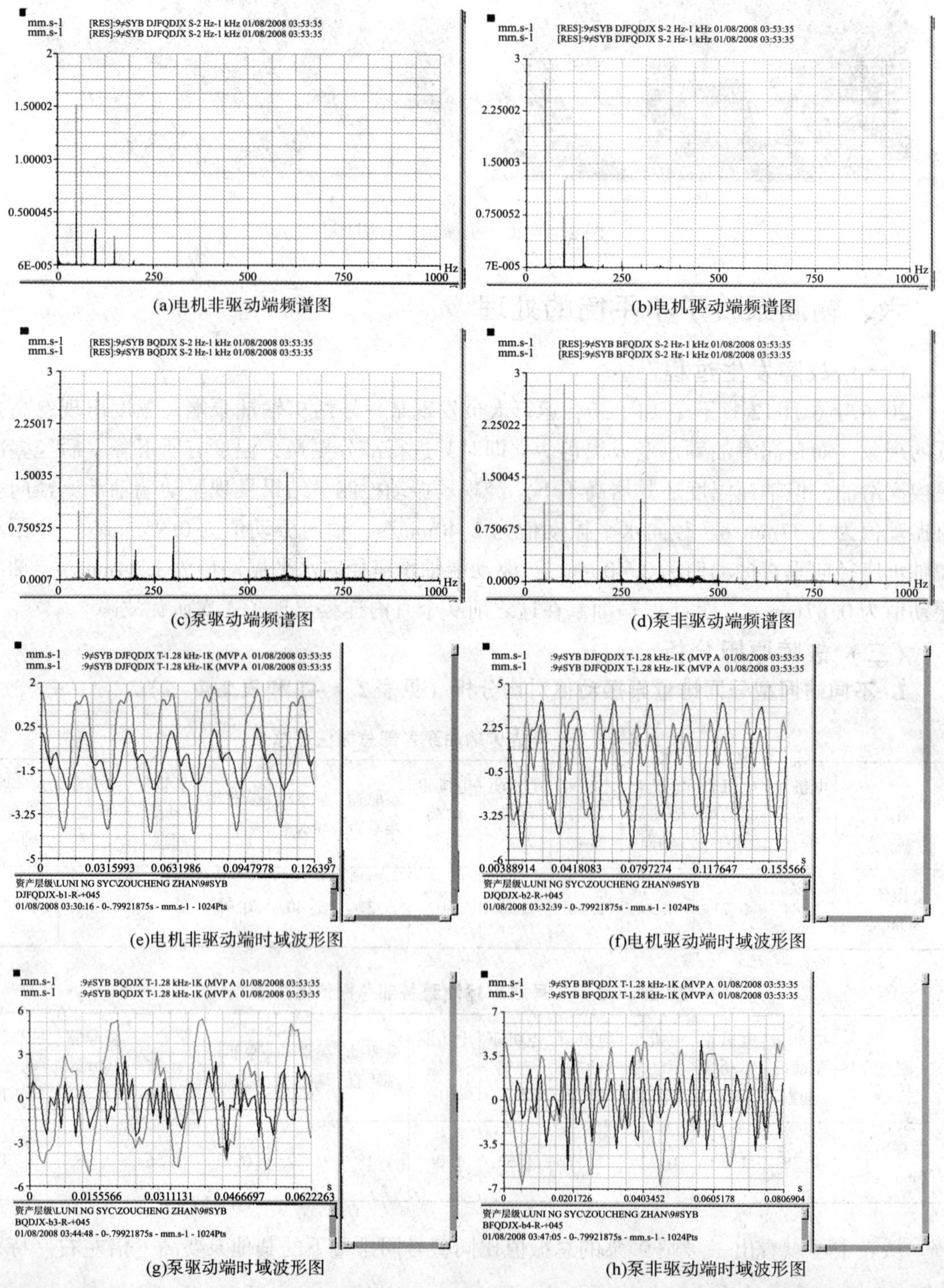


(a)电机非驱动端频谱图　(b)电机驱动端频谱图

(c)泵驱动端频谱图　(d)泵非驱动端频谱图

(e)电机非驱动端时域波形图　(f)电机驱动端时域波形图

(g)泵驱动端时域波形图　(h)泵非驱动端时域波形图

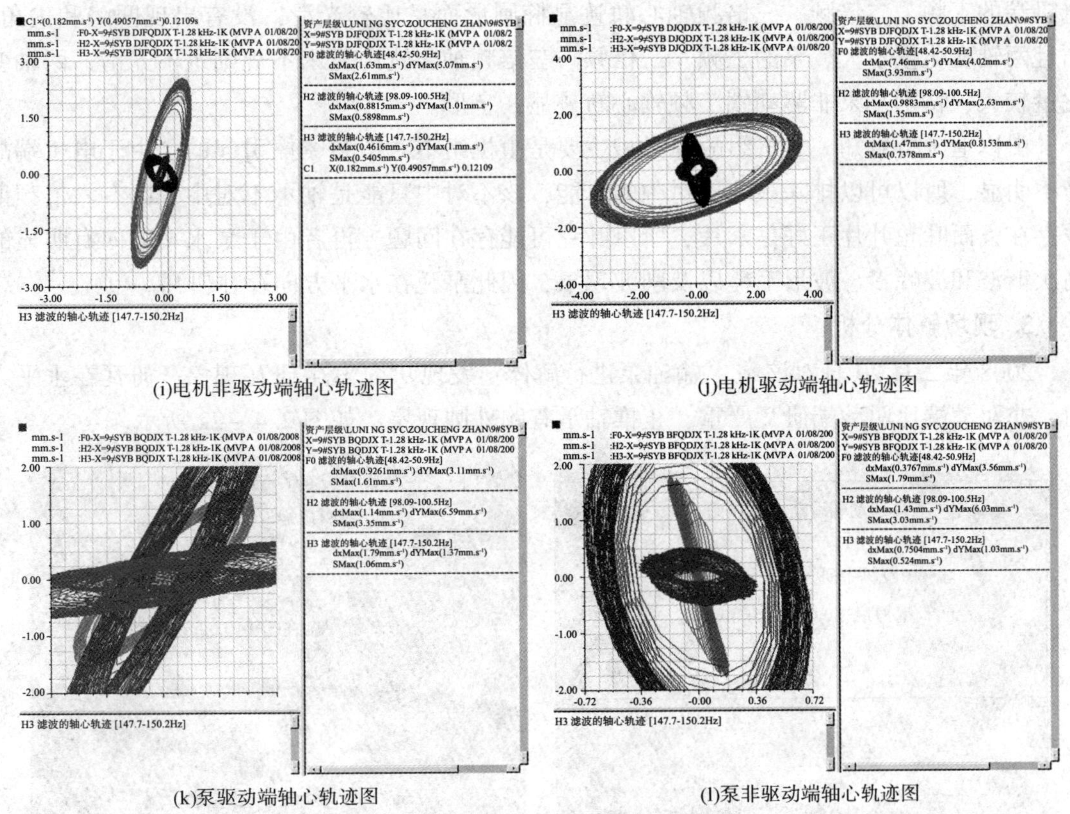

(i)电机非驱动端轴心轨迹图　　(j)电机驱动端轴心轨迹图

(k)泵驱动端轴心轨迹图　　(l)泵非驱动端轴心轨迹图

图 2.4－21　振动频谱分析图

（1）频谱分析

上面的机组频谱图是由振动加速度时域信号经快速傅立叶变换（FFT）得到，从图中可以看出电机端振动没有什么异常，但泵端二倍频明显并伴有一倍频的谐波成分。而且垂直方向的振动位移比水平方向的振动位移大，水平方向出现六倍频谐波。

（2）时域波形分析

根据时域波形图可以看出电机的两端显示周期振动，各频率成分的幅值稳定，波形的重复性好。虽然驱动端垂直方向有波峰翻倍现象，但由于工频本身较低，只有 1.4mm/s，从而使略微偏高的二倍频（1.24mm/s）显得较高；此外，由于还存在一些不太大的高次谐波，所以波形不够光滑，总体上看，机组存在对中不良，但程度并不严重。从泵的两端时域波形图来看；垂直方向基本显示周期振动，各频率成分的幅值较为稳定，波形的重复性较好。但有削波现象存在，而且波峰翻倍比较明显，二倍频较高（2.84mm/s，4.53μm），水平方向显示准周期振动，振动频率不成比例，有明显的高次谐波和六倍频谐波，波形不光滑无规则。水平与垂直两相位差接近 90°，而且主要故障频率以二倍频为主。

（3）轴心轨迹分析

以上的轴心轨迹分别是由电机驱动端、非驱动端和泵驱动端、非驱动端垂直与水平方向振动速度时域波形合成的，虽然对故障的真正原因分析起不了主要作用，但也可以看出电机端的工频、二倍频、三倍频轴心轨迹显椭圆形而且比较光滑，没有出现凹陷和尖角，而且两轴变化量不大。泵的工频、二倍频、三倍频轴心轨迹显示不规则也不光滑，两轴变化量较大，特别是泵非驱动端工频轴心轨迹显 8 字形。

由以上分析可知，本机组故障类型主要是由机组不对中和摩擦引起的，由于电机端故障不明显，所以可以排除系统不对中的可能，该不对中只能是轴承不对中，因有六倍频谐波存在，而叶轮叶片正好是六片，所以叶片可能存在问题。再者由于泵水平方向有明显的高次谐波和波峰多、波形毛糙以及削波现象，因此泵瓦在水平方向存在研瓦。

**3. 现场解体分析**

2008 年 2 月 20 日对该站 9#输油泵进行解体。发现 9#泵发生研瓦现象，研瓦在水平方向，非驱动端比驱动端研瓦严重，止推轴承有跑外圆现象，如图 2.4－22 所示。

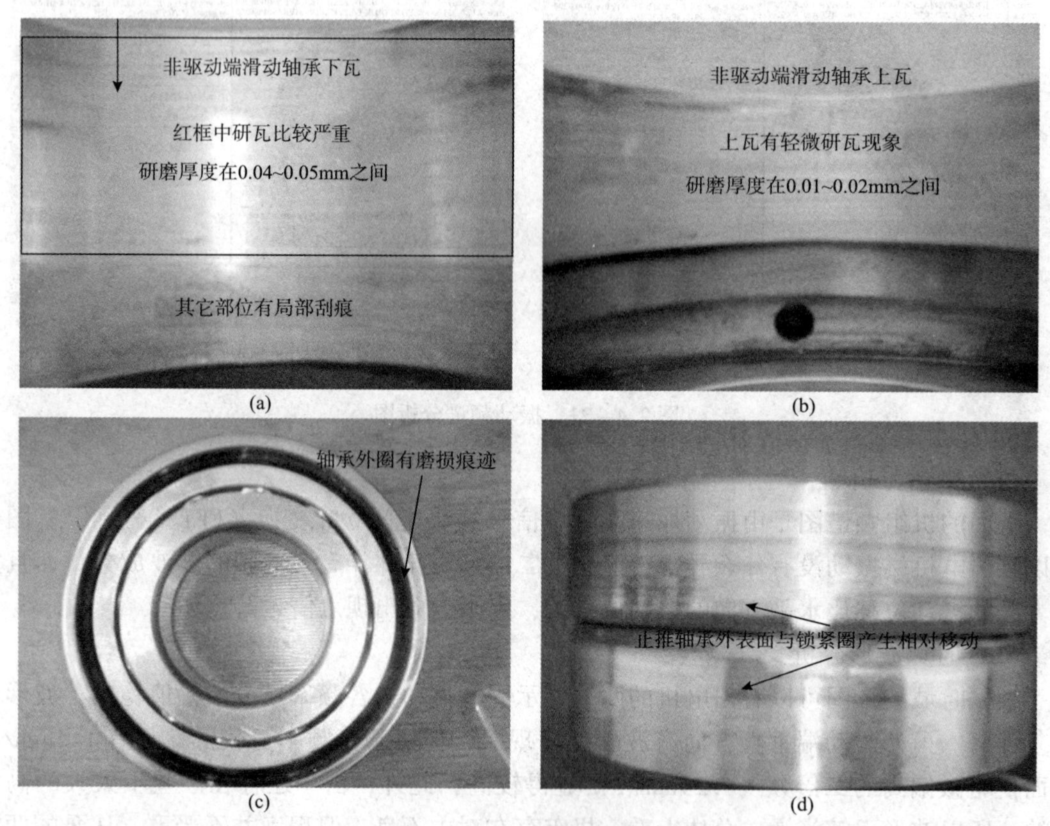


图 2.4－22　9#输油泵故障

图 2.4－22（a）中箭头所指部位是研瓦的最严重区域，瓦面已产生轻微裂纹，此区域在下瓦的内西侧。图 2.4－22（b）中研瓦相对比较均匀，上瓦没有发现裂纹。由于图 2.4－22（c）中止推轴承外侧有磨损痕迹，说明轴承端面压盖给予它有一定的紧力。根据图 2.4－22（c）、图 2.4－22（d）所产生的现象可以断定止推轴承跑外圆，而且是在有一定紧力的情况下跑外圆，证明止推轴承承受非常大的轴向力。由于巨大的轴向力带动止推轴承锁紧圈旋转，使锁紧圈紧固螺栓压进轴承座上盖与轴承之间的缝隙中，螺杆发生弯

曲，因泵轴受到径向力产生偏移，偏移方向与受力方向一致（见图 2.4－23）

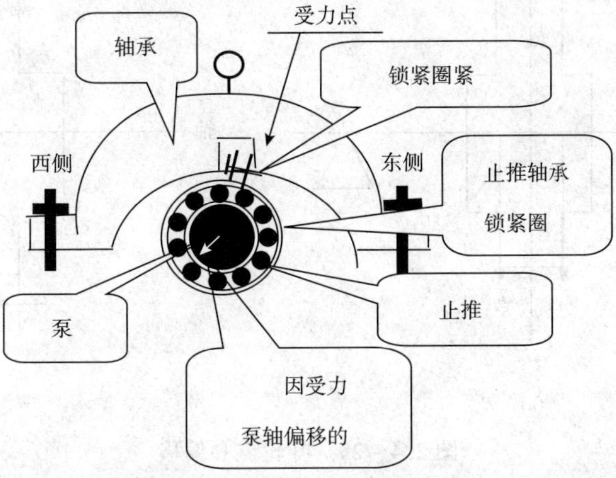

受力点
轴承
锁紧圈紧
西侧
东侧
止推轴承
锁紧圈
泵
止推
因受力
泵轴偏移的

图 2.4－23　受力分析图

打开泵壳后发现叶轮入口处镶有一根长 96mm、直径 30mm、壁厚 6mm、质量 60g 的铁管，如图 2.4－24 所示。

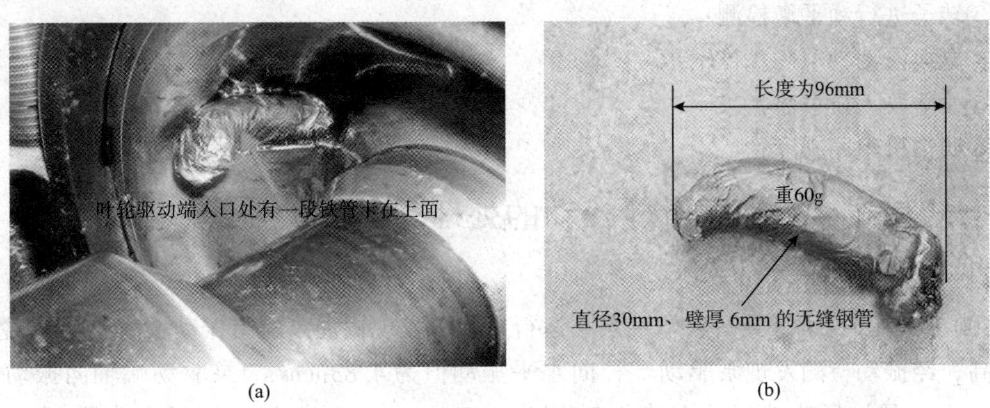


图 2.4－24　叶轮入口处铁管

**4. 综合分析**

该泵轴承是滑动轴承，型号为 BW－20229－7，机组为刚性基础结构，轴承座配有防动销和防动止口，而且轴承是球形有自动调节同心功能，两轴承座不可能偏移，根据转子结构可以看出，当叶轮两侧发生质量不平衡时就会产生轴承不对中现象，如图 2.4－25 所示。

$G_1$ 为叶轮后盘重心，$G_2$ 为叶轮前盘重心，$G$ 为叶轮重心，在理论上叶轮前盘重心应等于叶轮后盘重心，也就是叶轮的不平衡余量不能大于 $7g$，如果叶轮的不平衡余量严重超差，叶轮重心就会发生严重偏移，产生偏心距 $e$，（偏向前盘或后盘）转子因不平衡质量偏心 $e$ 产生的离心力即激振力，使输油泵转子产生不平衡。同时泵转子产生轴向力使止推轴承跑外圆。

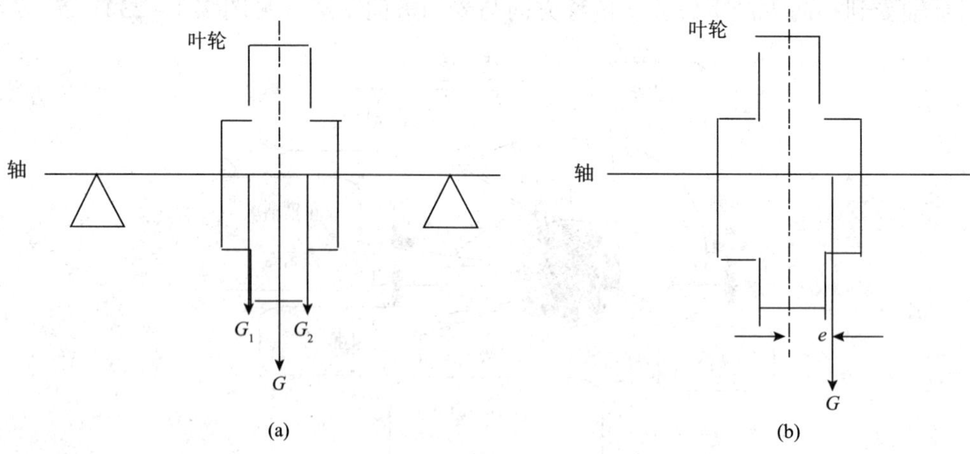


图 2.4－25　叶轮重心偏移

## （三）处理方法

①输油泵按大修规程进行检修；

②修复叶轮叶片；

③转子进行动平衡检测；

④更换滑动轴承和止推轴承；

⑤改造泵入口过滤器；

⑥调整机组同心度。

# 七、某站 8#输油泵叶轮松动的处理

## （一）故障发生过程

2007 年 11 月 24 日某站 8#输油泵在运行过程中发现输油泵机组振动增大，轴瓦温度缓慢升高，经振动检测发现泵驱动端径向水平振动值为 4.83mm/s、泵驱动端轴向振动值为 4.74mm/s，泵非驱动端径向垂直振动值为 6.38mm/s、泵非驱动端径向水平振动值为 5.96mm/s，而且轴向振动有点振现象，用轴承故障听诊器可以听到泵体内部有轻微的异响。

## （二）故障原因分析

**1. 振动频谱分析（见图 2.4－26）**。

从图 2.4－26 中可以发现其振动特征显示五倍频较高，并伴有一倍频谐波和轻微毛刺产生，所以可能存在摩擦和 5 等分的旋转件不平衡的情况。根据该泵的结构可以发现，所有旋转配件中，只有输油泵叶轮是五等分的。因此可以判断该振动源产生于输油泵叶轮。

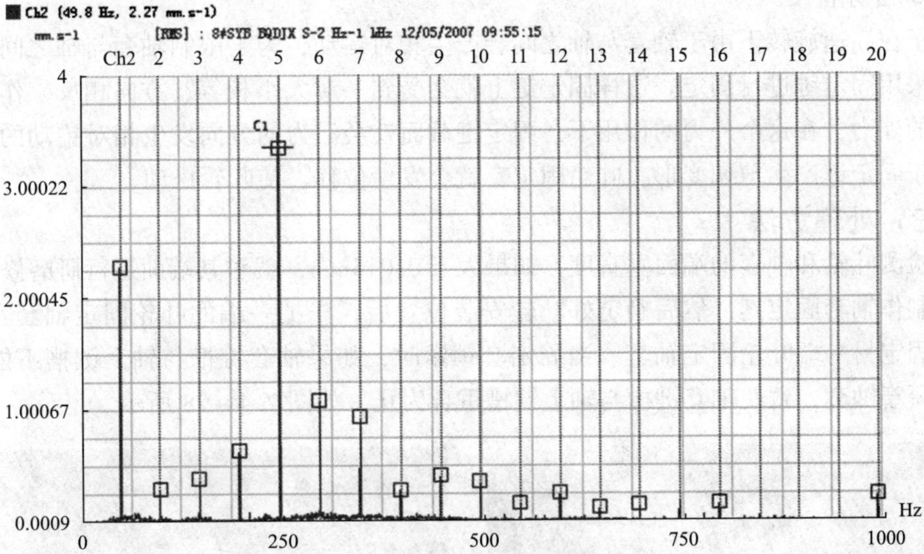

(a)驱动端径向垂直振动频谱图

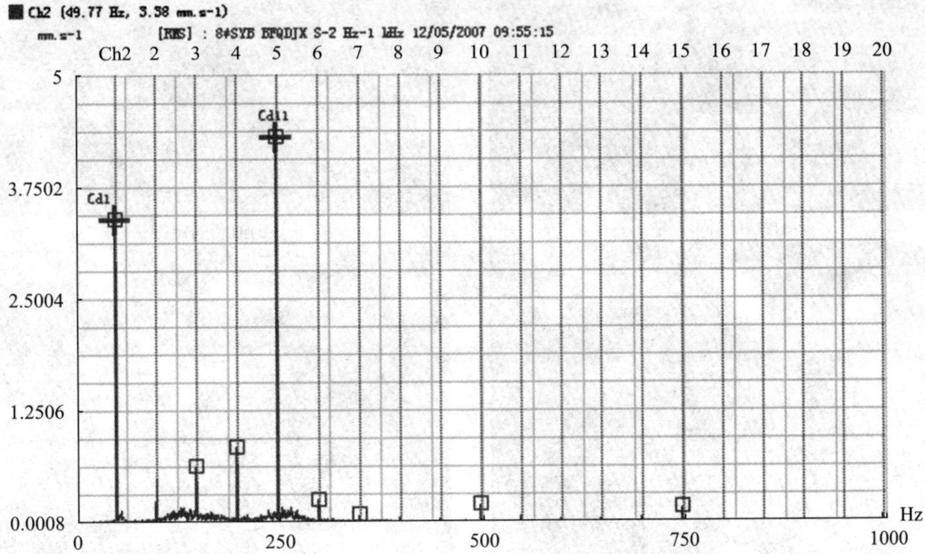

(b)非驱动端径向垂直振动频谱图

图 2.4－26　振动频谱分析图

**2. 现场解体分析**

首先检查输油泵机组同心度和软脚，没有发现有超标现象；其次对输油泵两端轴承进行解体检查，也未发现异常；最后对泵进行解体检查，发现叶轮两端固定套锁紧键变形，锁紧套移位 4.8mm，叶轮产生松动现象，如图 2.4－27 所示。

图 2.4－27　叶轮两端固定套锁紧键变形

**3. 综合分析**

转子在高速旋转下由于轴套与轴之间会产生相对运动，为了限制轴套与轴之间的相对运动，采用固定键进行固定。这样固定键上就会受到一对大小相等、方向相反、作用线相隔很近的外力，在这个外力的作用下，固定键截面就会沿力的方向发生相对错动的剪切变形，由于固定键产生剪切变形，叶轮固定套就会发生位移，使叶轮松动。

## （三）处理方法

①检测叶轮和轴套的端面垂直度，如果大于0.015mm，就对其端面进行研磨修复。

②制作轴套固定键，然后确定好叶轮安装位置后，先把一端的叶轮固定轴套安装好，然后再固定另一端叶轮固定轴套。当固定套锁紧时，如果轴套键槽与轴上键槽不能重合，应继续研磨轴套，致使轴套键槽与轴上键槽重合为止，如图2.4－28所示。

(a)做好的固定键

(b)轴套固定键

(c)安装驱动端轴套

(d)调整到位

图2.4－28　制作锁紧套

## 思考题

1. 简述离心式输油泵机组常见故障和检查手段。
2. 简述转子不对中故障的机理与诊断方法。
3. 简述不平衡故障的机理与诊断方法。
4. 简述机械密封泄漏量超标产生的原因及处理方法。
5. 简述滑动轴承过热故障产生的原因及处理方法。

# 第三章　阀门及电动执行机构维护与故障处理

## 第一节　阀门的基础知识

### 一、阀门简介

#### (一) 阀门定义

“阀”是在流体系统中，用来控制流体的方向、压力、流量的装置。阀门是使配管和设备内的介质（液体、气体、粉末等）流动或停止，并能控制其流量的装置。

#### (二) 阀门的组成

通常由阀体、阀盖、阀座、启闭件、驱动机构、密封件和紧固件等组成。

#### (三) 阀门控制

依靠驱动机构或流体驱使启闭件升降、滑移、旋摆或回转运动，以改变流道面积的大小。

#### (四) 阀门主要参数

*DN*：公称尺寸；

*PN*：公称压力（允许流体通过的最大的压力）；

*T*：温度范围（允许流体的温度范围）；

*M*：使用介质。

### 二、阀门分类

#### (一) 按用途和作用分类

截断阀类：闸阀、截止阀、球阀、隔膜阀、旋塞阀；

调节阀类：调节阀、节流阀、减压阀；

分流阀类：各种结构分配阀（熔体阀）、三通/四通球阀；

止回阀类：各种不同结构止回阀；

安全阀类：安全阀；

多用阀：截止止回阀、止回球阀、截止止回安全阀等。

#### (二) 按作用力分类

它动作用阀门：手动、电动、气动阀等；

自动作用阀门：依靠介质本身能力而自动动作的阀门。

### （三）按主要技术参数分类

**1. 按公称通径分类**

小口径阀门：*DN*≤40mm 的阀门；

中口径阀门：*DN*50～300mm 的阀门；

大口径阀门：*DN*350～1200mm 的阀门；

特大口径阀门：*DN*≥1400mm 的阀门。

**2. 按公称压力分类**

真空阀：*PN* 低于标准气压的阀门；

低压阀：*PN*≤1.6MPa 的阀门；

中压阀：*PN*2.5～6.4MPa 的阀门；

高压阀：*PN*10～80MPa 的阀门；

超高压阀：*PN*≥100MPa 的阀门。

## 三、几种典型阀门的结构

### （一）闸阀

闸阀是指关闭件（闸板）沿通道轴线的垂直方向移动的阀门，在管路上主要作为切断介质用，即全开或全关使用。一般情况下，闸阀不可作为调节流量使用。它可以适用低温低压，也可以适用于高温高压。典型闸阀结构如图 3.1－1 所示。

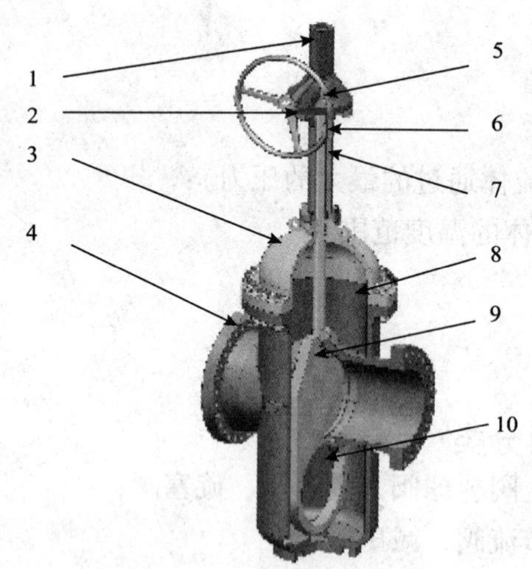


图 3.1－1　典型闸阀结构示意图

1—支架；2—驱动装置；3—阀盖；4—阀体；5—阀杆；6—填料压盖；7—填料组；8—阀座；9—闸板；10—底板

### （二）截止阀

截止阀是指关闭件（阀瓣）沿阀座中心线移动的阀门。根据阀瓣的这种移动形式，阀座通口的变化与阀瓣行程成正比例关系。由于该类阀门的阀杆开启或关闭行程相对较短，而且具有非常可靠的切断功能，又由于阀座通口的变化与阀瓣的行程成正比例关系，非常适合于对流量的调节。因此，这种类型的阀门非常适合作为切断、调节以及节流用，如图3.1－2所示。

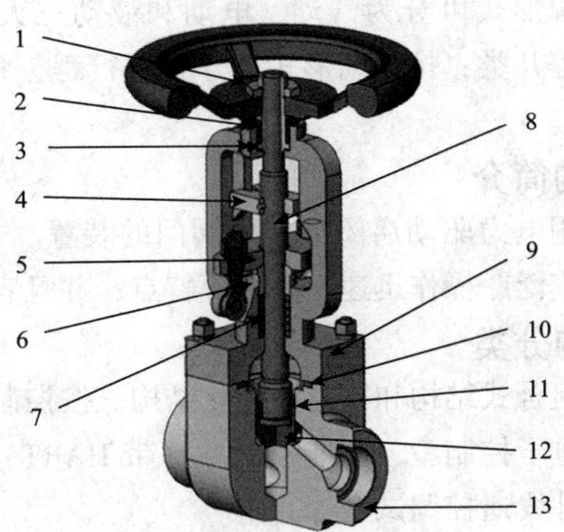


图3.1－2　典型截止阀结构示意图

1—锁紧螺母；2—阀杆螺母压套；3—阀杆螺母；4—挡板；5—填料压板；6—填料压套；7—填料；8—阀轴；9—阀盖；10—垫片；11—阀瓣盖；12—阀瓣；13—阀体

### (三) 球阀

具有旋转90°的动作，旋塞体为球体，有圆形通孔或通道通过其轴线。它只需要用旋转90°的操作和很小的转动力矩就能关闭严密。球阀在管道上主要用于切断、分配和改变介质流动方向。球阀最适宜作开关、切断阀使用，设计成V形开口的球阀还具有良好的流量调节功能。典型球阀结构如图3.1－3所示。

图3.1－3　球阀结构示意图

1—阀杆；2—连接盘；3—填料函；4—阀盖；5—阀体；6—紧定销；7—填料组；8—阀座组件；9—球体；10—支撑板

## 四、阀门执行机构分类及简介

### (一) 阀门执行机构分类

阀门执行机构是自动控制系统的终端部分，直接安装在工艺管道上，通过接收调节器发出的控制信号，改变阀门的开度或电机的转速来改变管道中的介质流量，把被调参数控制在所要求的范围内，达到生产过程自动化。因此，阀门执行机构是管道储运自动控制系统中一个极为重要而又不可缺少的组成部分。

阀门执行机构按其能源形式可分为气动、电动和液动三大类。按动力类型可分为气动、液动、电动、电液动等几类；按运动形式可分为直行程、角行程、回转型（多转式）等几类。

### （二）电动执行机构简介

阀门电动执行机构是用电力驱动启闭或调节阀门的装置。与其他阀门驱动装置相比，电动执行机构具有动力源广泛、操作迅速、方便等特点，并且容易满足各种控制要求。

### （三）电动执行机构分类

电动执行机构可分为组合式结构和机电一体化结构。按控制类型可分为调节型和开关型，主要有电器控制型、电子控制型、智能控制型（带 HART、FF 协议）、数字型、模拟型、手动接触调试型、红外线遥控调试型等。

电动执行机构按输入方式分为多回转型（Z 型）和部分回转型（Q 型）两种，前者用于升降杆类阀门，包括闸阀、截止阀、节流阀、隔膜阀等；后者用于回转杆类阀门，包括球阀、旋塞阀、蝶阀等，通常在 90°范围内启闭。

按输出位移形式可分为角行程、直行程和多回转。

按防护形式可分为普通型、防尘型、防水型和防爆型。

### （四）电动执行机构的机械部分

①专用电动机：特点是过载能力强、启动扭矩大、转动惯量小及短时、断续工作，如图 3.1－4 所示。

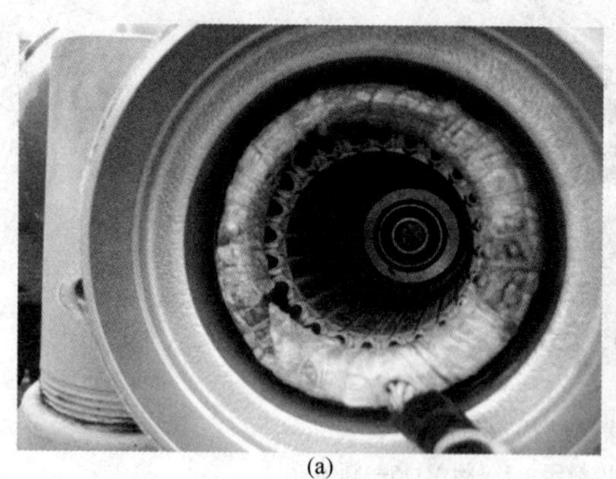
(a)

(b)

图 3.1－4　Rotork 电机结构

②减速机构：用以减低电动机的输出转速，如图 3.1－5 所示。

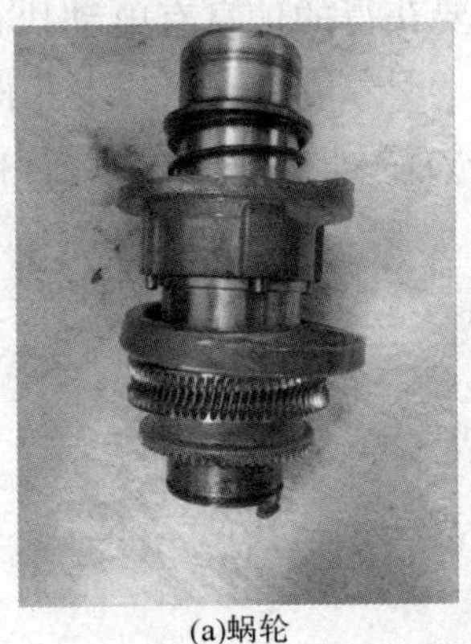
(a)蜗轮

(b)蜗杆

图 3.1-5　电装传动轴

③行程控制机构：用以调节和准确控制阀门的启闭位置。

④转矩限制机构：用以调节扭矩（或推力）并使之不超过预定值。

⑤手动、电动切换机构：进行手动或电动操作的联锁机构，如图 3.1-6 所示。

⑥开度指示器：用以显示阀门在启闭过程中所处的位置。

图 3.1-6　手动、电动切换装置

## （五）常见电动执行机构

### 1. Rotork 电动执行机构（见图 3.1-7）

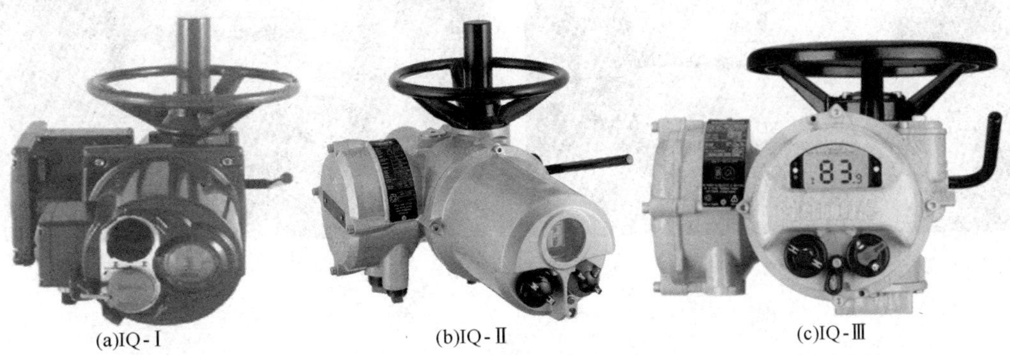

(a)IQ-Ⅰ　(b)IQ-Ⅱ　(c)IQ-Ⅲ

图 3.1-7　Rotork 电动执行机构

如果某站电动执行机构发生故障，需要获得技术支持。需要获得的信息有电动执行机构的序列号、型号以及故障现象描述；电动执行机构的序列号、型号可以从铭牌中获得。

Rotork 铭牌信息解读：如图 3.1－8 所示，1 项 Serial no 即为序列号，2 项为执行机构的型号。

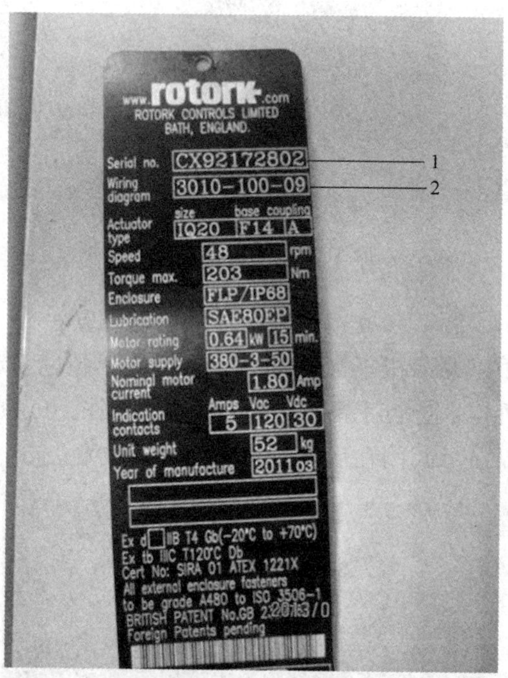


图 3.1－8　Rotork 产品铭牌

（1）Rotork IQ－Ⅱ代现场显示屏信息指示和报警解读

电动执行机构在日常使用过程中，及时获取故障信息，对于快速定位故障根源，从而解决问题有重大意义，如图 3.1－9 所示。

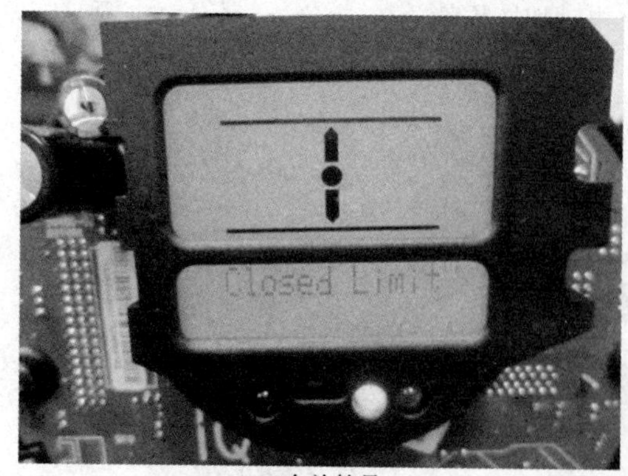


(a)全关符号

(b)全开符号

(c)开度24%的中间位置　(d)电池电量低报警
(e)温度保护跳断　(f)控制电源24V丢失

图 3.1－9　各类故障信息图示

（2）Rotork 接线盒内接线图解读

电动执行机构在日常使用过程中，如果出现开关信号丢失或远程操作失灵，则需要专业技术人员在做好安全措施的情况下，打开接线盒进行故障排查。如图 3.1－10 所示，其中 6、7 为全关信号，8、9 为全开信号，10、11 为就地远控切换信号，12、13 为故障报警信号，33、36 为阀门关动作，34、36 为阀门停动作，35、36 为阀门开动作。需要注意的是，接线图中 4、36、31 跳线短接。

**2. Limitorque 电动执行机构（见图 3.1－11）**

更换电路板注意事项：

①主板：更换一块新主板后，首先需要初始化，把主板的参数设置得和铭牌一样，即型号、电压、频率、转速要一样；然后需要重新设定开关限位；最后还需要重新组态。主板的排线需要插到电源板上面的插座上，需要注意排线插头方向，如图 3.1－12 所示。

②电源板：更换电源板后需要注意以下两项（见图 3.1－13）：接触器到电机的 3 相电源线需要按顺序接；电源板的跳线需要插到 366VAC 以上的插孔。

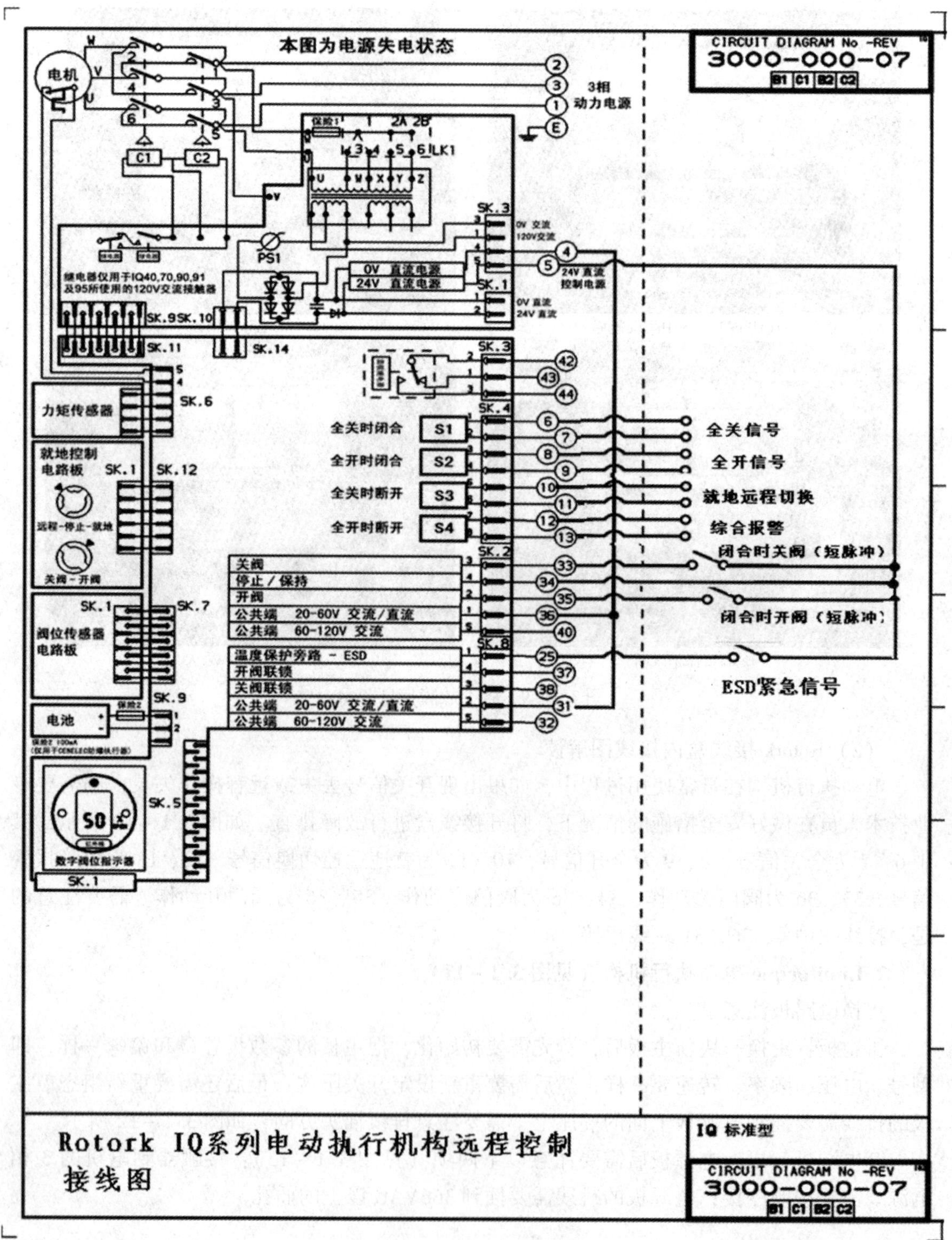


图 3.1－10　rotork IQ 系列接线图

图 3.1－11　Limitorque 电动执行机构

图 3.1－12　主板

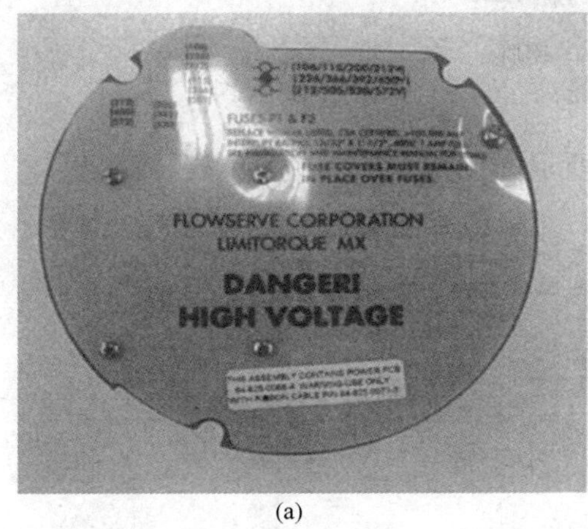


(a)

(b)

图 3.1－13　电源板

③编码器：更换编码器后需要重新设定限位，编码器的排线插到主板的 J1 插座上，需要注意排线插头方向（见图 3.1－14）。

④通信板：即 DDC 板，更换后，只需要把通信板插到主板上，然后把相应的排线插到通信板的 J2 插座上，不需要任何设置（见图 3.1－15）。

⑤触点板：更换触点板，只需要把触点板插到主板上，然后把相应的排线插到触点板的插座上，不需要任何设置（见图 3.1－16）。

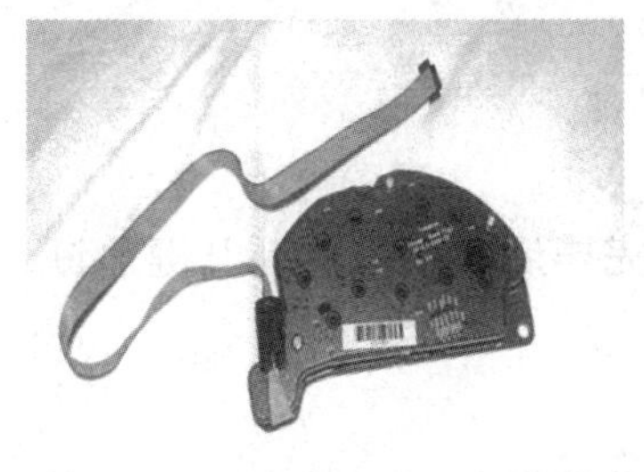

图 3.1－14　编码器

图 3.1－15　通信板

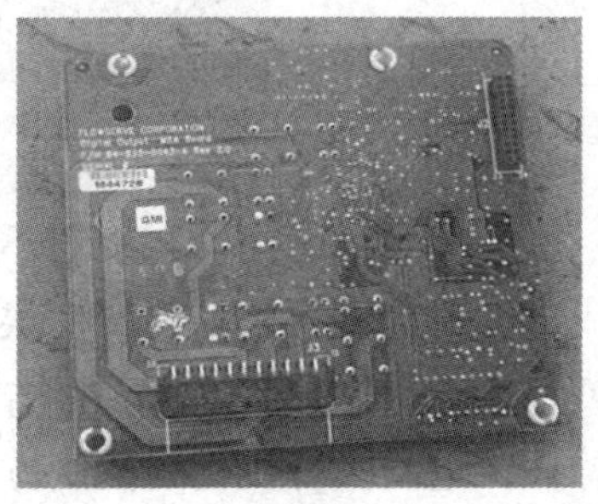

图 3.1－16　触点板

⑥信号反馈板：更换信号反馈板，只需要把信号反馈板插到主板上，然后把相应的排线插到信号反馈板的 J3 插座上，不需要任何设置。

**3. 常州施耐德电动执行机构**

①电动执行机构铭牌解读，如图 3.1－17 所示。

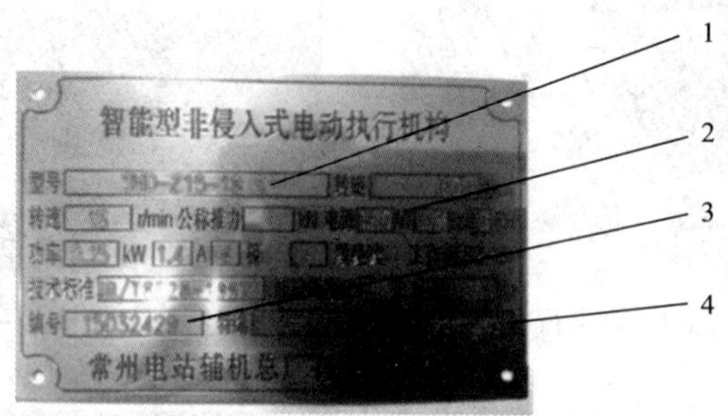


图 3.1－17　铭牌

1—型号；2—电压；3—编号；4—制造日期

②板件解读，如图 3.1－18 和图 3.1－19 所示。

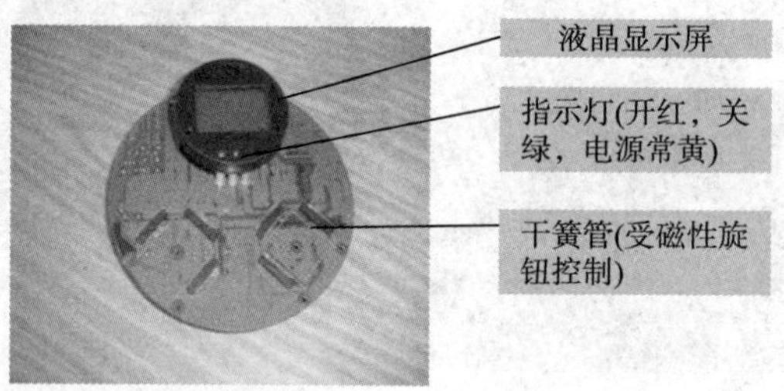


图 3.1－18　人机界面板

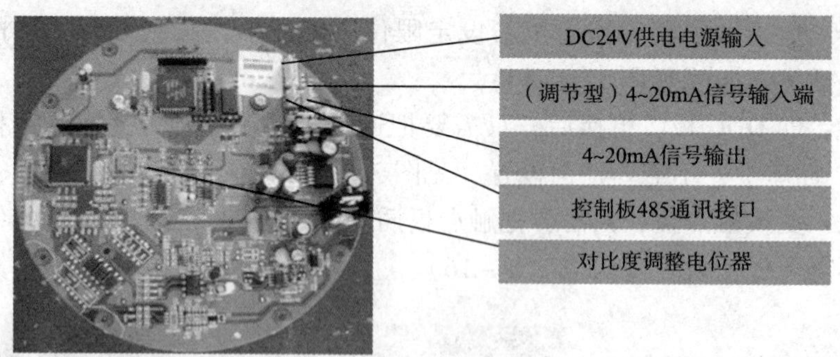


图 3.1－19　控制板

注意：遥控器和旋钮不要重叠操作。每次使用遥控器操作完毕后，请按“断开键”断开，避免重叠操作，产生误操作。

## （六）电动执行机构的控制方式

电动执行机构的控制方式一般有两种，一种为直连型（也称为硬线型）控制，另一种为总线型控制，如图 3.1－20 所示。在生产现场，这两种控制方式均有广泛应用。

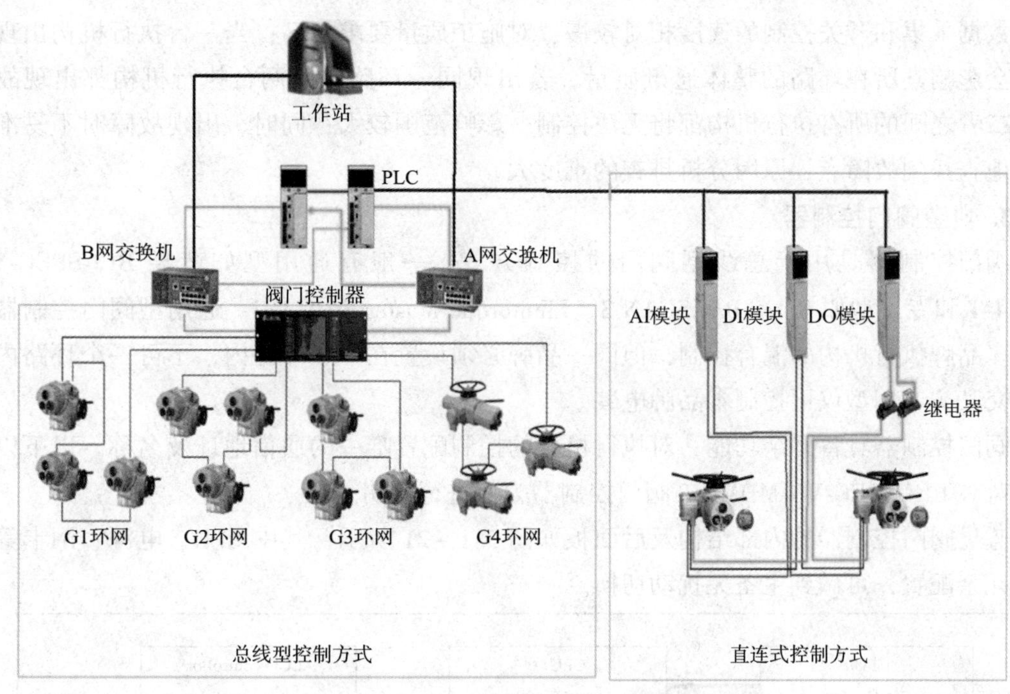


图 3.1－20　电动执行机构控制方式示意图

**1. 直连型控制**

直连型控制是最为常见的电动执行机构控制方式，即每台电动执行机构通过控制线缆连接至控制系统（PLC）相应的 I/O 模块，电动执行机构的状态信号采集和开关控制功能均通过控制系统的软件组态编程实现。这种控制方式常用的 I/O 模块包括模拟量输入（AI）模块、数字量输入（DI）模块和数字量输出（DO）模块。模拟量输入模块用于主要采集执行机构的开度反馈信号，一般为 4～20mA 标准电流信号；数字量输入模块主要用于采集执行机构的全开、全关、就地/远控及故障报警等状态信号，一般为无源触点信号；数字量输出模块主要用于控制执行机构的开、关、停动作，一般每路控制信号都需要通过一个中间继电器输出来实现。

直连型控制方式的优点是每台执行机构与控制系统都是独立连接，数据采集和开关控制的速度快，多台执行机构之间互不干扰，单台执行机构出现故障时不影响其他设备，而且由于链路清晰便于故障原因的分析与排查。相对于总线型控制方式，直连型控制方式的缺点是 I/O 模块、控制电缆等硬件的用量更多，施工量更大。

**2. 总线型控制方式**

总线型控制方式是通过一条控制线缆将多个执行机构串联成一个控制环路（每个环路可控制 16～32 台阀门），并连接至阀门控制器。阀门控制器与控制系统以标准的通信协议建立通讯连接，向控制系统传输环路中所有执行机构的状态信号，并接收控制系统对环路中所有执行机构的控制指令。一般一台阀门控制器可以负载四个环路。

总线型控制方式的优点是应用于生产区域大、执行机构数量多的场合时，能够节约 I/O模块和控制电缆的用量，减少施工量。相对于直连型控制方式，总线型控制方式的缺点是数据采集和开关控制的速度相对较慢，对施工质量要求更高；当一台执行机构出现故障时会影响其所在环路的整体通讯质量，若出现同一环路内的两台执行机构都出现故障时，二者之间的所有执行机构都将无法控制，影响范围较大；同时，出现故障时不易准确快速地查找到故障点，原因分析排查的难度大。

**3. 典型阀门控制器**

阀门控制器是用于总线型阀门的控制方式，一般有通用型如蓝昱 BLJ-SPEC-VC-MDM4-T 和专用型如 RotorkPAKSCAN 3、Limitorque Master Station II。通用型阀门控制器可实现多品牌执行机构的混合控制，但同一品牌必须设置在一个环路内，不可一个环路内多品牌交叉，专用型仅可控制本品牌电装。

阀门控制器具备冗余功能，对执行机构的控制配置唯一的通信地址及名称。以下以通用型蓝昱 BLJ-SPEC-VC-MDM4-T 阀门控制器为例进行说明。

蓝昱阀门控制器的内部结构及后面板如图 3.1－21 所示，其中 CPU、电源、网卡等均采用冗余配置，可做到主备无扰动切换。

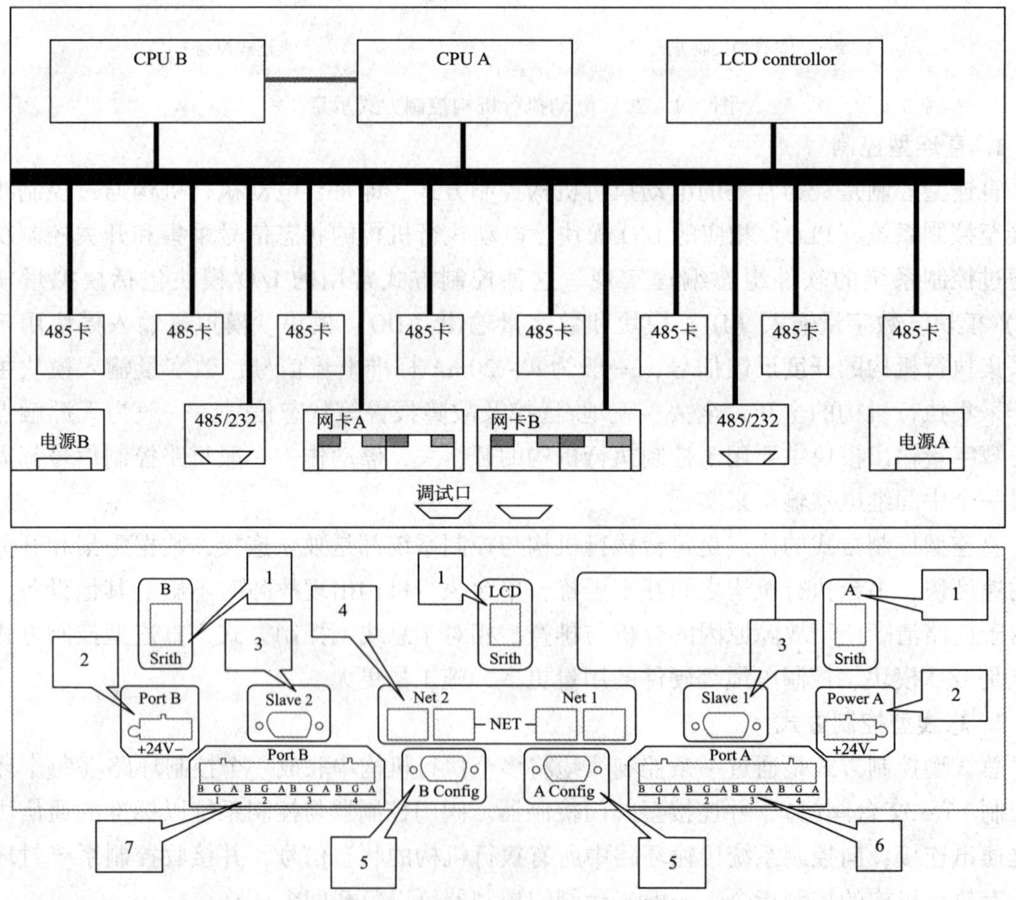


图 3.1－21　阀门控制器内部结构及后面板示意图

1—电源开关：A CPU 模块，B CPU 模块，LCD 触摸屏；2—24V 电源；3—RS232/RS485 口；
4—以太网接口：NET1、NET2 两网段；5—RS232 配置及调试口；6—4 路 RS485 接口 PortA；7—4 路 RS485 接口 PortB

阀门控制器前部设置液晶可触控面板，操作页面主要包括主页面、通讯状态页面和单体阀门手动控制页面等。在通讯状态页面可以查询各环路每台阀门的通讯状态，通过阀门控制器面板远程对阀门进行开、关、停、设定阀位等操作，同时接收并显示阀门的反馈状态。应特别注意的是，在进行阀门控制器操作时，应根据生产运行情况将被控执行机构置于就地控制位，避免由于误操作引发事故。在进行阀门控制器的故障检查时，首先应查看前面板指示灯的工作情况，然后检查环网中的阀门状态指示，再用 USB-RS485 模块模拟 MODBUS 通信判断故障分界，当怀疑控制器环网端口损坏时，可使用备用环网进行测试。

# 第二节　常用维修设备和工具

## 一、普通工具

### （一）扳手类

扳手、棘轮扳手、活动扳手、普通套筒扳手、重型套筒扳手、内六角扳手等。

### （二）钳类

手钳、虎钳、卡簧钳、管钳等。

### （三）量具类

游标卡尺、万用表等。

### （四）辅助小工具

各式螺丝刀、铜棒、手锤、千斤顶、撬棍、倒链等。

## 二、专用工具

### （一）电动式扭矩扳手

#### 1. 设备用途

电动式扭矩扳手主要用于输油管道站场小型法兰、阀门和机械设备的螺母拆装。电动扳手使用方便、高效，能有效提高使用者拆装效率并降低劳动强度。直柄动力头可 360°旋转，弯柄动力头可 360°旋转，齿轮箱有 90°转角；具有标准反作用力臂；无冲击连续运转，达到设定扭矩时自动停机；具有正反转功能。

#### 2. 设备参数

电动式扭矩扳手参数表见表 3.2－1。

表 3.2-1　电动式扭矩扳手参数表

| 名称型号 | 技术参数 | |
|---|---|---|
| 电动式扭矩扳手 DEAW-17TSX | 工作电压 | 230V/50Hz |
| | 驱动方头（轴） | 1″ |
| | 最大扭矩 | 2800N·m |
| | 可设置输出扭矩，扭矩精度 | ±5% |
| | 重量 | 约 11.2kg（不含反作用力臂及其他配件） |

## （二）电动直磨机

### 1. 设备用途

直磨机可以配各种带柄尼龙轮、叶片轮、砂轮、抛光轮等，利用高速旋转，用于加工腔模具、夹具或不易在磨床或专用设备上加工的复杂零件及各种雕刻艺术品。安装了金刚砂砂轮后，适用于研磨金属及去除毛边。配备了电子调速装置的机型，在低转速的作业状态下，也可以在机器上安装刷子、扇状砂轮及磨削砂带。

### 2. 设备参数

电动直磨机参数见表 3.2-2。

表 3.2-2　电动直磨机参数表

| 名称型号 | 技术参数 | |
|---|---|---|
| 电动直磨机<br>TGS5000 L PROFESSIONAL | 功率 | 500W |
| | 最大磨轮直径 | 25mm |
| | 最大夹头直径 | 8mm |
| | 重量 | 1.4kg |

## （三）抱压式液压阀门测试台 YFS-Z400 型/800 型

### 1. 设备用途

阀门测试台用于公称直径 *DN*150～400/*DN*350～800 的法兰式闸阀、球阀、截止阀、止回阀，对被测试阀门进行壳体强度试验、液体密封试验和气体密封试验。

### 2. 设备参数

抱压式液压阀门测试台参数见表 3.2-3。

**表 3.2－3　抱压式液压阀门测试台参数表**

<table>
<tr><th>名称型号</th><th colspan="2">技术参数</th></tr>
<tr><td rowspan="4">抱压式液压阀门测试台<br>YFS-Z400 型/800 型 </td><td>油泵最大工作压力</td><td>6.3MPa</td></tr>
<tr><td>最大口径压力</td><td>4.0MPa</td></tr>
<tr><td>油缸工作压力</td><td>31.5MPa</td></tr>
<tr><td>电机功率</td><td>3.0kW/7.5kW</td></tr>
</table>

# 第三节　阀门及执行机构的维护保养

## 一、维保周期

阀门及执行机构的维护保养分为日常维护保养和定期维护保养，定期维护保养每半年进行一次。

上半年度维护保养应在高温天气到来之前进行，一般在 6 月份完成。下半年度维护保养应在冬季寒冷天气到来之前，一般在 11 月份完成。若当地极端天气发生变化，应适当调整维保时间。

## 二、日常维护保养内容

### （一）阀门日常维护保养内容

①检查阀体表面有无锈蚀，及时进行除锈刷漆。

②检查各连接部位（法兰之间、阀杆、螺纹和丝杠护套等），应无锈蚀。

③检查阀门各密封点，应无外漏。如阀杆处有外漏，应先均匀压紧填料压盖，若仍泄漏，通过阀杆注脂嘴注入少量密封脂，所注入密封脂的型号和用量应遵照阀门厂家说明书的要求。

④检查阀门基础或支撑，应无沉降和损坏，能够起到良好的支撑作用。

⑤及时处理检查中发现的设备缺陷和故障。

### （二）电动执行机构日常维护保养内容

①检查执行机构的外观，涂层漆应完好无脱落，手动转动自由，手轮驱动轴无变形。

②检查执行机构及其零部件应齐全、完整、清洁、无锈蚀，各连接处应紧固。

③执行机构（与传动机构）与阀门的连接应牢固，紧固件不应松动。

④检查执行机构（与传动机构）各密封（圈）可靠，无润滑油渗漏及进水现象。

⑤检查电源及电缆连接正常，执行机构外壳接地连接可靠。

⑥检查执行机构电池，电量警告或电量耗尽时，更换电池。

## 三、半年度维护保养内容

### （一）阀门半年度维护保养内容

①完成阀门日常维护保养内容。

②进行阀门清洗和排污，清洗完成后注入润滑脂，并保存维保记录。

注：对阀门进行定期清洗和排污，其目的是防止温度变化导致的阀门膨胀或冻裂等危害，并有效减少阀门内杂物对阀门密封的损害，减少阀门内漏故障。

③清洁阀杆、螺栓等部位，并进行润滑保养。

④手动伞齿轮部位、阀杆部位、阀杆与上密封部位、各排污丝堵等位置容易锈蚀或沉积油泥、锈渣，导致阀门不能开关（到位），应重点检查保养。

### （二）电动执行机构半年度维护保养内容

①完成日常维修保养内容。

②检查连接执行机构与阀门的螺栓是否松动，若松动，按厂家推荐的力矩上紧。

③对于远控的电动执行机构，应对远控功能进行检查，包含检查就地/远控功能、检查开/关/停阀功能、检查全行程时间、检查开关限位、扭矩值和故障状态检测。

④对仪表及动力控制线路、接头进行全面检查，应确保线路、接头无锈蚀、无松动、无虚接等现象。

⑤对于有异响、卡阻等现象的减速机构，应拆开检查齿轮操作内部部件（轴承、齿轮齿等），对齿轮箱内部部件进行充分的清理，采用3#润滑脂进行润滑，无法打开维护的阀门齿轮箱应从注油嘴注入润滑脂。

⑥检查齿轮箱所有传动部位润滑良好；如发现齿轮箱内积水，除去所有变质的润滑脂，重新涂上新的润滑脂，并更换密封垫圈。

⑦检查齿轮箱是否松动，如有松动，在阀门全关的状态下进行紧固。

⑧检查O形圈密封及老化情况，更换卷边、老化O形圈；

⑨有润滑油渗漏的应处理，根据检查结果进行更换或补充。

### （三）注意事项

①填料端部要切成30°～40°的斜口，注意端部斜口应搭接平整，填料长度应绕阀杆一周。相邻两填料圈的对口错开90°～120°，并逐道压紧。

②填料压好后，填料压盖压入填料函不小于2mm，外露部分不小于填料压盖可压入高度的2/3。

③填料装好后，阀杆的转动和升降应灵活，无卡阻、无泄漏。

④排污前应对执行机构上锁挂牌，排污时注意风向，注意管线及阀腔的压力。

⑤注脂前应缓慢拧开注脂嘴的防护盖，如有漏气或漏油现象，应拧紧防护盖暂停注脂，待阀门退出运行之后，方可处理注脂通道内止回阀泄漏问题，并更换注脂嘴。

# 第四节　常见故障及处理

## 一、阀门故障处理

### （一）阀门泄漏原因

①导致阀门泄漏的原因之一是阀座密封面未按要求装配。

②阀体内杂质的存在是引起阀座泄漏的一个重要的原因。管道中杂质的存在使阀座和阀球之间的软（硬）密封经常被气流或颗粒冲刷，造成阀门内泄漏。

③阀座泄漏的原因还有就是启闭件与密封座接触的密封面存在刮痕（见图3.4－1）。因为阀门的选型或使用不当而导致密封面受到介质的腐蚀和冲刷，最终导致阀座泄漏。

图3.4－1　阀座密封面的划伤损伤示意图

④忽视日常的阀门维护保养也是导致阀门泄漏的原因。缺乏维护的阀门，经常由于金属锈蚀、软质材料硬化等问题造成阀门无法实现其功能。锈蚀以及密封脂、润滑脂硬化，导致阀门操作困难、产生内漏，如图3.4－2所示。

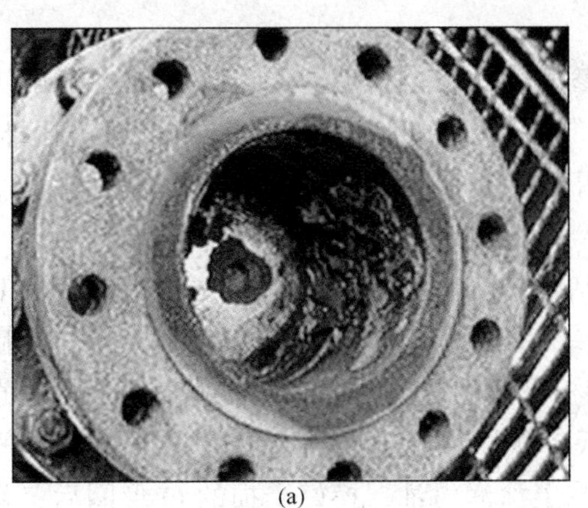

(a)

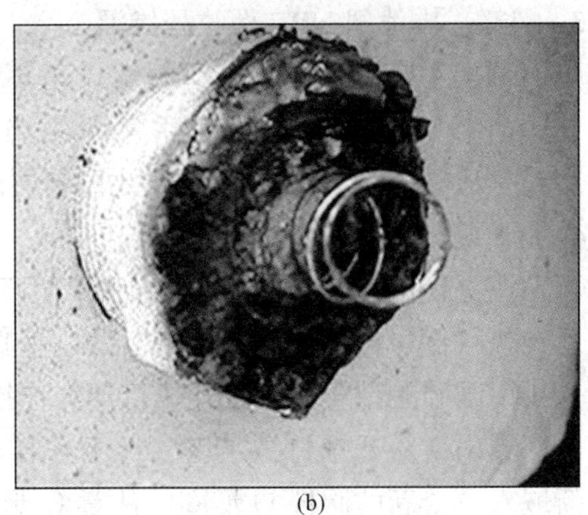

(b)

图3.4－2　阀门锈蚀以及密封脂、润滑脂硬化示意图

### （二）阀门泄漏的判断

要判断阀门是否泄漏，有以下几种方法：

①通过阀位观察孔或开度指示盘检查阀门是否真正全关到位。球阀由开到关，球体阀

体中心线旋转90°。在阀门全关到位的情况下，可通过观察阀门一侧的低压端管线及容器压力变化或观察阀内有无过流声，判断是否存在泄漏情况。

②拆下球阀阀体上的放空阀（或排污阀），用手堵住排污口，保持1min时间，有明显压力感觉，且松手后可以听到明显气流声，即认为该阀门内漏。

③必要时，可以外接管路连接流量计，来测试其准确的泄漏量。

④其他泄漏检测技术：

a. 声发射检测　阀门泄漏时，流体压力喷射而诱发应力波并在阀体中传播。应力波的纵波、横波和表面波引起的阀体振动包括纵振动、横振动和圆环振动。试验表明，该应力波的频谱很宽，既包括声频成分，也包括超声频成分，而超声频最强。用声发射传感器接触阀体外壁，接收泄漏产生的在阀体中传播的弹性波，转换成电信号，经信号放大处理后显示和监听，从而达到检测阀门泄漏的目的。

b. 红外检测　高温介质泄漏时，其介质流动带来的热量就会改变上下游管道的温度，使其趋于一致，红外成像仪能通过测量得到的阀门及两侧管道温度场分布情况来判断阀门是否发生内漏及内漏程度（定性）。

### （三）常见故障处置方法

#### 1. 阀座泄漏

在阀门关闭后，通过阀座注脂阀注入密封脂达到应急密封（注意，在使用密封脂前，应先用清洗剂将密封面清洗干净）。然后用注油枪注入密封脂，球必须处于全关位置；同时，应明确管道介质的流向，为了起到密封作用需要在上游侧的注油阀中注入密封脂。

#### 2. 阀杆渗漏

可以临时通过阀杆密封脂注入口注入推荐的密封脂以终止或减少阀杆渗漏。

#### 3. 螺塞、排泄阀NPT螺纹处渗漏

可以用扳手紧固螺塞或排泄阀螺纹至不渗漏为止。如若通过上述办法还不能解决问题，使阀门由开启位置转为关，注意蜗轮指针指向“SHUT”位置，打开排泄阀进行排放，将螺塞或排泄阀拆下，在NPT螺纹处包多层四氟密封带，重新装上并拧紧。

#### 4. 阀杆密封圈泄漏

可在线更换阀杆上的密封圈。使阀门由开启位置转为关，注意蜗轮指针指向“SHUT”位置，在执行器、连接板和填料箱上做一垂直线的记号，以保证重新组装时校准，开启排泄阀，排出阀腔剩余压力，松开执行器与连接板下面的螺母，将执行器垂直向上抬起直到阀杆全部露出，松开螺钉拆下键，拆下连接板，从填料箱内取出受损的O形圈，在阀杆上重新嵌入一个新的阀杆O形圈，注意O形圈上涂润滑油，换好受损的O形圈后，将连接板装上，拧上螺钉并紧定，在阀杆处装上键，拧紧螺钉，按照先前所作的标记，将执行器垂直向下套在阀杆上，紧定执行器与连接板下面的螺母，检查并校准阀门开和关的位置。操作过程中当心不要损坏暴露的键。

#### 5. 盘根渗漏

最常见的情况就是压盖预紧力不均匀，压盖紧固倾斜，导致填料密封受力不均匀，出

现渗漏，如图 3.4－3 所示。

发现渗漏后，检查填料压盖，一是检查填料压盖是否压偏，出现倾斜；二是检查填料压盖预紧力是否过小。发现有这两种问题时，现场可以进行处置，紧固时应两侧紧固螺栓均匀上紧，保持水平，以一个人正常使用开口或梅花扳手的预紧力为宜，切记不能上加力杠，以免将填料紧碎。如现场进行此类处置后仍然存在渗漏，有可能是阀门存在铸造缺陷或填料已损坏，需更换填料。

图 3.4－3　闸阀盘根渗漏

（1）旧填料的拆卸

先将压盖或压套提起，做好固定（如果能将阀杆从填料函中抽出，则作业时会更加方便）。然后用勾刀将填料搭接头拨松、挑出、勾起，清理干净填料函内杂物。

拆卸过程中，要尽量避免碰撞阀杆而造成阀杆损伤。

（2）新填料的安装

①装填时，尽可能采用直接套入的方法装填填料。对于不能直接套入的填料应切成搭接形式（O 形圈和 V 形填料禁止搭接），将搭口上下错开（禁止左右错开，防止拉变形裂开），倾斜后把填料套在阀杆上，然后上下复原，使切口吻合，轻轻地嵌入填料函中。

②装填第一圈时，一定要认真确认底面平整无歪斜，将第一圈填料用压具轻轻地压到底面，抽出压具，检查填料是否平整、有无歪斜、搭接吻合是否良好，再用压具将第一圈填料压紧，但用力要适当，不能太大。

③装填时，一次装填一圈，每装一圈就压紧一次，禁止连续装几圈，再压紧，禁止许多圈连成一条装填。将各圈填料的切口搭接位置互相错开 120°。每装 1 ~ 2 圈应该旋转一下阀杆，以检查阀杆与填料是否卡阻。

④填满填料函后，用压盖将填料压紧，均匀用力对称拧紧两侧螺栓，防止压盖歪斜，注意观察压盖、压套和填料函三者的间隙要保持一致，转动阀杆应受力均匀无卡阻。若感觉操作力矩过大，可适当放松压盖，减小填料对阀杆的摩擦阻力。压盖压入填料函的深度不得小于 5mm。

⑤压紧力以保证密封为前提，尽量小一些。同等条件的橡胶、聚四氟乙烯、柔性石墨填料用较小的压紧力即可，而波形填料需要的压紧力相对较大。

**6. 垫片的更换**

（1）常用垫片的种类和选择

常用垫片有橡胶平垫片、O 形橡胶圈、塑料平垫片、聚四氟乙烯包垫片、石棉橡胶垫片、金属平垫片、金属异形垫片、金属包覆垫片、波形垫片、缠绕垫片等。常用垫片需根据工况选用，见表 3.4－1。

**表 3.4-1 几种常用垫片适用工况**

<table>
<tr><th colspan="3">垫片类型</th><th>公称压力/MPa</th><th>使用温度/℃</th><th>公称尺寸 DN/mm</th><th>适用密封面形式</th></tr>
<tr><td rowspan="11">非金属平垫片</td><td colspan="2">天然橡胶（NR）</td><td>0.25~1.6</td><td>-50~90</td><td rowspan="11">10~2000</td><td rowspan="11">全平面（FF）<br>突面（RF）<br>凹凸面（MFM）<br>榫槽面（TG）</td></tr>
<tr><td colspan="2">氯丁橡胶（CR）</td><td>0.25~1.6</td><td>-40~100</td></tr>
<tr><td colspan="2">丁腈橡胶（NBR）</td><td>0.25~1.6</td><td>-30~110</td></tr>
<tr><td colspan="2">丁苯橡胶（SBR）</td><td>0.25~1.6</td><td>-30~100</td></tr>
<tr><td colspan="2">乙丙橡胶（EPDM）</td><td>0.25~1.6</td><td>-40~130</td></tr>
<tr><td colspan="2">氟橡胶（FPM）</td><td>0.25~1.6</td><td>-50~200</td></tr>
<tr><td colspan="2">石棉橡胶板</td><td>0.25~2.5</td><td>≤300</td></tr>
<tr><td colspan="2">耐油石棉橡胶板</td><td>0.25~2.5</td><td>≤300</td></tr>
<tr><td rowspan="2">合成纤维的橡胶压制板</td><td>有机</td><td rowspan="2">-50~90</td><td>-40~290</td></tr>
<tr><td>无机</td><td>-40~200</td></tr>
<tr><td colspan="2">改性或填充的聚四氟乙烯板</td><td>0.25~4.0</td><td>-196~260</td></tr>
<tr><td colspan="3">聚四氟乙烯包覆垫片</td><td>0.6~4.0</td><td>≤150</td><td>10~600</td><td>突面（RF）</td></tr>
<tr><td rowspan="2">柔性石墨复合垫片</td><td colspan="2">低碳钢</td><td rowspan="2">1.0~6.3</td><td>450</td><td rowspan="2">10~2000</td><td rowspan="2">突面（RF）<br>凹凸面（MFM）<br>榫槽面（TG）</td></tr>
<tr><td colspan="2">06Cr19Ni10</td><td>650</td></tr>
<tr><td rowspan="4">金属包覆垫片</td><td colspan="2">纯铝板 $L_3$</td><td rowspan="4">2.5~10.0</td><td>200</td><td rowspan="4">10~900</td><td rowspan="4">突面（RF）</td></tr>
<tr><td colspan="2">纯铝板 $T_3$</td><td>300</td></tr>
<tr><td colspan="2">低碳钢</td><td>400</td></tr>
<tr><td colspan="2">不锈钢</td><td>500</td></tr>
<tr><td rowspan="3">金属缠绕垫片</td><td colspan="2">特种石棉纸或非石棉纸</td><td rowspan="3">1.6~16.0</td><td>500</td><td rowspan="3">10~2000</td><td rowspan="3">突面（RF）<br>凹凸面（MFM）<br>榫槽面（TG）</td></tr>
<tr><td colspan="2">柔性石墨</td><td>650</td></tr>
<tr><td colspan="2">聚四氟乙烯</td><td>200</td></tr>
<tr><td rowspan="4">齿形组合垫片</td><td colspan="2">10 或 08/柔性石墨</td><td rowspan="4">1.6~25.0</td><td>450</td><td rowspan="4">10~2000</td><td rowspan="4">突面（RF）<br>凹凸面（MFM）</td></tr>
<tr><td colspan="2">06Cr13/柔性石墨</td><td>540</td></tr>
<tr><td colspan="2">不锈钢/柔性石墨</td><td>650</td></tr>
<tr><td colspan="2">304.316/柔性石墨</td><td>200</td></tr>
<tr><td rowspan="3">金属环垫片</td><td colspan="2">10 或 08</td><td rowspan="3">6.3~25.0</td><td>450</td><td rowspan="3">10~400</td><td rowspan="3">环连接面（RJ）</td></tr>
<tr><td colspan="2">06Cr13</td><td>540</td></tr>
<tr><td colspan="2">304 或 306</td><td>650</td></tr>
<tr><td>碳化纤维复合垫片</td><td colspan="2">碳化纤维与聚四氟乙烯树脂</td><td>1.0~16.0</td><td>-200~260</td><td>10~2000</td><td>突面（RF）<br>凹凸面（MFM）</td></tr>
</table>

（2）垫片的拆卸

拆卸顺序：拆除紧固螺栓，打开静密封面，取出垫片，清除垫片残渣。

（3）垫片的安装

①上垫片前，应将密封面、垫片、螺纹及螺栓螺母旋转部位适当润滑。

②平面垫片安装位置应适中，不能偏斜，不能伸入阀腔内或搁置在台肩上，内径应比密封面内孔稍大，外径应比密封面外径稍小。

③禁止垫两片或多片垫片来消除间隙。

④阀门中开面法兰垫片上盖前，应将阀杆开启，避免损坏阀件。上盖时要对准位置，禁止推拉。

⑤上螺栓时，应将打钢号一端装在上端，拧紧应用力均匀、对称，分 2～4 次旋转，不得用管钳。安装过程中应保持垫片处在水平位置上。

⑥垫片不能上得太紧，适当留下间隙。

## （四）阀内部件损坏

阀内部零部件损坏需要将阀门拆卸、解体，然后进行更换或维修。阀内部件主要损坏有：

①阀座腐蚀，如图 3.4－4 所示。

②丝杠损坏，如图 3.4－5 所示。

③中开面渗漏（垫片损坏），如图 3.4－6 所示。

图 3.4－4　阀座腐蚀

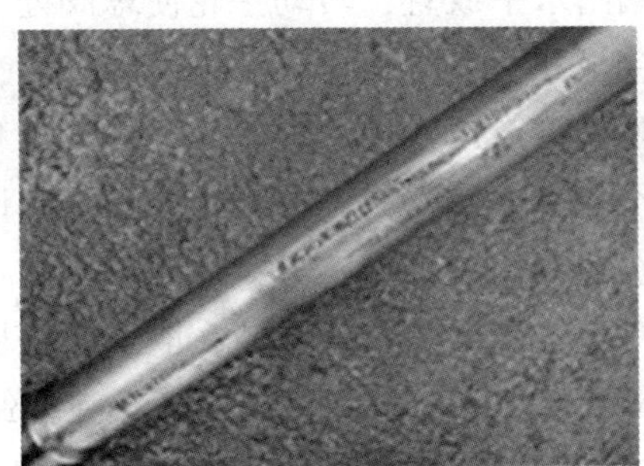

图 3.4－5　丝杠损坏

图 3.4－6　中开面渗漏

**1. 闸阀的拆卸**

①拆卸前，应把阀门竖直放在工作台上，转动手轮使闸阀处于关闭状态，注意不要损坏法兰密封面；在执行器和支架上做一垂直线的记号，以便重新组装时校准。

②拆下支架上的螺母，把伞齿轮垂直向上抬起，直到阀杆及阀杆螺母全部露出，当心不要损坏暴露的螺纹。

③拆下支架与阀盖连接螺栓，取下支架。

④拆下阀盖与阀体的螺母及螺栓。

⑤在拆卸阀盖前，需在阀盖与阀体间作一标记，以便重装时对准。轻轻地把阀盖从阀

体上拆下，将阀盖放在软布或硬板上，法兰朝下，注意不要损坏法兰凸台密封面。

⑥将阀杆及闸板从阀体内取出，将阀杆从闸板上取下，取下阀杆头部组件。

⑦将阀座及其组件从阀体中取出，注意阀座背后的弹簧。

⑧将 O 形圈从阀座上取下。

⑨整个拆卸过程完成，此时可以更换闸阀上的一些已损坏的零部件，如阀座密封圈、O 形圈、填料、密封垫片等。

**2. 闸阀的装配**

①装配前，应把阀体竖直放在工作台上，将弹簧、O 形圈、阀座密封圈等零件装入阀座组件。

②将两组阀座放入阀体中，注意避免弹簧从阀座中掉落。

③将阀杆头部组件安装在阀杆上，并用销进行紧定。装上完好的密封垫片。

④将阀盖轻放在阀体上，套入阀杆的时候，注意不要损伤阀杆密封面。

⑤安装的时候注意之前作的标记，装上阀盖螺柱螺母并按规定的扭矩和顺序紧固。

⑥装入填料组及隔环。

⑦装上支架（包括填料压套），装上支架螺栓，按照顺序拧紧。

⑧通过支架上的窗口调整填料压套，压紧填料。

⑨装上驱动装置，注意对准之前作的标记。装上驱动装置螺栓并拧紧。

⑩转动手轮，闸板应开关灵活。

**3. 球阀解体**

①拆卸前，应把前阀门水平放置，转动手轮使球阀处于关闭状态。

②在执行机构、连接板和填料箱上做一垂直线的记号，以保证重新组装时校准。

③拆下执行机构与填料箱连接板处的螺丝，把蜗轮箱和连接板一起垂直向上抬起，直到阀杆全部露出，当心不要损坏暴露的键，将其放在干净地方。

④取下阀杆上的螺丝和键。

⑤取下连接板与填料箱连接螺丝及定位销，取下连接板。

⑥拆下侧阀体处螺母及吊板（8″ 以上有吊板），在拆卸侧阀体前，需在侧阀体与主阀体间作一标记，以便重装时对准。

⑦拆下侧阀体放在软布上，管法兰朝下，保护好法兰凸台密封面。

⑧将阀座及其组件从侧阀体内取出，将阀座上的压板、密封圈以及 O 形圈取下，将侧阀体上的 O 形圈、石墨垫片以及阀座弹簧取出。

⑨拆下填料箱与阀体的连接螺钉，然后拆卸填料箱和固定轴，把填料箱连同阀杆、止推垫片、O 形圈及垫片一起从阀体上取下来。

⑩将阀杆，止推垫片从填料箱内取出，将 O 形圈从填料内取出，将大 O 形圈及石墨垫片从填料箱上取下，把轴承、止推垫片从阀杆上取下。

⑪拆除另外一侧阀体上的螺柱和吊板，把阀体垂直吊出，放在干净的软布上。注意不要损坏螺柱；

⑫把球体连同支撑板从阀体上取下，将支撑板、止推垫片、轴承、销等从球体上取下，注意不要损坏球体表面，把另一个侧阀体内的弹簧、阀座、石墨垫片和O形圈逐个从侧阀体上拆下。

⑬整个拆卸过程完成，此时可以更换球阀上的一些已损坏的零部件，维修阀座，使用球磨机研磨球面等。

**4. 球阀组装**

①将弹簧、O形圈、阀座、密封垫等零件装入侧阀体，安装O形圈时，不要对O形圈造成破坏，O形圈可适当地加一些润滑油；

②装入阀座组件。

③将支撑板、轴套、止推垫片等零件装在球体上，对齐支撑板上的销和侧阀体上的销孔，慢慢将球体放在侧阀体上，保护好球体表面及通径与球面交接处的倒角和圆角。

④将主阀体慢慢装上侧阀体，注意不要损坏球体表面。注意对齐两侧阀体上的标记。

⑤装上螺母和吊耳，将轴承、止推垫片安装在阀杆上。

⑥将大O形圈及石墨垫片装入填料箱，O形圈装入填料箱，O形圈上适当加润滑油 。

⑦阀杆装入填料箱，填料箱组件装入阀体，紧固填料箱与阀体的连接螺钉。

⑧将已经安装好的侧阀体安装在主阀体上，注意对两边阀体上的标记，安上侧阀体处螺母、吊板及支脚，按照顺序和参考扭矩值进行紧固。

⑨装上连接板，紧固填料箱与连接盘螺栓，装上阀杆上的键和螺钉。

⑩装上执行机构，注意阀杆上的键与执行机构轴孔内的键槽要相配，执行机构、连接板和填料箱上作的垂直线记号对齐，紧固螺母。

⑪转动手轮，球体应转动灵活。

## 三、常见故障处理及应急措施

### （一）阀门常见故障处理

阀门常见故障、原因及处理方法见表3.4－2。

**表3.4－2　阀门常见故障、原因及处理方法**

| 闸　阀 | | |
|---|---|---|
| 常见故障 | 产生原因 | 预防措施及处理方法 |
| 阀门无法开启 | 传动部位卡阻、磨损、锈蚀 | 保持转动部位旋转灵活、润滑良好、清洁 |
| | 单闸板卡死在阀体内 | 关闭力适当，不要使用长杠杆扳手 |
| | 暗杆闸阀内阀杆螺母失效 | 内阀杆螺母不宜用腐蚀性大的介质 |
| | 阀杆长期处于关闭状态下锈死 | 应在条件允许时活动开关闸阀 |
| | 阀杆受热后顶死闸板 | 关闭的闸阀在升温的情况下，应间隔一定时间，阀杆卸载一次，将手轮倒转少许 |

续表

| 旋塞阀 | | |
|---|---|---|
| 常见故障 | 产生原因 | 预防措施及处理方法 |
| 密封面泄漏 | 密封面中混入磨粒，擦伤密封面 | 阀门应处于全开或全关位置，操作时应利用介质冲洗阀内和密封面上的脏物 |
| | 调整不当或调整部件松动损坏；紧定式的压紧螺母松动；填料式调节螺钉顶死塞子；自封式弹簧顶紧力过小或失效等 | 正确调整旋塞阀调节零件，以旋转轻便且密封不漏为准 |
| | 自封式油路堵塞或缺油 | 定期检查和疏通油路，按时加油 |
| | 压盖压得过紧 | 压紧压盖时，注意活动一下阀杆，检查是否压得过紧 |
| 阀杆旋转不灵活 | 密封面压得过紧，紧定式螺母拧得过紧，自封式预紧弹簧压得过紧 | 适当调整密封面的压紧力 |
| | 润滑条件变坏 | 填料装配时应涂些许石墨，油封式定时定量加油 |
| 球　阀 | | |
| 常见故障 | 产生原因 | 预防措施及处理方法 |
| 阀门关闭不严 | 阀门开关不到位 | 操作阀门至全关位置，或检查调整限位 |
| | 用作节流损坏了密封面 | 非调节型阀门不允许作节流用 |
| | 杂质污染阀座 | 清洗阀座 |
| | 阀门长期不活动，造成阀座与球体抱死，在开关阀门时造成密封损伤 | 定期活动和保养阀门 |
| 截止阀和节流阀 | | |
| 常见故障 | 产生原因 | 预防措施及处理方法 |
| 密封面泄漏 | 密封面冲蚀、磨损 | 防止介质反向流动，介质流向应与阀体箭头一致；阀门关闭时应关严，防止有细缝时冲蚀密封面；必要时设置过滤装置，关闭力适中，以免压坏密封面 |
| | 平面密封面沉积脏物 | 关闭前留适当开度冲刷几次后再关严阀门 |
| | 衬里密封面损坏、老化 | 定期检查和更换，关闭力适中，以免压伤密封面 |
| 节流不准 | 标尺不对零位，标尺丢失 | 标尺应该对零位，松动后应该及时拧紧 |
| | 节流锥冲蚀严重 | 操作应该正确，流向不允许反向，正确选用节流阀和节流锥材质 |
| 性能失效 | 阀瓣、节流锥脱落 | 应解体检查，腐蚀性大的介质应该避免选用碾压、钢丝连接关闭件的结构 |
| | 阀杆、阀杆螺母滑丝、损坏 | 小口径阀门的操作力要小，开关不要超过死点 |

续表

| 止回阀 | | |
|---|---|---|
| 常见故障 | 产生原因 | 预防措施及处理方法 |
| 旋启式摇杆机构损坏 | 阀前阀后压力接近或波动大，使阀瓣反复拍打而损坏阀瓣和其他零件 | 操作压力应平稳，操作压力不稳定的工况，应该选用铸钢阀瓣和钢质摇杆 |
| | 摇杆机构装配不正，产生阀瓣掉上掉下现象 | 使用前应着色检查密封面密合情况 |
| | 预紧弹簧失效 | 检查和更换 |
| | 密封面长期不关闭，粘附脏物，不能很好密合 | 含杂质多的介质，应在阀前设过滤器或排污管 |
| 阀门通用件：填料 | | |
| 常见故障 | 产生原因 | 预防措施及处理方法 |
| 预紧力过小 | 装填时填料过少，或因填料逐渐磨损、老化和装配不当而减少了预紧力 | 按规定填装足够的填料，按时更换过期填料，正确装配填料，防止上紧下松、多圈缠绕等缺陷 |
| | 压套搁浅，压套因歪斜或直径过大压在填料函上面 | 装填料前，将压套放入填料函内检查一下它们的配合间隙是否符合要求，装配时应正确，防止压套偏斜，防止填料露在外面，检查压套端面是否压在填料函内 |
| | 无预紧间隙 | 填料压紧后，压套压入填料函深度为其高度的1/4～1/3为宜，并且压套螺母和压盖螺栓的螺纹应该有相应预紧高度 |
| | 螺纹抗进，由于乱牙、锈蚀、杂质浸入，使螺纹拧紧时受阻，疑似压紧了填料，实未压紧 | 经常检查和清扫螺栓、螺母，拧紧螺栓、螺母时应该涂敷少许的石墨粉或松锈剂 |
| 填料失效 | 选用不当，填料不适工况 | 按照工况条件选用填料，要充分考虑温度与压力间的制约关系 |
| | 组装不当，不能正确搭配填料，安装不正，搭头不合，上紧下松，甚至少装填料 | 按技术要求组装填料。事先预制填料，一圈一圈错开搭头并分别拧紧；防止多层缠绕、一次压紧等现象 |
| | 填料超期服役，使填料磨损、老化、波纹管破损而失效 | 严格按照周期和技术要求更换填料 |
| | 填料质量差，如填料松散、毛头、干涸、断头、杂质多等缺陷 | 使用前要认真检查填料规格、型号、厂家、出厂时间、质地好坏，不符合要求的填料不能使用 |
| 阀门通用件：垫片 | | |
| 常见故障 | 产生原因 | 预防措施及处理方法 |
| 紧固件失灵 | 紧固件因振动而松弛 | 做好设备和管道的防振工作；加强巡回检查和日常保养工作 |
| | 腐蚀损坏 | 做好防腐工作，涂好防锈油 |
| | 用力不当 | 拧动螺栓时应事先检查，涂以一定松锈剂或石墨，注意螺纹旋向，用力应均匀，切忌用力过猛过大 |
| | 选用不当，垫片不适于工况 | 按照工况条件选用垫片，充分考虑温度与压力间的制约关系 |
| | 垫片老化和损坏 | 按时更换垫片；垫片初漏时应及时处理，以防垫片冲翻 |

续表

| 阀门通用件：阀杆 | | |
| --- | --- | --- |
| 常见故障 | 产生原因 | 预防措施及处理方法 |
| 阀杆操作不灵活 | 填料压得过紧，抱死阀杆 | 压盖压紧填料应该适中，压紧一下压盖后，应该旋转一下阀杆，试一下填料压紧程度 |
| | 阀杆弯曲 | 发现阀杆弯曲时，及时校正 |
| | 阀杆与阀杆螺母上的梯形螺纹润滑条件差，积满脏物和灰尘 | 应经常清洗梯形螺纹处，并进行润滑 |
| | 操作不良、用力过大，使阀杆及其配合件过早损坏和变形 | 正确操作法门，关闭力适中，禁止滥用长杠杆扳手，阀门全开或全关后，应倒转少许 |
| | 阀杆与传动装置连接处松脱或损坏 | 阀杆与手轮等传动装置连接正确、牢固，发现松动现象及时修复 |
| | 阀杆被顶死或被关闭件卡死 | 正确操作阀杆，阀门全开或全关后应该倒转少许；常开或常闭式阀门应定期活动，以免锈死 |

## （二）电动执行机构常见故障处理

电动执行机构常见故障、原因及处理方法见表3.4－3。

**表3.4－3　电动执行机构常见故障、原因及处理方法**

| 故障现象 | 产生原因 | 处理方法 |
| --- | --- | --- |
| 电机不能启动 | 1. 电源不通或电压过低<br>2. 按键失灵<br>3. 操作回路不通<br>4. 行程或力矩控制器开关动作 | 1. 接通电源或检查电源<br>2. 修理或更换按键<br>3. 排除回路故障<br>4. 解除动作开关 |
| 输出轴旋向与规定要求相反 | 电机电源相序不对 | 三相中任意对调二相 |
| 电机过热，运转不正常，有连续嗡嗡声 | 1. 运行时间过长<br>2. 热敏保护元件损坏，导致过热报警<br>3. 电动执行机构与阀门选配不当<br>4. 电机二相运转 | 1. 停止试车，待电机冷却<br>2. 需要更换 新的热敏元件<br>3. 复核配套情况<br>4. 检查供电回路 |
| 运行中电机停转 | 1. 负载过大，力矩控制器动作<br>2. 阀杆润滑不良<br>3. 阀门内有杂质<br>4. 阀门阀杆螺纹处有杂质<br>5. 阀门盘根填料压得太紧 | 1. 提高力矩控制器的设定值<br>2. 清洗阀杆，涂润滑脂<br>3. 检查阀门<br>4. 若手动费力，则应解体检查<br>5. 调整填料压盖 |
| 阀门到位电机不停转，阀位指示灯不亮 | 1. 行程或力矩控制器失灵<br>2. 行程控制器调整不当<br>3. 电源相序不对<br>4. 外部电源开关或接触器故障 | 1. 检查行程或力矩控制器<br>2. 重新调整行程控制器<br>3. 手动至中间位置，重新接线<br>4. 检查排除 |

续表

| 故障现象 | 产生原因 | 处理方法 |
| --- | --- | --- |
| 现场开度指针不动 | 1. 指针紧固螺钉松动<br>2. 传递开度指示的齿轮组装配不当或松动 | 1. 检查紧固螺钉<br>2. 检查齿轮传动情况 |
| 电机运转但阀门不动 | 1. 离合器损坏<br>2. 阀杆螺母螺纹磨损 | 1. 解体更换<br>2. 更换阀杆螺母 |
| 远方开度发信失控 | 远方开度电位器故障 | 清洗或更换电位器 |
| | 机械部分故障 | |
| 手轮操作无法离合 | 离合困难 | 打开外盖，用螺丝刀转动轴承 |
| 传动箱漏油 | 1. 结合面密封垫片或密封圈损坏<br>2. 底部丝堵松动<br>3. 润滑油过多，运转中形成或过高的搅拌热，导致油从结合面或油封处渗漏 | 1. 更换密封垫片或密封圈<br>2. 旋紧丝堵<br>3. 按规定加油，切勿过多 |
| 阀门开关不到位 | 传动箱机械限位螺栓调整不到位 | 调整限位螺栓 |
| 传动箱异响或卡涩 | 1. 润滑脂变质<br>2. 蜗杆轴承损坏<br>3. 涡轮损坏<br>4. 联接套齿轮损坏<br>5. 涡轮蜗杆齿轮啮合不良，蜗轮轴向窜位 | 1 更换润滑脂<br>2. 需要更换新轴承<br>3. 更换损坏的涡轮<br>4. 更换联接套齿轮<br>5. 重新调整涡轮蜗杆 |
| 传动箱涡轮齿轮损坏 | 1. 负载过大，力矩控制器动作<br>2. 阀杆润滑不良<br>3. 阀门内有杂质，卡涩<br>4. 阀门阀杆螺纹处有杂质，扭矩增大<br>5. 阀门盘根填料压得太紧，扭矩增大<br>6. 蜗杆变形造成啮合不良 | 1. 提高力矩控制器的设定值<br>2. 清洗阀杆，涂润滑脂<br>3. 检查阀门<br>4. 若手动费力，则应解体检查<br>5. 调整填料压盖<br>6. 校正或更换 |
| 星型齿轮损坏 | 1. 阀杆润滑不良，阻力增大<br>2. 阀门内有杂质，卡涩<br>3. 阀门阀杆螺纹处有杂质，扭矩增大<br>4. 阀门盘根填料压得太紧，扭矩增大<br>5. 阀门长期不运行，致使盘根干结抱死 | 1. 清洗阀杆，涂润滑脂<br>2. 检查阀门<br>3. 若手动费力，则应解体检查<br>4. 调整填料压盖<br>5. 手动开关阀门两至三个行程，对长期不用的阀门要定期活动 |
| 传动箱进水 | 1. 开度指示盘密封垫片损坏<br>2. 没有及时排水 | 1. 更换密封垫片<br>2. 定期从观察孔放水 |

# 第五节　阀门维修案例

## 一、卡麦隆球阀清洗注脂标准操作

为保护阀门正常运行，需每年对阀门阀座进行清洗保养，清洗阀门需采用专用的注脂枪和清洗液。

### （一）清洗前准备工作

需要准备注脂枪和清洗液，如图3.5－1所示。

(a)注脂枪（专用）

(b)清洗液

图3.5－1　需要准备的工具材料

### （二）阀门清洗液注入操作步骤

①用手拧开注脂枪装液筒盖，检查装液筒内是否干净，确保筒内干净无杂物，如图3.5－2所示。

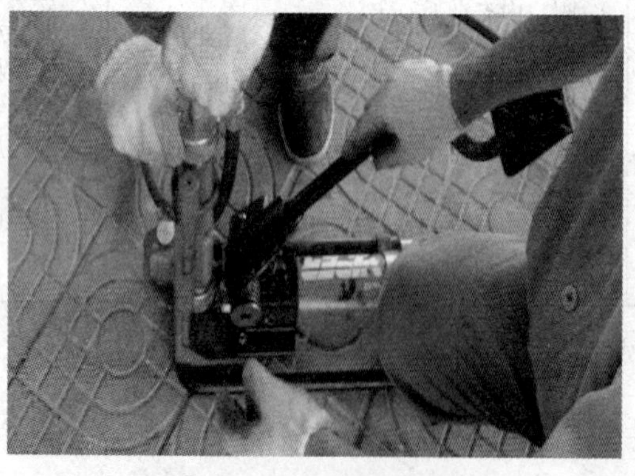

图3.5－2　检查装液筒

②向筒内装满清洗液，盖好。盖筒盖的过程中，先用手动盖紧，然后将红色手柄末端

孔卡入盖上的露槽中旋紧，如图 3.5－3 所示。

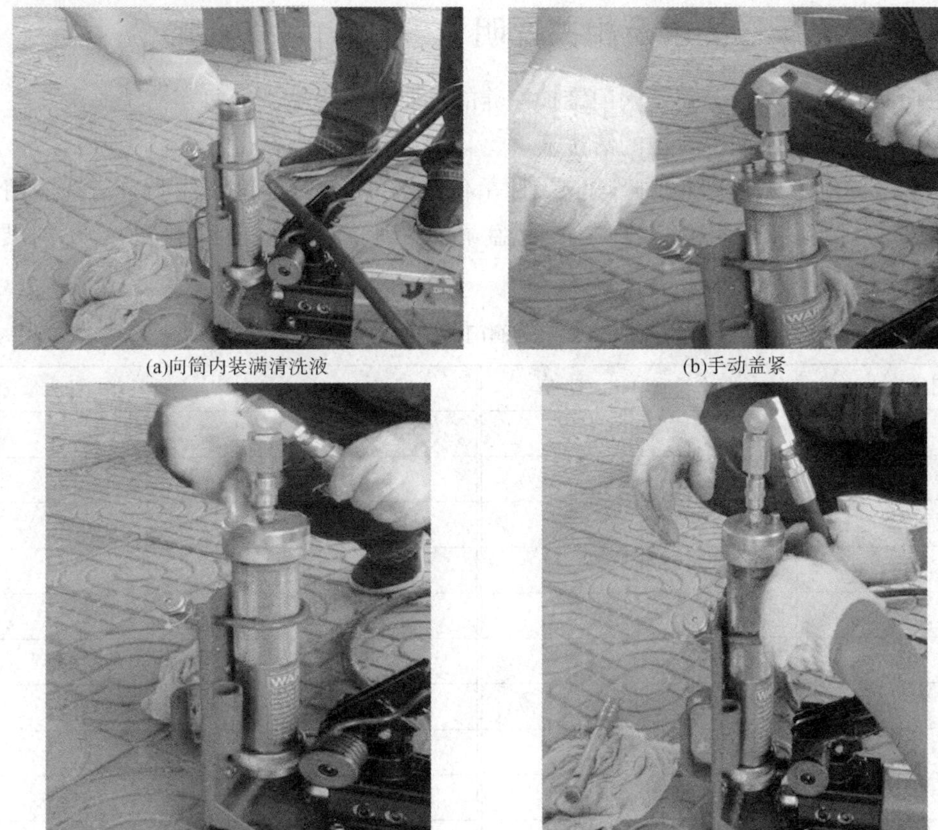
(a)向筒内装满清洗液　(b)手动盖紧　(c)旋紧筒盖　(d)完成

图 3.5－3　注脂枪的准备过程

③用扳手拧开阀门注脂嘴，并将注脂枪的活动接头和注脂嘴连接，如图 3.5－4 所示。

④注入清洗液。用脚向下踩踏板（见图 3.5－5），踩的过程中会发现每踩一下，压力表指针动作，这表明清洗液正注入阀门，当感觉踏板踩不动时，表明筒内清洗液已注完。这时，需要重新装清洗液。重新装清洗液时，打开筒盖前要注意泄压。

图 3.5－4　注脂枪连接

图 3.5－5　踩动踏板注脂

### （三）清洗操作要求及相关说明

①定期向阀门注入清洗液是阀门维护保养的重要内容之一，需每年清洗一次。

②阀门清洗液必须采用专用的清洗液。

③清洗液的用量说明：卡麦隆球阀尺寸单位是英寸（in），每个注脂口清洗液用量按1.5盎司（oz）计算（注脂枪筒的大小是9盎司，一满瓶清洗液是32盎司）。不同尺寸的阀门清洗液用量见表3.5－1。

**表3.5－1　阀门清洗液用量**

| 阀门尺寸/in | 每个注脂口注入量/oz | 阀门尺寸/in | 每个注脂口注入量/oz |
|---|---|---|---|
| 2 | 3 | 20 | 30 |
| 3 | 4.5 | 22 | 33 |
| 4 | 6 | 24 | 36 |
| 6 | 9 | 26 | 39 |
| 8 | 12 | 28 | 42 |
| 10 | 15 | 30 | 45 |
| 12 | 18 | 34 | 51 |
| 14 | 21 | 36 | 54 |
| 16 | 24 | 40 | 60 |
| 18 | 27 | 42 | 63 |

注：1oz＝28.35g；1in＝0.0254m。

## 二、某站转2阀门更换阀杆案例

### （一）检修前阀门情况

某站阀室转2阀门系*DN*400闸阀，闸阀开关时，阀杆卡涩，开关费力，经检查，阀杆表面有刮伤，需进行更换。

### （二）原因分析

闸阀在厂家装配时，阀杆垂直度就存在一定的偏差，经过长时间的运行，垂直度偏差越来越大，造成阀杆卡涩、表面刮伤、开关费力。

### （三）检维修情况

①停输时才能进行闸阀阀杆更换。2014年11月15日停输以后，将管线内原油压力全部放掉，确认转2阀门处于零压力状态，观察10min。

②拆除阀门电装上的电源线和仪表接线，拆除阀门电装。

③拆除阀门支架、中法兰螺母、阀盖。

④更换阀杆及填料密封。

⑤安装阀门执行机构，连接电源线和仪表接线并调试阀门电装开关行程等。

⑥全面检查，无问题后向局调汇报，恢复输油生产。

### （四）检维修图示

如图 3.5－6～图 3.5－8 所示。

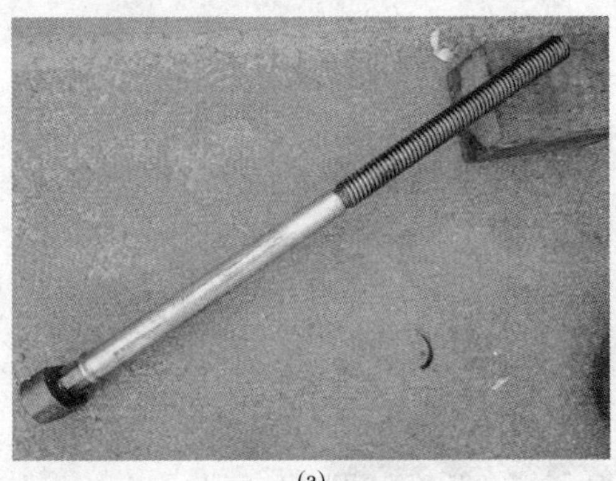
(a)

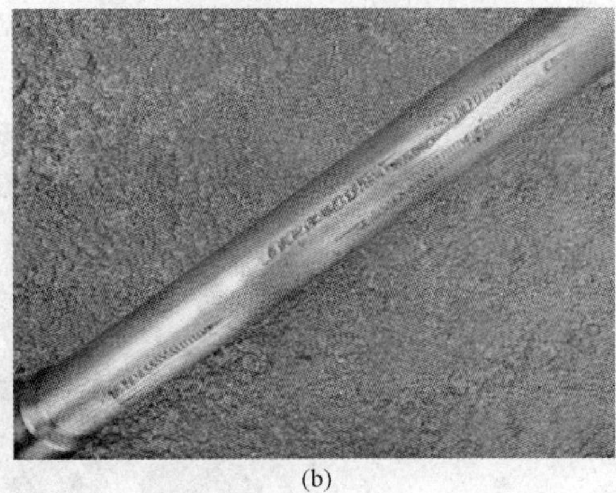
(b)

图 3.5－6　更换下来的缺陷阀杆

图 3.5－7　阀杆与闸板的连接

图 3.5－8　中法兰短节

## 三、某油库装船泵前闸阀检维修案例

### （一）装船泵前闸阀情况

某油库装船泵前 3208#、3210#、3223#等闸阀渗漏，渗漏部位为阀杆填料密封压盖处，每天运行班组上班后第一件事就是拿抹布打扫卫生，清理渗漏出来的原油，给输油生产带来了较大的安全隐患。

### （二）原因分析

①闸阀位于装船泵进出口端，距装船泵比较近，振动大，闸阀下面没有阀门基础，属于悬空状态，由于振动造成填料密封压盖松动，进而造成原油渗漏。

②闸阀安装时，填料密封压盖比较松，两端螺栓紧固不均匀，填料密封倾斜，导致渗漏。

③闸阀制造时存在缺陷，填料密封下端面高低不平，填料密封倾斜，导致渗漏。

## （三）检维修情况

①停输时才能进行闸阀填料密封检维修。停输以后，将管线内原油压力全部放掉。

②拆除阀门电装上电源线和仪表接线，拆除电装与闸阀连接盘螺栓，将电装从闸阀上取下。

③拆除闸阀填料密封所在短节，如图3.5－9所示。

图3.5－9　拆除短节

④将填料密封全部取出，根据现场情况，一套填料密封采用一组10mm×45mm×65mm聚四氟填料及七组10mm×45mm×65mm石墨填料。

⑤采购新的聚四氟填料和石墨填料，重新安装填料密封。

⑥安装闸阀填料密封所在短节。

⑦安装闸阀电装并进行调试。

⑧根据运行情况对填料密封压盖两端螺栓进行调整。

⑨闸阀制造时存在缺陷，填料密封下端面高低不平，采用加工铜垫将填料密封下端面修补平整后再安装填料密封。

## （四）检维修图示

如图3.5－10～图3.5－12所示。

(a)

(b)

图3.5－10　检维修前闸阀压盖渗油情况

图 3.5－11　重新安装的填料密封

图 3.5－12　检维修完成后的闸阀压盖

### （五）建议

①在运行过程中，密切观察填料密封压盖的渗漏情况，有小的渗漏时，可以适当增加压紧螺栓的紧固力来消除填料密封，紧固时要注意两侧螺栓均匀紧固，避免紧偏造成更大的渗漏。

②在阀门下增加阀门支座，尽量减小泵体振动对阀门造成的影响。

## 四、利密托克执行机构编码器故障诊断及处理案例

### （一）故障现象

某站外输泵 P204、P205、P206 进出口执行机构均为利密托克 MX 智能执行机构，在运行中多次出现阀门卡塞或编码器故障的情况，因其在输油生产中的重要地位，一旦出现问题就要立刻安排抢维修，牵扯维修精力。

### （二）原因分析

故障根源锁定在电路板电子元件和芯片回路上，编码器的电阻、电容与电路板之间存在"虚接"，电路板上 5 个芯片（MAX6956×1、HC266×3、MC10EPO×1）内部的电路以及板子上的发光二极管需要用专用设备进一步故障排查。

### （三）处置过程

①由于电路板元器件体积微小、排列紧密，现有技术手段无法对虚接的电阻电容进行焊接，只能标记故障点位置后外委加工，如图 3.5－13 所示。

②利用单片机模拟 MX 控制板 CPU 与编码器进行通信，进行测试芯片电路和发光二极管故障排查。测试流程如图 3.5－14 所示。

图 3.5－13　故障点

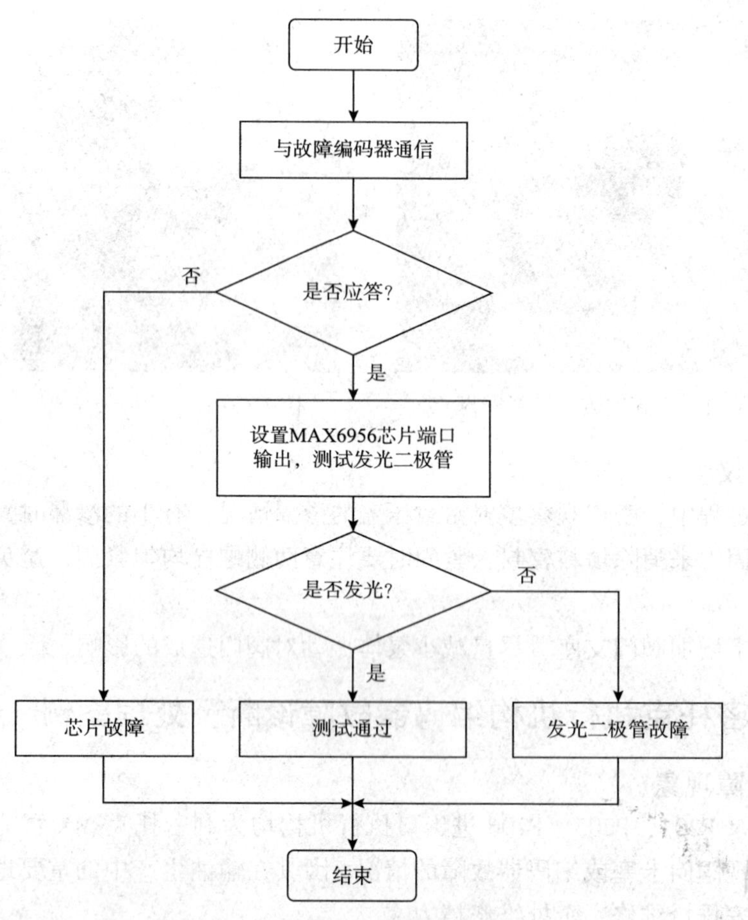


图 3.5－14 测试流程图

③开发单片机的过程：

a. 维修人员对编码器电路板上的芯片的名称和功能进行查询，统计出表格，见表 3.5－2。其中 MAX6956 不单是编码器的控制芯片，还具备 $I^2C$ 总线通信协议，是负责编码器与控制板 CPU 通信的芯片。因此维修人员将查询重心放在 MAX6956 芯片上。

**表 3.5－2 编码器板芯片种类**

| 序号 | 名 称 | 作 用 |
|---|---|---|
| 1 | MAX6956 | LED 显示驱动器和 I/O 扩展器 |
| 2 | HC266 | 2 输入异或非门（OC） |
| 3 | MC10EPO | 高速计数芯片 |

b. 采购单片机。通过技术资料了解到 MAX6956 芯片的通信协议是 $I^2C$ 总线，根据此条件挑选支持 $I^2C$ 总线通信协议的单片机，经过筛选对比后，最终选择“普中科技”生产的“单片机开发实验仪”。该开发板功能全面，提供全面的学习资料，方便快速学习掌握单片机 C51 语言编程，如图 3.5－15 所示。

c. 绘制电路。电路图的绘制工作难度非常大，费时费力，维修人员断断续续耗费两个月才最终将电路板测量完毕并绘制出电路原理图。该电路图包括收发光二极管部分和高速计数器部分。如图 3. 5 – 16 所示。

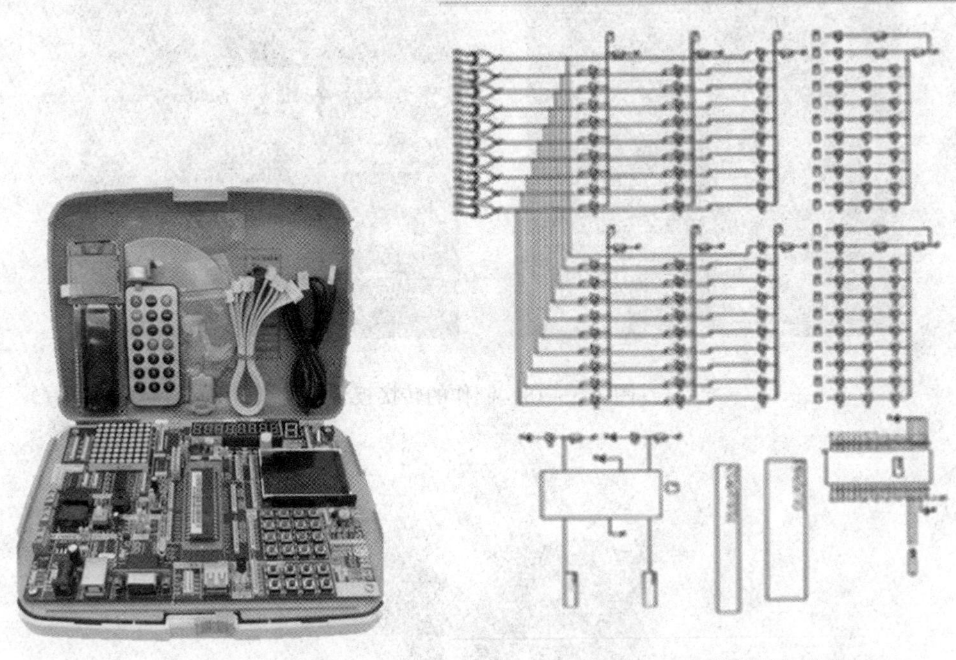

图 3. 5 – 15　单片机开发实验仪　　　　图 3. 5 – 16　编码器电路图

d. 制作转接板。编码器排线的接头为 10 针双排接头，无法直接与单片机开发板连接，需要制作专门的转接电路板。编码器接头各个针脚接线意义如图 3. 5 – 17 所示，其中 SCL 和 SDA 为 $I^2C$ 总线协议的时钟线和数据线。制作的转接电路板如图 3. 5 – 18 所示。将电路连接起来后如图 3. 5 – 19 所示。

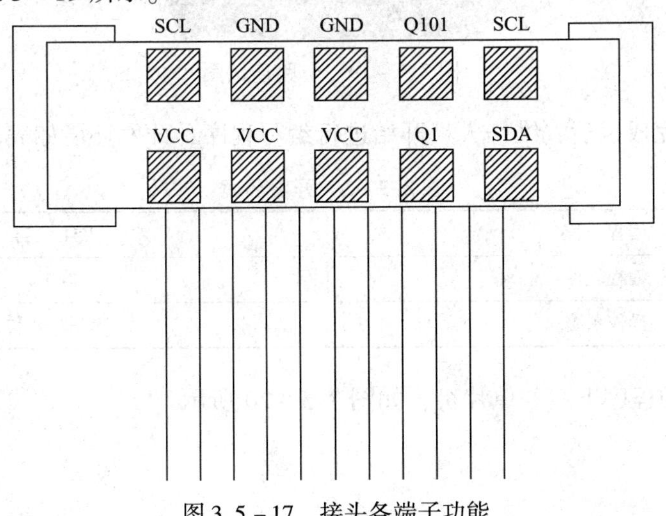


图 3. 5 – 17　接头各端子功能

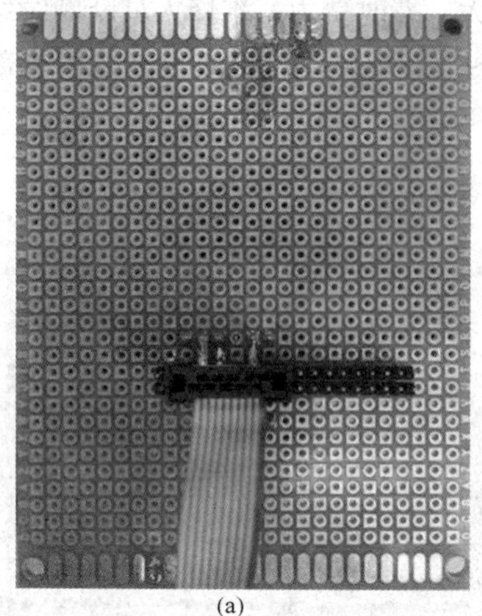

(a)

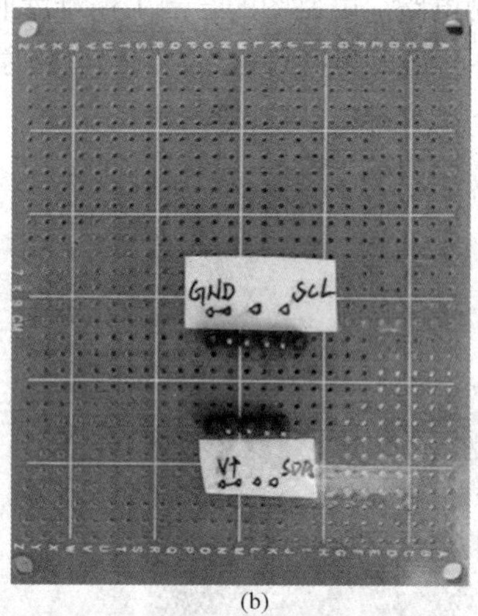


(b)

图 3.5－18　制作的转接板

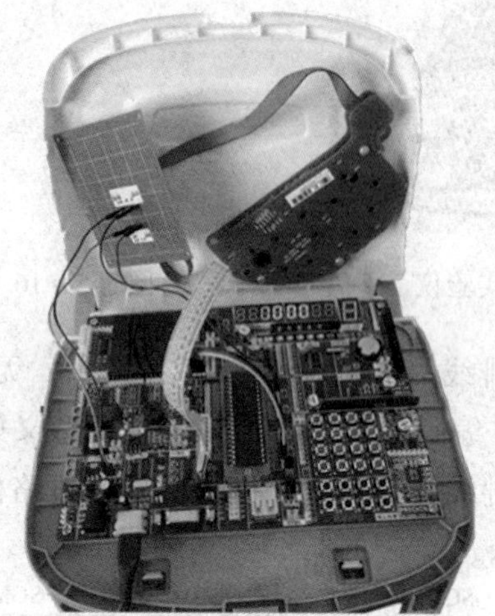

图 3.5－19　电路连接图

e. 硬件部分完成以后，维修人员开始进行编写程序，开发环境如表 3.5－3 所示。

**表 3.5－3　开发环境**

| | |
|---|---|
| 编程语言 | C51 语言 |
| 编程软件 | Keil 4 |
| 操作系统 | Win7 64 位 |

f. 将编写好的程序下载到单片机，如图 3.5－20 所示。

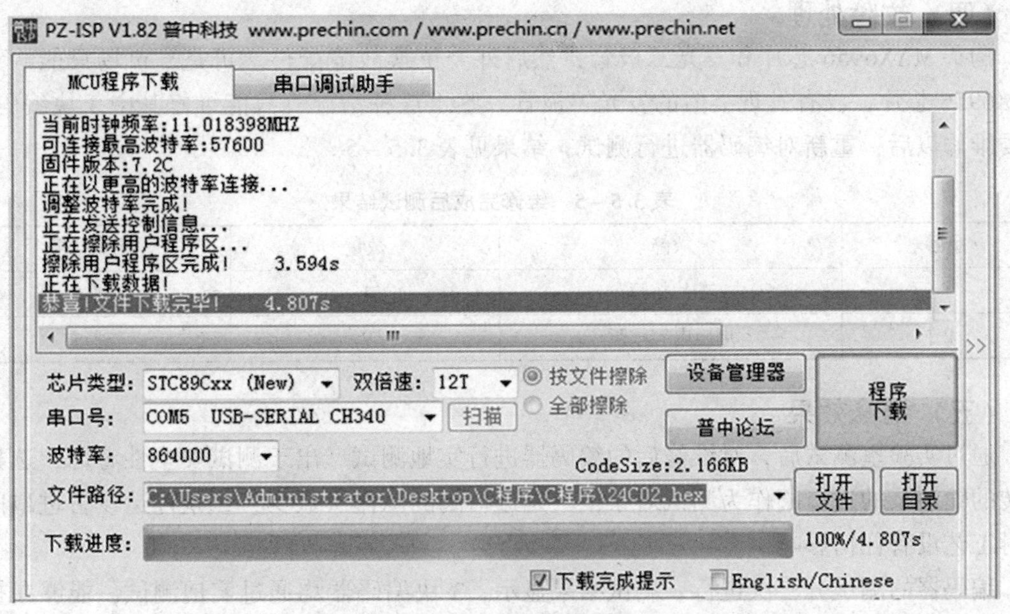


图 3.5－20　程序下载界面

④测试发光二极管能否正常工作，如图 3.5－21 所示。

图 3.5－21　测试发光二极管

经过检测，发现一块编码器的 MAX6956 芯片无应答，两块编码器存在发光二极管故障，结合之前查出两块电阻电容虚接，5 块编码器的故障全部找出，见表 3.5－4。

**表 3.5－4　编码器故障**

| 序号 | 故障 | 数量 |
|---|---|---|
| 1 | 芯片故障 | 1 |
| 2 | 发光二极管 | 2 |
| 3 | 电阻电容故障 | 2 |

### （四）故障处理

购买 MAX6956 芯片和发光二极管，然后外委更换故障配件。可是，市场只能购买到 MAX6956 芯片，没有发现类似的发光二极管。鉴于这种情况，只能维修其中 3 块编码器。外委维修以后，重新对编码器进行测试，结果见表 3.5－5。

表 3.5－5　维修完成后测试结果

| 序号 | 故障 | 数量 | 测试结果 |
|---|---|---|---|
| 1 | 芯片故障 | 1 | 通过 |
| 2 | 电阻电容故障 | 2 | 通过 |

### （五）维修效果

通过实验室测试后，对维修后的编码器进行实地测试。出于测试安全性考虑，选择未运转的输油泵的进口阀作为测试对象，一是进口阀的动作次数少，二是停运设备进口阀动作对工艺没有任何影响。

编码器的测试分三次进行。测试结果显示，3 块编码器均通过实地测试，能够在执行机构中正常使用。编码器实地测试详情见表 3.5－6。

表 3.5－6　编码器实地测试

| 地点 | 设备 | 测试内容 | 测试时间 | 测试结果 |
|---|---|---|---|---|
| 某站 | P204 2000# 编码器 A | 初始化设置 | 2016 年 10 月 11 日 | 正常 |
| | | 全开全关操作 | 2016 年 10 月 11 日 | 正常 |
| | | 长时间运行可靠性 | 2016 年 10 月 11 日～2016 年 10 月 17 日 | 正常 |
| | P204 2000# 编码器 B | 初始化设置 | 2016 年 10 月 17 日 | 正常 |
| | | 全开全关操作 | 2016 年 10 月 17 日 | 正常 |
| | | 长时间运行可靠性 | 2016 年 10 月 17 日～2016 年 10 月 31 日 | 正常 |
| | P206 2020# 编码器 C | 初始化设置 | 2016 年 11 月 7 日 | 正常 |
| | | 全开全关操作 | 2016 年 11 月 7 日 | 正常 |
| | | 长时间运行可靠性 | 2016 年 11 月 7 日～2016 年 11 月 28 日 | 正常 |

### （六）维修建议

利密托克执行机构常见的典型故障为编码器故障和阀卡涩，常用的维修办法就是更换新的编码器板。但是该电路板单价较贵，维修成本相对较高。此次成功的维修案例为解决编码器故障提供了新的思路与方法，不仅大大提高了设备管理水平和稳定可靠性，而且可以大大地节省设备投资，更能对类似故障提供借鉴。

## 五、电动执行机构减速箱进水检维修案例

### （一）电动执行机构减速箱进水情况概述

某油库四台外输泵 8 个进出口球阀电动执行机构减速箱进水，从阀门开度调整螺栓溢水，电装开关卡涩、不灵活，需要进行检维修。阀门公称通径 *DN*600，压力等级为 6.4MPa。

### （二）原因分析

减速箱进水的原因是阀门电装露天设置，无防水措施，设置在减速箱主轴上端，阀门开度和关度指示上防水的 O 形密封圈磨损过度和老化，使雨水从 O 形密封圈间隙进入减速箱内，减速箱内起润滑作用的钙基脂和锂基脂进水后会被稀释，导致钙基脂和锂基脂变质流失，从而使减速机构润滑不良，轴承和齿轮表面产生锈蚀，锈蚀严重时会造成阀门无法开关，如图 3.5－22 所示。

图 3.5－22　进水示意图

### （三）检维修过程

①打开减速箱主轴上端压盖，如图 3.5－23 所示。

②清理变质的润滑脂，清理锈蚀，更换新的润滑脂，如图 3.5－24 所示。

③更换 O 形密封圈，将压盖上紧。

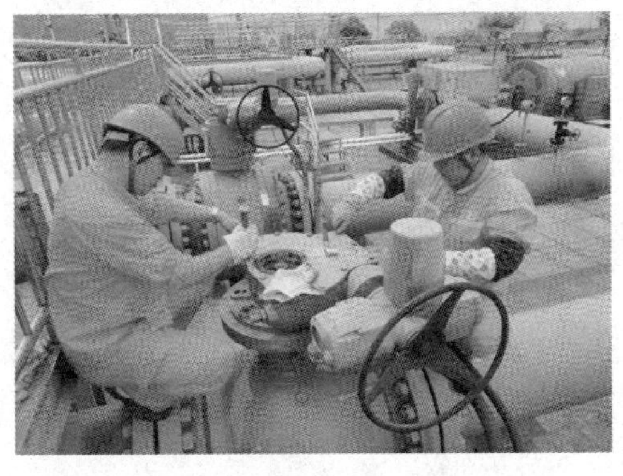

图 3.5－23　打开减速箱主轴上端压盖

图 3.5－24　进行清理

### （四）建议

①建议定期对减速箱上端、开度和关度指示下方O形圈打开检查，查看O形圈有没有老化和磨损，如果O形圈老化和磨损要及时更换，特别是在雨季的时候，检查次数要多一点。

②建议在减速箱上端开度和关度指示上做一个透明的防水罩，既能防止雨水进入减速箱造成锈蚀，又能看清阀门开关指示。

## 思考题

1. 简述填料更换的步骤和注意事项。
2. 简述垫片更换的步骤和注意事项。
3. 简述电动执行机构电机不能启动的原因及处理方法。
4. 简述球阀注脂的主要操作步骤及注意事项。
5. 电动执行机构的控制方式主要有哪两种？简述其优缺点。

# 第四章　SCADA 系统维护与故障处理

SCADA 系统是以计算机通信、自动化控制等技术为基础的生产过程控制与调度系统，在保障油气长输管道的安全、高效运行方面发挥着重要作用。SCADA 系统可在千里之外的调度中心对现场运行设备进行参数监测和控制，同时还可为企业运营管理部门提供其所需的各类生产数据。近年来，SCADA 系统在管道企业得到了广泛应用。作为生产调度系统的神经中枢，SCADA 系统在输油生产中占有重要地位，其运行的正常稳定与否，直接决定了输油生产是否安全平稳。正因如此，在系统运行的全寿命周期内，如何有效地进行测试、全面地开展维护以及在系统出现故障时如何准确地查明原因、及时的妥善处理，对于担负着这些重要职责的系统维护维修人员来说，面临着不小的挑战。

## 第一节　SCADA 系统基础知识

### 一、SCADA 系统基础知识

#### (一) SCADA 系统的概念

SCADA（Supervisory Control And Data Acquisition）即“监控与数据采集”。SCADA 系统基于计算机、控制、通信网络等技术，完成对测控点分散的过程或设备的数据采集、控制、测量、调节、报警等功能，实现本地或远程的自动控制功能，同时也可以为生产调度、安全管理、系统优化和故障诊断提供必要的数据支持。由于 SCADA 系统具有技术先进性、运行可靠性和架构灵活性等优点，目前已成为油气管道建设的标准配置。

#### (二) SCADA 系统的架构

在控制结构上，SCADA 系统由下位机、上位机和连接上下位机的通信网络组成。下位机是指处于测控现场的数据采集与控制终端的设备，上位机是指位于控制室的集中监视、管理和远程监控的计算机。一套 SCADA 系统一般有多个现场监控单元，每个监控单元完成一定范围内的设备监控。调控中心与每个现场监控单元通信，实现对整个现场设备及生产过程的监控和管理。

按照设备区域和功能划分，SCADA 系统主要可分为公司调控中心、站控系统（含 RTU 系统）、通信系统、检测和执行设备四部分，图 4.1－1 为某管道公司的 SCADA 系统典型架构。

调控中心是系统的数据管理和调度操作中心，通过通信网络与各站控系统或 RTU 通信，采集现场设备状态和工艺运行参数，对现场设备进行远控操作。

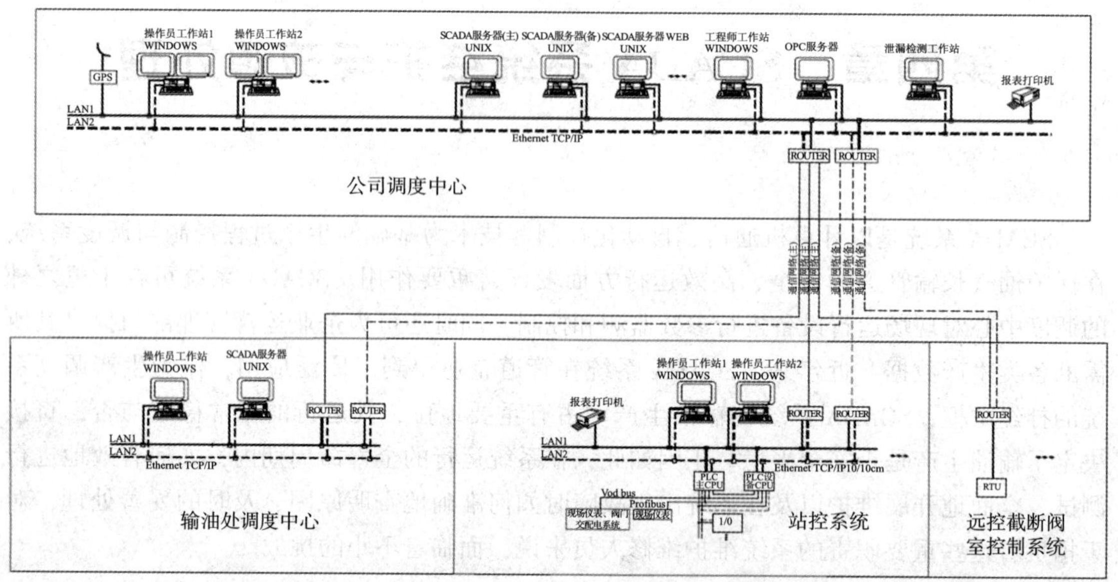


图 4.1－1　某管道公司 SCADA 系统典型架构图

站控系统实现对一个功能区域内的设备进行监控，其核心为可编程逻辑控制器(PLC)。PLC 一端与现场仪表和远控设备连接，另一端与上位机通信，实现 SCADA 系统的绝大部分控制功能。站控系统配置人机界面（HMI），可实现对本地设备的监控，在处于中心控制权限时，也可接受调控中心的远控命令。

RTU（Remote Terminal Unit）即远程终端控制单元，常应用在数据采集量少、控制功能简单、运行环境较恶劣的特殊场所。RTU 站点一般为无人值守，因此不配置上位机，因而不具备数据管理和本地监控功能。

通过与 PLC、RTU 等控制系统建立连接，自动化仪表上传过程参数和设备状态数据至上位机显示，执行机构接收并执行控制系统发来的相应控制指令。

## (三) SCADA 系统的功能

目前，SCADA 系统具备的主要功能包括：数据采集和处理、控制和调节、报警处理、系统时间同步、安全管理、历史数据和报表处理、设备管理及监视等。

**1. 数据采集处理及控制调节**

数据采集处理及控制调节功能主要是对生产现场的实时数据、相关设备的参数进行的采集和处理，为满足生产需要而对设备进行的相应控制及调节。常用的数据类型包括模拟量、数字量、脉冲计数量等。

**2. 报警处理**

报警是对测量值的范围、变化速度的预警。系统发出报警后，操作员可以通过上位机对报警进行“确认”。所有的报警信号可按其产生原因或性质进行分类，并按其对生产影响的重要程度进行分级。对于各级报警，系统可以利用不同的音响、语音及显示来提示操作员。

另外，SCADA系统可以提供报警总表，按时间顺序记录未确认和已确认的报警，包括报警点名称、报警内容、确认状态等。系统还允许在线定义和改变报警状态、在线修改报警限值、在线改变报警优先级别。

**3. 系统时钟同步**

SCADA系统可由GPS（全球定位系统）时钟提供标准时间，同时向主站系统的各个节点机器、RTU等发送对时命令，确保系统中所有重要设备的时钟保持同步，为生产运行优化、事故分析追溯提供可靠保障。此外，SCADA系统也可实现与网络上其他系统的对时服务，支持人工设置时间功能。

**4. 安全管理**

SCADA系统对每一个用户都有操作权限的定义，对每一个重要操作均可形成操作记录，同时通过完备的安全管理制度，以保证系统运行和生产操作的安全。

**5. 历史数据和报表处理**

生产过程的重要工艺数据都应进行长期保存，SCADA系统可对实时数据进行存储形成历史数据，从而为优化生产和事故分析提供依据。为了节省存储介质空间，可以对需要保存的数据进行压缩保存。

**6. 设备管理及监视功能**

SCADA系统能够以图形或文字的方式显示全系统的运行情况，包括对测控设备实时运行状态、网络运行、数据传输、系统各节点的进程、故障自动切换情况等的实时监视等。

## （四）SCADA系统在某管道公司的应用

自2000年以后，SCADA系统开始在某管道公司所辖的管线上建设投用，并逐步得到了广泛应用。目前，在该公司应用的SCADA系统硬件（PLC）品牌主要有4种，分别为法国施耐德公司的MODICON Quantum系列、美国AB公司的Controllogix5000系列和SLC500系列、瑞典ABB公司的AC800F系列和美国OPTO公司的OPTO22系列；站控软件品牌主要有5种，分别为法国施耐德公司的Intouch和Citect、瑞典ABB公司的Freelance Digivis、美国OPTO公司的SNAP PAC和法国西吉莱克公司的Viewstar；中控软件品牌主要有5种，分别为美国Foxboro公司的IA SCADA和HMI、瑞典ABB公司的S. P. I. D. E. R和WS400以及法国西吉莱克公司的Viewstar。由于建设时间不同、设计方案各异，导致目前应用的SCADA系统软硬件品牌过多过杂，给系统的维护维修带来了很大的不便。

**1. Quantum系列**

Quantum系列PLC在该管道公司应用范围最广，如图4.1-2所示，主要应用于仪长管线、华北管网、日仪管线、湛北管线、东临（复）管线、洪荆管线以及黄岛油库、曹妃甸商储库、天津商储库、日照商储库、湛江商储库等处的站控系统。配套软件主要为Intouch和Citect。

图 4.1－2　Quantum 系列 PLC

**2. Controllogix5000 和 SLC500 系列**

Controllogix5000 系列 PLC 主要应用于该管道公司的鲁宁管线和仪长复线的站控系统，如图 4.1－3（a）所示，其中仪长复线独立设置的安全仪表系统的 PLC 也为此系列产品。配套站控软件主要为 Citect 和 Intouch，仪长复线的站控软件为 Viewstar。

SLC500 系列 PLC 原本只用于加热炉控制系统，如图 4.1－3（b）所示，随着加热炉在输油生产中的应用减少，且相应的控制系统经过整合改造后，SLC500 系列 PLC 的应用也已很少。

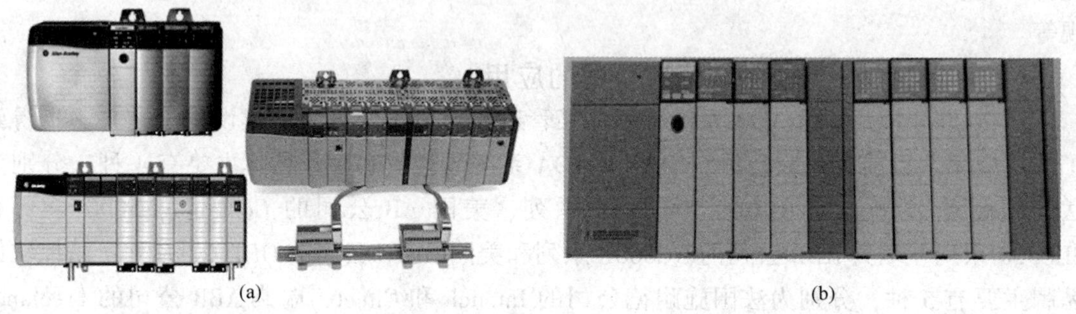

(a)　(b)

图 4.1－3　（a）Controllogix5000 系列 PLC，（b）SLC500 系列 PLC

**3. AC800F 系列**

目前，AC800F 系列 PLC 只在该公司甬沪宁管线有所应用，如图 4.1－4 所示，包括甬沪宁管线所辖站库的站控系统，配套站控软件为 Freelance Digivis。当前，该公司正在进行甬沪宁管线站控系统的改造（不含商储库控制系统），计划将控制器模块 AC800F 更换为 AC900F，更新通信模块，站控软件更换为 Citect。

**4. OPTO22 系列**

OPTO22 系列 PLC 在该公司应用较少，如图 4.1－5 所示，目前只应用于中洛管线和魏荆管线的站控系统，其中中洛管线所辖各站和魏荆管线各中间站均采用此产品，配套站控软件为 SNAP PAC。魏荆管线的魏岗、襄州两站系统经过改造，已由 OPTO22 系列 PLC 更换为 Quantum 系列 PLC，配套站控软件更换为 Intouch。

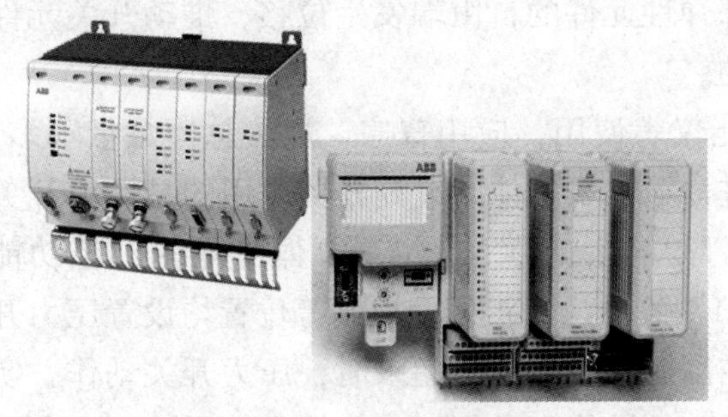
图 4.1－4　AC800F 系列 PLC

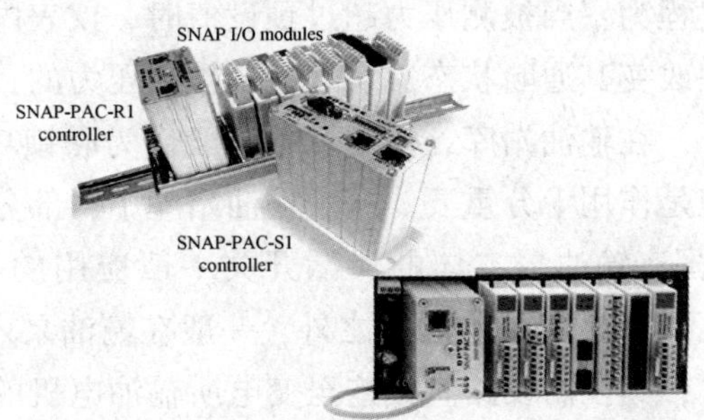

图 4.1－5　OPTO22 系列 PLC

## 二、仪表基础知识

工业生产中应用的仪表检测设备规格类别多种多样，限于篇幅，本节只对大量应用于输油生产的检测仪表进行介绍，包括检测仪表中的压力仪表、温度仪表、液位仪表和流量仪表，对于输油生产没有应用或极少应用的各类仪表设备，则不再赘述。

### （一）压力检测仪表

#### 1. 弹簧管式压力表

弹簧管压力表又称弹性式压力表，为就地显示仪表，在输油站库最为常见。根据使用场合不同，一般分为一般压力表、隔膜压力表和耐震压力表三种。一般压力表应用于无腐蚀性过程介质的压力测量，如压缩空气、消防水及泡沫的压力测量；隔膜压力表应用于有腐蚀性过程介质的压力测量，如原油、燃料油的压力测量；耐震压力表应用于有震动场合的压力测量，如输（给）泵的出口压力应采用耐震隔膜压力表。

弹簧管式压力表的工作原理是：弹簧管在内腔压力作用下，利用其所具有的弹性特性变形而引起位移，经过连杆和齿轮传动机构放大，传递到仪表的指针上，指示出被测压力的数值，如图 4.1－6 所示。输油站库常用的弹簧管式压力表精度等级为 1.5（1.6）级。

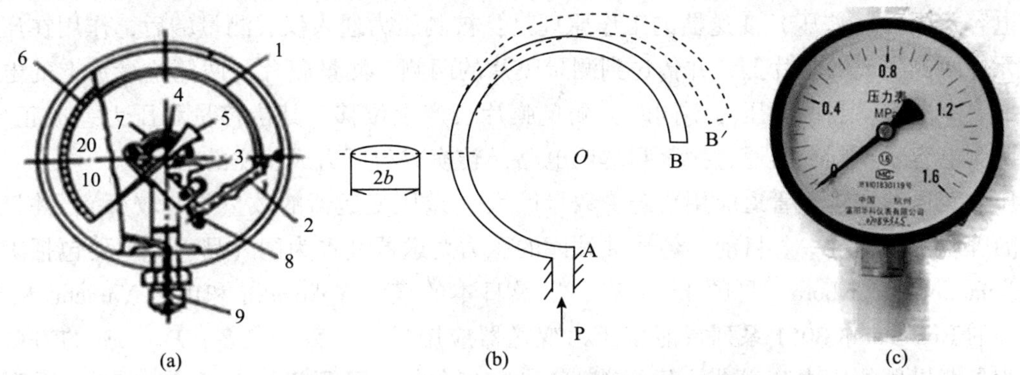

图 4.1－6　弹簧管式压力表结构、原理与实物

1—弹簧管；2—拉杆；3—扇形齿轮；4—中心齿轮；5—指针；6—面板；7—游丝；8—调整螺钉；9—接头

**2. 压力控制器**

压力控制器也称为压力开关，具有结构简单、触电容量大等优点。压力控制器的工作过程为：当被测压力超过预设值时，仪表内部弹性元件的自由端发生位移，推动开关元件并改变其通断状态，实现控制被测压力的目的。

在输油站库，压力开关一般作为联锁功能仪表使用，应用普遍。虽然总体数量不多，但是作用十分重要。一个输油站库中，部分进口输油泵本体的泄漏开关应用的是压力开关（国产输油泵本体的泄漏开关一般应用的是浮球液位开关），实现泵体泄漏的报警功能（不联锁停泵）；除此之外，一般在输油泵入口汇管、出口汇管及出站等位置均设置压力开关，其控制线路直接连至变电所输油电机的控制回路，在压力超限时，压力开关动作，实现联锁全跳泵功能。因此，这些位置的压力开关的功能正常与否，直接决定了输油生产的稳定与否，需要运行及维修人员引起高度重视。

图 4.1－7　β 压力开关

在国内输油站库应用的压力开关以国外进口品牌为主，包括美国的 SOR、CCS 和荷兰的 β 等品牌，其中荷兰 β 品牌的压力开关应用最多，如图 4.1－7 所示。β 压力开关内部具有两对机械触点，一对触点供联锁跳泵使用，另一对触点供 SCADA 系统报警使用。在生产运行中，β 压力开关一般按照 0.2 级的准确度等级进行定期校验。

由于压力开关在本质上属于机械式压力仪表，长期运行后容易出现触点粘连、动作不畅、可靠性降低等情况，从而导致仪表误动作，引发非正常联锁事件。因此，在新建及改造管线的 SCADA 系统中，特别是各管线新增的安全仪表系统中，压力开关已逐步被压力变送器（以 2oo2 或 2oo3 方式）取代，以提高控制功能的可靠性。

**3. 压力（差压）变送器**

压力（差压）变送器属于电测式压力仪表，代表性产品有电容式、压电式、振频式和应变式等。在管道企业输油站库中应用的基本是电容式压力（差压）变送器。

电容式压力（差压）变送器的工作原理是：被测压力通入仪表测量端后，作用在压力敏感元件两侧隔离的膜片上，并传送到测量膜片的两侧。测量膜片与两侧绝缘片上的电极各组成一个电容，当两侧压力不同时，测量膜片会产生位移，其位移量和压力差成正比，导致两侧电容量不同，再通过振荡和解调电路，转换成与压力成正比的信号。

压力变送器在输油管道应用普遍、数量巨大（差压变送器的数量相对较少），并且应用的品牌规格较为统一。目前，各输油站库的压力变送器基本为国外品牌，主要包括美国的 Rosemount 和 Foxboro（见图 4.1－8），以及日本的横河 Yokogawa 和山武 Yamatake。其中美国的 Rosemount 3051 系列智能型压力变送器应用最广、数量最多；Foxboro 的 IPG 系列均为早期投用的压力变送器，运行普遍超过 10 余年，已逐步被 Rosemount3051 系列替代；日本品牌的压力变送器只在个别站库有应用，整体数量不多。

(a)Rosemount

(b)Foxboro

图 4.1－8　压力变送器实物图

在实际应用中，Rosemount 3051 压力变送器的准确度等级有两种，分别为 0.1 级（0.075 级）和 0.025 级。其中 Rosemount 3051S 系列压力变送器为 0.025 级，主要用于个别管线泄漏检测系统的压力测量，整体数量较少；应用广、数量多的 Rosemount 3051T 系列压力变送器为 0.1 级（0.075 级）。Rosemount 3051S 系列压力变送器由于精度等级高，需要定期送法定计量检定部门进行校验。

在输油生产中，由于压力变送器应用范围广、数量多，且多数涉及 SCADA 系统的安全联锁功能，发挥着重要作用，其稳定、性能正常非常必要。因此，仪表维护维修人员应按期进行校验，确保其性能正常、工作稳定。

## （二）温度检测仪表

### 1. 双金属温度计

双金属温度计由两片膨胀系数不同的金属片叠焊后构成。当温度变化时，两金属片的膨胀长度不同而产生弯曲，弯曲的角度正比于温度。双金属温度计的测温元件一般绕制成螺旋形，一端固定，另一端装有指针，称为自由端，如图 4.1－9 所示。当温度变化时，自由端带动指针在度盘上指示出数值，其准确度等级一般为 1.0～2.5 级。输油生产现场应用的双金属温度计的准确度等级一般为 1.5 级。

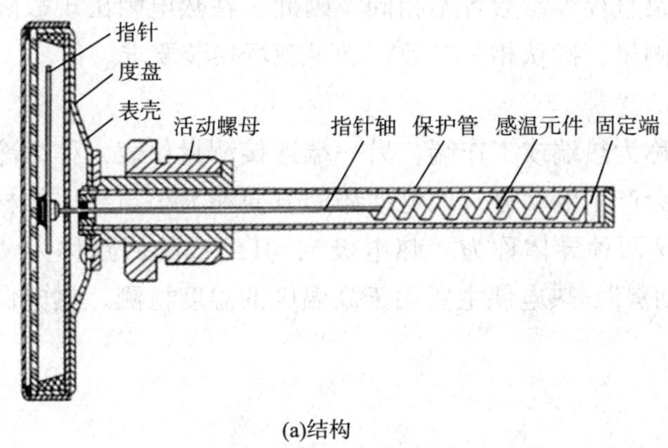

(a)结构

(b)实物图

图 4.1－9　双金属温度计

**2. 热电阻**

热电阻的测温是基于导体或半导体的电阻值随温度变化而变化这一特性，来测量温度及与温度有关的参数，具有测量精度高、性能稳定等优点。

图 4.1－10　热电阻

热电阻一般分为铂热电阻和铜热电阻。其中铂热电阻又分为：Pt10（0℃时阻值为10Ω），主要用于 650℃以上的温度测量；Pt100（0℃时阻值为100Ω），主要用于650℃以下的温度测量，如图 4.1－10 所示。铜热电阻又分为 Cu50（0℃时阻值为 50Ω）和 Cu100（0℃时阻值为 100Ω），其测温范围为－40～140℃，测量精度较低。

热电阻的接线方式包括二线制、三线制和四线制等三种。其中二线制引线方法很简单，但由于存在引线电阻影响测量精度，因此只适用于测量精度要求较低的场合；三线制接线是指在热电阻的根部的一端连接一根引线，另一端连接两根引线，可以较好地消除引线电阻的影响；四线制接线是指在热电阻的根部两端各连接两根导线，这种引线方式可完全消除引线的电阻影响，因而主要用于高精度的温度测量。

在输油生产现场，输油泵机组、加热炉（锅炉）、进出站工艺管线等设备的温度测量采用的都是 Pt100 铂热电阻，且基本都为三线制接线方式。品牌方面，一般进口输油泵、电机本体配套的热电阻基本为国外品牌（ABB 品牌居多），其他设备采用的多数为国内品牌（厂家较多）。

输油站库中，每台输油泵机组都有接近 20 点的测温点，加热炉上的出炉温度、排烟温度等测量点，均涉及设备的单体安全联锁功能；此外，部分管线运行对温度参数更敏感、要求更高。因此，对于这些设备上的热电阻，仪表维护维修人员应更加重视，按期开展校验，确保仪表工作稳定、性能正常。同时，由于生产现场的热电阻规格较多，工艺、电气连接方式及尺寸、热电阻的尾长及直径等参数各不相同，因此，在热电阻出现故障需要进行更换时，仪表人员应进行详细测量，确认相关参数，满足现场换装要求。

**3. 热电偶**

将两根不同的导体的一端焊接，称为热端或工作端，另一端连接测量仪表，称为冷端或自由端。当两端温度不同时，回路会产生电动势，该电动势的方向和大小与导体的材料及两接点的温度有关（热电效应）。这两种导体称为“热电极”，其组成的回路称为“热电偶”，其产生的电动势称为“热电动势”，热电偶主要用于高温区的温度检测。热电偶测温原理及实物图如图 4.1－11 所示。

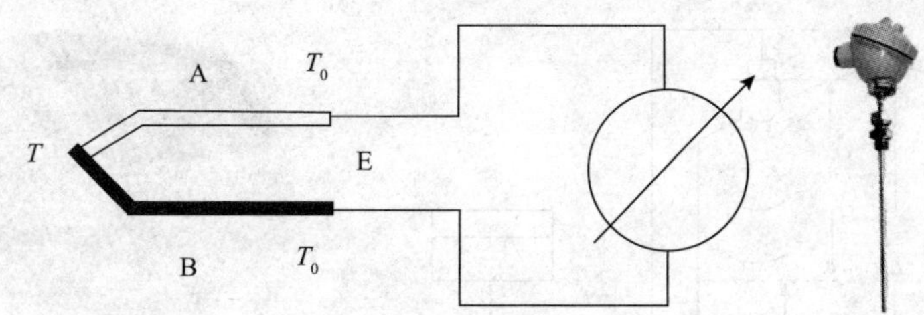


图 4.1－11　热电偶测温原理及实物图

热电偶在输油生产现场应用很少，主要用于加热炉（锅炉）的炉膛温度的测量。由于热电偶输出的为毫伏信号，抗干扰能力较弱，因此在现场应用的均为国产品牌的一体化热电偶温度变送器。

## （三）液位检测仪表

### 1. 浮子式液位计

浮子式液位计是利用漂浮在液面上的浮子，随液位变化所产生的位移或浮力的变化，经传递、变送，由相应的仪表进行液位显示，其结构简单、价格较低。在输油生产现场应用不多，主要应用于污油罐的液位测量。图 4.1－12 为污油罐的浮子式液位计。

### 2. 差压（静压）式液位计

被测容器内的液位发生变化时，液柱产生的静压也会相应地发生变化。差压式液位计就是利用这一原理，通过测量静压来检测液位的。由于差压式液位计在使用前要根据被测介质的相对密度和测量液位的高度，来调校仪表的量程范围，因此介质密度变化较大的液位不宜用差压式液位计来测量，如图 4.1－13 所示。

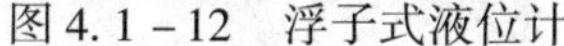

图 4.1－12　浮子式液位计

图 4.1－13　差压（静压）式液位计

在输油生产现场，差压（静压）式液位计应用较少。其中静压式液位计主要用于各站库消防水罐的液位测量，基本为国产品牌；差压式液位计主要用于锅炉水位的测量，多数为进口品牌。

### 3. 超声波液位计

超声波液位计的工作原理是：通过换能器（一般安装于容器顶部），垂直向液面发射超声波，同时接收由液面反射回的超声波，通过测量声波的传播速度和反射时间计算出容器内的空高 $h$，再根据容器总高度 $L$ 减去空高 $h$ 而得到实际液位高度 $H$，如图 4.1－14 所示。

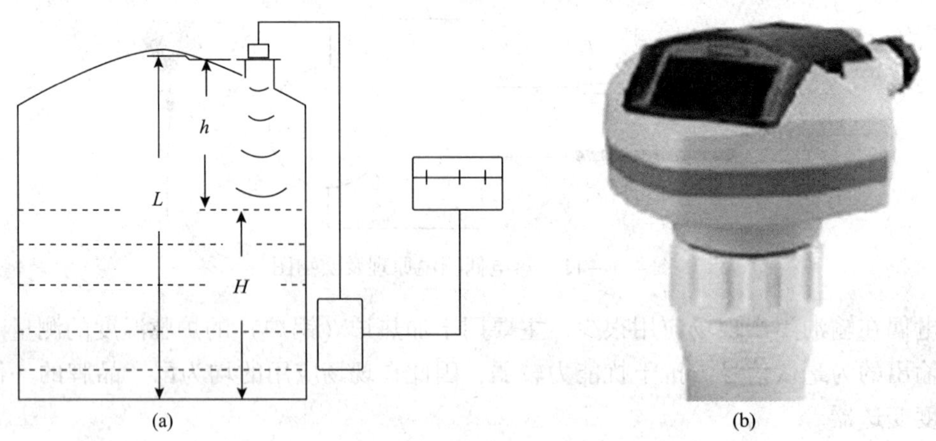


图 4.1－14　超声波液位计原理及实物图

超声波液位计在输油生产现场应用较少，以进口品牌（西门子和 E＋H）居多，主要用于各大型油库的消防水罐、雨水提升池的液位测量。

**4. 外贴式超声波液位开关**

外贴式超声波液位开关（见图 4.1－15）的工作原理是：传感器（探头）可产生能够穿过罐壁的高频超声波脉冲，该脉冲同时在罐内和液体中传播并被反射，通过检测和计算这种反射特性，来确定检测点处是否存在液体。此外，超声波液位开关既可直接输出开关量信号，也可通过变送器或连接器输出电流信号，传输给相应的控制设备，实现对液位的监测或控制功能。

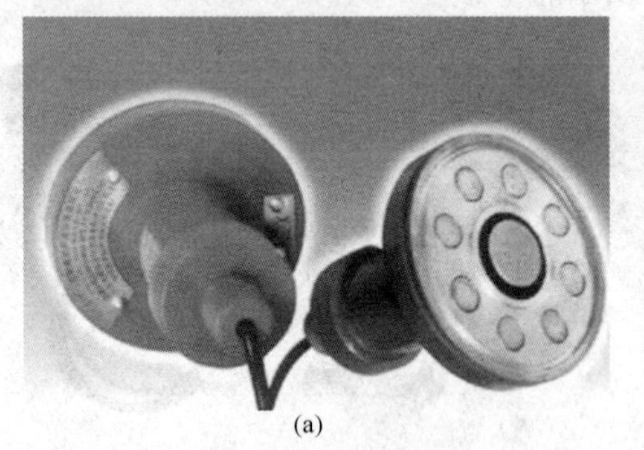
(a)

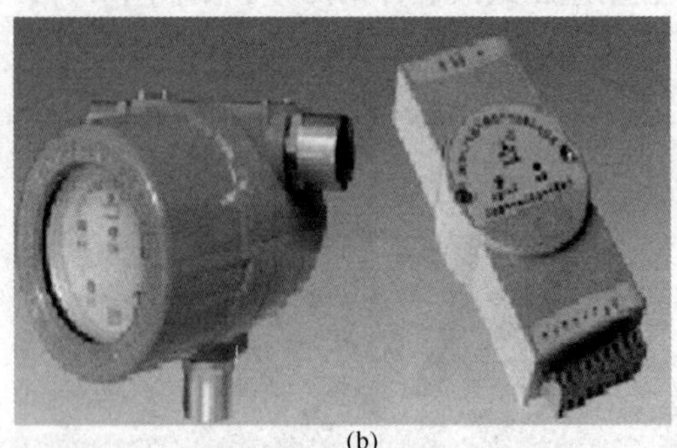
(b)

图 4.1－15　外贴式超声波液位开关

外贴式超声波液位开关为非接触式测量仪表，由于安装相对简单，无需在罐体上开孔，因此在各油库罐区应用较为广泛，且均为国产品牌。一般每座储罐在其极限高、低液位处各安装一台外贴式超声波液位开关，主要用于储罐高低液位的报警联锁。为保证其工作正常，应定期对液位开关进行标定。

**5. 雷达液位计及库区管理系统**

雷达液位计是一种利用雷达技术进行液位测量的精密仪表，其工作原理与超声波液位计基本一致，不同点是，雷达液位计的换能器是雷达天线，超声波液位计的换能器为超声波换能器。

雷达液位计广泛应用于大型储油罐的液位测量，主要为国外品牌，包括 Honeywell Enraf 和 Rosemount SAAB，其中 Enraf 雷达液位计应用时间更早、数量更多，如图 4.1－16 中所示。

(a)

(b)

(c)

图 4.1－16 Enraf 和 SAAB 雷达液位计

以 Enraf 智能雷达液位计为例，Enraf 97X 系列是 Enraf 第二代雷达液位计，主要用于鲁宁线、东临复线、甬沪宁线等站库，目前已停产；Enraf 990 雷达液位计是 Enraf 第三代雷达液位计（即 Smart Radar FlexLine 系列），是 97X 系列的替代产品，目前主要应用在册子岛商储库、岚山商储库等以及湛北线等站库。其外形和内部结构如图 4.1－17 所示。

(a)

(b)

图 4.1－17 Enraf 990 外观及内部结构

Enraf 990 雷达液位计按测量精度可分为计量级 XP 系列（±0.4mm）、HP 系列（±1mm）和控制级 AP 系列（±3mm），其工作量程为 0－75m，电源采用 24VDC 或 220VAC。配套使用的 S 型（导波型）平面天线用于安装导波管的浮顶罐，F 型（自由型）平面天线适用于无导波管的拱顶罐。

雷达液位计只能测量储罐的液位，对温度的测量需通过外接热电阻点温、多点平均温度计实现；对压力的测量需外接压力变送器实现。通过配备相应的功能卡件和现场仪表，如单点温度计、多点温度选择器、压力变送器、罐边显示单元等，Enraf 雷达液位计可实现液位报警、现场显示、标定补偿、温度、压力、密度测量和模拟输出等多种功能。

配备 CIU（通信接口单元）和库区管理系统后，Enraf 雷达液位计可通过现场总线的通讯方式，将采集的各类数据由 CIU 处理后，传输至库区管理系统、SCADA 系统等各类终端，操作人员可对雷达液位计进行远程监控，能够实时监测液位、流量、罐温、密度等一系列参数。CIU 的型号主要包括 CIU780、CIU880（已停产）和 CIU888，CIU888 主要用于新建库区。库区管理系统包括 ENTIS PRO、ENTIS MAX 等，目前应用较为广泛的为 ENTIS MAX 库区管理系统。图 4.1－18 为典型的库区管理系统架构图。

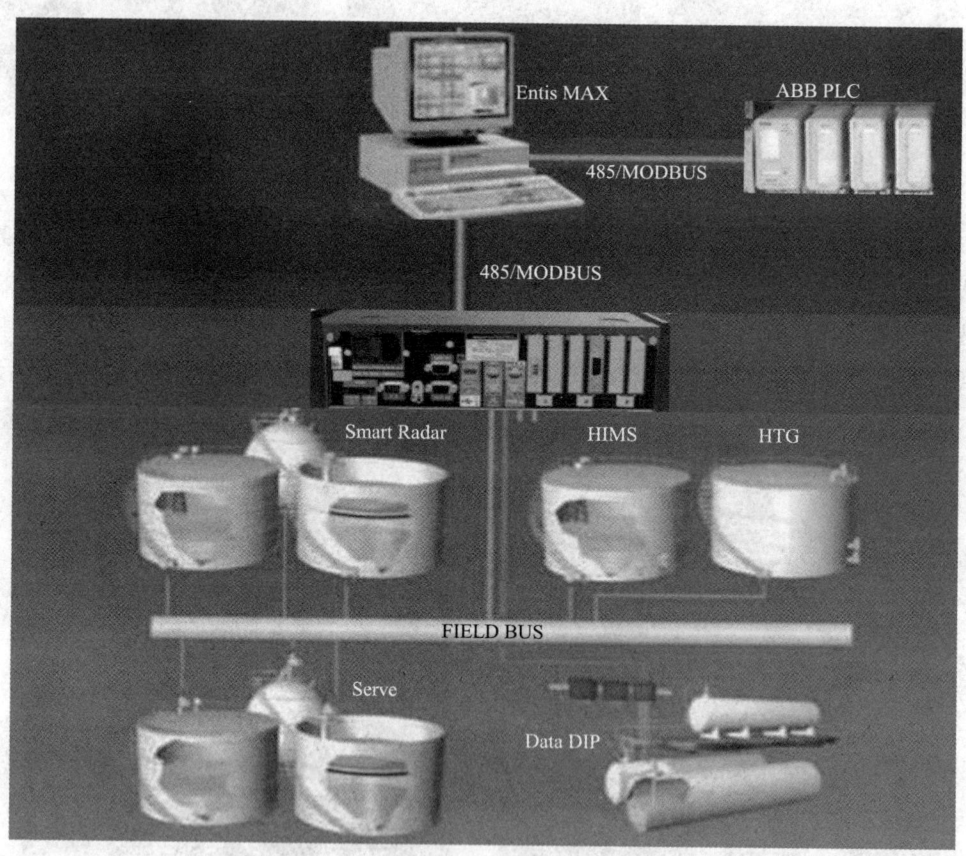


图 4.1－18　库区管理系统架构图

## （四）流量检测仪表

常用的流量检测仪表一般分为速度式和容积式两大类。速度式流量计有孔板流量计、涡轮流量计、超声波流量计等；容积式流量计有刮板流量计、椭圆齿轮流量计、双转子流量计等。

**1. 超声波流量计**

超声波流量计是一种以“速度差法”原理，来测量圆形管道内液体流量的仪表。根据安装方式的不同，一般分为外夹式和管段式。

超声波流量计是一种非接触式仪表，因其流通通道内没有阻碍件，属于无阻碍流量计，因此在大口径流量测量方面有较突出的优点。

超声波流量计主要应用于各站库的进出站流量检测，检测参数包括瞬时流量和累积流量，如图 4. 1 – 19 所示。

图 4. 1 – 19　超声波流量计

**2. 刮板流量计**

刮板流量计属于容积式流量计，主要用于计量流过封闭管道的液体总量。其工作原理是：在进出口压差的作用下，转子通过内外滑动的两对刮板在仪表空腔中旋转，转子每旋转一周，便有四倍空腔容积的流体排出，通过转动计数机构便可以计算出排出液体的总量。刮板流量计的优点是精度高、量程范围大、重复性好，如图 4. 1 – 20 所示。

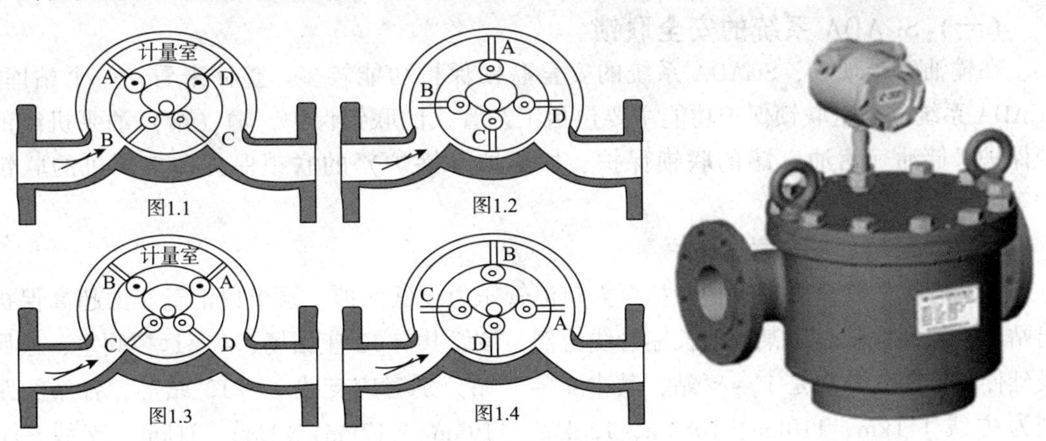


图 4. 1 – 20　刮板流量计

刮板流量计应用的数量相对较多，主要用于各站库与炼厂的原油交接计量，应用品牌基本为美国 Smith。由于涉及计量交接，因此在安装有刮板流量计的输油站库，一般要配套安装体积管标定系统，实现对刮板流量计的定期在线标定，以保证流量计的精确度等级。

### 3. 椭圆齿轮流量计

椭圆齿轮流量计的工作原理是：在进出口压差的作用下，推动仪表壳体内一对互相啮合的椭圆齿轮旋转，持续将充满在齿轮与壳体之间固定体积的流体排出。通过测量齿轮的转数，计算出流体的总量，如图 4.1－21 所示。

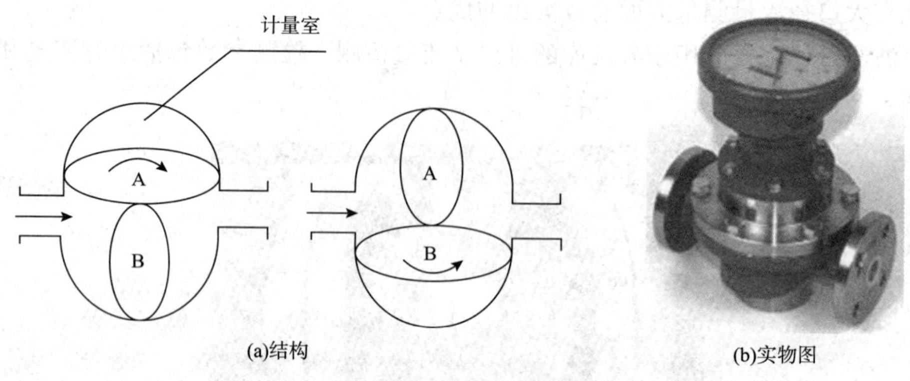


(a)结构　　(b)实物图

图 4.1－21　椭圆齿轮流量计

椭圆齿轮流量计主要应用于加热炉燃油流量的测量，基本为国产品牌。随着许多管线加热炉的退出运行、部分管线的加热炉由燃油方式改造为燃气方式，椭圆齿轮流量计的应用也越来越少。

## 三、安全联锁基础知识

安全联锁保护系统是当工艺设备发生故障或者工艺参数出现异常时，参与联锁的设备按照程序的设定进行相关的报警及动作响应，从而避免事故的发生。

### （一）SCADA 系统的安全联锁

在输油生产现场，SCADA 系统的安全联锁保护功能较多。整体来看，一个站库内，SCADA 系统的安全联锁保护功能主要包括工艺管线的联锁保护、输（给）油泵机组的联锁保护、储油（污油）罐的联锁保护、加热炉（锅炉）的联锁保护和空压机的联锁保护等。

#### 1. 工艺管线的安全联锁保护

工艺管线的安全联锁保护包括泵入口汇管压力超低保护、泵出口汇管压力超高保护和出站压力超高保护。以某原油长输管线为例，该线共有 12 座站场，4 座远控阀室，按照管线延伸的方向，依次是 1# ~8#站，其中 4# ~7#站分别对应支线 9# ~12#站等，各站间距分别为主线 111km、110km、108km、126km、119km、117km、61km、31km，支线 31km、51km、87km、42km，合计 979km。该管线报警和安全联锁保护值见表 4.1－1，工艺管线联锁保护具体执行逻辑以 1#站为例分别说明。

**表 4.1－1　某长输管线报警和安全联锁保护值**

| 某长输管线报警和安全联锁保护值 | | | | | | | | | | | | | |
|---|---|---|---|---|---|---|---|---|---|---|---|---|---|
| 保护名称 | | | $1^{\#}$站 | $2^{\#}$站 | $3^{\#}$站 | $4^{\#}$站 | | $5^{\#}$站 | | $6^{\#}$站 | | $7^{\#}$站 | |
| | | | | | | 干线 | 支线 | 干线 | 支线 | 干线 | 支线 | 干线 | 支线 |
| 管线压力保护 | 泵入口汇管压力/MPa | 低报警值 | 0.25 | 0.25 | 0.25 | 0.20 | 0.15 | 0.20 | 0.15 | 0.20 | 0.15 | 0.15 | 0.15 |
| | | 调节起调 | 0.40 | 0.40 | 0.40 | 0.40 | 0.30 | 0.40 | 0.30 | 0.40 | 0.30 | 0.30 | 0.30 |
| | | 顺序跳泵 | 0.15 | 0.15 | 0.15 | 0.10 | 0.05 | 0.10 | 0.05 | 0.10 | 0.05 | 0.05 | 0.05 |
| | | 全跳泵 | 0.05 | 0.05 | 0.05 | 0.05 | 0.02 | 0.05 | 0.02 | 0.05 | 0.02 | 0.02 | 0.02 |
| | 泵出口汇管压力/MPa | 高报警值 | 12.50 | 12.50 | 12.50 | 12.50 | 8.00 | 12.50 | 8.00 | 10.50 | 5.90 | 7.50 | 8.00 |
| | | 顺序跳泵 | 13.00 | 13.00 | 13.00 | 13.00 | 8.50 | 13.00 | 8.50 | 11.00 | 6.40 | 8.00 | 8.50 |
| | | 全跳泵 | 13.50 | 13.50 | 13.50 | 13.50 | 9.00 | 13.50 | 9.00 | 11.50 | 6.90 | 8.50 | 9.00 |
| | 出站压力/MPa | 高报警值 | 8.20 | 8.20 | 8.20 | 8.20 | 6.00 | 8.20 | 6.00 | 8.20 | 8.20 | 6.00 | 6.00 |
| | | 调节起调 | 7.80 | 7.80 | 7.80 | 7.80 | 5.80 | 7.80 | 5.80 | 7.80 | 7.80 | 5.80 | 5.80 |
| | | 高压泄压 | 8.50 | 8.50 | 8.50 | 8.50 | 6.40 | 8.50 | 6.40 | 8.50 | 8.50 | 6.40 | 6.40 |
| | | 顺序跳泵 | 8.80 | 8.80 | 8.80 | 8.80 | 6.60 | 8.80 | 6.60 | 8.80 | 8.80 | 6.60 | 6.60 |
| | | 全跳泵 | 9.20 | 9.20 | 9.20 | 9.20 | 6.90 | 9.20 | 6.90 | 9.20 | 9.20 | 6.90 | 6.90 |

（1）泵入口汇管压力超低保护

①调节阀起调：泵入口汇管压力低于 0.4MPa，出站调节阀自动调节；

②上位机报警：泵入口汇管压力低于 0.25MPa，上位机发出声光报警；

③顺序跳泵：泵入口汇管压力低于 0.15MPa，延时 1s 停第一台泵，之后每隔 10s 按液流顺序停一台泵，直到压力高于报警值 0.25MPa，恢复正常；

④全跳泵：泵入口汇管压力低于 0.05MPa，泵入口汇管压力开关动作，直接将所有运行的输油泵同时停机。

（2）泵出口汇管压力超高保护

①上位机报警：泵出口汇管压力高于 12.5MPa，上位机发出声光报警；

②顺序跳泵：泵出口汇管压力高于 13MPa，延时 1s 停第一台泵，之后每隔 10s 按液流顺序停一台泵，直到压力不高于报警值 12.5MPa，恢复正常；

③全跳泵：泵出口汇管压力高于 13.5MPa，泵出口汇管压力开关动作，直接将所有运行的输油泵同时停机。

（3）出站压力超高保护

①调节阀起调：出站压力高于 7.8MPa，出站调节阀自动调节；

②上位机报警：出站压力高于 8.2MPa，上位机发出声光报警；

③泄压阀泄流：出站压力高于 8.5MPa，高压泄压阀自动泄流到泄放罐；

④顺序跳泵：出站压力高于 8.8MPa，延时 1s 停第一台泵，之后每隔 10s 按液流顺序停一台泵，直到压力不高于 8.2MPa，恢复正常；

⑤全跳泵：当出站压力高于9.2MPa，出站压力开关动作，直接将所有运行的输油泵同时停机。

注：上述所有报警及联锁动作发生时，上位机均应有相应的报警及事件记录并存储。

**2. 输（给）油泵机组的安全联锁保护**

输（给）油泵机组的安全联锁保护包括输（给）油泵参数超限联锁保护和输（给）油泵电机参数超限联锁保护。

输（给）油泵的安全联锁保护参数有：泵壳温度、轴承润滑油温度和机械密封温度；输（给）油泵电机的联锁保护参数有：轴承润滑油温度和定子温度。

**3. 储油罐的安全联锁保护**

（1）高高液位联锁

SCADA系统检测到储油罐雷达液位计液位达到高报警值时进行高报警，当检测到高液位开关报警、雷达液位计液位高高报警时，联锁关进罐阀。

（2）低低液位联锁

SCADA系统检测到储油罐雷达液位计液位达到低报警值时进行低报警，当检测到低液位开关报警、雷达液位计液位低低报警时，联锁停给油泵或关出罐阀。

**4. 加热炉（锅炉）的安全联锁保护**

加热炉的安全联锁保护包括：炉膛温度、排烟温度、出炉温度超高联锁停炉；炉膛灭火联锁停炉；燃烧器故障联锁停炉；燃油（气）压力超高、超低联锁停炉；进炉压力超低联锁停炉等。

锅炉的安全联锁保护包括：汽包压力超高联锁停炉、炉膛灭火联锁停炉、锅炉水位高低联锁停炉、排烟温度超高联锁停炉等。

**5. 污油罐、空压机的安全联锁保护**

污油罐的安全联锁保护包括：高液位开关动作或液位值达到高限，自动启污油泵；低液位开关动作或液位值达到低限，自动停污油泵。

空压机的安全联锁保护包括：供气压力达到高限，自动停机；供气压力达到低限，自动启机。

在公司各输油站库，安全联锁保护作为SCADA系统的重要功能，是管线安全稳定运行的重要保障。因此，一方面，系统维护维修人员要将安全联锁功能测试，作为系统维护工作的重点，确保该项功能正常；另一方面，针对涉及安全联锁功能的故障维修工作，要准确查明故障原因并进行有效处理，避免留下隐患，影响生产运行稳定。

## （二）水击超前保护

**1. 水击产生的原因及危害**

密闭输送管道沿线某一点流动参数的变化会在管道内产生瞬变压力脉动，该压力脉动从扰动点沿管道上、下游传播，引起管道的瞬变流动，管道瞬变流动引起的压力波动称为水击。

产生水击的原因一般有两类，一类是正常计划性的输量调整或切换流程；另一类是异常事故下引发的管线压力变化（如泵站甩泵、进出站阀门或线路截断阀门误闭、调节阀动作失灵、误关等原因）。

水击会造成管道超压、液柱分离、输油泵汽蚀，继而水击影响波及全线，严重的会造成阀门破坏、管件接头断裂甚至管道爆管等重大事故。

**2. 水击保护方法**

（1）水击泄压保护

水击泄压保护是一种直接保护，是指在密闭输油管道进、出站端设置水击泄压阀，当水击压力波到达进出站端时，通过泄放阀从管道中泄放出一定量的油品，削减水击压力幅值，避免管道超压，防止水击压力波对管道、输油设备造成损害。

（2）水击超前保护

水击超前保护是在中间泵站甩泵或阀门误关时，在增压波未到达上游站时，提前降低上游站出站压力，使其产生一个减压波向下传递，拦截迎面而来的增压波，以消减管道内产生的水击。水击超前保护系统一般分为基于调控中心的水击超前保护系统和基于站场 PLC 的水击超前保护系统两种。

基于调控中心的水击超前保护系统：由调度控制中心实时监测进出站压力，监视输油泵运行状态和干线截断阀状态，检测到水击源条件时，由调度控制中心自动下达水击保护指令，上、下游泵站立即采取相应保护动作，采取调节阀节流、顺序停泵或全停泵等措施，产生一个与水击压力波方向相反的压力波，在两波相遇时可以抵消一部分水击压力波，从而降低或避免对管道造成的危害。

基于站场 PLC 的水击超前保护系统：在管道首站或关键枢纽站设置一套 PLC，作为全线水击超前保护系统的主控站；其他各站利用原站控系统的 PLC 作为从控站，构成各站间相互联动的水击超前保护系统。系统收到水击信息后发出指令，采取停运机组等措施，实现相应的水击保护功能。

水击超前保护是建立在管道高度自动化基础之上的一项自动保护技术，对检测仪表、工艺设备、控制系统、通信系统均有较高要求，且各组成部分均应完好，水击超前保护系统方可发挥作用。

（3）水击超前保护系统的几点说明

①水击超前保护系统设置旁路/投用开关，由调度人员在水击超前保护操作员站上选择，各类型水击源均可以设置软开关屏蔽；

②水击保护程序在执行中任何步骤出现问题均报警，并继续执行下一步；

③水击保护系统应能自动判断水击主站与各站间的通讯状态，当通信故障时，自动屏蔽该站水击保护功能并报警，通讯恢复后自动开启该站水击保护功能；

④各站进站压力水击超前保护设定值可在水击操作员站上设定；

⑤所有水击信号源都需延时 2s 后执行下一步逻辑。

目前，水击超前保护系统在管道公司各条管线得到陆续应用。对于系统维护维修人员而言，需要重视的有以下两点：一是对于各线水击超前保护系统的结构、策略及相关配置，要进行深入了解和掌握，做到心中有数；二是进站压力、远控阀室压力等原来不带联锁功能的参数，都已成为水击保护系统的联锁参数，需要在开展仪表校验或通道测试前，解除相应的联锁，防止水击超前保护系统误动作而影响生产。

## 第二节　仪表设备及 SCADA 系统的维护

SCADA 系统采集的参数多、控制的设备数量大，各类测控点的正常与否，直接关系到机泵、阀门等重要设备的工作状态，进而对系统的稳定造成影响。如果某些关键环节出现问题，则会造成系统的非正常联锁，影响生产；严重情况下，则可能造成全线停运，发生安全事故。因此，在系统实际运行的全寿命周期内，除了要在日常运行中认真遵守操作规程，避免人为的误操作之外，对系统进行全方位的定期测试和维护、在系统出现故障时及时进行抢维修，才是保证系统安全稳定运行的关键所在。

### 一、仪表设备的维护

#### （一）常用仪表设备的校验周期（见表 4.2－1）

**表 4.2－1　常用仪表设备的校验周期**

| 仪表名称 | 校验周期适用范围说明 | 校验周期 |
|---|---|---|
| 双金属温度计 | | 1 年 |
| 工业铂热电阻 | | 1 年 |
| 工作用廉金属热电偶 | | 1 年 |
| 温度变送器 | | 1 年 |
| 压力变送器 | 压力变送器、差压变送器 | 1 年 |
| 压力开关 | | 1 年 |
| 弹簧管式一般压力表 | | 半年 |
| 非计量交接流量计 | | 1 年 |
| 调节阀 | 轴流式气动调节阀、气动球型调节阀、电液联动调节阀 | 1 年 |
| 泄压阀 | | 半年 |
| 液位计 | | 1 年 |
| 超声波外贴式液位开关 | | 1 季度 |

#### （二）常用仪表设备的维护

**1. 通用要求**

①各种测量仪表的就地和远传指示值应准确。

②各种测量仪表的取源部件、法兰、仪表阀门、引压导管和连接部件应无渗漏。

③各种测量仪表的液晶显示器（LCD）和发光二级管显示器（LED）应显示清晰，无

乱码和叠字现象。

④各种测量仪表的安装应牢固，仪表外壳应无机械变形、无损坏、无严重锈蚀。

⑤测量仪表配套的过滤器应根据过滤器差压指示器的报警状态及时清洗。

⑥仪表设备、仪表线路和仪表管路应安装牢固、标志齐全和技术状态完好。

⑦采用通讯方式（如 MODBUS、HART 等通信协议）传输信号的测量仪表，其通信系统应正常，站控机和显示表上的数据应能正常刷新和准确显示。

⑧在低温使用场合，测量仪表和仪表管路的伴热保温设施技术状态应完好。

⑨仪表设备不应安装在有强电磁干扰、强烈振动、高温潮湿、易受机械损伤、温度变化剧烈和有腐蚀性气体的位置。

⑩仪表应定期校验，工作在有效期内。

⑪有人值守站的仪表技术员、运行人员均应按相关规定定时对仪表设备进行巡检。

⑫每年应对仪表系统设备进行一次集中维护。在集中维护前应编制方案，方案中有影响生产运行的内容时，应报相关主管部门审批。

⑬检修后的仪表，应进行校验或试验，使其符合技术指标要求。

⑭仪表检修应填写检修记录，记录故障处理过程，作为仪表检修资料存档。

**2. 人员要求**

①运行人员应接受过仪表基础知识培训、熟悉仪表工作原理、掌握仪表操作、会判断和处理仪表一般故障。

②仪表维护人员应接受过仪表专业知识培训、掌握工艺保护和运行操作、会判断和处理仪表疑难故障，并取得相应资质认证。

③凡从事仪表校验工作的人员，应取得国家法定计量部门颁发的计量检定员证书。

**3. 安全要求**

①进入爆炸危险区域、硫化氢气体易聚集区域以及进行登高作业时，维护人员的着装、使用工具等应满足规范要求。

②爆炸危险区域的仪表设备禁止带电开盖。

③正常情况下不应拆除或短路仪表防雷系统中的电涌保护器。

④电子设备的电路板不应带电插拔（有带电插拔保护功能的除外），在进行插拔电路板前应佩带防静电腕带，持续 30s 后方可进行操作。

⑤对仪表设备内部积灰进行吹扫时应断开仪表设备的电源。

⑥室外投用的仪表设备在停用期间不宜长时间断开仪表供电。

⑦持续停用六个月以上的仪表设备在投用前应进行校验或试验，确认技术状态完好后再投入使用。

⑧参与联锁保护的仪表，在检修前应屏蔽相应的保护功能。

⑨仪表工作接地及保护接地的接地电阻应不大于 1Ω。

⑩对仪表和仪表电源设备进行绝缘电阻测量时，应采取相应措施，避免对设备及电子元件造成损坏。

## 二、站控 SCADA 系统的维护

### (一) 维护内容

**1. 站控 SCADA 系统的维护内容**

①现场仪表校准;

②调节阀维护;

③PLC 通道测试;

④报警和联锁测试;

⑤泵、阀门、加热炉等设备控制功能测试;

⑥与第三方通信检查和测试，包括阀门控制器、流量计、变电所控制系统、液位计系统等;

⑦工作站维护;

⑧接地系统维护;

⑨系统冗余功能测试。

**2. 中控 SCADA 系统的维护内容**

①各管线服务器的维护;

②各管线中控 SCADA 系统报警和联锁测试;

③各管线中控 SCADA 系统 PLC 通道测试;

④各管线中控 SCADA 系统泵、阀门、加热炉等设备控制功能测试;

⑤各管线中控 SCADA 系统调节阀功能测试。

### (二) 一般要求

①SCADA 系统维护周期为 1 年;

②维护前应编制方案，方案应报相关主管部门审批;

③在线维护应依据公司仪表设备管理规定执行;

④维护单位完成维护工作后应及时出具维护测试记录和校准证书，及时将维护工作总结和维护测试记录上报;

⑤对各工作站的系统光盘、驱动程序、安装软件进行原盘存档，并另行备份;

⑥利用移动硬盘，对工作站归档数据、报警事件记录、应用程序以及工作站程序进行双份备份，分别由二级单位、抢维修单位保管，存档文件应标明备份时间;

⑦所有的巡检和维护测试记录表格均应如实填写，归档保存。

### (三) 维护人员及设备

①维护人员包括仪表维护人员和系统维护人员。仪表维护人员应具备有效的仪表检定资格，系统维护人员应持有 SCADA 系统集成商颁发的培训证书。

②所有维护人员应熟知仪表及 SCADA 系统的相关规程、规范、标准、制度及安全规定。

③每项维护作业应至少有两名作业人员，作业时应一人操作，一人监护。

④站场 SCADA 系统维护小组应配置专（兼）职 HSE 人员和质量检查人员，对作业全过程的 HSE 措施和质量控制点进行检查确认。

⑤维护单位应根据维护内容配置相应的维护设备、工具及必要的防护设备。主要维护设备的性能、精度等级和数量应满足现场开展 SCADA 系统维护工作的要求；主要防护设备应保证在其安全有效期内使用。

⑥维护设备中的计量标准仪器应按规定期限送检，不应超期使用。

## （四）维护流程

①维护单位应按照规定的维护周期，在每年年初制定各条管线的维护计划，并上报主管部门审批。

②针对每条管线的维护，维护单位应分别编制详细、规范的中控系统维护方案和站控系统维护方案。方案中应包括 HSE 和维护质量控制关键点的相关内容，站控系统维护方案应包括每个输油站的系统维护内容。

③各站具体的维护工作时间安排，维护单位应至少提前一周上报调度中心备案。

④规范维护方案和调试工作票的办理，认真分析各项作业的风险，逐项制定合理的安全措施，严禁在不必要的情况下将联锁保护全部解除。

⑤《仪表现场作业票》由二级单位负责办理和审批，但现场作业前应通过调度电话向调控中心汇报，并将《仪表现场作业票》传真给调控中心备案。二级单位应按要求对《仪表现场作业票》各办理环节把关：作业人员负责填写作业内容、涉及的设备和安全措施，二级单位和基层站队的运行、工艺、仪表人员负责审核安全措施及落实情况，并认真履行作业过程的监管职责。

⑥临时摘除或恢复联锁保护前，必须办理《仪表联锁工作票》。临时摘除的联锁保护在仪表作业完成后必须当天及时恢复。

⑦维护过程中，应严格按照维护方案和维护作业指导书的要求进行，应严格执行工作票制度和相关的检测、校准规程。

⑧维护过程中，所有运行管线的流程切换、工艺阀门、输油设备操作等作业，全部由调度人员操作，严禁维护人员擅自操作。

⑨维护作业完成后，应及时对每个站点、每条管线的维护情况进行总结，并及时完成相关维护资料的交接、归档和上报。

## （五）维护安全措施

根据 SCADA 系统维护作业内容对输油生产和作业人员的安全风险进行分析，按照安全风险危害程度，从高到低将 SCADA 系统维护作业安全等级划分为Ⅰ级、Ⅱ级、Ⅲ级、Ⅳ级。各级别的维护作业应执行不同的安全措施，其中Ⅲ级、Ⅳ级作业执行通用安全措施，Ⅰ级、Ⅱ级作业除执行通用安全措施之外，还应执行相应的作业安全措施。

### 1. 通用安全措施

（1）工艺安全措施

①HSE 各项措施已明确、落实；

②运行操作人员在作业期间不得变更操作方案；

③作业时输油站（油库）的工艺技术员必须在现场监护；

④运行操作人员应注意观察相关参数，保证平稳操作；

⑤如果操作涉及的介质有毒，执行有关安全措施；

⑥工艺相关操作按有关工艺操作规定执行。

（2）仪表安全措施

①明确作业的工作危害和风险，HSE 各项措施已明确、落实；

②仪表作业人员明确作业地点、作业内容及作业方案；

③待更换的备件性能完好，所需工具齐全；

④确认相关联锁回路已摘除后，关闭仪表一次阀门，确认关断介质并完成泄压后，关断仪表回路电源，确认达到拆卸仪表条件；

⑤特殊仪表作业按特定的作业方案执行。

**2. Ⅰ级维护作业安全措施**

（1）工艺安全措施

①将与作业有关的控制回路切为手动操作；

②有旁路开关的联锁保护系统，办理《仪表联锁工作票》后将旁路开关置于旁路状态；

③作业时需打开调节阀旁通阀，调节阀改为旁通运行；

④作业时调节阀需切为现场就地操作；

⑤作业时工艺运行流程上的阀门执行机构、运行的输油设备全部切到就地位置；

⑥确认相关联锁回路已摘除后，关闭仪表一次阀门，确认关断介质、完成泄压并达到拆卸仪表条件。

（2）仪表安全措施

①PLC 的系统组态修改、系统维护，应持有批准的调试工作票和现场作业票；

②仪表作业人员进行组态修改等作业，在作业完成后，应向工艺交底，并做好作业前后的备份和记录；

③作业时需要摘除联锁回路软保护，已办理《仪表联锁工作票》，操作站上联锁保护的旁路开关已处于旁路状态；

④作业时需要摘除联锁回路硬保护，已办理《仪表联锁工作票》，PLC 机柜去变电所正常停泵和紧急停泵的信号已全部摘除。

**3. Ⅱ级维护作业安全措施**

（1）工艺安全措施

①将与作业有关的控制回路切为手动操作；

②作业时备用输油泵电机已切到模拟试验位置；

③作业时需要摘除联锁回路软保护，已办理《仪表联锁工作票》，操作站上联锁保护的旁路开关已处于旁路状态；

④作业时需打开调节阀旁通阀，调节阀改为旁通运行。

（2）仪表安全措施

已办理《仪表联锁工作票》，操作站上联锁保护的旁路开关已处于旁路状态。

## 第三节　SCADA 系统常用维护维修设备

由于 SCADA 系统所涉及的仪表及控制设备种类繁多、数量庞大，因此，在对其开展定期维护测试、故障分析处理的过程中，必须保证相应的维护维修设备的类型齐全和性能完备。本节介绍的 SCADA 系统常用维护维修设备，主要以抢维修单位经常使用的设备为主，对其结构、功能、操作等方面进行简单介绍。按照设备的主要功能划分，SCADA 系统常用的维护维修设备一般分为常用测量设备、仪表校验设备和过程校验设备。这些设备多数都是精密电子仪器，在使用中应严格遵守操作规范、定期维护保养、按期送检，以确保其工作正常、性能稳定。

### 一、常用测量设备

此类设备主要用于 SCADA 系统回路及仪表设备的电压、电流、电阻等信号的测量，是用途最为广泛、使用频率最高的一类设备，主要包括数字万用表、接地电阻测试仪、网线测试仪等。

#### （一）数字万用表

数字万用表如图 4.3－1 所示，是仪表专业人员日常工作中的必配设备。虽然其结构简单、体积较小、价格不高，但是其在 SCADA 系统及仪表设备的日常检修、故障判定等方面，却发挥着重要作用。

图 4.3－1　数字万用表

数字万用表由一个主机和一对测试表笔组成，主要用于仪表线路通断测量、交直流电源电压测量、仪表回路电流、电阻测量等现场作业。数字万用表的操作极为简单，一般是根据测量参数的不同，选择相应的测量挡位，进行测量读取数据即可。数字万用表在使用中应注意以下事项：

①各测量挡位不能超量程使用；

②在电阻挡位和毫安电流挡位不能接入交、直流电压信号；

③在电池没有装好或后盖没有上紧时，不能使用设备。

### （二）接地电阻测试仪

优良的接地系统是设备安全可靠运行的重要保证，接地系统的优劣可通过判断接地电阻的大小来实现。接地电阻测试仪就是准确测量各类接地装置接地电阻的设备。在SCADA系统维护工作中，利用接地电阻测试仪，对系统机柜、各种仪表设备的接地状况进行检查，测试其具体的接地电阻值，是发现设备安全隐患、保证设备安全运行的重要工作。

常规的接地电阻测试仪（如ZC-8型），也称接地摇表，由手摇发电机、电流互感器、滑线电阻及检流计组成，全部机构装于塑料机身内；附件包括辅助探棒和导线等。由于此类接地电阻测试仪比较常见，在此不作过多说明。以下以美国FLUKE公司的F1623型接地电阻测试仪为例，对数字型接地电阻测试仪进行简单介绍。F1623数字型接地电阻测试仪由主机、辅助探棒、接地钳口、连接导线等组成，如图4.3－2所示。

图4.3－2　F1623数字型接地电阻测试仪

#### 1. 主要用途

F1623可以完成四种类型的接地测量，包括三极和四极电位降（使用地桩）、四极土壤电阻率测试（使用地桩）、选择性测试（使用地桩和1个钳口）、无桩测试（仅使用2个钳口）。

#### 2. 使用方法

图4.3－3为三极/四极接地电阻测量接线示意图。测试的具体步骤为：

①将中央旋钮开关转到“$R_E$3pole”挡或“$R_E$4pole”挡，按照图中所示连接仪器，插座符号Ⓔ(ES)Ⓢ Ⓗ或者 ✂ 闪烁表示测量导线连接错误或不完整；

②按“START TEST”（启动测试）按钮，显示结果$R_E$；

③读取测量值$R_E$。

#### 3. 注意事项

①禁止在雷电天气条件下使用设备进行接地电阻测量；

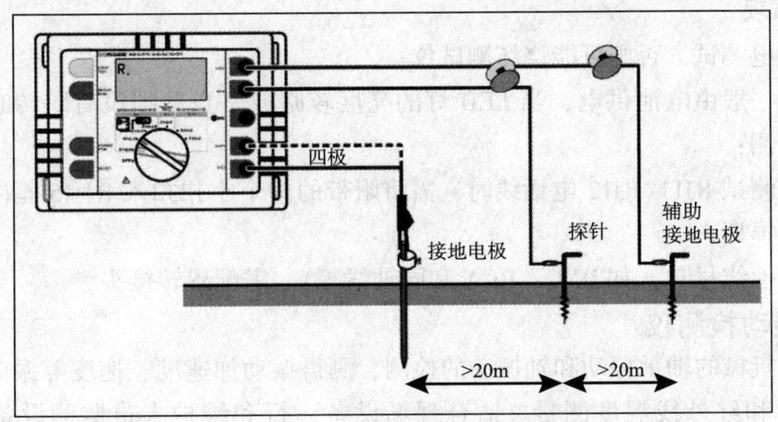

图 4.3－3　三极/四极接地电阻测量接线示意图

②雨后以及气温急剧变化时不能测量；

③测量保护接地电阻时，必须断开电气设备与电源的连接点；

④测量时应反复在不同的方向测量 3～4 次，取其平均值；

⑤被测接地极附近不能有杂散电流和已极化的土壤。

## （三）网线测试仪

网线测试仪即多功能网络测试仪，俗称“能手”，一般由主测试器和远程测试器组成，如图 4.3－4 所示。

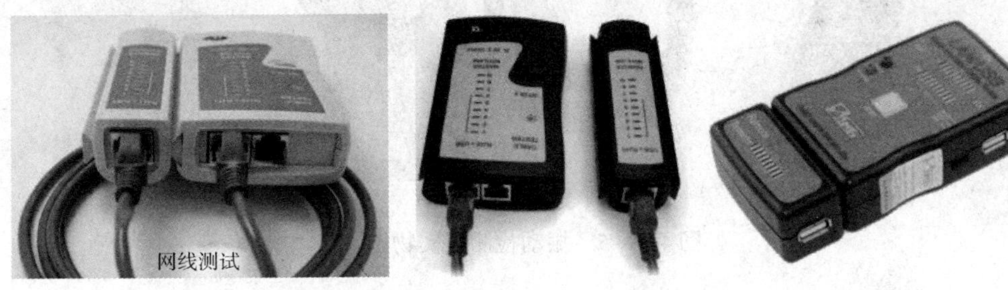

图 4.3－4　网线测试仪

网线测试仪是将多种测试功能集成在一起的网络检测设备，包括集成链路识别、电缆查找、电缆诊断、扫描线序、拓扑监测、寻找端口、POE 检测等。多应用于网络施工、维护和线缆诊断等工作。在仪表专业中，主要用于网线的通断测试、线序测量等场合。

**1. 使用方法**

①打开电源，将网线插头分别插入，主机指示灯从 1 至 G 逐个顺序闪亮。

②无论哪一根网线断路，对应主测试仪和远程测试端的指示灯都不亮。

③当两端网线顺序未对应，如 3、6 线乱序，则显示如下：

主测试器不变：1－2－3－4－5－6－7－8－G；

远程测试端为：1－2－6－4－5－3－7－8－G。

**2. 注意事项**

①不可带电测试，否则可能烧坏测试仪；

②测试仪一般由电池供电，当 LED 灯的亮度较暗或是自动挡没有跳转时，应更换新电池，以免误测；

③测试仪测试 RJ11/RJ12 电话线时，需将附带的两个小扣扣入 RJ 45 座内，否则可能导致端口插针损坏；

④测试其他线材时（如 BNC、RCA 和同轴线等），需配置转接头。

## （四）振动检测仪

用于旋转机械的轴承振动和轴振动的检测，测得振动加速度、速度等振动参数，进行轴承状态分析和红外线温度测量。适合现场设备运行和维护人员监测设备状态，如图 4.3－5所示。

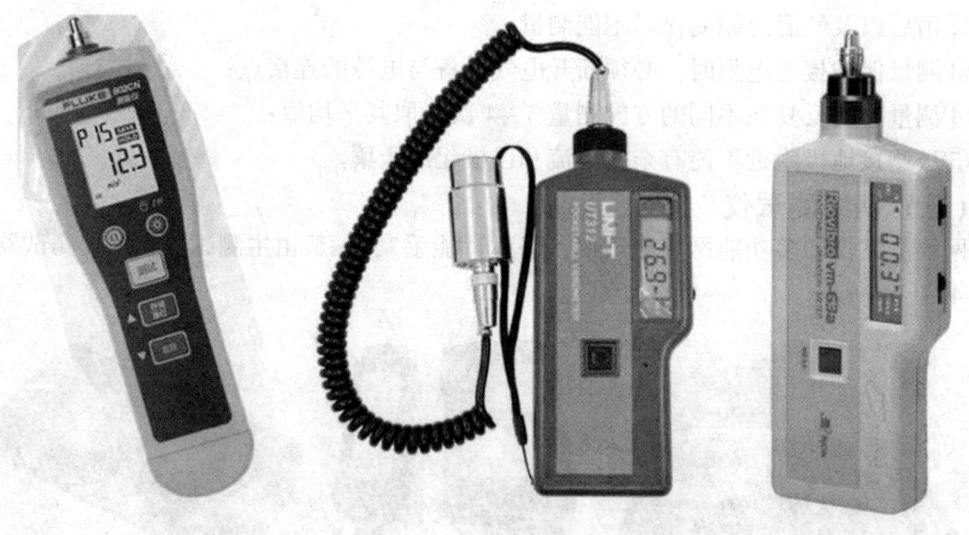


图 4.3－5　振动检测仪实物图

**1. 基本操作方式**

①电源开关：“ON”—开机键；“OFF”—关机键。

②测量方式选择：“A”—加速度测量；“V”—速度测量；“M”—位移测量。

③读数指示：各测量结果均由 3 位半液晶表显示。应注意显示屏上测量单位的变化。

④欠电压指示：当液晶显示屏左下方出现 B 时，应及时更换电池（9V 层叠电池）。

⑤为防止电池无谓消耗，电路经过 10min 后自动切断电源，需要重新开机。

⑥请注意输入线三芯插头座中定位槽位置，插入或拔出时应拿着插头部位，不要拿着连接线。

⑦磁吸座与探杆可以互换。一般用磁吸座测量比较准确，对非铁磁材料的设备，可采用探杆测试。

⑧加速度、速度、位移三种方式的选择方法为：高频段选用加速度测量，中频段选用

速度测量，低频段选用位移测量。

**2. 注意事项**

①请注意使用磁吸座时易夹住手指，注意操作使用安全。

②使用过程中不应敲击摔打设备，不宜扭曲或从根部拉动设备的连接导线。

③检测仪器必须尽可能地接近轴承，并保持水平、垂直或是轴方向检测。

### （五）探针式电子温度计

现场测试套管内温度，与温度传感器远传数据对比，验证准确度，如图 4.3－6 所示。

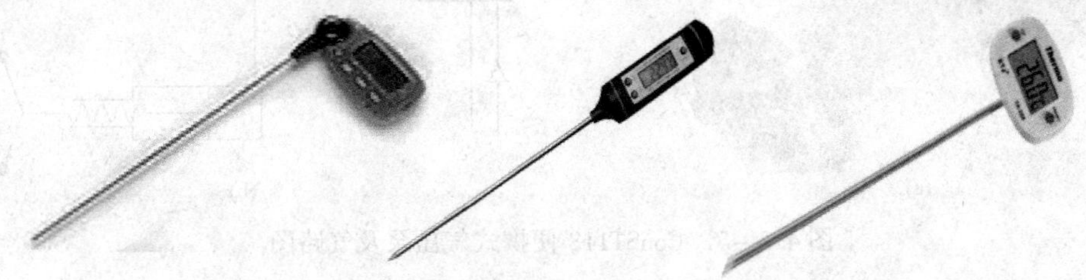

图 4.3－6　探针式电子温度计实物图

**1. 使用方法**

①在使用前和每次使用后清洁探针温度计；

②在温度计插入保护套管后读取数字前等待至少 15s；

③读取温度时，最好的做法是至少读两次；

④为保证测量液体温度的准确性，探针感应区不应触碰容器的四周或底部。

**2. 注意事项**

①所测温度不能超过最高量程；

②不能用作搅拌器，不能骤冷。

## 二、仪表校验设备

生产现场应用的压力、温度仪表数量众多，它们在生产中发挥的作用十分重要。为保证这些仪表的工作性能，需要按照相应规程规范的要求，定期对其进行校验。由于输油生产的特点，仪表的校验工作一般在生产现场在线开展，这就需要利用便携式的压力、温度仪表校验设备。

### （一）压力仪表校验设备

压力仪表校验设备主要用于校验现场压力表、压力变送器、压力控制器等压力仪表的精度性能指标。常规的压力仪表校验设备一般由压力源（如压力校验台、活塞式压力计等）和标准表（如精密压力表、标准电流表等）组成。由于其重量大、对环境条件要求高、便携性不好，因此一般用于实验室内的压力校验。此类设备较为常见，在此不作过多讨论。生产现场应用的在线校验的压力仪表校验设备一般由压力源、标准表和压力连接元件构成。压力源一般为便携式压力泵（气压式或液压式）；标准表一般为智能数字压力标准表（或压力模块配合过程校验仪）；压力连接元件一般包括高压连接管和压力转换接头。

**1. 便携式气压泵（以 ConST118 为例）**

图 4.3－7 为 ConST118 便携式气压泵及气路连接图。

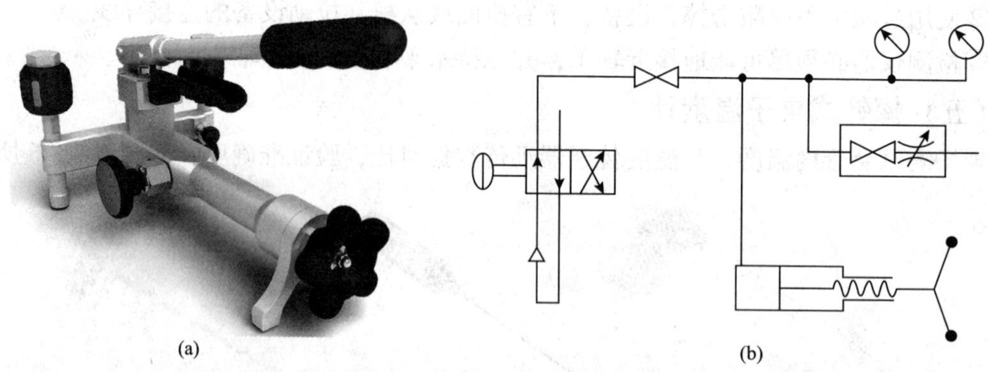


图 4.3－7　ConST118 便携式气压泵及气路图

（1）基本操作方式（见图 4.3－8）

①打开泄压阀和截止阀连通大气，将标准表和被校表分别旋紧安装牢固，标准表压力清零；

②关闭泄压阀，升压至所需各校准点，分别记录各点示值；

③打压至上限点后降压打回程，分别记录各点示值。

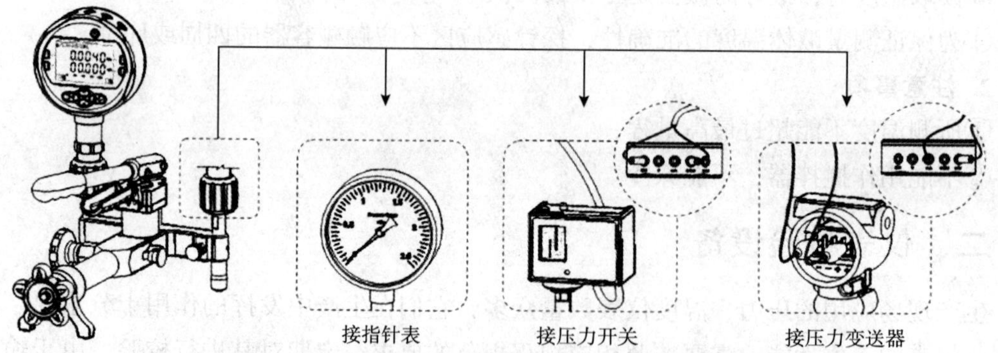


图 4.3－8　ConST118 便携式气压泵基本连接示意图

（2）操作注意事项

①当被检表为低压小容腔时，使用加压手柄，应防止一次加压对被检表的过压损害；

②气压泵应尽量在额定压力范围内使用，禁止超过极限安全压力；

③在爆炸、腐蚀等危险的环境使用，应考虑介质压缩带来的危害；

④压力/真空转换时，必须在无压状态下进行；

⑤所有手柄及快接头不能过力操作；

⑥长时间保存时，应在干燥、无腐蚀性气体环境中；

⑦实施校准作业时，被校表或装置应安装在泄压阀一侧；

⑧截止阀关闭时，禁止使用加压手柄加压（抽真空）。

（3）常见故障及处理方法（见表4.3－1）。

**表4.3－1　ConST118 便携式气压泵常见故障及处理方法**

| 故障现象 | 故障原因 | 处理方法 |
|---|---|---|
| 加压手柄下压（抬起）困难 | 截止阀没有打开 | 使用加压手柄加压（抽真空）时，应打开截止阀 |
| 停止加压手柄后，压力变化大 | 泄压阀没有关闭 | 使用加压手柄加压（抽真空）时，应关闭泄压阀 |
| | 快接头中的密封圈脱落 | 重新安装或更换新的密封圈 |
| | 压力/真空转换阀位置不正确 | 调节压力/真空转换阀到正确位置：压力时全部拔出；抽真空时全部推入 |
| 微调调压困难 | 微调输出时，截止阀没有关闭 | 微调输出压力时，应该关闭截止阀 |
| | 被检表或标准表没旋紧 | 旋紧标准表或被检表 |
| | 快接头中的密封圈磨损或老化 | 更换新的密封圈 |
| | 被检表连接螺纹端面不平整 | 重新安装或更换新的密封圈 |
| | 被检表连接螺纹不匹配 | 使用转换头转换 |
| | 气路内吸入异物、妨碍阀关闭 | 多次加压，快速泄压，使泵内气体快速流出，带出泵内的异物 |
| 旋转部件过紧 | 上次操作时，过于用力 | 关闭截止阀、泄压阀时不要过分用力 |
| | 新泵的可旋转部件的松紧程度会有些许不同 | 正常，需要磨合 |
| | 螺纹部分无润滑脂 | 长时间使用后，螺纹部分涂覆适量的润滑脂 |

**2. 便携式液压泵（以 CST133 为例）**

图4.3－9 为 ConST133 便携式液压泵及液路连接图。

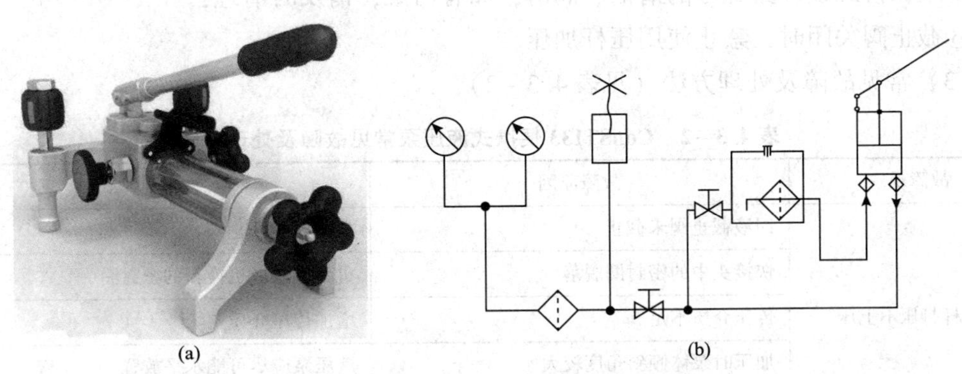


图4.3－9　ConST133 便携式液压泵及液路图

（1）基本操作方式

ConST133 便携式液压泵与现场压力仪表、标准器的连接方式如图 4.3－10 所示。具体操作方式如下：

①打开回液截止阀和预压截止阀连通大气，将标准表和被校表分别旋紧安装牢固，标准表压力清零；

②关闭回液截止阀，升压至所需各校准点，分别记录各点示值；

③加压至上限点后降压打回程，分别记录各点示值。

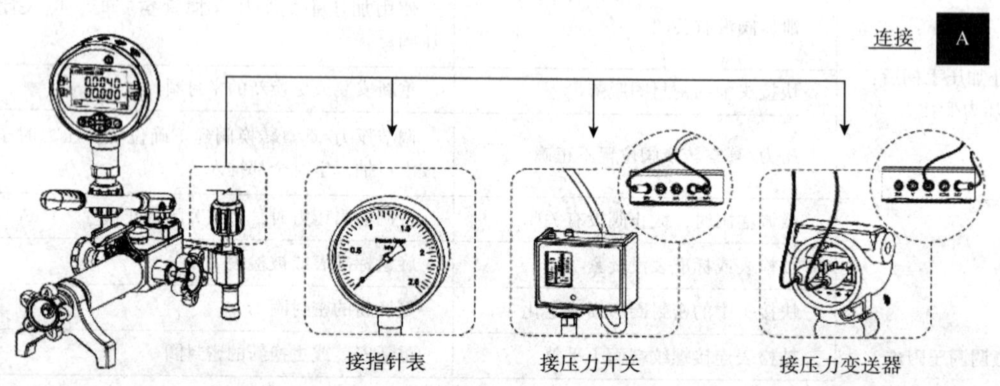


图 4.3－10　ConST133 便携式液压泵基本连接示意图

（2）操作注意事项

①液压泵应尽量在额定压力范围内使用，禁止超过极限安全压力；

②需要运输或携带使用时，必须用堵头锁紧快换接头，关闭通气螺钉，压杆放入最低位置，微调手轮全部旋入；

③使用时通气螺钉应一直为打开或拧松状态；

④所有旋钮手轮压杆和快接头不能过力操作；

⑤如果传压介质被污染，请及时更换；

⑥使用过程中，传压介质的液面不得低于储液箱的最低液位线；

⑦应保持螺纹外露部分的清洁、润滑，如有污染，请及时清理；

⑧截止阀关闭时，禁止使用压杆加压。

（3）常见故障及处理方法（见表 4.3－2）

**表 4.3－2　ConST133 便携式液压泵常见故障及处理方法**

| 故障现象 | 故障原因 | 处理方法 |
|---|---|---|
| 压杆打压不上压 | 回液截止阀未截止 | 关闭回液截止阀 |
| | 快接头中的密封圈脱落 | 重新安装或更换新的密封圈 |
| | 传压介质不足 | 增加传压介质 |
| | 加压时泵体倾斜角度较大 | 液压泵应尽可能水平放置 |
| | 吸液过滤器堵塞 | 清洗吸液过滤器 |

续表

| 故障现象 | 故障原因 | 处理方法 |
| --- | --- | --- |
| 压杆打压困难 | 预压截止阀未打开 | 打开预压截止阀 |
| | 加压 20MPa 左右，压杆抬起太高 | 加压接近 20MPa，小角度抬杆打压 |
| | 加压已达到较高压力 | 改用增压/微调手轮增压 |
| 旋转部件过紧，旋不动 | 上次操作时，过于用力 | 关闭截止阀时不要用力过大 |
| | 压力较高时，预压截止阀手轮转动困难 | 正常，适当增加旋转力 |
| | 高压时，增压/微调手轮转动困难 | 正常，适当增加旋转力 |
| | 螺纹部分无润滑脂 | 长时间使用后螺纹部分涂覆适量的润滑脂 |
| 回液时，降压缓慢 | 回液过滤器堵塞 | 清洗回液过滤器 |

**3. 标准器**

（1）ConST273 智能数字压力校验仪

ConST273 智能数字压力校验仪是一种多功能、高精度的便携式仪器，主要用于智能压力（差压）变送器、压力传感器、压力开关、一般（精密）压力表等的校验工作，也可用于精密压力测量，如图 4.3－11 所示。

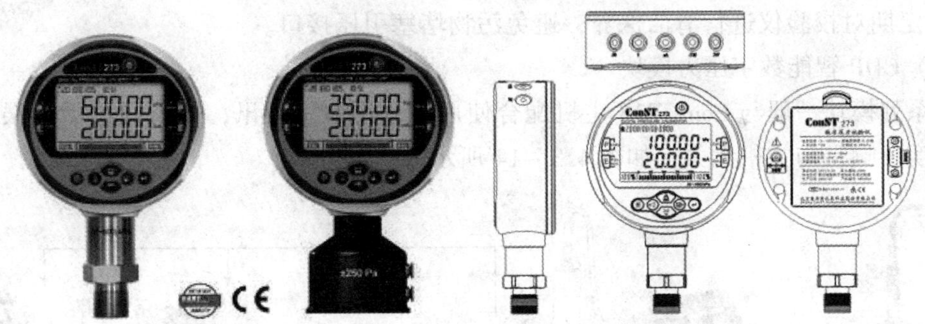


图 4.3－11　ConST273 智能数字压力校验仪

①基本操作方式：对压力表、压力变送器、压力开关校验时，按照图 4.3－12 所示进行设备连接，将测量切换到压力即可进行测量。也可以构成压力自动检定系统，按各功能键选择所需功能进行校验，如图 4.3－13 所示。

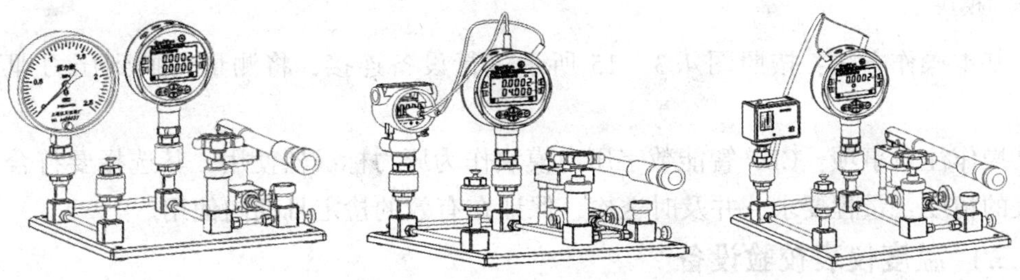

图 4.3－12　压力表、压力变送器、压力开关的校验连接示意图

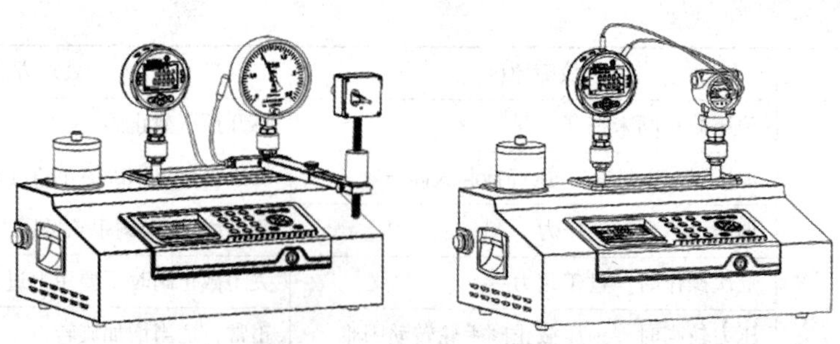

图 4.3－13　压力自动检定平台

②注意事项：

a. 严禁在爆炸性气体、蒸汽或粉尘等环境中使用设备；

b. 禁止施加超出正常压力过载范围的压力，以避免损伤压力传感器或造成准确度下降；

c. 禁止在校验仪外壳和压力接口之间施加扭矩，以避免损坏设备的机械部分；

d. 禁止在电流测量插孔与公共插孔之间施加 32V 以上的电压；

e. 在电量图标出现电池报警时，及时充电或更换电池；

f. 必须使用专用适配器充电，严禁在充电插孔处施加 11V 以上的电压；

g. 定期对校验仪进行清洁保养，避免污物堵塞引压接口。

（2）CDP 智能数字压力模块

该系列模块一般与 ConST318 主机配合使用，采用数字通讯，压力测量示值误差不受环境温度影响且与主机无关，如图 4.3－14 所示。

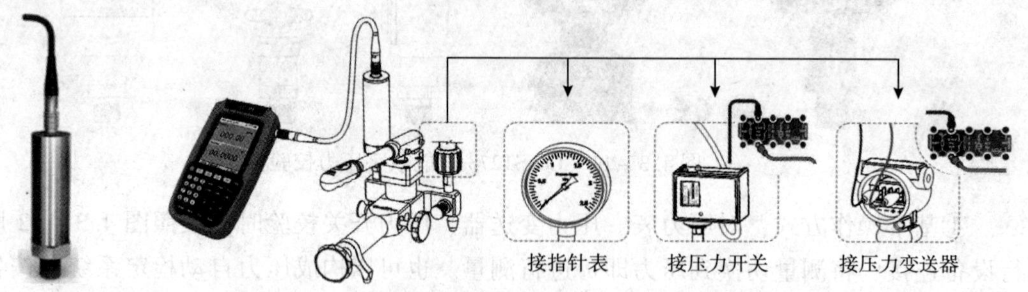


图 4.3－14　CDP 压力模块

图 4.3－15　便携式压力泵基本连接示意图

①基本操作方法：按照图 4.3－15 所示进行设备连接，将测量切换到压力即可进行测量。

②操作注意事项：CDP 智能数字压力模块作为压力标准器使用，其选择要符合被测压力仪表的精度、量程要求，并及时送检，保证在有效的检定日期内使用。

## （二）温度仪表校验设备

输油生产现场应用的温度仪表主要包括双金属温度计、Pt100 热电阻温度传感器和 K 型热电偶一体化温度变送器。其中双金属温度计、Pt100 热电阻温度传感器应用数量较多，热电偶一体化温度变送器一般只用于加热炉的炉膛温度测量，数量极少。

常规的温度仪表校验设备一般由恒温水槽、油槽、卧式炉、数据采集器、切换开关等组成，其中卧式炉主要用于校验热电偶，这些设备均属于实验室设备，不适用于生产现场的温度仪表校验。本节介绍的温度仪表校验设备主要是各抢维修单位已经配置使用的便携式温度校验设备，以美国阿美泰克公司的 RTC 系列干体/液槽两用温度校验仪为例进行说明。

**1. 系统构成及用途**

RTC 系列干体/液槽两用温度校验仪的外观如图 4.3－16 所示。该校验仪是一台功能高度集成、性能较为优异、整体较为便携的精密设备。整体设备一般由炉体、外接参考标准热电阻、干体套管、液槽套件、测试连接线等组成。该设备作为温度源，采用外部交流 220V 供电的方式，可以实现在－40～150℃的范围内快速升降温，既可利用本体集成的测量显示单元，也可配合外接参考标准热电阻，对双金属温度计、热电阻等温度仪表进行校验（不适用于热电偶的校验）。

图 4.3－16　RTC 系列干体/液槽两用温度校验仪

**2. 操作方法及注意事项**

RTC 系列干体/液槽两用温度校验仪的操作较为简单，操作人员参照设备使用手册能够很快掌握。需要说明的是，作为校验设备，在校验温度仪表的过程中，操作人员应按照温度仪表校验（检定）规程的要求进行规范操作，才能保证校验过程数据的准确、有效。此外，作为加热与制冷功能合一的精密设备，为防止人身伤害和设备损坏事故，操作中应注意以下事项：

①如果作为干体炉使用，当设备被加热至高于 100℃时，必须等待干体炉温度低于 100℃之后，才能关闭设备。

②使用完毕后，如果干体炉的温度被降至低于 0℃，必须要将干体炉加温至 100℃以上，蒸发水分后再空冷至室温，确保干体套管和干体炉内没有任何残留的液态水。

③每次使用后，必须取出干体套管，以防止套管在干体炉内部氧化生锈而无法取出。

④被加热至高温的干体套管，必须有人照看，防止发生火灾。

⑤必须确保设备温度降至 100℃以下，才能将干体炉放入便携箱内存放。

⑥禁止无防护措施触摸高温/低温的干体套管，防止发生烫伤或冻伤。

⑦作为液槽使用时，不应将液体介质长时间留在液槽中。

⑧长距离运输时，须清空液槽。清空液槽内的液体，需要按照以下步骤进行：

a. 关掉设备电源；

b. 确认设备内的液体在常温状态；

c. 用专用工具取出磁性搅拌棒；

d. 清空液槽内的液体介质和底部防护板；

e. 将设备内外擦拭干净。

## 三、过程校验设备

### （一）ConST318 智能过程校验仪

#### 1. 主要用途

ConST318 智能过程校验仪是一种多功能、高精度的便携式仪器，可作为标准信号发生器进行电流、电压、电阻等信号输出，也可配合 CDP 智能数字压力模块作为标准器完成压力仪表的校准工作，如图 4.3－17 所示。

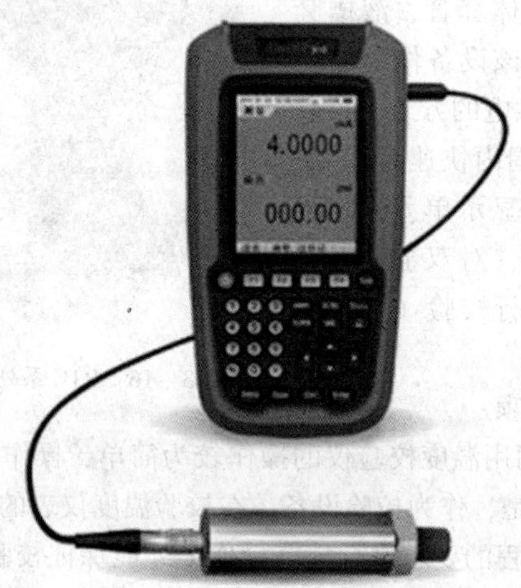


图 4.3－17　CONST 318 智能过程校验仪

#### 2. 使用方法和注意事项

具体使用方法：配合 CDP 压力模块进行压力校验工作，连接方式参照图 4.3－15。使用过程中的注意事项如下：

①应定期对校验仪进行清洁保养；

②严禁使用非指定的适配器进行充电，当电池图标出现闪烁时，应及时充电；

③不建议将过程校验仪作为数字万用表等测量工具使用；

④在切换到另外一项测量或者输出项目前，应断开测试线的连接；

⑤禁止用手触碰测试线端口处的金属部分，以防止引入误差；

⑥严禁在任意两个电气插孔之间施加 30V 以上的电压。

## （二）BEAMEX MC6 多功能过程校验仪

### 1. 主要用途

现场主要将 BEAMEX MC6 多功能过程校验仪作为标准器搭配压力泵使用，实现压力仪表和装置的文档化校准；现场校验仪和通讯器的组合，可以提供多种应用和多功能的校准能力，包括压力测量、电压、电流、电阻的测量和产生、热电偶 TC 测量和模拟、频率测量和模拟、脉冲计数和产生、开关量检测、内置 24VDC 直流回路供电；支持 HART，FOUNDATION Fieldbus 和 Profibus PA 通讯协议，可以实现现场总线通讯功能。如图 4.3－18所示，图中①、②为热电偶端子（TC1），带有释放按钮，分别用于导线和标准的 TC 插头、扁平的 TC 插头；③为 RTD 热电阻和电阻（R1），R2 端子在 MC6 的顶端；④为电压、电流、频率输出（OUT）；⑤为电压、电流、频率输入测量（IN）；⑥为电流测量，回路供电，HART 和现场总线端子（IN）；⑦为主页按钮，按该按钮可以回到主页界面；⑧为箭头按钮，第一次按将显示硬件焦点显示，再按可以在触摸屏移动焦点；⑨为回车键按钮，选择焦点显示的按钮；⑩为右侧接口；⑪为电源按钮；⑫为 LED 指示。

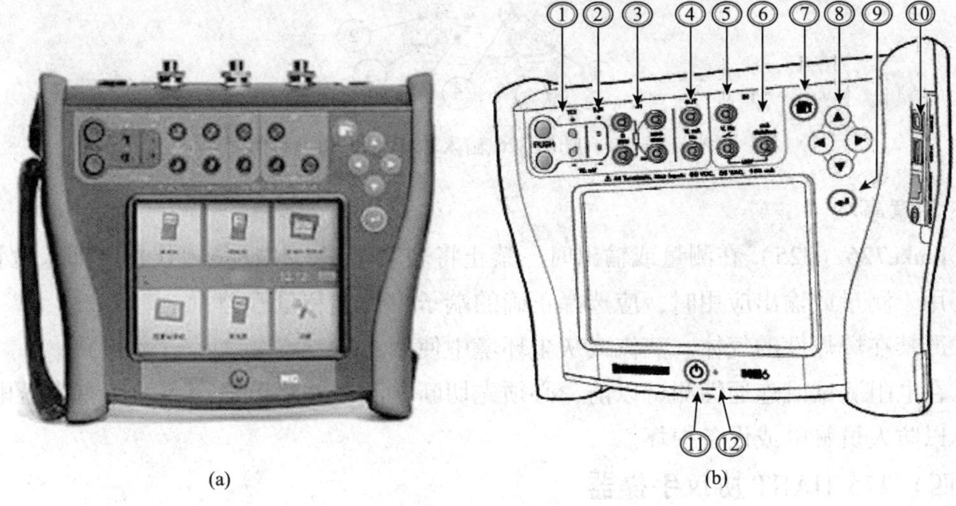


图 4－3－18　BEAMEX MC6 多功能过程校验仪

### 2. 操作方式

现场主要作为标准器与压力泵连接进行压力仪表的校验工作，连接方式参照图 4.3－15。

### 3. 注意事项

参照 ConST318 智能过程校验仪的注意事项。

## （三）Fluke726（725）

Fluke726 是一个由电池供电，能输出电参数和物理参数的手持便携式设备。我们主要使用的是它的信号模拟功能，它可以模拟仪表回路中的直流电压、直流电流、频率、电阻、热电偶、热电阻（RTD，热敏温度检测器）、脉冲、回路供电等信号进行输出，方便检验回路故障。同时它可以作为测量仪器使用，可测量仪表回路中的直流电压、直流电流、频率、电阻、热电偶、热电阻（RTD，热敏温度检测器）、脉冲、回路供电等信号。

**1. 使用方法**

图 4.3－19 为 Fluke726 外观结构图，②、③端子为测量 V、mA 端子，可以测量电压、电流及提供回路电源；⑤、⑥端子为输出/测量 V、热电阻（RTD）、脉冲、Hz、Ω 端子，用于输出或测量电压、电阻、脉冲、频率和热电阻（RTD）的端子。

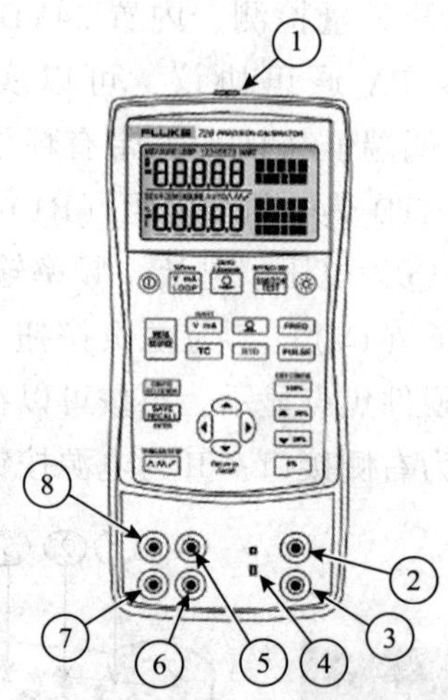


图 4.3－19　Fluke726 输入输出端子和连接器

**2. 注意事项**

①Fluke726（725）在测量或输出时，禁止将表笔短接，以防烧毁仪器内部保险管；

②用于测量或输出应用时，应选择正确的端子、模式和量程挡；

③严禁在爆炸性的气体、蒸汽或灰尘环境中使用；

④在电阻测试或连通性测试以前，必须先切断电源，并将可能存在的所有高压电容器放电，以防人员触电或设备损坏。

## （四）475 HART 协议手操器

**1. 主要用途**

475 HART 协议手操器可实现与不同设备生产商的各种 HART 或 FOUNDATION 现场总线设备协同运作，并通过 HART 或 Fieldbus Foundation 通信协议，对现场设备进行操作。

475 HART 协议手操器现场通讯器包括一个彩色 LCD 触摸屏、一块锂离子电池（电源模块）、一个 SH3 处理器、存储组件、系统卡以及集成通讯与测量电路。

**2. 使用方法**

现场使用 475 HART 协议手操器主要实现对支持 HART 协议的压力变送器、雷达液位计、阀门定位器等设备进行一些基础参数的整定，其接线方式如图 4.3－20 所示。具体交互页面的操作因设备不同而有不同，具体参照各设备的说明书。以 475 HART 协议手操器对 SAAB 雷达液位计进行整定为例，二者的物理连接方式如下：先找到 PLC 机柜内信号对应的模块和通道，取信号＋线，串接一个 250Ω 电阻，并将调试线连接在电阻前后，即可按照菜单显示的功能进行相应操作。

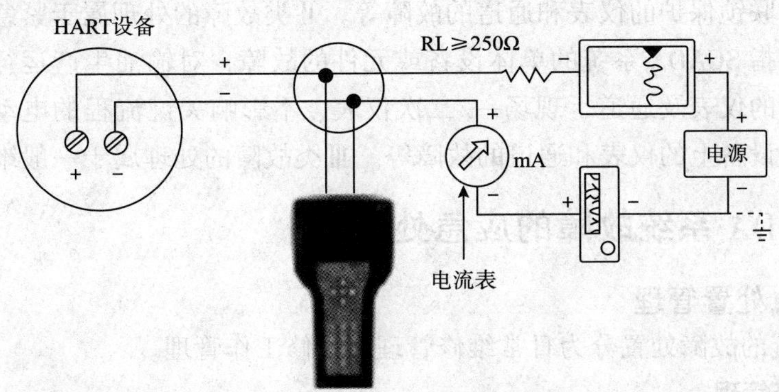


图 4.3－20　475 HART 协议手操器使用连接方式示意图

**3. 注意事项**

（1）通讯类设备往往自带触摸屏，建议用专用触摸笔或钝器触击触摸屏，切勿使用尖锐工具，否则可能造成设备损坏。

（2）在对各类设备进行更详细的参数整定时，需要借助电脑，先安装驱动，再连接设备，利用专业软件实现。

# 第四节　常见故障的判断与处理

SCADA 系统的控制规模庞大、逻辑结构复杂、仪表设备多样，在运行过程中，一台设备、一个元件或者一个参数出现故障，如不及时进行排查处理，都有可能导致严重后果。因此，在 SCADA 系统出现故障时，如何正确地分析原因、准确地找到故障点、有效地处理问题，是系统抢维修人员的工作重点。同时，在故障处理过程中，熟悉和掌握现场的生产工艺流程和控制方式，提前做好相应的安全与应急措施，按照规范的处置流程开展工作，保证人身和设备安全、避免引发次生故障等，是系统抢维修人员必须遵循的基本要求。

## 一、SCADA 系统故障的分类

按照对输油生产造成不利后果的严重程度，由高至低将 SCADA 系统的故障划分为Ⅰ、Ⅱ、Ⅲ三类。

Ⅰ类故障是指 SCADA 系统整体功能或性能的失效，站场控制系统整体故障或调控中心监控系统全面瘫痪，无法监控数据，严重影响到输油生产。如一级中控状态下的中控与站控通讯中断，调控中心双服务器、双网、所有路由器和交换机故障，站控 PLC 或 RTU 死机、工控软件和数据库功能失效等。Ⅰ类故障的处理属于紧急突发事件抢修范畴。

Ⅱ类故障是指 SCADA 系统局部功能失灵，对输油生产运行影响比较严重。如涉及全站联锁保护的仪表、通道、出站调节阀、影响关键流程的电动阀、涉及不可替换或退出运行设备上的参与联锁保护的仪表和通道的故障等。Ⅱ类故障的处理属于紧急抢修范畴。

Ⅲ类故障是指SCADA系统的单体设备或元件的故障，对输油生产运行影响较小。如不涉及联锁保护的仪表及通道、现场一/二次仪表、不影响关键流程的电动阀、涉及可以替换或退出运行设备上的仪表和通道的故障等。Ⅲ类故障的处理属于一般维修范畴。

## 二、SCADA系统故障的应急处置

### （一）应急处置管理

SCADA系统的故障处置分为日常维修管理和抢修工作管理。

**1. 日常维修管理**

①日常维修工作实行维修派工单制度。

②维修派工单首先由维修申请单位填写，上报输油生产单位维修工作管理部门（单位）。

③维修工作管理部门（单位）对上报派工单内容审核后，根据维修内容及紧迫性合理作出安排，向抢维修队（班）下达派工单，各抢维修队（班）完成维修任务后，将维修情况及时反馈输油生产单位维修工作管理部门（单位）。

④各抢维修队（班）无法独立完成时，可向所在联动区域内上一级抢维修队提报生产协助申请，由其调遣相关人员及设备协助完成维修工作。

⑤联动区域内的抢维修队接到协助申请，确认无法协助完成维修任务时，应及时给予反馈。需协助的抢维修队（班）可向公司抢维修中心提报生产协助申请。

⑥公司抢维修中心组织开展生产协助期间，属地抢维修队（班）应负责做好各项协调工作、办理各项作业手续，并安排相关专业人员共同完成维修工作，做好现场安全质量管理及相关维修资料的编制、整理、归档等工作。

**2. 抢修工作管理**

①应急值班。

②应急准备：抢修人员、装备随时处于待命状态。

③应急响应：

a. 接到突发事件指令信息下达后，抢修人员应在20min内到达指定地点，进行抢修准备工作；

b. 处级应急抢修，要求各级抢维修队伍在接到抢修指令40min内做好准备并出发；

c. 公司级仪表专业应急抢修，要求在接到抢修指令40min内做好准备并出发。

### （二）应急处置流程

**1. Ⅰ类故障的应急处置**

①向上级调度申请全站采用就地控制方式运行或者停输，通知调度人员加强巡护，注意参数变化；

②站方人员调整工艺流程；

③办理系统调试工作票和仪表现场作业票；

④分析故障原因，进行故障处理；

⑤故障处理完成后，通知站方恢复正常工艺流程；

⑥完成工作票和工单的内容填写。

**2. Ⅱ类故障的应急处置**

①判断故障仪表和通道可能造成的影响及范围；

②办理系统调试工作票和仪表现场作业票；

③向上级调度申请，解除该仪表通道的联锁保护，调整工艺流程；

④由站方调整工艺流程以保证安全生产，并加强巡查监护；

⑤检查、分析故障原因并处理；

⑥故障处理完成后，重新投用联锁保护，通知站方恢复工艺流程；

⑦完成工作票和工单的内容填写。

**3. Ⅲ类故障的应急处置**

①判断故障仪表和通道可造成的影响及范围；

②办理仪表现场作业票；

③检查、分析故障原因并处理；

④故障处理完成后，向站方专业管理人员通报处理情况；

⑤完成工作票和工单的内容填写。

## （三）SCADA 系统常见故障的处置方法

**1. 系统类故障**

（1）中控与站控通讯中断

①故障现象：站控数据显示正常，中控数据无法显示或不刷新。

②工具配置：笔记本电脑、故障站点软件备份、网线、同轴电缆制作及测试工具、万用表等。

③初期故障分析处理流程：现场应急处置流程参照本章第四节二（二）。

④初期故障分析处理方法：

a. 先诊断从中心服务器到站控网关的网络连接是否中断，若中断则找信息中心人员进行处理；

b. 检查 PLC 机柜内与中心通讯的 RTU 是否正常，RTU 数据交换指示灯是否正常，如果数据交换指示异常，进行 RTU 重启复位；

c. 检查 PLC 机柜内通讯以太网模块是否显示正常，中心服务器到站控以太网模块 IP 是否良好，若中断则检查站控 PLC 机柜内一切与中心通讯的设备；

d. 检查连接的交换机指示灯信息是否正常；

e. 定位故障网络设备和故障部件，停止故障设备的运行，更换故障部件；

f. 恢复网络设备配置，进行故障设备测试，直至故障消除。

（2）PLC（RTU）故障或功能异常

①故障现象：站控数据无法显示或不刷新，PLC 系统显示状态异常。

②工机具配置：笔记本电脑、故障站点软件程序备份、万用表、网线、同轴电缆制作及测试工具、常用仪表工具。

③其他要求：中控运行人员、故障站点运行及专业技术人员配合。

④初期故障分析处理流程：现场应急处置流程参照本章第四节二（二）。

⑤初期故障分析处理方法：

a. 解除相关联锁保护，将调节阀、变频器等远控调节设备切换至就地操作模式；

b. 进行主－备冗余单元切换，观察系统是否可在非冗余模式下正常运行；

c. 重新对 PLC 上电（CPU 单元），观察 PLC 指示灯是否显示正常，并将指示灯情况拍照后反馈给抢修人员；

d. 若怀疑为 PLC 模块故障，采用备件替换测试的方法，逐一测试，判定故障模块并更换；

e. 待 PLC 运行正常，方可投用联锁保护、恢复远程控制功能。

（3）站控系统上下位机通讯中断

①故障现象：站控上位机运行正常，但数据无法显示或不刷新，PLC 系统显示状态正常。

②工机具配置：笔记本电脑、故障站点软件程序备份、万用表、网线、同轴电缆制作及测试工具、常用仪表工具。

③其他要求：中控运行人员、故障站点运行及专业技术人员配合。

④初期故障分析处理流程：现场应急处置流程参照本章第四节二（二）。

⑤初期故障分析处理方法：

a. 按规范Ⅰ、Ⅱ、Ⅲ级分类要求做好相应应急处置；

b. 检查 A 网、B 网交换机、电脑以太网卡、PLC 以太网卡工作状态、数据交换指示灯是否正常；

c. 从站控主机测试到 PLC 以太网卡 A、B 链接是否正常（ping 指令），如果不正常，检测网络物理链接和硬件工作状态；

d. 检查主机网络配置参数是否正常，如 IP 配置信息、PLC 访问配置信息；

e. 定位故障网络设备和故障部件，停止故障设备的运行，更换故障部件；

f. 恢复网络设备配置，进行故障设备测试，直至故障消除。

（4）站控系统上位机瘫痪

①故障现象：站控系统上位机无法正常运行、操作系统无法进入、应用软件无法正常工作或计算机死机、出现蓝屏或黑屏等现象。

②工机具配置：笔记本电脑、故障站点软件程序备份、万用表、网线制作及测试工具、常用仪表工具。

③备品备件要求：备用计算机或计算机配件（内存、硬盘、主板、CPU 等）。

④其他要求：故障站点专业技术人员配合。

⑤初期故障分析处理流程：现场应急处置流程参照本章第四节二（二）。

⑥初期故障分析处理方法：

首先根据故障现象，判定故障类型为硬件故障还是软件故障。对于硬件故障，确定故障点，如内存、硬盘、主板、CPU 等故障，利用备件进行替换测试，对硬件故障进行维修或更换。故障排除后，进行系统和数据恢复、测试，直至系统运行正常。

对于软件故障，按照以下方法进行处理：

a. 操作系统无法启动：查找故障点，进行修复，如无法修复，恢复最新备份 GHO 系统镜像，如果无 GHO 系统镜像备份，则备份相关的系统文件和数据重新安装操作系统，安装完成后进行测试，直至系统运行正常；

b. HMI 软件无法运行：退出 HMI 软件运行界面，查找故障进行修复，重新运行后进行系统测试，直至正常运行；

c. 数据库系统异常：退出 HMI 软件运行，将备份的数据库系统按照要求修复，将最新的备份数据恢复到数据库中，重新运行后进行系统测试，直至正常运行；

d. 计算机病毒感染：采用杀毒软件对系统进行病毒扫描和查杀，病毒查杀完毕后进行系统测试，直至正常运行，如果病毒查杀完成后影响 HMI 运行或无法彻底清除，则重新安装操作系统后重新配置 HMI 软件；

e. 待系统运行恢复正常，方可恢复远程控制功能。

**2. 仪表类故障**

（1）压力开关动作异常

①故障现象：压力参数正常情况下，站控上位机记录压力开关报警，压力开关联锁停泵。

②工机具配置：万用表、压力校验仪、常用仪表工具。

③备品备件要求：压力开关备件。

④其他要求：中控运行人员、故障站点运行及专业技术人员配合。

⑤初期故障分析处理流程：现场应急处置流程参照本章第四节二（二）。

⑥初期故障分析处理方法：

a. 根据运行情况，解除与该压力开关相关的联锁保护；

b. 现场使用压力校验仪对压力开关进行压力测试，如果无法修复故障，则更换备件并校验动作值；

c. 如果压力开关正常，则测试连接电缆绝缘和柜内联锁继电器工作是否正常；

d. 确认各仪表正常后，按要求恢复该压力开关联锁保护。

（2）压力参数显示异常

①故障现象：站控上位机单个压力或多个压力与实际不一致。

②工机具配置：万用表、压力校验仪、标准信号发生器、同轴电缆制作及测试工具、常用仪表工具。

③备品备件要求：压力变送器备件、AI 模块备件。

④其他要求：中控运行人员、故障站点运行及专业技术人员配合。

⑤初期故障分析处理流程：现场应急处置流程参照本章第四节二（二）。

⑥初期故障分析处理方法：

单点压力指示异常：

a. 对比现场压力变送器示值、对比参照压力、上位机示值，找出故障源；

b. 如果压力变送器现场无显示，检查24V电源供电与电缆线连接点；

c. 标准信号发生器进行通道测试，检测是否为系统通道问题，如果为系统通道故障，则更换备用AI模块并测试；

d. 如果压力变送器与参照实际值不一致，则现场进行压力变送器压力校验；

e. 如果压力变送器损坏，则更换压力变送器并现场进行校验；

f. 确认各仪表正常后，按要求恢复联锁保护。

多点压力指示异常：

a. 检查故障压力指示的PLC系统AI模块工作状态，如果为模块硬件故障，则更换AI模块备件；

b. 检查故障压力指示的模块所在机架通讯状态，通讯异常则检查通讯连接部分与通讯模块；

c. 使用万用表测试相关异常压力变送器24V现场供电电源是否异常，如异常则更换保险或紧固连接点；

d. 确认各仪表正常后，按要求恢复联锁保护。

（3）温度参数显示异常

①故障现象：站控上位机单个温度或多个温度与实际不一致。

②工机具配置：万用表、温度校验炉、温度标准器、标准信号发生器、同轴电缆制作及测试工具、常用仪表工具；

③备品备件要求：热电阻、热电偶、温度变送器备件、PLC AI、RTD模块备件。

④其他要求：中控运行人员、故障站点运行及专业技术人员配合。

⑤初期故障分析处理流程：现场应急处置流程参照本章第四节二（二）。

⑥初期故障分析处理方法：

根据现场仪表进行分类处理，主要有热电阻PT100、温度变送器两类仪表。

单点温度指示异常：

a. 使用万用表现场测试热电阻、温度变送器输出信号与温度是否一致，如果仪表故障，则校准或更换仪表；

b. 如果现场温度变送器无24V供电，则检查电缆连接和24V供电；

c. 标准信号发生器进行通道测试，检测是否为系统通道问题，如果为系统通道故障，则更换备用RTD（热电阻）或AI（温度变送器）模块并测试；

d. 确认各仪表正常后，按要求恢复联锁保护。

多点温度指示异常：

a. 检查故障温度指示的 PLC 系统 AI 或 RTD 模块工作状态，如果模块硬件故障，则更换相应模块备件；

b. 检查故障温度指示的模块所在机架通讯状态，通讯异常则检查通讯连接部分与通讯模块；

c. 对温度变送器，使用万用表测试相关异常温度 24V 现场供电电源是否异常，如异常则更换保险或紧固连接点；

d. 确认各仪表正常后，按要求恢复联锁保护。

（4）电动阀门动作异常

①故障现象：站控上位机操作阀门不动作或状态指示异常。

②工机具配置：万用表、常用仪表工具。

③备品备件要求：PLC DI、DO 模块备件、阀门控制器组件。

④其他要求：中控运行人员、故障站点运行及专业技术人员配合。

⑤初期故障分析处理流程：现场应急处置流程参照本章第四节二（二）。

⑥初期故障分析处理方法：

直连类阀门：

a. 检查电装指示信息，是否存在故障信息，做好相应处置；

b. 检查 DI、DO 模块工作状态以及对应回路 24V 供电，做好相应处置；

c. 使用模拟信号方式测试 PLC-HMI 是否完好；

d. 确认故障处置完毕后，按要求恢复至相应工作状态。

总线类阀门：

a. 检查电装指示信息，是否存在故障信息，做好相应处置；

b. 检查阀门控制器工作状态与故障信息，做好相应处置；

c. 如果出现信号延迟较大不正常，按环路物理连接方向逐一排除信号干扰源与故障点；

d. 确认故障处置完毕后，按要求恢复至相应工作状态。

（5）调节阀动作异常

①故障现象：调节阀 HMI 状态与现场不一致或动作异常。

②工机具配置：万用表、常用仪表工具。

③备品备件要求：PLC AI、AO 模块备件、调节阀相关组件。

④其他要求：中控运行人员、故障站点运行及专业技术人员配合。

⑤初期故障分析处理流程：现场应急处置流程参照本章第四节二（二）。

⑥初期故障分析处理方法：

调节阀 HMI 状态与现场不一致：

a. 检测回路 24V 供电电源是否正常，做好相应处置；

b. 检测信号源是否与现场一致，做好相应处置；

c. 检测 PLC 模块输入输出是否与现场一致，做好相应处置；

d. 检测现场阀门定位器以及回路原件是否工作正常，做好相应处置；

e. 确认故障处置完毕后，按要求恢复至相应工作状态。

调节阀动作异常：

a. 检查现场；

b. 检测现场控制信号和反馈信号是否正常，做好相应处置；

c. 检测现场电磁阀供电是否在正常工作范围，做好相应处置；

d. 检查现场气源压力、泄压过滤器压力是否正常，做好相应处理与调节；

e. 确认故障处置完毕后，按要求恢复至相应工作状态。

## 第五节　典型案例分析

### 一、排查仪表故障不当，引发电动阀动作事件

#### （一）事件发生的过程及后果

在某远控截断阀室开展SCADA系统维护作业时，阀室内一台压力变送器无显示。作业人员根据技术负责人的远程电话指挥，在阀室RTU机柜内使用万用表对故障进行排查。排查过程中，阀室内的干线截断电动阀自动关闭，引起憋压，导致该管线全线紧急停输。

#### （二）事件原因的分析及确认

该阀室电动阀由公司调度中心直接控制。经确认，事件发生时为正常输油状态，干线截断电动阀处于全开状态，公司调度中心及上下站无工艺流程操作，因而排除生产误操作原因。

经确认，阀室内的压力变送器在控制系统内只作为压力参数显示，无逻辑联锁自动开关阀功能，因而排除控制系统联锁原因。

该阀室电动阀投用时间较短，日常运行正常，因而可以基本排除阀门及电装自身故障原因。

综上可以基本确认，电动阀非正常关闭是由阀室的现场作业引发的。经调查发现，现场作业人员作业前未按规范要求，将阀门状态由“远控”切换至“就地”或“断开”位置；在阀室RTU机柜内用万用表检查压力变送器信号回路时，万用表测量挡位选择错误，将应使用的直流电压挡位调成了电阻通断挡；同时，对机柜内的接线回路不熟悉，测量时错误地将万用表笔放置在电动阀关阀控制继电器的两端，造成短路，导致继电器发出关阀信号。此时，由于阀门状态处于“远控”状态，从而引起阀门关闭。

#### （三）应该吸取的教训及经验

①作业人员的专业技能不足、现场操作不当是引发此次事件的直接原因。因此，必须加强对作业人员的操作技能培训与考核，保证作业人员技能水平与作业内容相匹配。

②作业技术负责人未针对作业内容进行作业人员的合理安排，远程指挥作业时，未进

行相应的技术、安全交底，对此次事件负有间接责任。因此，作为系统维护维修的现场负责人或技术负责人，一方面要安排合适的人做合适的事；另一方面要在作业前做好交底，让作业人员了解安全风险，掌握安全措施。

③作业流程不规范、作业前未采取相应的安全措施，也是事件发生的重要原因。因此，按规定流程作业，作业前落实相应的安全措施，是各项作业的基本要求。本次事件中，如果作业人员提前将阀门状态由“远控”切换至“就地”或“断开”位置，即使有后面的不当操作，也不会导致阀门动作，继而引发事故。

④该事件的发生时间较早，当时各远控阀室的控制系统与压力参数没有联锁功能。随着各管线水击超前保护功能的陆续投用，目前很多管线远控阀室的压力已带有联锁功能。因此，当前条件下，作业人员在开展阀室系统及仪表的检测作业时，要提前掌握现场情况，确定安全措施，避免由于相关作业引发非正常联锁而发生事故。

## 二、拆卸温度仪表不当，引发跑油事件

### (一) 事件发生的过程及后果

在某输油站仪表校验作业时，作业人员在拆卸加热炉管线温度仪表的过程中，造成跑油，污染生产区，导致加热炉紧急停运、管线紧急停输。

### (二) 事件原因的分析及确认

该事件明显是由人为操作不当引发的。经现场调查确认，拆卸的温度仪表套管为非密闭结构，温度仪表测量端直接与过程介质连通。拆卸过程中，作业人员操作不规范，在将温度仪表拆离工艺管线时，观察不细致，未采取适当安全措施，导致跑油。

### (三) 应该吸取的教训及经验

①工作前，作业人员对作业现场情况未做充分了解，不掌握现场存在的安全风险。经与站方运行人员沟通得知，该站加热炉上的温度仪表套管是按照早期的石化设计规范设计，全部为非密闭结构，与公司其他生产现场的情况完全不同。因此，作业前，作业人员与站方运行管理人员相互沟通，进行工作内容交底，了解现场作业条件，掌握安全风险点，提前采取安全措施，是非常必要的。

②作业中，作业人员未按温度仪表拆卸规范要求作业，观察不细致，是事件发生的直接原因。本次事件中，由于温度仪表测量端直接与过程介质直接连通，存在一定压力。作业人员在拆卸过程中，是有部分介质从仪表与套管的螺纹连接处渗出的，作业人员如果按照规范作业，细致观察，发现异常情况，立即停止，就会避免此事件的发生。

③此事件虽是个案，目前在公司范围内，已不存在此类温度仪表套管，但是随着各生产现场设备运行年限的增加，近几年来，温度仪表套管由于腐蚀导致穿孔的现象时有发生。因此，作业人员针对该项作业应举一反三，防止此类事件的再次发生。

## 三、处理系统故障时安全措施不落实，引发跳泵事件

### （一）事件发生的过程及后果

维修人员在某输油站处理SCADA系统故障时，出站调节阀异常动作，导致憋压，引发运行的输油泵跳泵，站内紧急停输。

### （二）事件原因的分析及确认

经了解，维修人员在开展作业前，按照规定办理了相应的仪表调试作业票。在工作票“应采取的安全和工艺措施”内容中，明确了需将出站调节阀由“远控”方式切换至“就地”方式，同时打开该调节阀的旁通回路。但是，在实际作业中，运行人员并未按照工作票的内容落实该项措施，维修人员在未进行确认的情况下，直接进行站控系统PLC模块的更换工作，从而导致出站调节阀接收到站控系统发出的错误信号，在“远控”状态下自动关闭，造成憋压，最终导致跳泵。

### （三）应该吸取的教训及经验

①运行人员未按作业票要求进行流程和设备切换是引发此次事件的直接原因。因此，作业票制度的执行不能流于形式，相应的安全措施必须落实到位、确认到位。

②作业人员的安全意识不到位，对于作业内容可能引发的不良后果认识不深刻。同时，未制定相关的维修作业方案，未进行相应的安全交底，未安排相应的监护人员，使得简单的问题未能发现，从而导致严重的后果。因此，维修作业不能仅仅着眼于故障的排查与处理，还应兼顾维修全过程的安全保障措施，才能避免作业过程可能引发的次生问题。

③在维修作业开展的全过程中，运行人员与维修人员未保持密切沟通。由于维修作业在生产运行中开展，维修人员与运行人员随时保持沟通，了解彼此的工作内容，做到相互提醒是必须的。本次事件中，出站调节阀由“远控”方式切换至“就地”方式，打开该调节阀的旁通回路，这两项措施如果有一项能得到执行，也不会引起调节阀动作，继而导致跳泵的发生。

## 四、输油泵电机温度异常导致跳泵事件

### （一）基本情况

随着输油管线运行时间的增长，设备老化带来的问题也日益凸显。近两年来，涉及输油泵控制方面的抢维修次数呈上升趋势。

### （二）事件经过

某输油站上位机显示7#输油泵电机定子及腰瓦温度频繁跳动，后触发温度联锁动作，导致该泵故障报警停泵。

### （三）排查过程

①在PLC控制柜内，维修人员测试采集电机温度的RTD模块的各个通道，结果正常，由此排除RTD模块通道损坏的可能。

②经过测试，该电机温度联锁保护动作值全部正常，由此排除系统软件故障的可能。

③现场测试电机的各支热电阻温度传感器，阻值均正常，由此排除仪表本体故障的可能。

④打开电机本体仪表接线盒后发现：接线盒内存在大量铁锈及灰尘；接线端子老化、锈蚀严重、接触不良、塑料结构部分出现碎裂现象；仪表线头存在大量绿色铜锈。

因此确认故障原因为：输油泵电机仪表接线箱内接线端子接触不良，导致温度信号异常，引发联锁停泵。

### （四）原因分析

①接线端子老化：现场接线盒安装在电机本体上，电机运行时发热，停运时恢复常温，长期反复地冷热交替使空气产生凝水，导致线缆接头锈蚀、接线端子绝缘部分的塑料老化严重，设备长期运行，部分接线端松脱，导致接触不良，传输信号不稳定。

②电气接口与外部连通：仪表电缆穿过电气接口进入接线盒，与端子排连接，使潮湿空气进入接线盒，产生腐蚀。

③接线盒内壁杂物脱落：接线盒材料为铸铁，由于潮湿空气的腐蚀，接线盒内壁防锈漆剥落，大量铁锈粉末和漆皮落入接线端子排，导致端子接触不良。

### （五）处置措施

①清洁接线盒内壁，重刷防锈漆。

②更换带有弹簧结构的新型接线端子。

③用密封胶泥封堵电气接口，接线盒内加装袋装干燥剂。

④检查上位机显示，处置后电机温度数据全部恢复正常，模拟启泵测试正常，正式启泵后显示正常，故障排除。

## 五、某站 Profibus 总线异常导致跳泵事件

### （一）基本情况

某输油管线的自控系统投产至今已十余年。随着运行时间的不断增长，电子元器件老化故障带来的问题也日益凸显。近年来，因 PLC 系统异常导致的抢维修次数逐渐增多。

### （二）事件经过

该收油管线某站，上位机显示所有参数为零，画面中所有设备显示红色叉号，现场运行的输油泵全部异常停运。经查看系统事件记录，有大量 profibus 总线故障的提示，故障原因为 profibus 总线链路工作不稳定，远程站的数据和设备状态丢失，导致输油泵异常停泵。

### （三）排查过程

①使用 Control Builder F 编程软件加载 PLC 程序后使用联机调试模式，点击硬件结构展开每台控制器结构至 PROF_ M_ DEV 层，查看右侧结构树，寻找显示为红色叹号、从设备不存在的远程站，表明该远程站总线通讯已中断。

②查看事件记录，寻找“从设备不存在”“profibus 无效”此类记录，用于筛查和确定发生过故障的远程机架。

③将有红色叹号的远程机架切断24V供电，拔掉A/B网的紫色电缆。将2块CI840（A）模块上的螺丝拧松后将模块拔掉。

④将TU847底座沿导轨向上滑动，脱离下方与其连接的IO模块后，将其拆除。

⑤更换新的TU847底座，安装至导轨后向下滑动，与IO模块连接，将拨码按照原有底座的拨码调整。更换新的CI840（A）模块。

⑥恢复24V供电，查看第①、③步的事件记录和硬件结构，核对故障是否消失。

### （四）原因分析

①Profibus总线硬件CI840通讯模块和TU847底座运行年限较长且负载较高，因电路元件老化等原因导致总线通讯异常。

②总线接头质量较差、首尾终端电阻不稳定导致profibus链路通讯异常。

### （五）处置措施

①根据排查结果更换相应远程站的profibus通讯模块和底座。

②将故障链路的总线接头全部更换。

## 六、某站远程逻辑启泵功能失效导致无法启泵

### （一）基本情况

随着各管线SCADA系统的普及应用，各站库在生产运行中，采用远程控制的方式进行输（给）油泵逻辑启停的操作越来越普遍。由于输（给）油泵逻辑启停涉及的设备较多，逻辑相对复杂，任何一个环节存在问题都可能导致操作失败，此类现象在公司各生产现场时有发生。

### （二）事件经过

某输油站生产时需要启泵，站控上位机逻辑启泵指令发出后，输油泵不能启动。

### （三）排查过程

将输油泵切换到空投试验位，上位机发出逻辑启泵指令，查看启泵逻辑在何处无法继续执行。

①泵和配套排空阀、进出口阀均无动作，检查启泵条件是否满足，检查CPU工作状态、以太网通讯状态和上位机MEBNET工作状态是否正常。

②PLC硬件、控制回路及网络通信正常，查看程序是否有故障。连接程序查看到上位发出启泵命令后，PLC程序能接到指令，但是现场设备均没动作，说明程序正常。

③查看现场设备是否有故障。排空阀正常动作，出口阀不动或未开到启泵设定位置。对出口阀单独进行活动检查是否卡死，小幅修改启泵参数中出口阀开度；检查发现排空阀、出口阀均正常。

④单体启动泵设备时，发现泵不启动或启动闪烁绿色一下又停止，并且进出口阀门自动关闭。

### （四）原因分析

根据故障的排查过程发现，系统的上下位机工作正常，输油泵及其相关附属设备状态

正常。因此，怀疑是逻辑程序中某种联锁保护起作用，禁止启泵。继续排查确认泵入口汇管压力处于低限联锁状态，上位机软保护开关和泵入口汇管压力开关硬线保护同时起作用，导致启泵指令无法下发。

### （五）处置措施

在上位机解除联锁软保护开关，在 PLC 机柜摘除泵入口汇管压力开关硬线保护继电器后，输油泵逻辑启动正常。

## 思考题

1. 输油管道 SCADA 系统的主要功能有哪些？
2. 输油管道 SCADA 系统维护的主要内容有哪些？如何根据 SCADA 系统的维护内容划分安全作业等级？
3. 什么是气动调节阀的“三断保位”功能测试？进行气动调节阀维护测试时要做好哪些安全防范措施？
4. 站控 PLC 系统的冗余功能测试包括哪些内容？测试前要做好哪些安全防范措施？
5. 站控系统工作站的维护包括哪些内容？上位软件的功能测试重点有哪些？

# 第五章　消防自控系统维护与故障处理

原油储罐区作为油品储存的仓库，储罐数量多、罐体容积大，由于石油产品本身的理化特性，储罐区火灾发生的概率较大。油库安全管理贯彻“预防为主，防消结合”的方针，通过配置消防系统采取相应的防范措施。装备完善、运行可靠的消防系统能有效扑救油库的初期火灾，防止火灾的进一步扩大，促进油库的安全生产。本章重点介绍油库消防自控系统的日常维护以及常见故障的处理。

## 第一节　消防系统基础知识

油库消防系统一般分为储罐区冷却水系统、泡沫灭火系统及生产、生活区建筑物消防给水系统。储罐区消防系统独立设置，对于储罐区火灾一般先进行控制冷却，然后组织灭火。罐区设置消防设施时既要配备大型消防设备，也要根据具体情况配置小型灭火器材用于扑灭初期火灾。除储罐区外，办公室、值班室、变电站等建筑设施内安装有感温感烟探测器，配置相应数量的移动式灭火器。本节主要针对储罐区消防系统进行阐述。

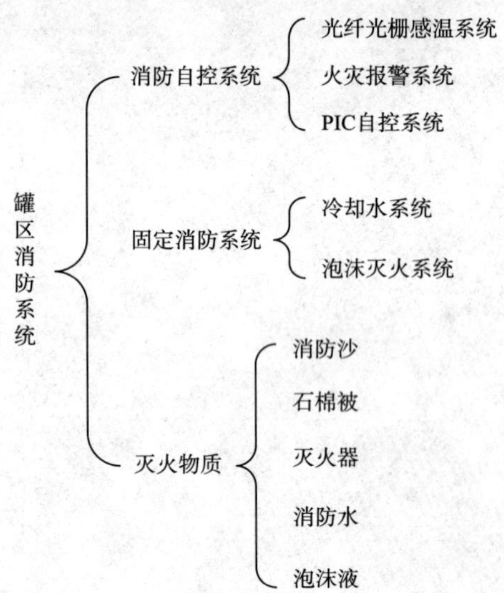


图 5.1－1　罐区消防系统组成

储罐区消防系统主要包括消防自控系统、固定消防系统和相关的灭火物质（见图 5.1－1）。消防自控系统包括光纤光栅感温系统、火灾报警系统和 PLC 自控系统。光纤光栅感温系统对各储罐感温探头探测到的最高温度进行实时显示，当温度达到报警设置值时触发火灾报警，工作人员通过 PLC 自控系统工作站画面以及手操控制台进行灭火。冷却水系统和泡沫灭火系统联合组成固定消防系统。固定消防系统是扑灭油库火灾的主要系统，冷却水系统的喷淋装置对着火罐及邻近罐进行喷水冷却降温，泡沫灭火系统将空气泡沫打入着火罐内油面进行灭火。冷却水系统和泡沫灭火系统管网上安装有压力表、电动执行机构等辅助设施，实现管网压力测试以及流体的通断功能。油库消防系统结构如图 5.1－2 所示。

罐区设置的灭火物资有消防沙、石棉被、灭火器、消防水、泡沫液等。消防沙、石棉被等灭火物资按规定设置在易着火的各个场所，是扑灭小型火灾、控制初期火情、随时随地方便取用的零散性消防物资。油库消防灭火需要根据火情性质、大小、场所的不同选用不同的灭火物资，启动相应的消防系统。

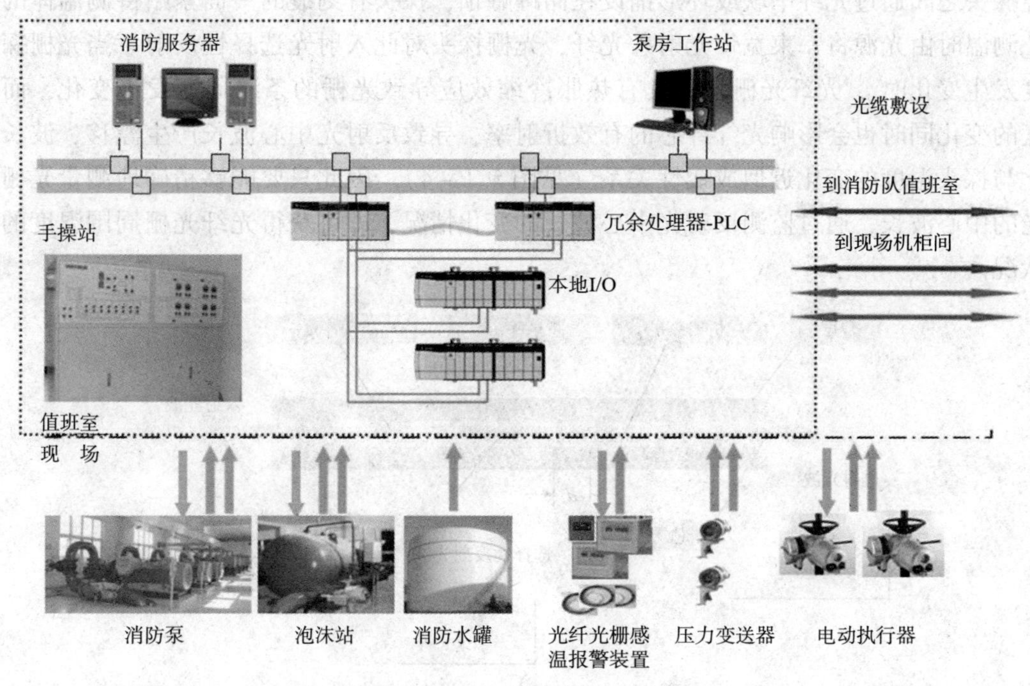


图 5.1－2　油库消防系统示意图

## 一、光纤光栅感温火灾探测系统

光纤光栅感温火灾探测系统是目前应用最为广泛的原油储罐火灾报警监测系统，通过感温传感器探头检测储罐罐顶温度，将温度信号传输至控制室内的火灾报警控制器或系统计算机。该系统主要由感温传感器探头、信号处理器、报警控制器以及信号传输光缆等部件组成。

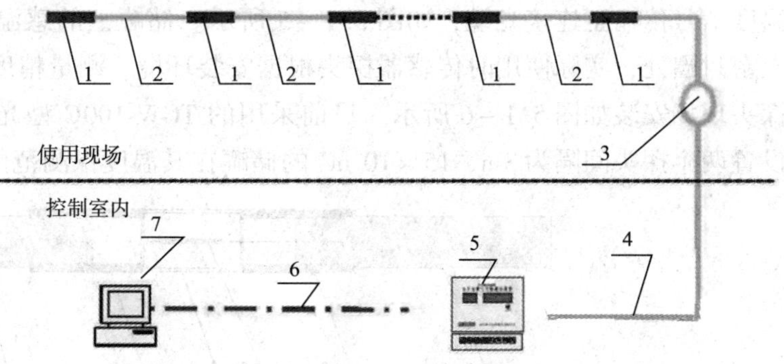


图 5.1－3　光纤光栅感温火灾探测系统结构示意图

1—感温传感器探头；2—连接光缆；3—光缆连接器；4—传输光缆；5—信号处理器；6—电缆 4×1.5；7—报警控制器或系统计算机

信号处理器、报警控制器和系统计算机放置于值班室内，用于信号的计算处理、数值显示、报警提示等，其余部件安装于现场实现信号的检测以及传输。系统的结构如图 5.1－3 所示。

### （一）系统测温原理

光纤光栅感温火灾探测系统温度探测过程分为温度探测和温度线号的传输两部分。温度探测是利用光栅探头的光学原理实现的，温度线号的传输是通过埋地光缆实现的。光栅是在石英玻璃上以光刻的方式刻的一系列等宽间距的条纹，透光的部分构成感温探头。各感温探头之间通过光纤串联或环形铺设在储罐罐顶，探头有刻痕的一面紧贴待测温体的各点。测温时由光源将一束宽带光射入光纤，光栅探头对此入射光选择性反射。当光栅探头温度发生变化时，光纤光栅材料具有热胀冷缩效应导致光栅的条纹周期发生变化，而且温度的变化同时也会影响光纤纤芯的有效折射率，导致反射光中心波长产生漂移，波长的变化与探头温度的变化近似成线性关系（见图 5.1－4）。因此只要能够精确地测量光栅反射光的中心波长，通过监测反射光中心波长的变化情况，即可获得光纤光栅周围温度的变化状况。

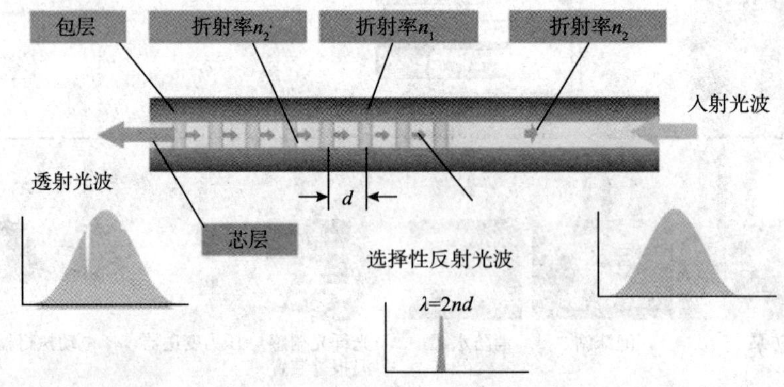


图 5.1－4　光纤光栅火灾探测系统的感温原理

### （二）感温传感器探头

感温传感器探头内置光栅作为测温元件，光栅外侧安装有导热感温元件通过热传导将温度信号传输至连接光缆，如图 5.1－5 所示。储罐上的感温探测器设置在储罐浮顶的二次密封圈处，实际使用时传感器探头根据安装环境、测量精度的要求布置探头间隔，感温探头现场安装如图 5.1－6 所示。目前采用的 TGW-100C 型光纤光栅感温火灾探测器一般设置两个探头间隔为 3m，$15\times10^4m^3$ 的储罐在其温度探测范围内分为 8 个区探测。

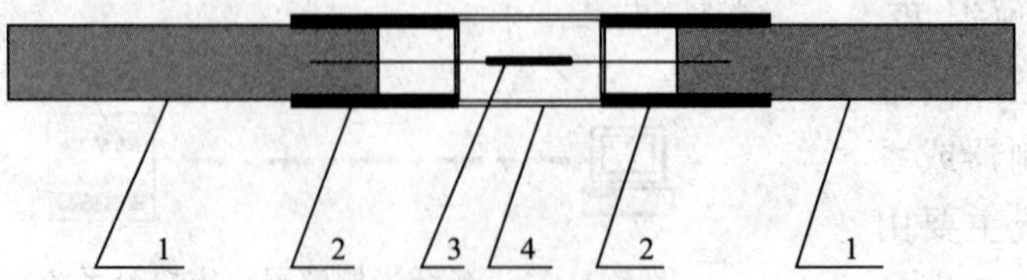


图 5.1－5　感温传感器探头结构简图

1—连接光缆；2—不锈钢连接管；3—感温光栅；4—导热感温元件

图 5.1－6 光纤光栅感温传感器探头

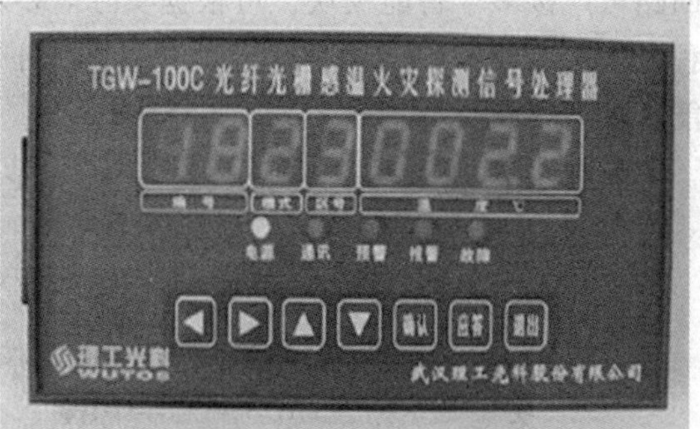


图 5.1－7 信号处理器显示面板

### （三）信号处理器

光纤光栅感温火灾探测信号处理器是储罐温度探测的数据处理器件，安装于机柜间内。光缆传输的温度信号经过处理器内部器件将温度解调，进一步将温度信号转换处理为电信号通信至火灾报警控制器或系统计算机。同时用户也可以通过信号处理器设置储罐温度报警值。此外，信号处理器配置有供用户查看温度值和进行报警值设置的操作显示屏幕。因此，信号处理器具有温度实时显示、报警参数设置等多种功能，显示操作面板如图 5.1－7 所示。信号处理器具体的操作使用步骤见第三节。

### （四）光纤光栅感温火灾探测系统特点

①具有现场无电检测、本质安全防爆、抗电磁干扰、防雷击等特点，安全性高。

②光纤光栅感温传感探头检测灵敏度高，响应时间快，可实现单点温度测量、定位报警功能。

③系统具有自检功能，可随时确定现场设备及自身系统是否运行正常，及时提醒用户对故障设备进行检查维护，消除系统测试盲区。

## 二、火灾报警系统

火灾报警系统主要由火灾探测器件、报警器件以及火灾报警控制器组成。油库安装的火灾探测器件主要是感烟感温探测器和光纤光栅感温探头，感烟感温探测器安装于值班室、办公楼、变电所等室内重要场所，光纤光栅感温探头安装于储罐罐顶。报警器件包括手动报警按钮和声光报警器，安装于生产区危险场所。当原油储罐发生火灾时，光纤光栅感温探头测试到温度异常信号，信号处理器将报警信号通信至火灾报警控制器，经过计算处理，火灾报警控制器的控制信号启动报警电路，提醒用户现场温度异常可能发生火灾事故。火灾报警控制器实现本地报警，并将报警信号传输至消防 PLC 机柜，消防 PLC 将报警信号传输给消防泵房值班室，并在工作站上位机画面和手操台面板上显示。

### （一）火灾报警控制器

大部分站库火灾报警控制器显示屏安装在消防值班室内，中央处理单元（CPU）是控制器的核心部件放置于机柜间，控制器采用模块化的系统架构，设置多个处理器，每个控制回路可连接多个智能模块，可根据实际需要对系统进行灵活配置。专业人员可采用现场编程或使用专业编程工具通过键盘（见图 5.1－8）离线编程。火灾报警控制器具有下述功能：

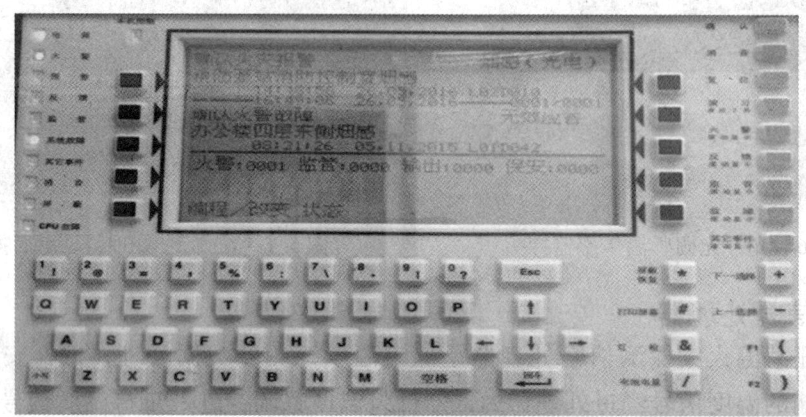


图 5.1－8　火灾报警控制器显示键盘

①控制器周期性地对信号回路器件、控制器电路进行巡检，扫描键盘控制键的输入，包括监视设备状态的变化以及系统故障，用户也可以查看现场设备的状态信息。

②接收现场设备的报警信号，根据程序设置显示报警设备的编号、位置和报警时间等有关信息，同时触发报警，用户确认“报警”后现场进行处理，处理后按“复位”键系统恢复正常。

③用户能隔离现场的故障设备，消除重复性连续故障报警，故障消除后用户可重新将设备恢复监控。

④可对系统接地故障进行检测。

## （二）手动报警按钮

值班控制室距离储罐区、消防站等场所较远，现场人员发现火灾需要及时报警通知控制室人员，相关规范要求在罐区四周道路等场所设置手动报警按钮（见图 5.1－9）。报警人员只要按下按钮上的有机玻璃片，报警信号会传输至火灾报警控制器发出报警声。火灾报警控制器收到报警信号后显示报警按钮的具体位置和编号，报警按钮上的确认灯亮起。此类报警信号因为是人工报警，误报警的可能性较小。

图 5.1－9　手动报警按钮图

## （三）感烟感温探测器

此类探测器分为感烟探测器、感温探测器与复合式感烟感温探测器，根据应用场合初期火灾温度、烟雾的变化情况选用不同类型的探测器。

探测器需要定期进行清洗和灵敏度测试，尤其是对于机柜间、变电所等重要场所的探测器，性能不合格的探测器要及时进行维护更换，保证其正常运行。

### （四）声光报警器

声光报警器作为报警系统的一种配件设备（见图5.1－10），主要安装于办公楼、控制室、变配电所、储罐区等重要或危险场所的明显位置，当人员按下手动报警按钮时声光报警器发出声和光两种报警信号作为警示提醒，安装的声光报警器要求必须具有防爆性。《石油化工企业设计防火规范》（GB 50160—2008）8.12.3规定，火灾自动报警系统应设置警报装置。当生产区有扩音对讲系统时，可兼作为警报装置；当生产区无扩音对讲系统时，应设置声光警报器。

图5.1－10　声光报警器

### （五）可燃气体报警器

原油成分复杂，在输送储存过程中易挥发出有毒可燃气体，对周围人员造成伤害。因此油库在储罐、泵房等位置应安装可燃气体报警器，设置报警浓度。当周围空气中可燃气体浓度达到设置的报警值时，设备发出报警，提醒现场人员做好防护措施或紧急撤离。泵房、罐区的探测器由于露天放置，表面腐蚀和积灰严重，应加强日常维护保养，按照规定定期检定。《可燃气体检测报警器》（JJG 693—2011）规定，仪器的检定周期不应超过一年。

## 三、PLC自控系统

消防PLC自控系统主要采集储罐的温度检测信号、手动报警按钮信号、感烟感温探测器信号、稳压泵、消防水泵、泡沫泵以及消防系统电动阀的运行状态及控制状态信号、消防水罐液位值、消防管道水的压力值等参数值，采集到的现场数据通过电缆直连到消防控制室PLC机柜和手动操作台机柜，进一步通信至工作站并在工作站上位机画面显示。用户也可通过PLC系统对现场的泵、电动阀设备进行开、关、启、停控制操作，如图5.1－11所示。PLC系统硬件具体介绍参考第四章SCADA系统维护与故障处理。

消防系统的现场仪表主要包括普通压力表、压力变送器、超声波液位计。普通压力表为就地显示仪表，压力变送器、超声波液位计为远程显示仪表。普通压力表主要安装在消防泵进出口管线以及大罐、泡沫站消防管线，压力变送器主要安装在消防泵进出口管线、消防水罐水管线、泡沫站消防远传仪表，通过测量、变送再经电缆或引压管线、光纤远传到控制室显示数值（见图5.1－12）。

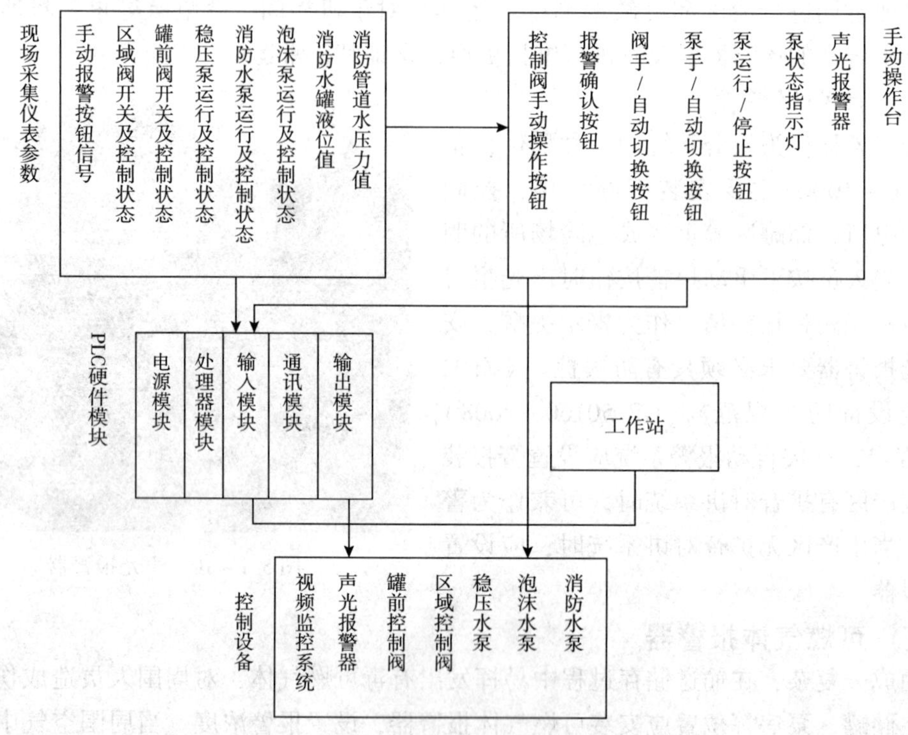


图 5.1-11　消防系统 PLC 结构示意图

(a)水管线压力表

(b)泡沫管线压力表

图 5.1-12　消防系统现场仪表

## 四、固定消防系统

固定消防系统包括冷却水系统和泡沫灭火系统。

### (一) 冷却水系统

《石油储备库设计规范》(GB 50737—2011) 8.1.2 规定：油罐应设置固定式消防冷却水系统。8.2.9 规定：消防冷却水供给时间不应少于 4h。油罐冷却水系统主要包括稳高压系统、消防水池（罐）（见图5.1－13）、消防水泵、消火栓、消防给水管网和冷却水喷淋装置。消防水池作为消防系统的储水设施，水源来自市政给水、消防水池、天然水源等，并宜采用市政给水。消防水池冬季应采取防冻措施，并严禁挪作他用。稳高压系统、消防水泵及控制柜一般位于消防泵房内。消防水泵有电动泵和柴油泵两种，电动泵作为主泵，柴油泵作为备用泵紧急情况下使用且只能现场操作柱手动控制（见图5.1－14）。8.2.13规定：消防水系统管道上应设置消火栓，且间距不应大于60m；消火栓宜采用1.6MPa的地上消火栓。

图5.1－13　消防水罐

图5.1－14　柴油机消防水泵

**1. 稳高压系统**

根据《石油化工企业稳高压消防系统运行与维护规程》（Q/SH 0460—2012），稳高压是指消防给水管网中平时由稳压设施保持系统中的压力在设定的0.7～1.2MPa范围内；灭火时，由压力联动装置启动消防主泵，使管网中最不利点的水压和流量达到灭火要求。稳高压系统不论在准工作状态还是消防灭火时都能保证消防水压力和流量的要求，灭火成功率高，在石油石化危险区应用广泛。

稳高压消防系统主要由稳压泵和稳压罐组成。稳压泵一般按一主一备的原则进行配置（见图5.1－15）。稳压泵的作用是提高消防水管线压力，稳压罐配合稳压泵工作，避免稳压泵频繁启动和停运造成水击、消防水泵磨损等问题。在准工作状态下，稳压设施保持水管线压力，水管线压力下降时由稳压罐补充压力变化值；当水管线压力继续下降低于0.7MPa时，稳压泵主泵自动启动提高稳压罐和水管网的压力；当水管网压力上升至1.2MPa时，稳压泵停止运行，此后稳压罐维持水管网压力在设定值范围内。

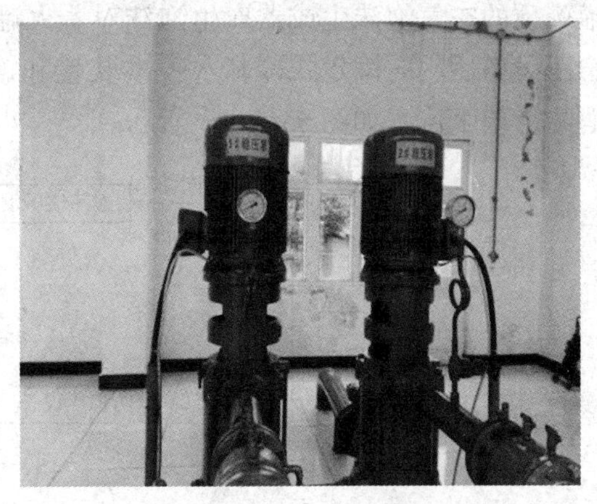

图5.1－15　消防稳压泵

稳压系统启动前进行系统确认包括：消防水泵出口阀全关；罐区干线畅通无堵塞；各分支管线进罐阀、消火栓、泡沫系统进水阀全关。稳压泵启动运行后，当水管网压力达到系统设定上限值时，程序自动停止稳压泵；当管网压力压降低于0.7MPa时，系统自动启动稳压泵。

稳高压系统的联动：包括稳压泵的联动和消防主泵的联动。稳压泵处在自动状态时，当消防水汇管压力低于0.7MPa时启动一台稳压泵，延时5s，汇管压力仍低于0.7MPa时启动另一台稳压泵。消防主泵控制处在自动状态，当启动两台稳压泵汇管压力低于0.7MPa时，启动一台消防主泵，延时5s，汇管压力仍低于0.6MPa时顺序启动备用消防主泵。稳压装置只起稳压作用，不联动消防泵。

稳压泵的维护保养：按稳压泵使用说明书的相关要求定期对稳压泵进行维护保养，对损坏的部件应及时更新；泵前止回阀的密封应处于良好状态；应定期检查更换稳压泵的盘根；调整电动阀执行机构触点开关的行程；主、备稳压泵运行正常，每周应切换一次。

消防泵组的维护保养：每周一次启泵检查以确保消防泵处于完好状态，运转时间不少于15min。启泵时检查消防泵的轴封是否需要更换或调整。盘泵作业时应事先切断消防自动联锁，盘泵后恢复；定期检查消防泵的润滑油是否足够；弹性联轴器在经过一段时间后会出现磨损现象，在适当时候应更换新的零件。

**2. 消防水罐**

《石油储备库设计规范》（GB 50737—2011）8.2.12规定：石油储备库应设置消防水储备设施，消防水储备宜采用钢罐，补水时间不应超过72h；水罐数量不应少于2个，并应用带阀门的连通管连通。消防水主要用于冷却喷淋和配制泡沫混合液，储存于消防水罐内。

（1）消防系统水流程

泡沫喷淋装置启动后，泡沫消防水泵启动运行将消防水罐中的水加压输送至泡沫栓和泡沫比例混合装置，泡沫液与消防水按预先设置的比例混合为泡沫混合液，经由安装于储罐罐顶的空气泡沫生成器产生泡沫对着火罐进行泡沫灭火；另一路消防水经过消防水泵和稳压设备后，向固定式冷却水喷淋装置和罐区周围消防栓供水，用于储罐冷却喷淋降温。消防系统水流程如图5.1-16所示。

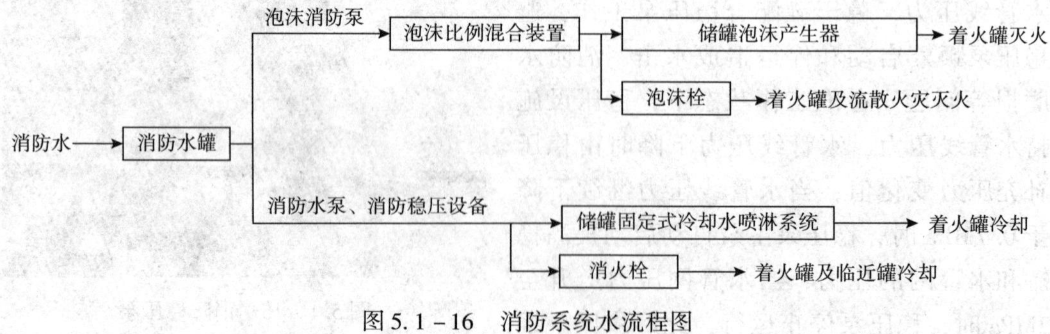


图5.1-16　消防系统水流程图

（2）消防水罐补水

当水位低于低液位设定值时消防自控系统应示报警，系统应启动补水泵，或由值班人员现场手动启动补水泵；当水位至高水位时，系统应自动停泵，或由值班人员现场手动停泵，供水停止。

(3) 补水系统的维护保养

检查调整补水液位的联锁值，控制系统发出联锁启动补水系统的信号正常；观察补水系统的工作情况及信号反馈正常；控制设备、阀门启动灵活，无渗漏。

**3. 冷却喷淋装置**

冷却水喷淋装置是一种水冷却降温设施，安装在储油罐罐壁上，这种装置在火灾发生时能够对着火罐及临近罐快速冷却降温，降低着火罐火焰辐射热，控制火灾蔓延，保证临近罐的安全，在储罐灭火设施中应用十分广泛。在储罐外壁设置多圈冷却水环管，采用独立消防冷却水立管供水（见图5.1-17）。喷头安装在大罐四周，与水平方向成45°斜向上方喷水。

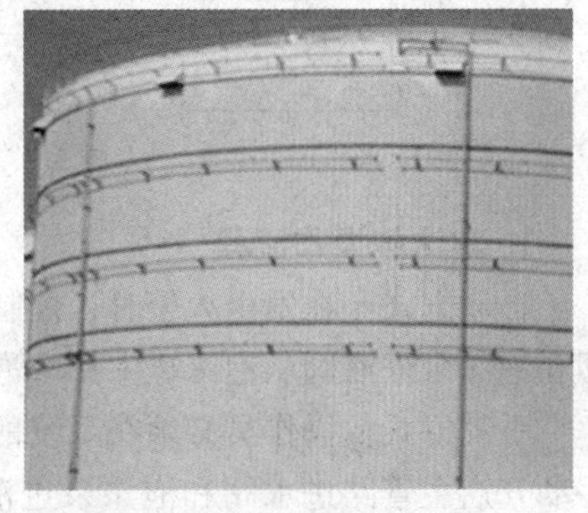

图5.1-17　储罐外壁冷却水环管

## （二）泡沫灭火系统

泡沫灭火系统主要包括泡沫罐、泡沫消防水泵、泡沫液泵、平衡式比例混合装置（见图5.1-18）、泡沫混合液管道和空气泡沫产生器等。泡沫罐使用不锈钢材料或其他符合水成膜泡沫液储存要求的材质，其上设置液面计、排渣孔、进料孔、人孔、取样孔、呼吸阀或带控制阀的通气管等设施。配置泡沫混合液用泡沫消防水泵应单独设置，且一用一备，泡沫消防水泵应采用电动泵，备用泵应采用柴油机泵；泡沫消防泵宜设置在泵房或泵棚内。平衡式比例混合装置根据预先设置的混合比例将压力水和泡沫液自动混合。空气泡沫产生器固定安装在油罐上，产生和喷射空气泡沫。泡沫混合液流过空气泡沫产生器喷嘴时由于吸入大量空气雾化成为空气泡沫，空气泡沫沿储罐罐壁淌下覆盖在燃烧的油面上，将燃烧的油面与空气隔绝，同时阻断火焰的热辐射，从而实现灭火功能。

图5.1-18　消防泡沫站

泡沫灭火流程：泡沫液泵将泡沫罐内的泡沫液打入泡沫液管网与泡沫消防泵加压的水混合后，经过泡沫比例混合器产生泡沫混合液打入泡沫管网，管网内的泡沫混合液经安装在罐顶的泡沫产生器时吸入空气产生空气泡沫，打入罐内油面灭火（见图5.1-19）。

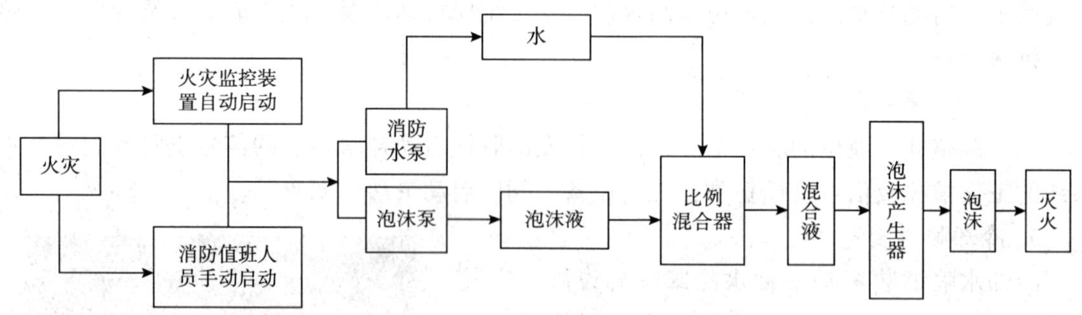


图 5.1－19　泡沫灭火系统灭火过程

**1. 泡沫站操作流程**

自动方式：在发生火警时，控制中心通过系统控制装置发出启动信号打开主管路进水阀和泡沫泵进液阀从泡沫罐中抽取泡沫液，启动整个系统。

手动方式：操作员必须在系统的旁边，同时可以观察到火场的情况或得到启动命令，手动开启主管路进水阀和泡沫泵进液阀，压力水通过主管路的同时启动电动机带动泡沫泵，从泡沫罐中抽取泡沫液，启动整个系统。

**2. 泡沫液检测**

泡沫液是泡沫灭火系统的关键材料，直接影响系统的灭火效果。泡沫液进场后需要现场留存，以待日后需要时送检。留存泡沫液的储存条件要满足国家标准《泡沫灭火剂》（GB 15308—2006）和《泡沫灭火系统设计规范》（GB 50151—2010）的相关规定。对于泡沫液用量较多的情况，需要将其送至具备相应资质的检测单位进行检测。

**3. 泡沫液储罐清洗**

①冲洗宜用水进行。冲洗前，应对系统的仪表采取保护措施。

②储罐罐底、与泡沫液储罐相连接管线的拐角处等冲洗后可能存留脏物、杂物的区域应人工进行清理。

③冲洗用水应洁净、无杂质，且不应含有腐蚀性化学物质。

④冲洗的水流方向应与灭火时的水流方向一致。

⑤冲洗宜设临时专用排水管道，其排放应畅通和安全。

⑥冲洗合格后，应填写泡沫液储罐清洗记录。

## 五、消防值班室固定设施

### （一）消防系统手操控制台

由于消防泵房值班室内空间有限，将手操控制台与 PLC 机柜集成为一体，成为立式手操系统，面板上设置按钮，具备“开阀”“关阀”“启泵”“停泵”等设备控制按钮以及“清水冷却”“清水退出”“泡沫灭火”和“泡沫退出”等紧急操作按钮。图 5.1－20 为某油库消防系统手操控制台面板。

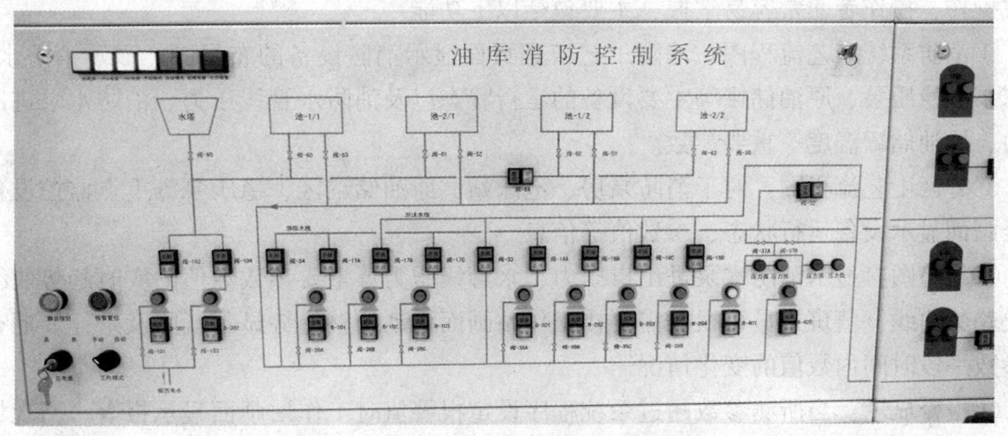


图 5.1－20　消防系统手操控制台面板

其显著特点和主要功能是：面板上有消防工艺流程图；针对每座油罐设有紧急启动按钮（清水冷却、泡沫灭火）；显示每座储油罐火灾报警信号；显示消防泵运行状态（运行、停止），并可以远程控制设备启、停；显示消防阀门运行状态（运行、停止），并可以远程控制阀门开、关；联锁启动消防泵（冷却水泵、泡沫泵），开关相关电动阀门，对火情罐冷却、灭火；联锁动作取消功能，当发现正在执行的联锁动作有误时，可按下“清水退出”或者“泡沫退出”按钮，结束当前的动作联锁，并手动恢复已经运行的设备；面板上的控制按钮不受“自动/手动”模式转换开关的限制。

操作说明：当打到自动方向（顺时针）时，系统将进入自动消防控制阶段。如果出现火灾报警，系统弹出报警窗口，并进行延时，或者经过操作人员直接确认（点击电脑窗口中的“确认”按钮）火灾报警后，按照预定的程序自动启动消防系统（清水冷却和泡沫灭火）。当钥匙打到手动方向（逆时针）时，在手操面板台和工作站画面上只能实现手动操作。需要注意的是：在面板上，任何时候都可以对消防系统进行“清水冷却”和“泡沫灭火”的紧急投入操作，与系统的手动/自动模式没有关系。

电源开关：此开关为系统的总电源，包括现场仪表供电和操作台面板显示电源（不包括工作站）。静音按钮：因为本系统具有声光报警功能，配有高频报警器，当出现火灾报警时，报警蜂鸣，按下一次按钮，按钮灯不亮，对系统消音。当发生新的报警时，系统会继续蜂鸣，即只是对当前报警消音，当有新的报警出现时，系统仍会触发警笛。

为防止误操作，“清水冷却”和“泡沫灭火”的按钮在按下后 5s 才能起作用，在 5s 内，立即复位该按钮，将不会启动系统连锁。“清水退出”和“泡沫退出”按钮操作注意事项：“退出”按钮的作用是停止正在进行的消防连锁，或者禁止此储罐的消防投入；当“退出”按钮处于“按下”状态时，此储罐的相应“投入”按钮不起作用，包括面板或者电脑界面上的“投入”按钮。

### （二）工作站

工作站一般位于消防值班室，组态好的上位机软件构成消防的实时监控系统，采用菜单式操作，操作者非常容易掌握，主要包括以下功能：

①消防系统工艺流程图：消防工艺流程页面显示消防设备的布局图；显示消防水泵、泡沫泵、稳压泵、原油储罐等主要设备的运行状态以及消防水管线压力、消防水泵进出口压力、原油储罐温度等重要参数。

②分区工艺流程图：对于消防泵房、泡沫站、原油储罐区、稳压泵等重点监控设备区域分画面显示设备运行状态、参数值等信息。

③趋势图：显示消防水泵进出口压力、水管线压力等重要参数数值的实时趋势曲线及历史趋势曲线，值班人员可根据需要在工作站画面手动调整趋势显示区间及采样周期查看某参数一段时间内数值的变化情况。

④报警显示：当所测参数超过系统程序设定报警值时工作站画面显示报警，当现场设备运行异常时设备状态颜色通常变为红色同时画面有动态报警提示。值班人员可点击相应报警信息进入报警页面，查看详细的报警信息，同时可通过历史趋势曲线查看该设备相关运行参数的变化情况对此报警信息进一步分析。

⑤操作权限的划分：分三级操作，即操作员级、系统管理员级、工程师级。操作员级一般只具有画面操作权限，系统管理员级、工程师级除具有一般操作权限外还具有报警值设置、设备联锁开关的设置等复杂操作。

## 第二节　常用维修设备和工具

消防自控系统日常维修常用设备工具有压力信号测试工具、电阻测试工具以及网络通信测试工具等，相关设备工具的使用方法见第四章第三节。本节主要介绍火灾报警系统常用的维修设备和工具。

### 一、火灾探测器试验器

图 5.2－1　火灾探测器试验器

目前维保人员普遍采用四合一全功能火灾探测器试验器（见图 5.2－1）。该设备是集加烟试验器、加温试验器、感光试验器、燃气试验器于一体的新一代消防检测设备。采用特制的雾香液电子雾化技术加烟，发出的烟雾不会产生烟灰、烟油等污染物，无毒无害绿色环保。可根据工作环境加长至需要的高度，设备操作不需要明火和交流电源，安全可靠操作方便。装置包括枪头、连接杆、喷头、充电器、环保雾香液等。以沈阳奥博斯 4＋2 全功能火灾探测器试验器为例说明该设备使用方法如下：

①充电：使用前确保设备电量充满，设备充电时使用专用电源充电器，以免设备受到意外损伤导致灵敏度下降。

②充气：一只手握住枪头，另一只手将丁烷气体瓶气嘴垂直向下用力插入试验器进气阀数秒钟。

③安装喷头：将试验器顶部的快接头锁环压下后插入喷头，锁环自锁后喷头固定在枪头上。

④连接：根据待测区域的空间高度适当选取合适长度的连接杆，然后将枪头、连接杆按顺时针方向旋转连接。

⑤温度大小调节："大""小"调节孔内有调节开关，根据被试验火灾探测器调节温度的门限大小。右旋为大火焰，左旋为小火焰。

⑥拆装雾香液注入口密封螺丝：每次注入雾香液时，用扳手按逆时针方向旋转取出螺丝。

⑦注入雾香液：将枪头下底盘雾化器密封螺丝按逆时针拧出，枪头朝下将雾化液注入雾化器内（弹簧瓶针头插入注入口内要有一定深度，每次注入雾香液在弹簧瓶一个格内），注满后按顺时针把螺丝拧紧密封。

⑧吸取雾香液：将弹簧瓶压扁插入雾香液瓶内，然后松开手，用弹簧瓶的自然弹力吸取液体，直至吸满为止。

⑨将开关拨至所需要加温、加烟、火焰挡位，启动开关后接通电源，实现功能试验。

## 二、光纤熔接机

光纤熔接机又称为光缆熔接机，主要用于通信光缆施工和日常维护工作中光纤的熔接。消防自控系统维护中普遍采用纤芯直视型光纤熔接机，用于储罐罐顶、储罐至站控室火灾报警控制器以及站控室自控系统之间光缆的熔接。其工作原理是：将需要熔接的两根光纤纤芯对准，利用高压电弧分别将两光纤相对断面熔化，同时利用准直原理使用高精度运动机构推进两根光纤相对断面使其融合成一根光纤。下面以纤芯直视型光纤熔接机TYPE-81C-FA为例简要说明熔接过程。

### （一）熔接前准备工作

①将光纤插入保护套管中。

②将一侧光纤插入保护套管中。

③将使用的光纤的涂覆层剥除。

④切断已去除涂覆层的光纤。

⑤将已经处理好的光纤放置在熔接机上，点击"开始"图标进行熔接操作。

### （二）熔接操作主要步骤

光纤熔接操作的主要步骤如图5.2-2所示。

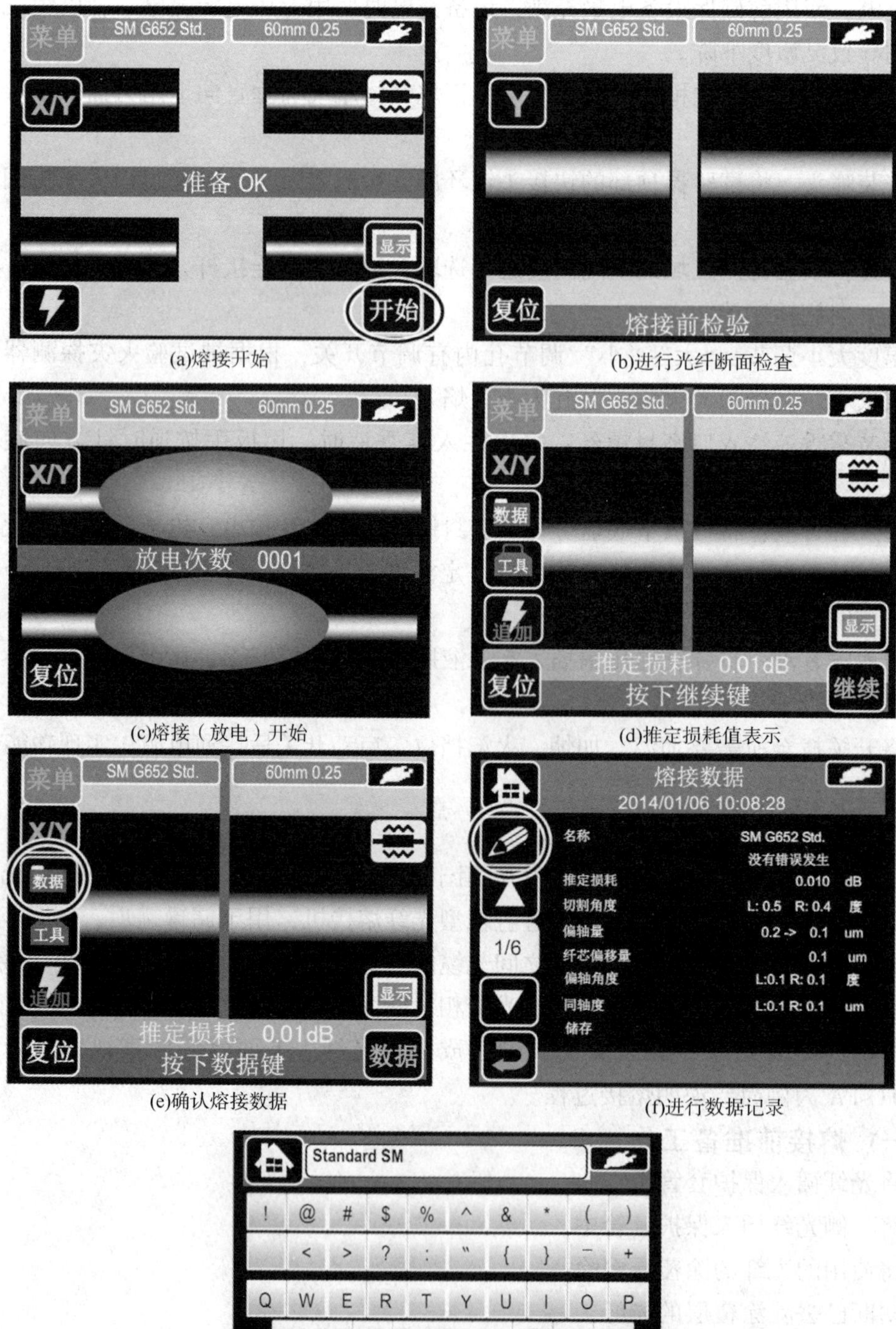

(a)熔接开始


(b)进行光纤断面检查


(c)熔接（放电）开始


(d)推定损耗值表示


(e)确认熔接数据


(f)进行数据记录


(g)熔接完成

图 5.2－2　光纤熔接操作主要步骤

## 三、光时域反射仪

光时域反射仪通过获取光在光纤中传播的衰减信息来测量光纤的损耗情况以及故障点定位。其基本原理是：通过发射光脉冲到光纤中，光脉冲在光纤中传输时由于光纤结构存在弯曲、连接点等自身结构原因导致发射光脉冲产生反射、散射现象，部分反射、散射光由光时域反射仪探测器部件进行分析测量，通过光信号的传输时间以及光的传播速度，计算出光的传播距离，这个发射、返回的过程重复地进行就可以得到光在某段光纤中的传播轨迹，以此描绘出所测光纤光信号传播的情况，对其性能作出分析。下面以 DVP322 系列光时域反射仪说明其使用方法。

### （一）测试前准备工作

一般测试工作使用 FC/PC 型光纤连接器（跳线），因此测试者应事先准备与之匹配的测量尾纤或适配器。通常情况下测试者会面临两类测试链路情况，一类是被测光纤已安装完毕，被测端已通过某种类型的连接器安装在机架上，此时用户应选择 FC/PC-XX/XX 型跳线进行连接，FC/PC 端与光时域反射仪连接。XX/XX 是机架上被测光纤终端的适配类型，如 FC/PC、FC/APC 等等。因此使用 OTDR 前首先要确定连接跳线的类型。第二类是被测光纤是裸光纤，此时用户应使用 FC/PC 型裸光纤适配器或自行熔接上一段跳线。在使用光时域反射仪测量前，必须准备光纤端面的清洁工具，否则将丧失测量精度，严重的将损伤仪器。

### （二）测试参数的设置

**1. 测量模式选择**

DVP322L 系列光时域反射仪可设定两种测量模式，分别为自动测量和手动测量。自动测试模式会自动估计光纤长度，设置取样参数，获取曲线并显示事件表和已获取曲线。在该模式下，其测量波长、测量范围、测量脉冲设置将由仪器根据链路实际情况自动配置，用户不必设置。自动测量一般是在操作者对光时域反射仪操作不熟练和对被测光纤基本参量不了解的情况下使用。用户可以先使用自动模式，然后根据自动测量的结果进行手动设置测量。手动测量模式需要用户根据实际情况手动设置光时域反射仪测试工作的参数。

**2. 设置测试波长**

DVP322L 可设置 1310nm、1550nm 两种波长。

**3. 设置测量范围**

DVP322L 设有 100m、300m、1km、3km、10km、30km、50km、80km、160km、盲区测试共 10 种长度范围。用户在测量前应根据光纤实际长度或自动测试模式测得的长度设置合适的长度范围。

**4. 设置脉冲宽度**

脉冲宽度指发射至被测光纤的光脉冲信号的宽度，宽度数值越大，反射回来的光信号越强，而且光时域反射仪可以有效探测的距离越远。用户选择脉宽时需要注意脉宽的选择与被测光纤的长度有关系，长度越长，光脉冲信号的脉宽越宽。

**5. 设置测量时间**

在手动测量模式下，探测时间越长，信号的信噪比改善越好，测试结果越准确。用户应合理地选择探测时间，探测时间与测量动态成正比关系。

**6. 设置分辨率**

分辨率指的是光时域反射仪两个取样点之间的最小距离，此数值决定了光时域反射仪定位光纤位置点的能力。

**7. 设置折射率**

折射率由所测光纤性能决定，由光纤制造厂家给定。

**8. 损耗算法设置**

可选择两点法或最小二乘法。两光标之间轨迹曲线的斜率、损耗等事件参数根据算法的不同而有稍微的改变。

**9. 散射系数设置**

散射系数通常从光缆制造商处获得，改变散射系数设置会使事件损耗及反射率发生变化。

**10. 曲线分析和事件**

测试完成后应用程序会将分析结果同时显示在图形和事件表中，事件表中详细列出的事件用数字沿着显示的曲线加以标记。列出的每个事件将会显示类型、编号、距离（位置）、长度、损耗等信息。在完成一次捕获后或导出迹线文件后可以进入结果分析。图5.2－3为衰减事件的曲线图，此类事件曲线特点为向下倾斜且斜面上存在间断，衰减事件通常由光纤存在熔接点或光纤本身弯曲造成；图5.2－4为反射事件的曲线图，此类事件曲线呈现尖峰的特点，这是由于折射率突然间断的原因，反射事件通常由光纤中某处存在断裂或者断裂处熔接不合格造成。

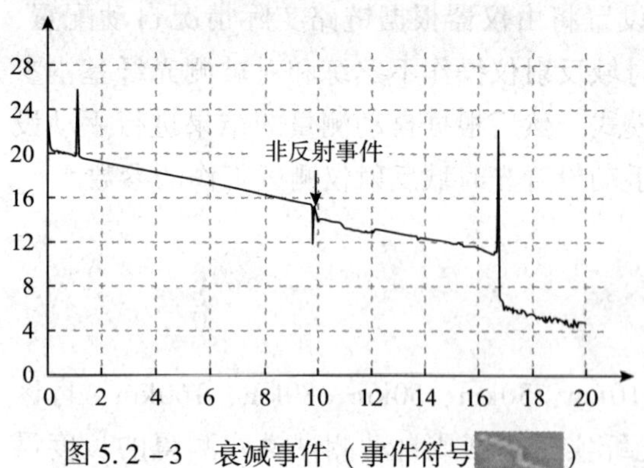


图5.2－3　衰减事件（事件符号 ）

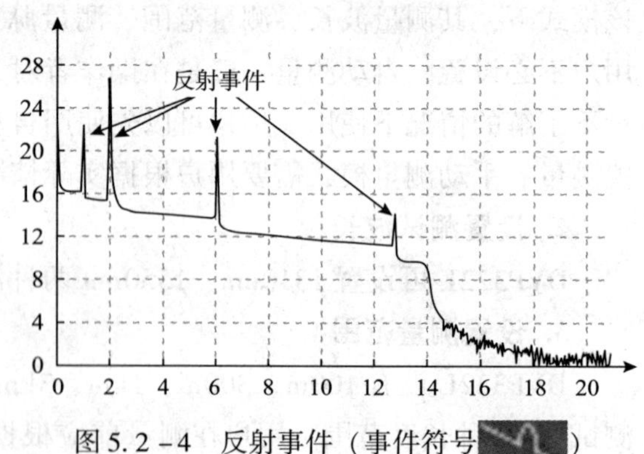


图5.2－4　反射事件（事件符号 ）

# 第三节　消防自控系统运行维护与故障处理

## 一、消防系统灭火流程

### （一）灭火程序

①上位机操作：通过鼠标选择要开启或关闭的设备；

②如自动控制出现故障，可选择操作按钮手动控制；

③如自动控制、手动控制都出现故障，可就地控制。

### （二）自动灭火过程

①消防系统处于远程联锁状态；

②火警：手动报警按钮报警或光纤光栅感温探测系统报警；

③值班人员确认后用鼠标选择“冷却水喷淋”或“泡沫灭火”；

④系统自动启动灭火程序。

### （三）手动灭火过程

①启动泡沫给水泵；

②启动冷却水泵；

③开启目标灭火罐泡沫阀、分区阀。

### （四）灭火后的恢复操作

①证实火灾确实扑灭；

②关闭泡沫给水泵、冷却水泵及相关电动阀，检测电动阀状态，将设备状态调整至自动（远控），保障下次运行；

③确定泡沫泵停止运行，关闭相关电动阀，检测电动阀的状态，将设备状态调整至自动（远控），保障下次运行；

④恢复手动报警按钮或光纤光栅感温探测系统，消防系统全面恢复备战状态。

## 二、灭火流程逻辑控制

消防自控系统原油储罐灭火分为程序自动灭火、程序手动灭火和手动操作台手动灭火多种方式，程序自动、手动灭火方式是人员通过操作工作站上位机画面实现的，手动操作台手动灭火是在特别紧急情况下人工按下手动操作控制盘上的“一键启动”按钮启动相关的灭火设备进行灭火。自动灭火流程逻辑控制如图5.3－1所示，在自动操作模式下系统初始化后根据光纤光栅的温度信号检测现场火情，现场没有火情的情况下禁止消防系统启动，此时保持稳高压系统的正常运行。如果检测到现场有火情，确定火情的位置进行声光报警。如果此时系统处于自动状态，火灾报警经确认后则根据消防泵、管线电动阀的状态判断此时消防系统是否已启动。如果没有启动，经过值班人员手动确认启动消防系统或根据程序设定的时间延时后灭火系统自动启动，停稳高压系统，启动消防泵，并顺序开、关相应的电动阀门，将泡沫混合液和消防水以最快的速度喷洒到着火罐；如果系统处于手动状态，则由操作人员手动启动消防系统。

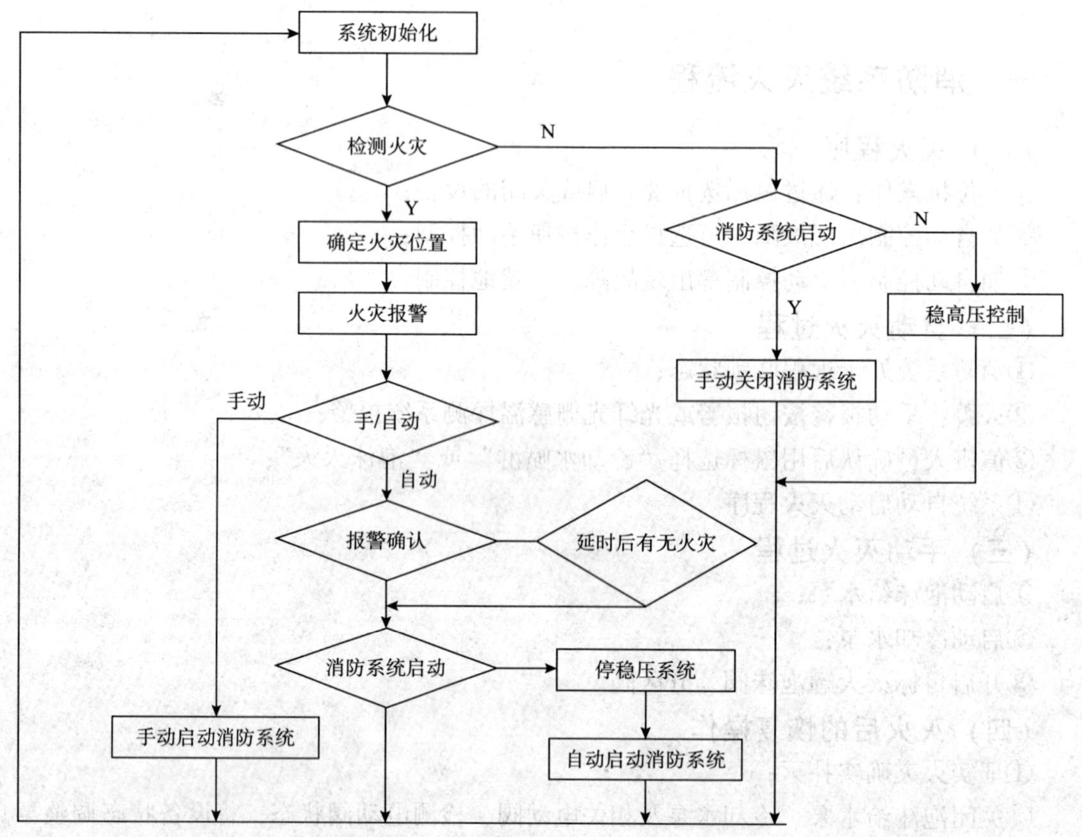


图 5.3－1　自动灭火流程逻辑控制图

## 三、火灾报警控制器的使用维护

NFS2-3030 是一个具有多种功能的智能火灾报警控制系统（控制器），下面以 NFS2-3030 为例说明火灾报警控制器的使用维护。显示/键盘单元提供了一个易于使用的键盘和液晶显示屏，用户通过键盘可以查看所有的编程、事件、历史记录、器件等信息，也可以输入信息执行命令。

### （一）液晶屏幕介绍（见图 5.3－2）

有 10 个 LED 灯排列于键盘区的左边，表 5.3－1 描述了 LED 灯指示状态。

图 5.3－2 火灾报警控制器液晶屏幕画面

**表 5.3－1 LED 灯指示状态**

| LED 指示灯 | 颜色 | 功能 |
|---|---|---|
| 电源 | 绿色 | 点亮表明交流电源供电正常 |
| 火警 | 红色 | 当至少有一个火警存在时灯亮，如果其中有一些火警未确认，它将不停地闪烁 |
| 预警 | 红色 | 当至少有一个预警存在时灯亮，如果其中有一些预警未确认，它将不停地闪烁 |
| 反馈 | 蓝色 | 当至少有一个反馈报警存在时灯亮，如果其中有一些反馈报警未确认，它将不停地闪烁 |
| 监视 | 黄色 | 当至少有一个监管事件存在时灯亮，如果其中有一些监管事件未确认，它将不停地闪烁 |
| 系统故障 | 黄色 | 当至少有一个故障存在时灯亮，如果其中有一些故障未确认，它将不停地闪烁 |
| 其他事件 | 黄色 | 除以上列出事件以外，还有事件存在时，如果事件未确认，它将不停地闪烁 |
| 信号消音 | 黄色 | 如果 NFS2－3030 的告警设备已经消音了，灯亮。如果仅一些，并非所有的告警器消音，灯将不停地闪烁 |
| 点屏蔽 | 黄色 | 当至少有一个设备被屏蔽时灯亮，它一直闪烁着，直到所有的屏蔽点被确认 |
| CPU 故障 | 黄色 | 当硬件或者软件工作状态非正常，影响到系统时灯亮。当 LED 灯亮或者闪烁时，控制器不能正常工作 |

【确认】确认系统中发生的新事件。

【消音】按下这个键，可以关掉所有的可消音控制模块。当禁止消音定时启动时信号消音键不起作用。

【复位】按下这个键，可以清除所有被锁定的火警和其他一些事件，同时关掉 LED 灯。系统复位之后，如果火警或非正常事件存在，将再次启动系统音响，LED 灯重新点亮。未确认事件不能阻止复位。禁止消音定时器正在运行时，系统复位键将不起作用。系统复位键不能立即对动作的输出设备消音。如果系统复位后，输出设备的事件控制编程条件不适合了，这些输出将会取消。

【演习】按下这个键并持续 2s 后，激活所有的可消音输出线路。

【火警】滚动显示火警事件。

【反馈】滚动显示反馈事件。

【监管】滚动显示监管事件。

【故障】滚动显示故障事件。

【其他事件】滚动显示其他事件。

## （二）信息格式

信息格式即系统正常显示、设备事件、系统事件的显示格式。有两种基本的信息格式类型：点器件事件格式，主要内容是信号回路和控制器连接的器件状态的变化；系统事件格式，主要内容是系统错误和故障。

**1. 点器件事件格式（见图 5.3－3）**

第一行显示事件类型，如火警、故障、预警、确认和清除等；第二行显示用户位置标签和扩展标签；第三行显示主区标记和软件类型；第四行显示事件发生时间、日期和器件地址；第五行的数字是当前时间。软键可以处理这些事件。

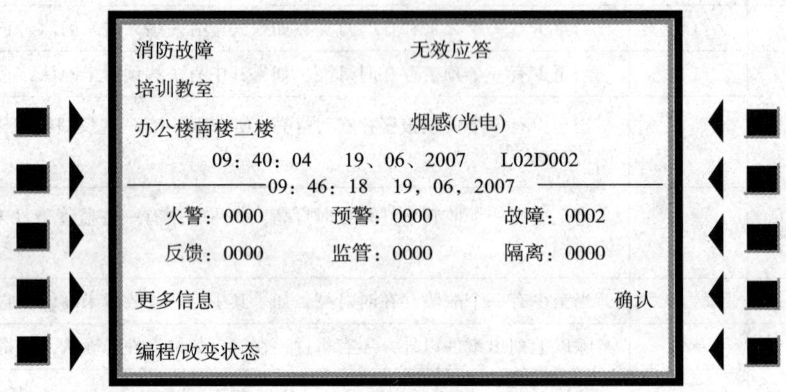


图 5.3－3 点器件事件格式

【确认】按下此键确认一个事件。如果此事件是火警，这个命令显示为“火警确认”。如果是其他类型的事件，它将显示“确认”。如果没有事件需要确认，此命令不显示。

【编程/改变状态】按下此键进入编程/改变状态屏，也可以从主菜单进入。进入编程/改变状态需要一个密码。

【更多信息】按下此键进入更多信息画面。如果无非正常事件存在，此按键不显示。

**2. 系统事件格式（见图 5.3－4）**

当系统有故障发生时，在控制器的 LCD 显示屏的顶部显示出该故障信息和软键的功能描述，通过该软键能够对这个事件进行处理。

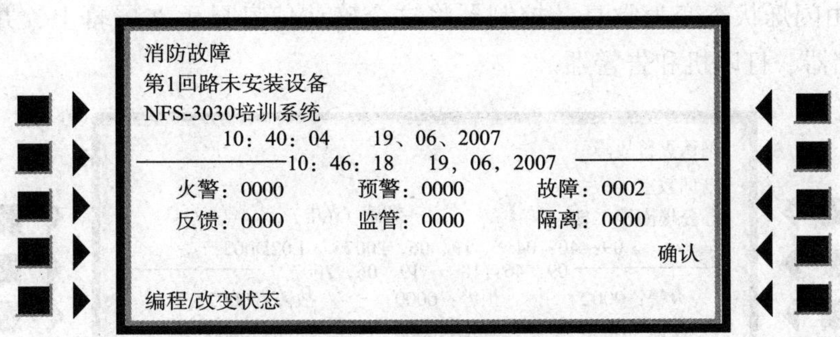


图 5.3－4　系统事件格式

顶部四行显示出事件信息，第一行显示故障、是否确认和清除；第二行显示故障类型；第三行显示用户信息；第四行显示事件发生的时间、日期。第五行的数字是当前时间。第六行和第七行显示 6 类非正常事件的当前记数值。这个数值包含已确认事件数和未确认事件数。

## （三）操作菜单（见图 5.3－5）

主菜单引导出不同的子菜单项。通过键盘按键来选择不同的功能和菜单。编程者通过“主菜单”可以进入事件记录显示、记录显示、编程/改变状态、读取状态及其他子菜单。

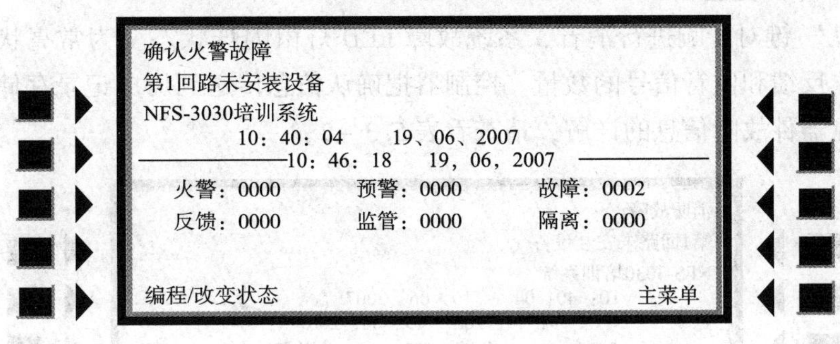


图 5.3－5　操作主菜单

### 1. 事件记录显示

按下“事件记录显示”左边的键，返回图 5.3－5 画面。如果要求确认出现的非正常事件，屏幕自动显示，除非控制器在编程模式下。当有火灾报警事件发生时，甚至是在编程模式下，显示屏也能正常显示火灾报警事件。

### 2. 记录显示

按下“记录显示”及其下一个画面中的“本机记录”，可进入多种事件列表画面。

## （四）控制器操作

### 1. 系统正常

当没有火警和故障存在时，系统工作在正常状态下。在这种模式下，控制器显示系统正常信息。

### 2. 火警事件处理（见图 5.3－6）

如果控制器报火警，操作人员应做如下处理：按“确认”键，本地的音响器将消音，火警 LED 灯由闪烁状态变为常亮。控制器将这个确认信息显示在屏幕上，并同时传送给历史记录存储器、打印机和告警器。

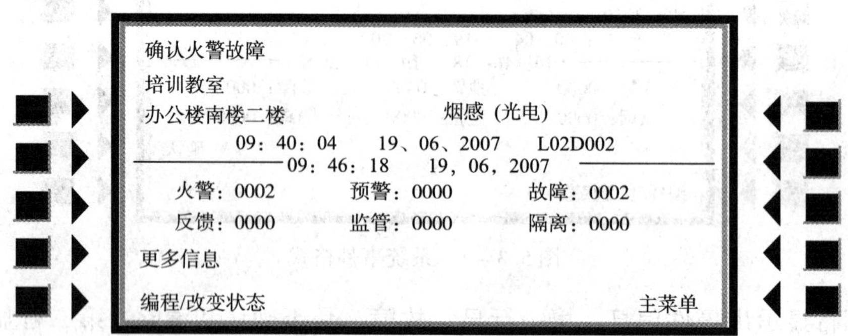


图 5.3－6　火警事件画面

对编程为可消音的告警输出进行消音：按信号“消音”键。信号消音 LED 灯长亮。控制器把这个消音信息传送给历史记录存储器、打印机和告警器。

处理火灾现场：当火灾现场得到控制，按“复位”键，返回系统正常操作状态，并且把正常显示信息传给历史记录存储器、打印机。

**3. 故障事件（见图 5.3－7）**

按“确认”键对音响进行消音，系统故障 LED 灯由闪烁状态变为常亮状态，不考虑故障、火警、反馈和监管信号的数量。控制器把确认信息传送到历史记录存储器、打印机和告警器。点器件故障信息的详解，请查看表 5.3－2。

图 5.3－7　故障事件画面

**表 5.3－2　点器件故障**

| 故障类型 | 故障描述 | 处理方法 |
| --- | --- | --- |
| 探测器测试失败 | 控制器对探测器测试失败 | 更换新的探测器 |
| 地址重复 | 有多个相同类型的探测器或模块设置成同一地址 | 修改错误的地址 |
| 普通故障 | 电源不能正常工作 | 检查电池，如果电源故障则更换电池 |
| 接地故障 | 主电和备电有接地故障 | 检查故障 |
| 无效响应 | 器件应答错误 | 检查器件功能、地址和线路 |

续表

| 故障类型 | 故障描述 | 处理方法 |
| --- | --- | --- |
| 低温度 | 温感读数太低 | 提高这个区域的温度 |
| 低阈值 | 探测器腔室内读数太低，探测器不能正常工作 | 更换新的探测器 |
| 维护请求 | 探测器需要清洗 | 清洗探测器 |
| 紧急维护 | 探测器需要立即清洗，否则它可引起误报 | 立即清洗探测器 |
| 硬件不匹配 | 在控制器数据库里指定地址的器件的编程信息和这些器件类型不匹配 | 修改编程 |
| 模块外部电源掉电 | 控制模块外部供电电源掉电 | 检查是否有直流电源断开；是否有电源线路错误 |
| 没有应答 | 模块或探测器没有应答；这些器件不工作；没有正确连接 | 检查探测器是否正确地在信号回路线上连接和编地址 |
| 开路 | 模块开路 | 检查模块的连接 |
| 短路 | 模块短路 | 检查模块的连接 |

### (五) 电池更换

CPU 上的锂电池在电源掉电时给 CPU 板子上的内存提供备用电源。如果一些原因致其损坏，那么当控制器上电时就会显示故障。更换锂电池时需要注意：

①备份整个系统的各项设置，防止丢失编程数据；

②断开所有电源；

③遵循系统的上电顺序。

## 四、电动阀使用维护

测试消防系统电动阀门时，应将喷淋汇管上的手动阀门全部关闭，避免冷却水及泡沫液上罐。测试时观察各阀门所在管线上安装的压力仪表的示数变化是否在允许范围内。大多数电动阀都具备远程控制和现场控制两种控制方式，下面以消防系统普遍采用的 Rotork 电动阀为例说明其使用操作方法。

### (一) 电动阀开关操作

Rotork 电动阀有多种操作方式，可自动或手动操作，自动操作方式又可分为就地控制和远程控制两种。如图 5.3－8 所示的电动阀执行器操作按钮，红色按钮作为就地/远程操作选择按钮，黑色按钮作为电动阀开/关操作按钮，上部液晶显示屏区域显示电动阀的开关进度以及报警信息等。电动阀作为消防系统的重要设备，需要定期进行开关测试，尤其是水管线、泡沫管线、消防泵进出口阀门、分

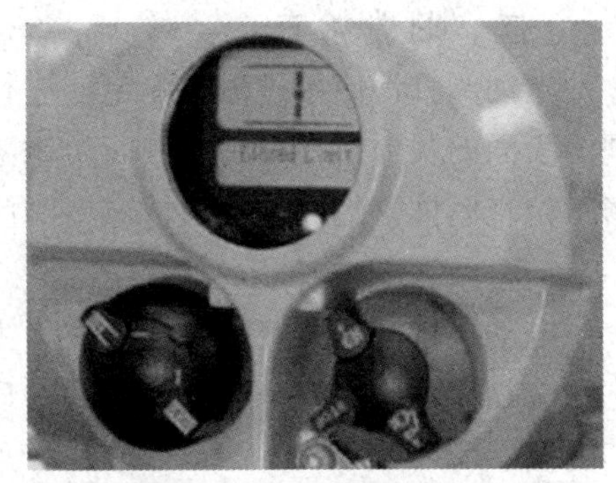

图 5.3－8　电动阀执行器

区控制阀等重点位置的阀门，保持灵活运转、防止长期不操作造成部件卡塞是现场人员的一项重要工作。

**1. 就地手动开阀操作**

操作人员首先把手动/自动手柄置于手动位置，旋转就地/远程操作按钮至就地位置，然后旋转电动阀开/关操作按钮使电动阀开启，电动阀全开后液晶显示器上红色灯亮。如果操作中使电动阀停止开阀动作，旋转电动阀开/关操作按钮至停止位，此时液晶显示器上黄色灯亮。

**2. 就地手动关阀操作**

操作人员首先把手动/自动手柄置于手动位置，旋转就地/远程操作按钮至就地位置，然后旋转电动阀开/关操作按钮使电动阀开始关阀，电动阀全关后液晶显示器上绿色灯亮。如果操作中使电动阀停止关阀动作，旋转电动阀开/关操作按钮至停止位，此时液晶显示器上黄色灯亮。

**3. 远程自动操作**

操作人员首先把手动/自动手柄置于自动位置，旋转就地/远程操作按钮至远程位置，然后在控制室工作站上相应操作画面点击开阀、关阀和停止按钮，实现电动阀远程自动开、关、停操作。

**4. 现场手动开阀操作**

图 5.3－9　操作手轮

操作人员首先将手/自动选择手柄置于“手动”位置，旋转上部的操作手轮（见图5.3－9）挂上离合器后松开手柄，接着旋转手轮直到阀门顶端的阀位指示器箭头指向“OPEN”为止。

**5. 现场手动关阀操作**

操作人员首先将手/自动选择手柄置于“手动”位置，旋转上部的操作手轮挂上离合器后松开手柄，接着旋转手轮直到阀门顶端的阀位指示器箭头指向“CLOSE（关）”为止。

## （二）日常检查

电动阀日常使用过程中除定期进行开、关、停测试外，日常巡检工作中还应注意清除阀体表面的灰尘，检查阀体表面防锈漆是否完好，法兰螺栓是否有松动现象，阀门拆装检修时检查阀体密封面的磨损情况，阀门开关操作时注意记录有无异常声音。

## （三）更换电池

电动执行机构中安装的电池作为主电源掉电时的备用电源，支持电动执行机构位置变化和液晶显示器的电动阀阀位开度的显示。维保人员发现液晶显示屏显示电池图标时应对其更换。

## 五、工作站使用维护

工作站的各个显示页面通过各屏幕图上的操作按钮实现相互切换，在按钮上方均有中文标识。

### （一）工作站操作注意事项

①系统设备（主要是阀门）在动作前，管线压力一定要保持在安全值，即保证消防泵能正常启动，不会因过载而跳泵；阀门也不会因为压力太高而被卡死。

②一个罐进行自动消防的过程中，如果再需要对火情罐周围的储油罐进行冷却降温，则首先要将系统打到手动模式，再手动开启着火罐周围罐的罐前冷却水阀，并时刻关注消防设备的运行状态。

③系统自动投入消防的条件："自动/手动"旋钮打到"自动"位置；系统倒计时时间到或者操作员直接按下"确认"按钮；"自动/手动"旋钮的位置不影响系统自动投入的倒计时进行，但当在手动位置时，系统不会自动投入消防。

④消防设备要定期运转，保证有火情时设备能迅速投入。

⑤手动报警按钮的报警不参加消防联动，只作为报警信号。根据弹出报警窗口显示的编号检查手动报警按钮的相应位置。

⑥非系统维护人员不能在站控机上使用任何移动存储设备和光盘。

⑦不能随意更改工作站消防系统的登录密码。

⑧严禁进入软件编辑系统删改工作站相关组态。

### （二）工作站控制系统安装步骤

①安装工作站操作系统；

②安装系统硬件驱动程序；

③安装上位机工控系统软件；

④将上位机系统的硬件加密狗插在计算机 USB 口上；

⑤恢复上位机备份的系统应用程序到固定工程目录下；

⑥执行桌面的启动快捷方式，设置该项工程的相关设定；

⑦编译该项工程；

⑧运行该项工程。

## 六、光纤光栅感温火灾探测系统信号处理器使用维护

信号处理器作为光纤光栅感温火灾探测系统的中央处理单元，调制解调器对光缆传输至控制室的窄带光进行调制解调，信号转换处理线路将光信号转换为电信号，同时还具有温度显示功能，并通过通信接口将温度数值输出给值班室工作站，用户可通过信号处理器显示面板设置储油罐报警温度值和其他相关参数。下面以油库目前普遍采用的理工高科 TGW-100C 型光纤光栅感温火灾探测系统信号处理器为例说明相关操作方法和常见故障处理。

### （一）操作方法

**1. 面板数据显示**

面板有八位七段数码管指示各种数据：(编　号)前两位为“编号”，无人操作仪表正常运行时此编号代表仪表通讯栈号，人员操作对相关参数进行设置时此编号代表所要设置的参数代号；(模式)数值为2时代表综合模式，即面板此时设置为定温显示模式；(区号)第四位为显示“区号”；(温　度℃)代表所测区域的最高温度值，后四位是数据位。例如：当(模式)数值为2、(区号)数值为3时，表示信号处理器目前为定温显示状态，显示的是某储油罐3区的最高温度值。

**2. 面板指示灯显示**

①电源指示灯：电源指示灯亮表明信号处理器已经通电；

②通讯指示灯：通讯指示灯闪烁长亮表明信号处理器与工作站通讯正常；

③预警指示灯：预警红色灯亮同时伴随蜂鸣器鸣叫，表明某区域检测最高温度值达到预警温度，值班人员需要去确认火情；

④报警指示灯：报警红色灯亮同时伴随蜂鸣器鸣叫，表明当某区域检测最高温度值达到报警温度，所测区域预警温度值进一步升高达到报警温度值，值班人员需要立即去确认火情；

⑤故障指示灯：故障指示灯亮同时伴随蜂鸣器鸣叫时，表明储油罐上光纤发生故障，需要值班人员去现场处理。

**3. 键盘操作**

信号处理器面板有七个按键可供人员操作，需要注意的是操作完毕后，操作人员需要按“退出”键结束操作过程，使面板恢复正常的温度显示状态。

①[◁][▷]可对光标进行移位，光标所在位置会闪烁，提示操作人员可供操作的位；

②[△][▽]进行数值增减操作，按下[△]键光标所在位数值增1，按下[▽]键光标所在位减1；

③当现场感温光纤出现报警/故障状态时，信号处理器会发出声光报警，此时值班人员可按显示面板上“应答”键停止报警蜂鸣器鸣叫声，即消音操作；

④报警蜂鸣器消音操作后后，如果解除光报警和触点可以在键盘上输入对应口令后按“应答”键。

**4. 储油罐测试温度校正**

当信号处理器面板显示温度值与现场实际温度值偏差过大时，可通过键盘操作对显示温度值进行校正。首先键入口令，按“确认”键，在“温度℃”显示区输入要调整的温度值，按“确认”键后再按“退出”键。参数数值每10代表1℃，例如需要调整温度为20℃，则输入00200，按“确认”“退出”后，面板显示温度接近20℃。

**5. 报警两级设置**

①定温报警两级设置：储油罐测试温度值达到70℃时，预警红色灯亮起同时报警蜂鸣

器短音鸣叫；温度达到90℃时，报警红色灯亮起同时蜂鸣器短音鸣叫。

②差温报警两级设置：储油罐测试温度值短时间内温升达到3℃时，预警红色灯亮起同时报警蜂鸣器短音鸣叫；短时间内温升达到5℃时，报警红色灯亮起同时蜂鸣器短音鸣叫。

### （二）断纤故障判断

信号处理器显示面板故障、预警、报警三种指示灯同时亮时，现场储罐测温光纤断纤的可能性比较大。值班人员根据报警信息显示的储罐编号，去现场查看确认报警储罐是否有火灾发生。如果现场运行正常无火情，在显示面板上按“应答”键将报警声音消除，恢复正常的温度显示。需要注意的是报警前后，信号处理器口令发生变化，要根据设置情况输入对应的口令才能进行操作。

## 七、可燃气体报警器使用标定

根据《可燃气体检测报警器检定规程》（JJG 693—2011）对可燃气体报警器零点标定、标准气体标定以及报警值检查作简要介绍。

零点标定：仪器主机通电后，液晶显示屏会显示周围空气中存在的可燃气体含量。如果探头安装现场周围空气中不存在可燃气体，液晶屏显示值应为0% LEL，同时电流输出信号为4mA。如果显示屏显示有偏差，则进行调整。

标准气体标定：用标定罩套在传感器上，向探头通入一定浓度的可燃性气体，液晶屏的显示值逐渐增大。当显示值稳定后，使液晶屏的显示值为通入的标准可燃气体的浓度。调整完成显示稳定后，则标定完成。

报警功能及报警动作值的检查：通入浓度大于报警器报警设定值的气体标准物质（一般为异丁烷或丙烷气体），仪器发生报警时测试人员观察报警器声光报警是否正常，记录报警功能测试结果和报警器显示屏的示值。重复进行3次测量，3次示值的算术平均值即为报警器的报警动作值。

## 八、消防系统相关设施日常巡检

### （一）火灾报警系统日常巡检

每日应检查火灾报警控制器的功能，并填写相应的记录。检查内容包括：感温、感烟火灾探测器、手动报警按钮是否损坏，安装是否牢固，显示的信息是否正常；火灾报警控制器是否有未复位报警；火灾报警控制器主、备电源是否工作正常；现场设备巡检、维护通道是否畅通，运行环境的温度和湿度是否满足设备要求；每2h检查火灾报警装置的显示、控制及声光报警功能，填写消防设施巡查记录表和消防控制室值班记录表。

### （二）消防给水及泡沫灭火系统日常巡检

值班人员应利用工业监控系统对油库区实时监控，每2h进行一次消防系统现场检查，并作好记录。检查内容包括：

①系统处于自动且完好状态。现场仪表指示值应在规定的正常范围之内。

②油罐区电动远程控制的消防阀门开关状态正常，无异常报警。消防手动阀门在规定开关位置状态。

③检查喷头外观、管网阀门、排空系统的情况，冬季注意排空管道，做好防冻措施。

④消防系统的消防泵、管道、阀门、比例混合装置等部件外观完好，无损坏和渗漏。

⑤稳压消防系统的压力值应在设计控制范围内。

⑥火灾检测系统处于正常状态。

⑦值班人员每班对电动消防泵进行盘车一次，盘车角度为450°，检查转子是否灵活，有无卡阻现象；检查柴油消防泵电瓶电压、柴油液位、机油液位是否在规定范围内；检查柴油机冷却水是否充足。

⑧每周进行以下试运，并填写记录：消防水泵运行时间不少于15min；电动水泵和柴油机水泵应进行自动切换试验；对电动泡沫液泵、水轮机泡沫液泵、柴油泡沫液泵进行试运行，试运时间不超过10min。

### （三）消防供配电设施日常巡检

检查消防电源主电源、备用电源工作是否正常，检查UPS电源工作状态是否正常。

## 九、消防设备日常维护保养

①消火栓：每季度保养一次（补充黄油）。

②泡沫栓：每季度保养一次（补充黄油）。

③电机泵：每日盘车一次，及时更换补充润滑脂，每周启泵循环一次，运行不得少于15min。

④柴油机：及时更换补充润滑脂和机油，每周启泵循环一次，运行不得少于15min，柴油量不得少于总量的2/3。

⑤泡沫液：泡沫液应保持满罐状态。

⑥消防冷却水系统：每半年运行试验一次。

⑦消防泡沫喷淋系统：每半年运行试验一次。

⑧消防系统：应处于自动（远控）备战状态，冬季应进行全系统冬防保温工作。

## 十、消防系统常见故障处理

消防系统常见故障处理见表5.3－3。

表5.3－3　消防系统常见故障处理

| 序号 | 故障现象 | 故障原因 | 处理方法 |
| --- | --- | --- | --- |
| 1 | 感烟探测器误报警 | 探测器安装处空气湿度大、粉尘多、存在振动等外部因素，影响其灵敏度；探测器使用时间过长，灵敏度下降 | 感烟安装时应避开潮湿的、粉尘多、震动强烈的环境，对于无法避开的采取防护措施；对表面覆盖灰尘多的器件定期清洗和测试；损坏严重的更换新的探测器 |

续表

| 序号 | 故障现象 | 故障原因 | 处理方法 |
|---|---|---|---|
| 2 | 感烟探测器烟雾测试无响应 | 感烟探测器自身器件故障；线路与探测器的连接点断线或虚接 | 更换感烟探测器；检查线路与探测器接点是否虚接；检查是否有电压 |
| 3 | 手动报警按钮误报警 | 器件使用时间过长，灵敏度下降；器件本身损坏 | 定期检查测试；损坏严重的更换新的器件 |
| 4 | 报警控制器故障报警 | 报警控制器本身系统或硬件故障；控制器外接线路的探测器或手动报警按钮故障 | 查看控制器显示面板故障信息，利用自诊断程序检查器件本身；器件本身故障排除的进一步查看外接探测器是否运行正常 |
| 5 | 线路短路 | 线路绝缘层损坏；线路接头处松动 | 检查线路接头是否松动；检查线路绝缘情况；采用绝缘胶带将接头处缠绕紧实 |
| 6 | 线路断路 | 因外力引发，如不均匀沉降、动土施工、电缆槽盒中拆除旧缆 | 重点检查受力及施工点周围线路；检查接线端子有无虚接、防雷模块有无损坏 |
| 7 | 消防广播无声 | 一般为扩音机无输出 | 检查扩音机本身，如损坏及时更换 |
| 8 | 对手动报警按钮进行测试时，消防值班室内火灾报警系统未发出声光报警 | 现场手动报警按钮电源掉电；现场火灾报警按钮通信地址有误；火灾报警系统主机故障；值班室内的声光报警器故障、线路故障 | 现场手动报警按钮送电，通信地址进行调整；检修火灾报警系统主机；检修值班室内的声光报警器；检修线路 |
| 9 | 手动报警按钮按下后，主机报警，但报警信息与按钮所在区域不一致 | 按钮地址错误；主机信息配置错误 | 修改正确的按钮地址；修改主机配置信息 |
| 10 | 在进行火灾报警测试时，火灾报警系统主机上发出地址码重复的故障提示和报警，未显示火警信息，不发出声光报警 | 火灾报警系统主机故障；火灾报警控制器的地址码重复；火灾报警控制模块损坏；感温光栅或者火灾报警控制器回路故障 | 火灾报警系统主机检修；纠正火灾报警控制器的地址码；检修火灾报警控制模块；检修感温光栅或手动报警控制器回路 |

# 第四节　典型案例分析

## 一、感温光纤光栅测温系统误报警原因分析及对策

### （一）故障经过与现象

感温光纤光栅测温系统属于点式不连续测温，其感温元件是间隔式分布的感温探头，工作实际中发现探头的灵敏度会受到外界环境的影响引发误报警，经常性的误报警导致值班人员警惕性下降，存在安全隐患。

### （二）故障分析

①夏季正午时分当某探头被太阳直射时，该探头表面的温度上升很快，触发系统设置的温差报警条件导致报警控制器经常提示该探头温度超高报警；

②罐顶感温光栅探头寿命期限一般为 8 年，某些站库的感温光栅探头实际运行年限早已超过 8 年，探头老化严重导致器件灵敏度下降。

### （三）处理措施

①出现报警后值班人员首先去现场确定实际情况，确定是误报警后对感温光栅温度重新进行标定；

②厂家技术人员分批次对超过年限以及老化现象严重的感温光栅探头进行更换。

## 二、某油库消防水管线电动阀误动作故障处理

### （一）故障经过与现象

某油库值班人员发现消防系统水管线上 418#分区阀在远控状态时存在自行开阀动作，该电动阀由全关位自行开阀至全开。

### （二）故障分析

①检查确认工作站程序无开阀指令发出。

②检查 PLC 系统开阀动作指令对应的 DO（开关量输出）模块无故障。

③检查机柜间电动阀开阀动作对应的继电器运行正常。

④PLC 系统确认无故障后进一步检查电动阀电动执行机构发现无故障。

⑤检查电动执行机构发现一个稳压管损坏。

⑥进一步检查所在通道上的浪涌保护器，分析稳压管损坏的原因可能是浪涌保护器出现导通或导电现象。按照现场通道的实际接线方式搭建模拟电路对浪涌保护器的工作情况进行测试。通过调节线路的外供电压的方式确定开关量信号输入、输出的两根线全部接入浪涌保护器的接线方式不合理。采用这种接线方式当线路电压高于浪涌保护器的保护电压时，浪涌保护器内部会形成通路。电动执行机构稳压管的损坏导致电动阀失去了对扰动电压干扰的过滤作用，当雷击时线路电压升高，电动阀出现误动作。

### （三）处理过程及方法

修改浪涌保护器的接线方式，将原来信号输入、输出两根线全部接入浪涌保护器的方式改为只将输出至现场的信号线接入浪涌保护器。

## 三、某油库手动报警按钮误报警

### （一）故障经过与现象

某油库 07#罐南侧显示报警信息：手动报警按钮报警信号不时地出现。

### （二）故障分析

①手动报警按钮本身故障；

②线路虚接。

### (三) 处理过程及方法

①主机复位后，系统恢复正常；

②第二天，维保人员检查发现同样的报警信息，对手动报警按钮进行检查，线路重新接续，并反复拨地址码；

③复位后，系统正常。

## 四、某油库办公楼感烟探测器维护

### (一) 故障经过与现象

某油库综合楼二楼走廊显示报警信息：感烟探测器故障报警。

### (二) 故障分析

经维保人员现场检查发现报警的烟感探测器探头表面附着有大量灰尘，需要及时清理，消除报警。

### (三) 处理过程及方法

①找到该探头后，拆除并进行分解，对其内部器件（壳体、过滤网）进行清理（见图 5.4－1）；

②重新组装并安装，主机复位，报警消除，恢复正常。

图 5.4－1　感烟探测器探头清理过程

## 五、某油库消防服务器散热报警

### （一）故障经过与现象

某油库消防机柜室显示报警信息：散热故障。

### （二）故障分析

服务器外盖附着有大量灰尘，影响散热效果，引起报警，需要清理灰尘。

### （三）处理过程及方法

①服务器断电，拆除其外壳；

②进行机体外壳和内部器件清理（见图5.4－2）；

③恢复安装后，送电调试，报警消除。

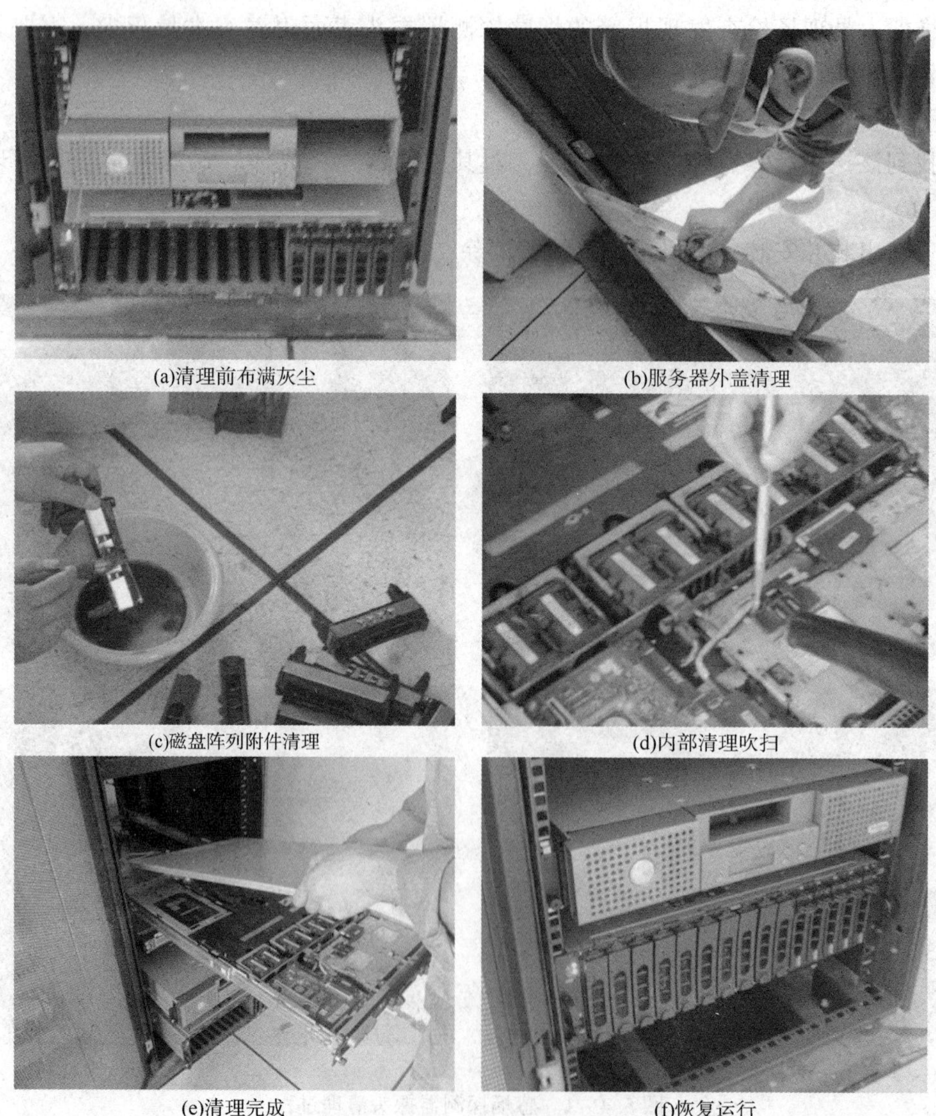

(a)清理前布满灰尘　(b)服务器外盖清理　(c)磁盘阵列附件清理　(d)内部清理吹扫　(e)清理完成　(f)恢复运行

图5.4－2　消防服务器灰尘清理过程

## 六、某油库消防工作站系统程序备份以及还原

### （一）情况描述

备份指将文件系统或数据库系统中的数据加以复制，一旦发生系统崩溃或错误操作时，能够方便及时地恢复工作站运行。

### （二）处理过程及方法

工作站系统程序备份一般采用 Ghost 分区备份方式。在菜单中点击 Local 项，在分项中选择 Partition→To image 菜单，弹出分区硬盘选择窗口，点击该窗口中白色的硬盘信息条，选择硬盘分区确定要操作的分区。在弹出的窗口中选择备份储存的目录路径并输入备份文件名称，备份文件名后缀为 . GHO。接下来画面窗口出现选项是否压缩需要备份的数据，有三种选项：备份数据慢，不压缩数据；备份速度较慢，低压缩率；备份速度快，高压缩率。选择完成开始备份，备份完成后的数据文件储存在之前设定的储存目录路径中。

工作站故障导致硬盘数据损坏无法启动时，为尽快恢复数据监控就要用之前备份好的硬盘数据对工作站进行监控程序的复原，即从镜像文件中快速恢复数据至系统。具体操作如下：点击菜单 Local→Partition→From image，接下来画面窗口选择需要还原的备份文件，再选择恢复的位置，确认后自动进行系统恢复。

## 七、可燃性气体报警仪探头故障造成装置延误开车

### （一）基本情况

某油田第三气体处理厂是 1989 年由德国 LINDE 公司总承包建造的大型天然气深冷装置。装置设计能力日处理石油伴生气（80 ~ 120） $\times 10^4 m^3$，日产轻烃 200 ~ 250t。该装置的核心设备是三大机组，即燃气轮机带动的原料气压缩机组（1-GT1/1-K1）、膨胀/增压机组（2-TK1）、丙烷制冷压缩机组（3-K1）。燃气轮机是全厂的动力核心，一旦燃气轮机发生故障，整个工厂将陷入生产瘫痪状态，极大地影响着工厂的可持续生产。因此，必须保证燃气轮机时刻处于良好的控制过程中。

第三气体处理厂两套装置现有可燃气体监测系统 79 台套，实现了大型机组的可燃气体在线检测及关键设备的可燃气体报警联锁功能。通过可燃气体报警系统的应用，工厂设备安全得到了大大提升。

### （二）事故经过及处理过程

#### 1. 事故前运行情况

事故前，装置长时间安全平稳地运行，可燃气体报警仪运行正常。检修期间，报警仪校验合格。

#### 2. 事故现象详细描述

2008 年 5 月 6 日 8 时 00 分左右，在操作人员按规程开启燃机的过程中，燃气轮机控制系统（MARK V）显示可燃气体报警仪报警信息，仪表人员对机舱可燃气体检测器检查，燃气轮机突然出现 TAHH2052 – 透平仓探测到可燃气体跳车、45HF – 可燃气体探测系

统故障报警等报警信息，由于燃机无法正常开启，天然气深冷处理装置延误开机，装置只能处于停滞状态。

**3. 影响范围**

该起事故导致工厂延误开机约4h，影响了装置正常运行及产品生产。

**4. 仪表处理过程**

①仪表技术人员迅速赶到现场，查看故障报警信息，分析动态梯形图，测试可燃气体探测系统板卡。

②配合检定人员再次对现场可燃气体探测器进行标定。

③检查燃气轮机MARK V控制系统报警信息的L45HA、L45HT、L45HF等回路，发现故障点集中在现场可燃性气体报警仪的传感器部分。

④更换可燃气体报警探头等备件，重新进行回路标定测试，确认系统自检正常，系统及装置设备可投入运行。

**5. 事故性质**

可燃性气体探头故障。

**6. 事故原因分析**

（1）事故单元事故前可靠性简要评价

燃气轮机可燃气体报警器（4802A型）是半导体型可燃气体报警器，其探头已运行近4年时间。

（2）直接原因分析

可燃气体探测器探头元件老化，测量失准，导致燃机误停车。

（3）间接原因分析

关键部位的可燃性气体检测器探头在达到使用年限后没能强制更新。

**7. 防范措施**

①未定期开展对可燃性气体检测仪进行清洗、保养和校验工作。对参与联锁的可燃性气体检测仪日常巡检不到位。

②每年定期对可燃性气体检测仪进行强制标定。

③定期对可燃性气体检测仪进行日常维护检查，并作好校验记录。

④对服役期超过使用规定要求的可燃性气体检测探头必须及时强制更换。

## 八、储罐连锁测试泡沫站进水阀远控功能故障处理

### （一）故障经过与现象

维护人员模拟某油库9#罐感温光栅火灾报警测试连锁功能时，消防系统置于远程控制连锁状态。上位机收到感温光栅报警信号后，1#泡沫站电动泡沫泵启动，主进水、主进液阀门打开，电动泡沫泵转动5s后突然停泵，主进水、主进液阀门关闭。柴油泡沫泵启动，备进水、备进液阀门打开。柴油泡沫泵停泵，备进水、备进液阀门关闭后，备进水阀门又自动开，出现一直开阀的情况，无法复位恢复正常。

## （二）故障分析与处理

对泡沫站控制柜内的线路及信号进行了排查，当泡沫站控制柜收到火警信号，电动泡沫泵出现故障，致使此故障一直给备用系统启动信号，继电器为实现对电动泡沫泵的保护，对主电路断开。将继电器 res 复位后，各设备恢复正常。

# 九、手动报警按钮无效应答故障处理

## （一）故障经过与现象

维保人员在某商储库维保时发现消防系统控制中心报警主机故障报警，显示报警信息：手动报警按钮无效应答。

## （二）故障分析

初步分析可能是手动报警按钮故障，报警主机不识别该器件导致无效应答。

## （三）处理过程及方法

①根据故障信息显示内容确定无效应答的报警按钮编号；

②拆掉器件后检查发现手动拨码开关触点处有水汽且出现锈蚀现象；

③对触点进行清理除锈，安装后对主机进行复位后故障消除。

# 十、报警输入模块终端电阻虚接故障处理

## （一）故障经过与现象

维保人员在某油库远程消防机柜间发现 20[#]罐感温光栅火灾报警信号线路开路，火灾报警系统画面提示报警如图 5.4－3 所示。

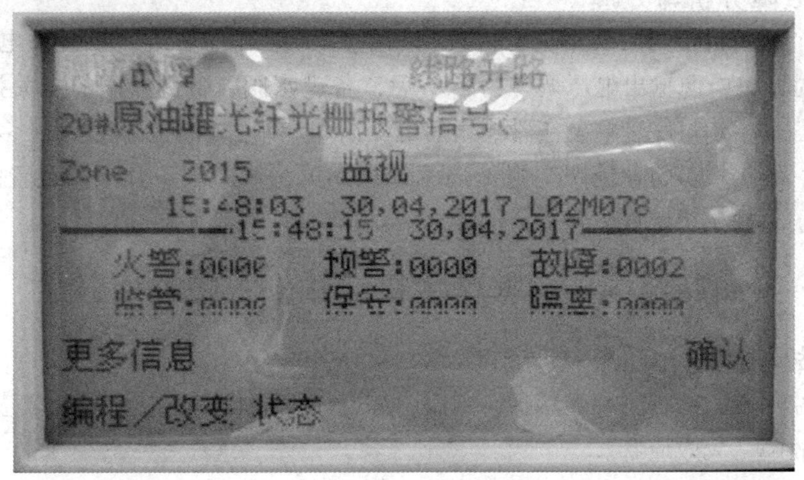


图 5.4－3　感温光栅火灾报警信号线路开路故障

## （二）故障分析

由于现场无火灾报警系统图纸，且标识不全，抢维修中心技术人员逐个模块排查，发现报警输入模块终端电阻虚接（见图 5.4－4）。

图 5.4－4　报警输入模块终端电阻虚接故障

### （三）故障排查和整改办法

该回路电阻如虚接或损坏，会造成感温光栅火灾报警或预报警信号开路，重新紧固端子或更换电阻即可。

## 十一、泡沫控制柜开关电源故障处理

### （一）故障经过与现象

维护某油库消防自控系统时发现 2#泡沫站一泡沫控制柜显示故障，现场备进水阀、备进液阀显示全关状态，但控制柜的全关指示灯不亮，复位不起作用，而且控制柜内的各个灯都整体偏暗。

### （二）故障分析与处理

对这两个阀门机柜内的线路进行检查和测量，发现此机柜 24VDC 开关电源输出电压为 13.3V，对开关电源输出电压调节为 24V 后，备进水阀、备进液阀的全关指示灯亮起，控制柜内的各个指示灯亮度恢复正常。之后的测试中和站方断电后恢复时，多次出现自动降压的情况。维护人员将此情况上报至油库管理人员，对库区 4 套泡沫装置的 24VDC 开关电源进行了更换，系统恢复正常。

## 十二、某油库控制中心报警主机回路卡故障处理

### （一）故障经过与现象

某油库控制中心报警主机显示报警信息：综合楼及控制中心大面积的烟感探测器、手动报警按钮故障、无效应答。

### （二）故障分析

①总线隔离模块线路短路；

②回路卡故障。

### （三）处理过程及方法

①查找主机所连的几个模块箱内的总线隔离模块，观测隔离模块指示灯频闪状态，发

现指示灯频闪异常；

②更换总线隔离模块并复位后，频闪依旧异常；

③对系统总线回路进行线路检查，发现线路接续良好、无异常；

④检查主机内部，对主机进行初始化，故障依旧；

⑤检查回路卡接线是否异常，经重新接续后，故障依旧；

⑥拔掉回路卡后故障依旧，发现回路卡已无法起作用，由此判断回路卡出现故障；

⑦更换回路卡后进行主机程序下载，初始化，故障消除，系统恢复正常。

## 十三、鼠害致消防 PLC 自控系统瘫痪故障处理

### （一）故障经过与现象

抢维修人员接到抢修工作单反映某输油站消防自控系统数据全部不显示，系统断电故障。

### （二）故障分析

维修人员现场发现控制柜的卡件全部掉电，电源指示卡、网络通信卡以及 I/O 卡件指示灯全灭。在卡件的上部以及卡槽内发现大量动物毛发以及尿渍痕迹，初步判断为老鼠窜入机柜内撒尿导致电源卡件短路烧毁，虽然电源卡件采用冗余设置，但现场发现两块电源卡件均已被老鼠破坏。

### （三）处理过程及方法

①将系统断电，准备好同型号的电源卡件，从机架上拔下故障的电源卡件，清理机架灰尘用干抹布擦拭干净后，将准备好的电源卡件插入机架槽。

②检查电源卡件安装正确后，测量供电电源的电压为 220VAC，检查电源端子是否连接牢固。测量机柜电源 24V 电源电压值，确认符合要求。

③系统上电，电源卡件指示灯亮。依次将准备好的通讯卡件、I/O 卡件插入机架槽。确认各卡件状态指示灯正常亮起，工作站数据恢复正常。

④故障原因分析：

a. 造成本次仪表大面积停电的原因是老鼠窜入值班室机柜内将消防系统电源、数据传输卡件破坏导致消防系统瘫痪，最终使得多个仪表回路失电，仪表无法正常工作；

b. 站库日常管理不足，未能做好值班室仪表机柜小动物的防治工作，仪表机柜间没有放置挡鼠板，导致老鼠窜入机柜内将数个卡件破坏，导致此次事故的发生。

## 十四、某油库消防水罐液位计故障处理

### （一）故障经过与现象

某油库消防值班人员发现工作站画面 2#消防水罐液位值长时间显示满量程 15m 且数值无变化。现场检查发现该仪表为某品牌雷达液位计，液位计就地指示值 13.41m 和实际液位相符，判断该仪表就地显示值正确，远传数据失效。

### （二）故障分析与处理

①测量液位计输出电流 22mA，判断显示模块存在故障（输出电流正常范围 4 ~ 20mA）。

②工作人员进一步对该信号现场至 PLC 机柜所在通道进行校对，该通道信号显示均正常。由此确认控制系统正常，仪表远传变送模块故障（测量数据显示见图 5.4 –5）。

(a)输出电流测试

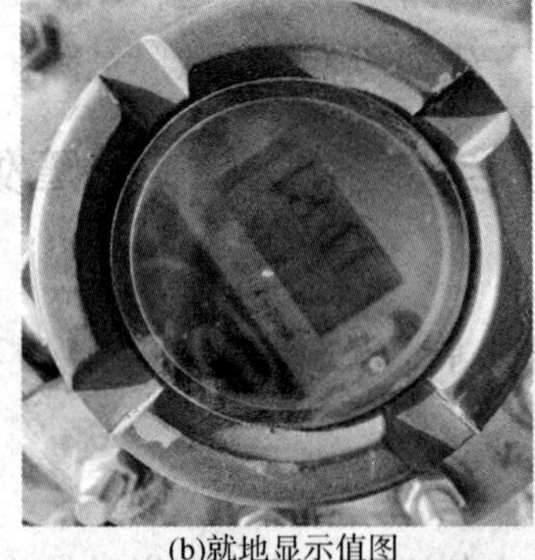
(b)就地显示值图

(c)显示模块

图 5.4 –5 消防水罐液位计远传信号故障

### （三）处理过程及方法

油库工作人员与仪表厂家联系更换远传变送模块，接线完成经过调试后工作站画面液位计数值显示正常。

## 思考题

1. 简述油库消防系统的一般组成。
2. 简述光纤光栅感温火灾探测系统的测温原理。
3. 简述消防控制室火灾报警控制器的主要功能。
4. 简述油库消防自控系统 PLC 结构组成。
5. 简述油库消防系统的灭火流程。

# 第六章　电气系统维护与故障处理

## 第一节　电气系统

电气系统是由发电厂、输配电线路、变配电所和用电单位组成的整体，包括发电机、变压器、断路器、母线、架空线、电缆、配电装置、受电装置等设施，以及为保证这些设施正常运行所需的继电保护和安全自动装置、计量装置、电力通信设施、电网调度自动化设施等。

### 一、变、配电所

变、配电所是电力网中的线路连接点，是用以变换电压、交换功率和汇集、分配电能的设施。它主要由变压器、配电装置及测量、控制系统等构成。

变、配电所中用来承担输送和分配电能任务的电路，称为一次电路或电气主接线。一次电路中所用的电气设备，称为一次设备。

变电所的主接线是把发电机、变压器、断路器、隔离开关等电气设备通过母线、导线有机地连接起来，并配置各种互感器、避雷器等保护测量设备，构成汇集和分配电能的系统。如图 6. 1 – 1 所示为某输油站 35kV 变电所主接线图。

### 二、变电站常用的电气主接线

**（一）单母线不分段接线（见图 6. 1 –2）。**

**1. 特点**

①结构简单、清晰，用的电气设备少。

②供电可靠性差，只要线路或变压器及变压器低压侧任何一个元件发生故障或者检修，整个变电所都将停电，母线故障或检修时，整个变电所也要停电。

**2. 适用范围**

适用于单电源的发电厂和变电所，且出线回路数少，用户对供电可靠性要求不高的场合。

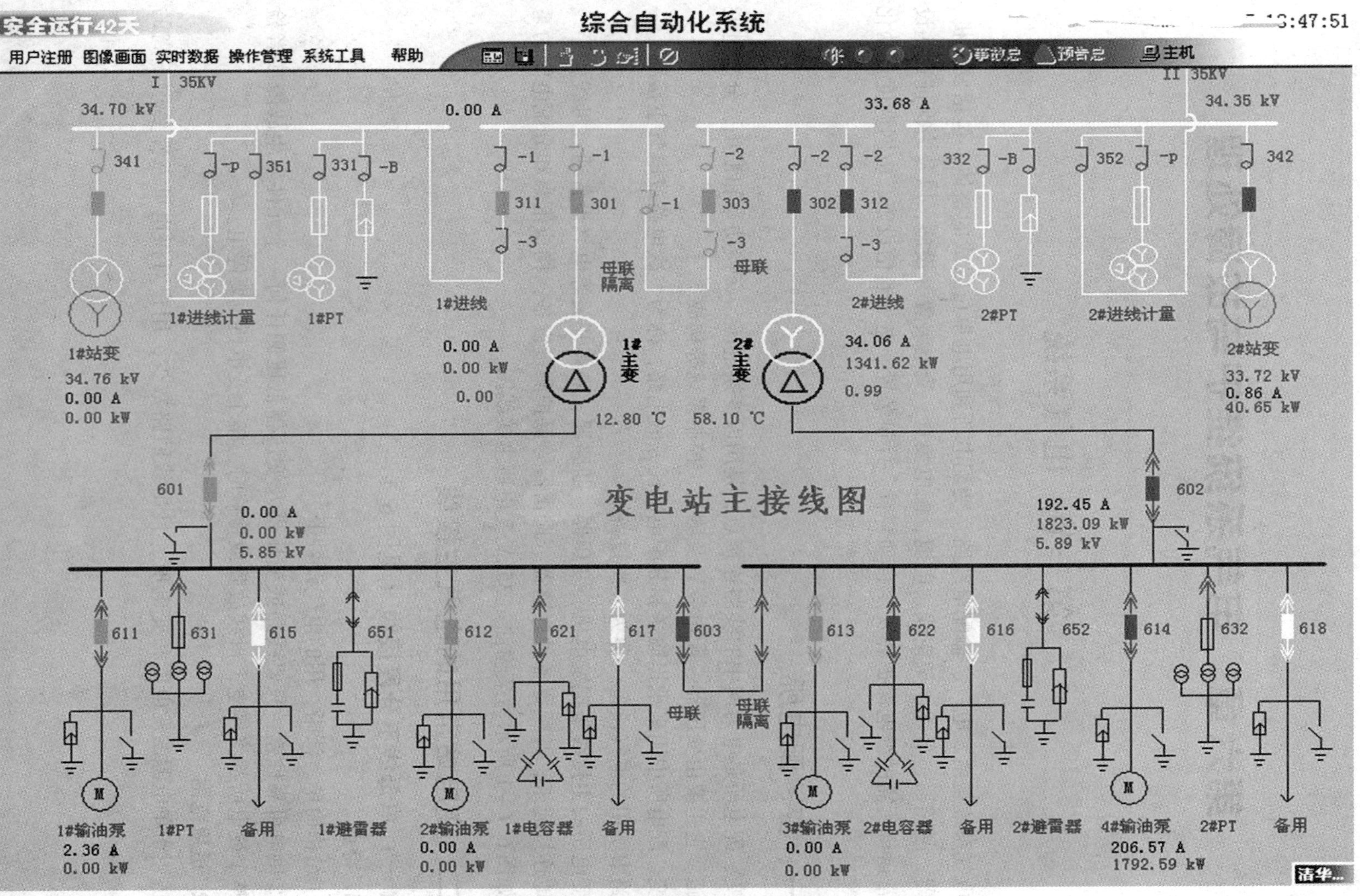


图6.1-1 35kV变电所一次系统

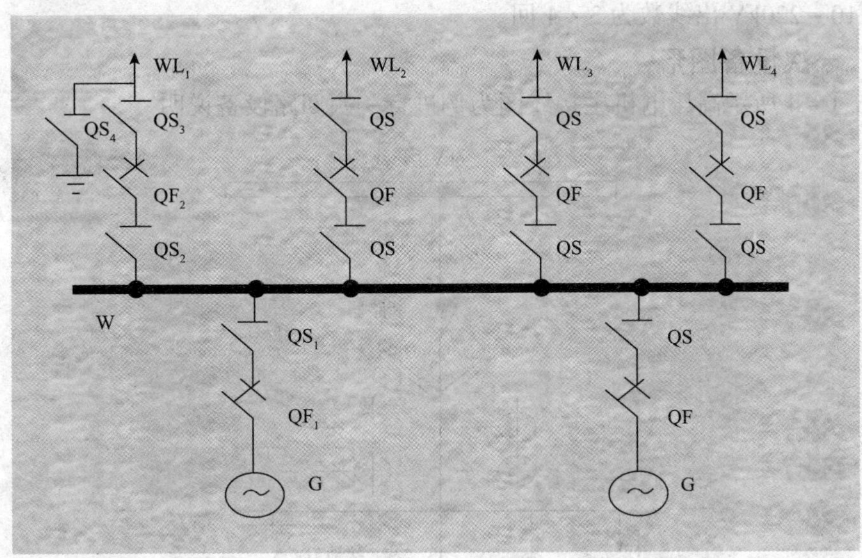


图 6.1－2　单母线不分段接线示意图

## （二）单母线分段接线（见图 6.1－3）。

**1. 特点**

①减少母线故障或检修时的停电范围。

②断路器检修期间必须停止该回路的供电。

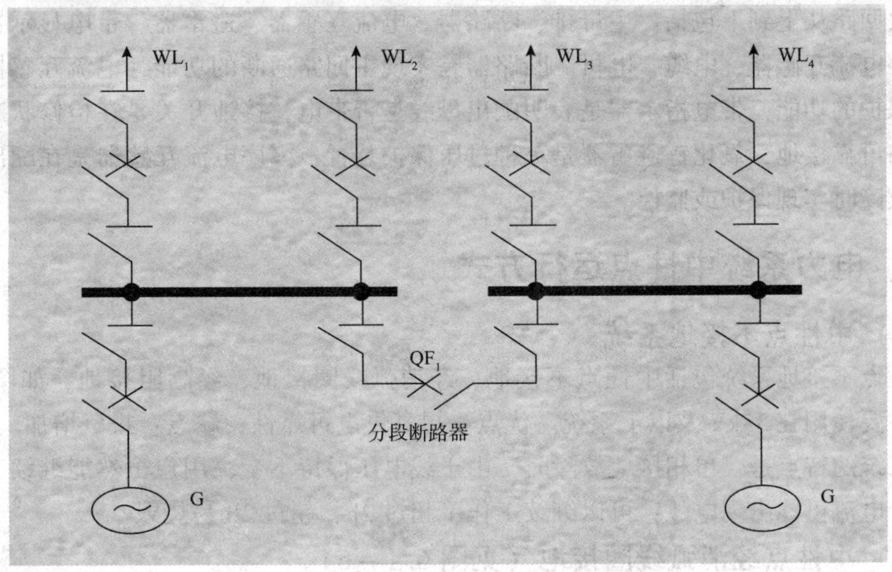


图 6.1－3　单母线分段接线示意图

**2. 适用范围**

（1）6～10kV 配电装置出线 6 回及以上。

（2）35kV 出线数为 4～8 回。

(3) 110～220kV 出线数为 3～4 回。

## (三) 一次设备图形

以图 6.1－4 所示高压电机主接线图为例进行一次回路设备说明。

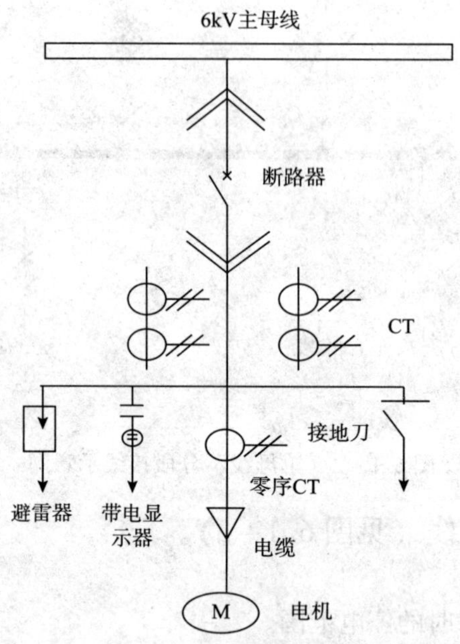


图 6.1－4　高压的电机主接线图

一次回路从上到下包括：主母排、断路器、电流互感器、避雷器、带电显示器、接地刀、零序电流互感器、电缆、电机。断路器是实现主回路通断的功能，电流互感器是起着测量、保护的功能，带电指示器是表明配出母线是否带电，接地开关是在检修状态下保障检修回路可靠接地，氧化锌避雷器是一种过压保护装置，零序电流互感器是在配出回路出现接地故障时实现保护或监控。

# 三、电力系统中性点运行方式

## (一) 中性点不接地系统

中性点不接地系统包括中性点不接地、经消弧线圈接地、经高阻接地，如图 6.1－5 所示。主要使用在 35kV 及以下系统。优点：提高供电可靠性；缺点：投资增加。

该系统的特点是：单相接地故障时，由于线电压保持不变，用户虽然能继续工作，但是接地处电流可能出现电弧；可以继续工作不超过 2h，超过 2h 易烧毁。

## (二) 中性点经消弧线圈接地 (见图 6.1－6)。

①特点：正常运行（理想）情况 $U_0=0$，$I_L=0$，消弧线圈不起作用。故障时，接地点的电流与消弧线圈的电流相位相反，电压情况与不接地相同。

②适用范围：凡是不符合中性点不接地运行方式的 3～60kV 系统，均采用中性点经消弧线圈接地的运行方式。

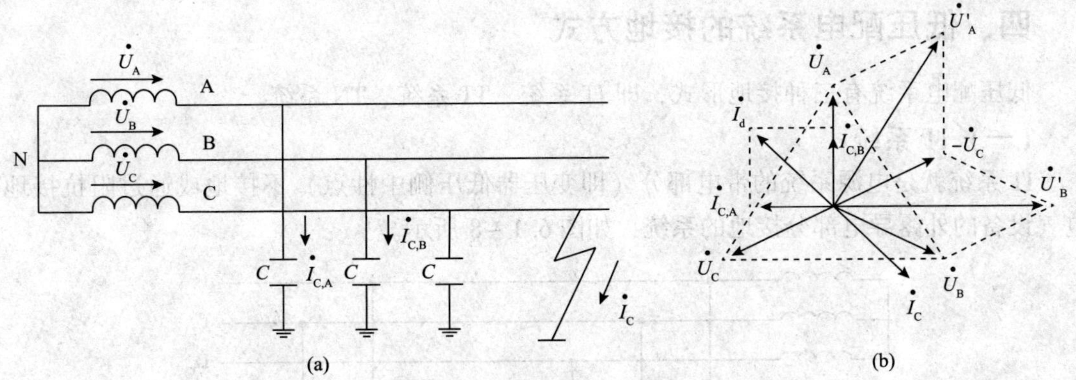


图 6.1－5　中性点不接地系统单相接地故障示意图

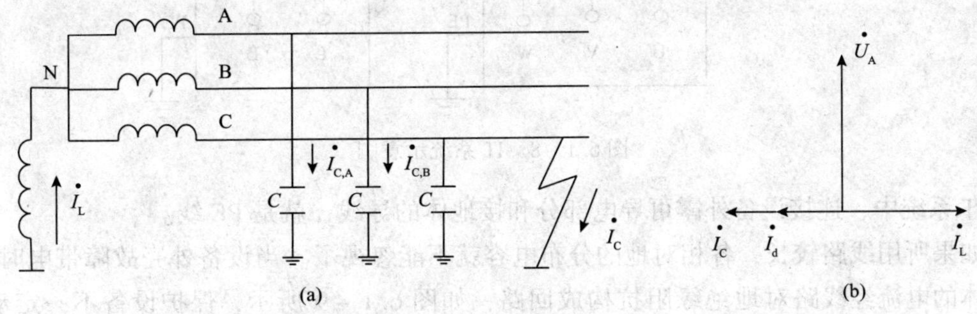


图 6.1－6　中性点经消弧线圈接地系统单相接地故障示意图

## （三）中性点直接接地系统

中性点直接接地系统包括中性点直接接地、经低阻接地，主要使用在 110kV 及以上系统。优点：系统的绝缘标准按相电压设计，降低了投资；缺点：单相接地时即形成单相短路，且单相短路时短路电流很大，影响了供电的可靠性。图 6.1－7 为中性点直接接地系统单相接地故障示意图。

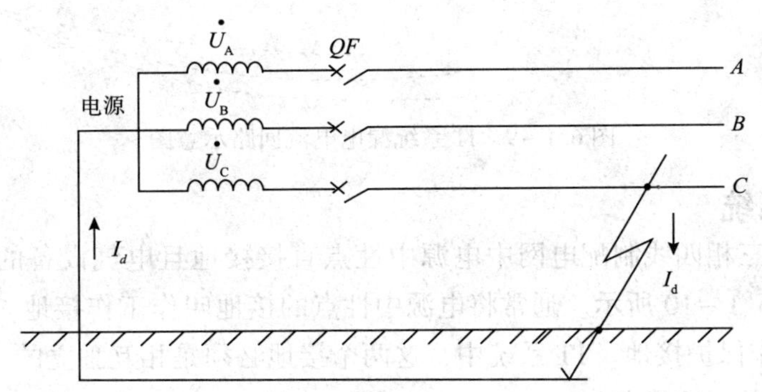


图 6.1－7　中性点直接接地系统单相接地故障示意图

## 四、低压配电系统的接地方式

低压配电系统有三种接地形式，即 IT 系统、TT 系统、TN 系统。

### （一）IT 系统

IT 系统就是电源系统的带电部分（即变压器低压侧中性点）不接地或通过阻抗接地，电气设备的外露导电部分接地的系统，如图 6.1－8 所示。

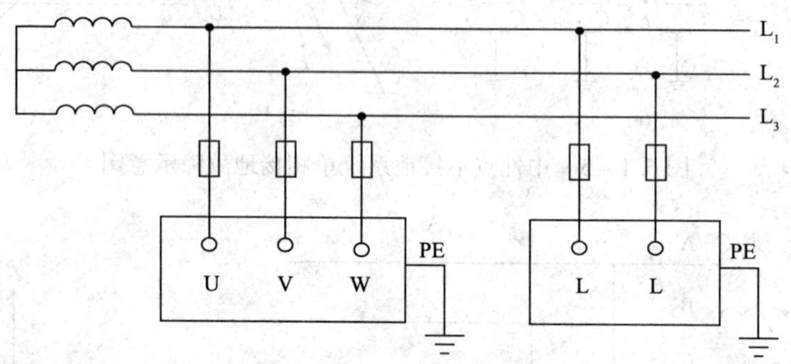


图 6.1－8　IT 系统示意图

IT 系统中，连接设备外露可导电部分和接地体的导线，就是 PE 线。

如果所用线路较长，各相对地的分布电容就不能忽视了。当设备外壳故障带电时，通过人体的电流经线路对地绝缘阻抗构成回路，如图 6.1－9 所示，保护设备不一定动作，这是危险的。只有在供电距离不太长、绝缘水平良好的情况下才比较安全。

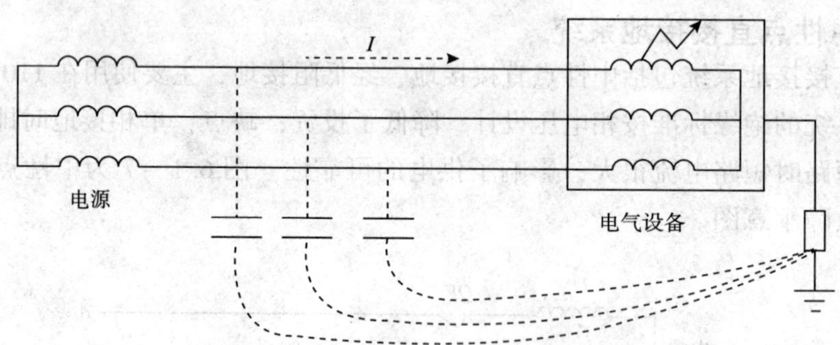


图 6.1－9　IT 系统漏电电流回路示意图

### （二）TT 系统

TT 系统指在三相四线制配电网中电源中性点直接接地且电气设备的金属外壳接地的保护系统，如图 6.1－10 所示。通常将电源中性点的接地叫作工作接地，而设备外露可导电部分的接地叫作保护接地。TT 系统中，这两个接地必须是相互独立的。

TT 系统具有以下的特点：

①工作接地与保护接地没有金属相连，正常运行时，工作零线可以有电流，而专用保护线没有电流。

②当电气设备的金属外壳带电时，由于有接地保护，可以大大减少触电的危险。但低

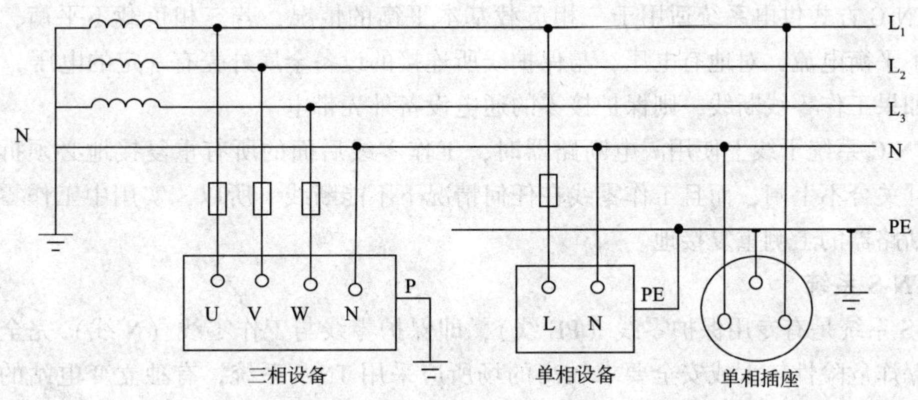


图 6.1－10 TT 系统示意图

压断路器不一定跳闸，造成漏电设备的外壳对地电压高于安全电压，属于危险电压。

③当漏电电流较小时，即使有熔断器也不一定能熔断，还需要漏电保护器作保护，因此 TT 系统难以推广。

## (三) TN 系统

TN 系统是将电气设备的金属外壳与工作零线相连的保护系统。当某一相线直接连接设备外壳时，即形成单相短路，使短路保护装置迅速动作，在规定时间内将故障设备断开，消除电击危险。

TN 方式供电系统中，根据其保护零线是否与工作零线分开而划分为 TN-C 系统、TN-S 系统和 TN-C-S 系统三种类型。

### 1. TN-C 系统

TN-C 系统是干线部分保护零线与工作零线完全公用的系统，用于无爆炸危险和安全条件较好的场所，如图 6.1－11 所示。

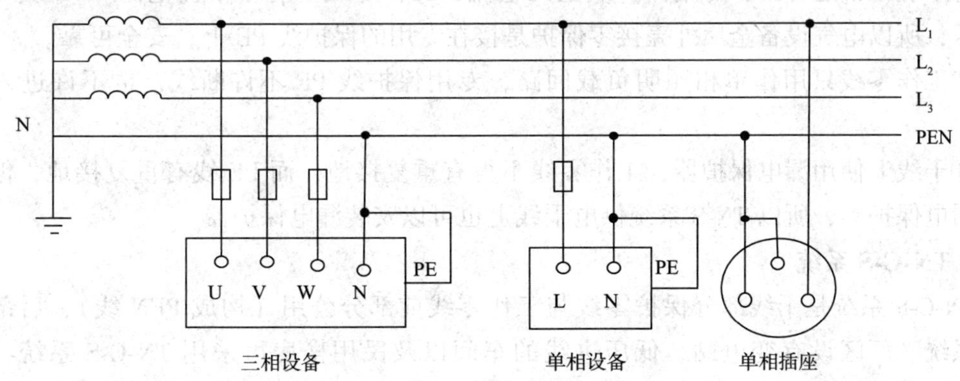


图 6.1－11 TN-C 系统示意图

TN-C 系统具有以下特点：

①设备外壳带电时，接零保护系统将漏电电流上升为短路电流，开关跳闸，使故障设备断电。

②TN-C 方式供电系统适用于三相负载基本平衡的情况，若三相负载不平衡，工作零线上有不平衡电流，对地有电压，与保护线所连接的设备金属外壳有一定的电压。

③如果工作零线断线，则保护接零的通电设备外壳带电。

④TN-C 系统干线上使用漏电断路器时，工作零线后面的所有重复接地必须拆除，否则漏电开关合不上闸，而且工作零线在任何情况下不能断线。所以，实用中工作零线只能在漏电断路器的上侧重复接地。

**2. TN-S 系统**

TN-S 系统是有专用保护零线（PE 线），即保护零线与工作零线（N 线）完全分开的系统。爆炸危险性较大或安全要求较高的场所应采用 TN-S 系统，有独立变电站的车间宜采用 TN-S 系统，如图 6.1－12 所示。

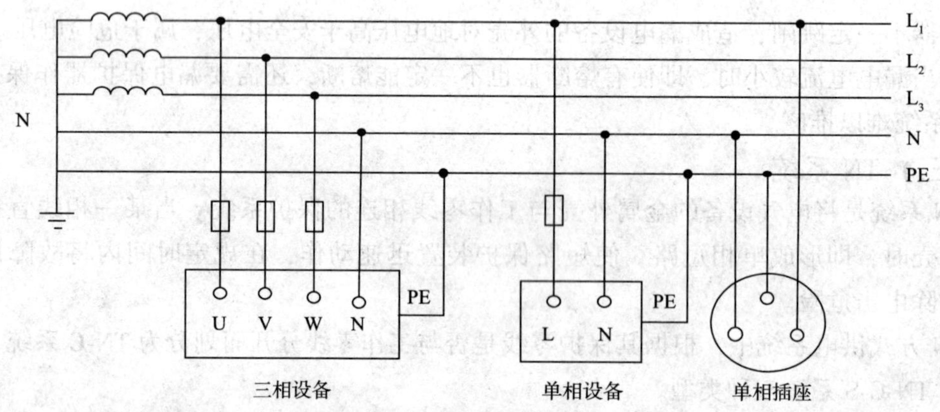


图 6.1－12　TN-S 系统示意图

TN-S 供电系统具有以下的特点：

①系统正常运行时，专用保护线上无电流，工作零线上有不平衡电流。PE 线对地没有电压，所以电气设备金属外壳接零保护是接在专用的保护线 PE 上，安全可靠。

②工作零线只用作单相照明负载回路，专用保护线 PE 不许断线，也不许进入漏电开关。

③干线上使用漏电保护器，工作零线不得有重复接地，而 PE 线有重复接地，但是不经过漏电保护器，所以 TN-S 系统供电干线上也可以安装漏电保护器。

**3. TN-C-S 系统**

TN-C-S 系统是干线部分保护零线与工作零线前部分公用（构成 PEN 线）、后部分分开的系统。厂区设有变电站、低压进线的车间以及民用楼房可采用 TN-C-S 系统，如图 6.1－13所示。

TN-C-S 供电系统具有以下的特点：

①TN-C-S 系统可降低电动机外壳对地的电压，然而又不能完全消除这个电压，这个电压的大小取决于负载不平衡情况及线路的长度，要求负载不平衡电流不能太大，而且在 PE 线上应作重复接地。

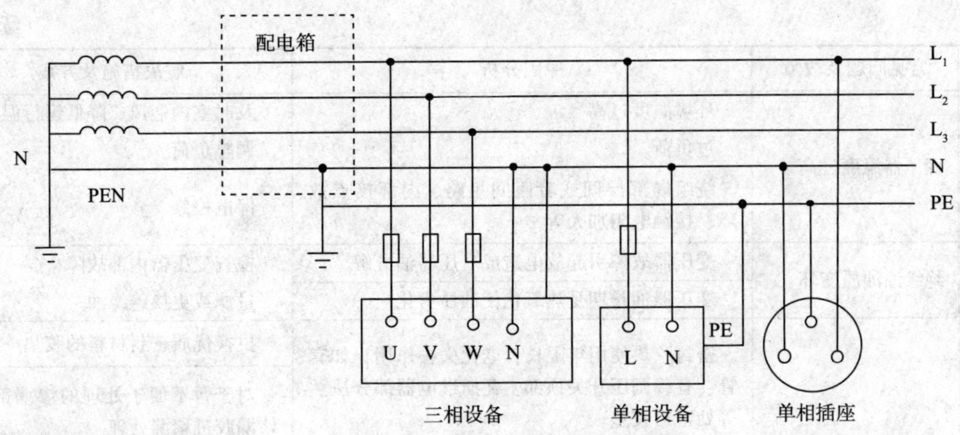


图 6.1－13　TN-C-S 系统示意图

②PE 线在任何情况下都不能进入漏电保护器，因为线路末端的漏电保护器动作会使前级漏电保护器跳闸造成大范围停电。

③对 PE 线除了在总箱处必须和 N 线相接以外，其他各分箱处均不得把 N 线和 PE 线相联，PE 线上不许安装开关和熔断器。

# 第二节　常见故障及处理

## 一、变压器常见故障及处理（见表 6.2－1）

表 6.2－1　变压器常见故障及处理

| 序号 | 常见问题及故障 | 原因分析 | 解决措施及方案 |
|---|---|---|---|
| 1 | 有放电痕迹，绝缘套管有闪络现象 | 套管绝缘电阻降低，表面脏污，套管有裂纹或者破损，套管上有杂物 | 清理套管表面积灰脏污、杂物；瓷瓶破损严重的需更换 |
| 2 | 变压器发出异常声音 | 变压器上固定螺栓松动，接线未压紧 | 拧紧螺栓、紧固松脱的衬垫 |
| | | 变压器风扇固定松动 | 紧固风扇外壳固定螺丝 |
| | | 沉重的嗡嗡声：可能是过负荷，从电流数值可以判断 | 降低负荷 |
| | | 咕噜咕噜开水沸腾声：可能是绕组有较严重的故障，分接头开关的接触不良或者局部点有严重过热和匝间短路 | 立即停止运行进行检修 |
| | | 嘶嘶声：可能是变压器高压套管脏污 | 清污 |
| | | 噼啪声：严重时将会有巨大轰鸣声，可能是短路或接地 | 停运变压器，进行检修 |
| | | 声音较平常尖锐：检查电网是否发生单相接地或产生谐振过电压 | 应随时监测，根据现场情况进行拉路检查 |

续表

| 序号 | 常见问题及故障 | 原因分析 | 解决措施及方案 |
|---|---|---|---|
| 3 | 变压器温度过高 | 环境温度过高 | 及时室内通风，降低运行温度 |
| | | 过负荷 | 调整负荷 |
| | | 绕组局部层间或者匝间短路、内部接点故障、接触电阻加大等 | 停电检修 |
| 4 | 绝缘油油质变坏 | 变压器故障引起放电造成变压器油分解 | 检查变压器内部故障 |
| | | 变压器油长期受热氧化使油质劣化 | 过滤或更换绝缘油 |
| 5 | 渗漏油 | 密封胶垫使用年限长，老化失去作用，如套管、有载调压开关顶部、瓦斯继电器部分法兰等处密封胶垫 | 更换优质密封材料的胶垫 |
| | | | 对于暂不便于处理的渗漏部位用堵漏胶进堵漏处理 |
| | | 变压器外壳焊接处存在焊缝或砂眼 | 对于小的砂眼可用锤从砂眼的周围向砂眼敲打，利用金属的韧性将砂眼挤拢 |
| | | | 使用带油补焊的方法。可在焊接前后分别取一个油样进行色谱分析 |
| | | 连接螺栓松动 | 紧固螺栓 |
| | | 瓷套或者防爆膜、玻璃油表损坏 | 更换配件 |
| 6 | 直流电阻超标及接头发热 | 套管下接头紧固螺栓松动 | 对螺栓进行紧固处理 |
| | | 有载分接开关切换开关油室中变压器油过脏，切换开关触头接触不好 | 更换切换开关油室中变压器油，对有载分接开关进行反复切换 |
| | | 有载分接开关选择开关高压引线夹紧螺栓松动 | 对变压器进行吊罩，对选择开关引线连接螺栓紧固处理 |
| | | 线圈引出线连接处不紧、焊接不良好 | 对变压器进行吊罩，对线圈引出线连接处重新进行紧固、焊接 |
| 7 | 变压器进水受潮 | 套管损坏、顶部连接帽密封不良 | 修复或更换套管 |
| | | “呼吸作用”吸水受潮 | 呼吸器的油封应注意加油和维修，保证畅通，干燥剂保持干燥；防止油枕内积水 |
| 8 | 轻瓦斯保护 | （1）滤油、加油或冷却系统不严密以致空气进入变压器<br>（2）温度下降或漏油致使油面低于气体继电器轻瓦斯筒以下<br>（3）变压器故障产生少量气体<br>（4）穿越性故障<br>（5）气体继电器或二次回路故障 | （1）对变压器上层油温、外部特征、防爆喷油和各侧开关跳闸情况、停电范围等进行检查，投备用变压器<br>（2）收集气体判别故障：如果是内部故障，则不得试送电，做好安全措施，等待抢修<br>（3）如果气体不可燃，而且表针无摆动，则可考虑试送电<br>（4）如果瓦斯继电器内无气体，外部也无异常，可能是二次回路存在故障<br>（5）检查瓦斯继电器是否有发生误动作的可能 |
| 9 | 重瓦斯保护 | （1）变压器内部发生严重故障<br>（2）二次回路故障等<br>（3）穿越性短路<br>（4）气体继电器或二次回路故障 | |

续表

| 序号 | 常见问题及故障 | 原因分析 | 解决措施及方案 |
|---|---|---|---|
| 10 | 差动保护动作 | （1）变压器内部及套管引出线故障<br>（2）保护二次线故障<br>（3）差动 CT 二次开路或者短路 | （1）变压器本体有无异常，检查差动保护范围内的瓷瓶是否有闪络、损坏，引线是否有短路<br>（2）如果差动保护范围内的设备无明显故障，应检查继电保护及二次回路是否有故障，直流回路是否有两点接地<br>（3）检查是否存在继电器、二次回路或两点接地造成误动<br>（4）差动保护和重瓦斯保护同时动作使变压器跳闸时，不经内部检查和试验，不得将变压器投入运行 |
| 11 | 风扇电机损坏 | 轴承润滑油干涩，电机旋转阻力过大 | 定期对轴承润滑或更换 |
| | | 电机进水，线圈受潮 | 干燥电机，并处理密封 |
| | | 控制回路故障，导致电机频繁启动 | 查找控制回路故障，针对其缺陷进行处理 |
| | | 交流接触器或热偶继电器损坏，造成电机缺相运行 | 对老化的元件进行更换，对电机检修 |
| 12 | 分接开关故障 | 机构进水，机油受潮 | 检查密封胶条，必要时更换 |
| | | 不能正常调档 | 检查二次回路，针对进行处理 |
| | | 电器元件损坏 | 更换损坏电器元件 |
| 13 | 变压器着火 | （1）绕组绝缘损坏而发生短路<br>（2）主绝缘击穿<br>（3）变压器套管闪络，爆炸起火<br>（4）分接开关和绕组连接处接触不良，产生高温<br>（5）磁路发生故障，铁芯故障，产生涡流、环流发热，引起变压器故障 | （1）检查变压器所连接的断路器是否已跳开，若未跳开，应立即将着火变压器所有高、低压侧断路器和隔离刀闸全部切断<br>（2）停止冷却器的运行并切断电源<br>（3）若套管闪络或破裂，变压器的油溢至顶盖上着火，则应设法打开变压器下部的放油阀，将油放入储油坑内，使油面低于破裂处。开启放油阀时，应用喷雾水枪对变压器外壳冷却并与操作人员隔离，防止变压器爆炸，危及操作人员的人身安全。操作人员还应戴防毒面具，穿防火耐火服装。同时，对着火的变压器应迅速使用喷雾水枪、干粉灭火器等进行扑救<br>（4）当变压器内确实有直接燃烧的危险或外壳有爆炸的可能时，必须在采取可靠安全防护措施的前提下，用喷雾水枪喷洒变压器外壳冷却变压器，喷水强度应符合规范要求。为避免变压器突然爆炸，变压器冒烟停止后，还应继续对变压器进行喷水冷却，延长时间应在 15min 以上。在这种情况下不应开放油阀，防止内部出现油气空间，形成爆炸性混合物引起爆炸<br>（5）如果变压器外壳破裂，喷油燃烧，应采用喷雾水、泡沫、黄沙等进行扑灭，并设法将油流导入储油池。池内和地上油火应用大量泡沫灭火剂扑救<br>（6）当着火并威胁其他电力设备时，应将有关电力设备的电源断开并采取隔离防 火措施等 |

## 二、高压电动机常见故障及处理（见表6.2-2）

表6.2-2 高压电动机常见故障及处理

| 序号 | 常见问题及故障 | 原因分析 | 解决措施及方案 |
|---|---|---|---|
| 1 | 电流不平衡 | 二次电流接线未接好 | 检查二次接线是否良好 |
| | | 电机动力线路有断线 | 停机检查 |
| | | 电流表损坏 | 检查校验电流表是否损坏 |
| | | 绕组匝间短路 | 测量绕组直流电阻，确认后修复 |
| | | CT故障 | 测量伏安变比 |
| 2 | 电机绕组温度过高 | 电机绕组故障 | 停机进行绕组试验检查 |
| | | 负荷过大 | 调整负荷 |
| | | 散热不好 | 检查通风口是否堵塞 |
| 3 | 运行中跳闸 | 失电 | 检查电源是否正常 |
| | | 绝缘老化，造成短路 | 停机检查电机绕组的绝缘 |
| | | 继电保护跳闸 | 查看保护跳闸的原因 |
| | | 仪表保护动作 | 查看继保动作情况及仪表跳闸原因 |
| | | 现场急停 | 了解现场急停原因 |
| 4 | 启机时跳闸 | 继电保护动作，开关跳闸 | 检查继保设置是否正确，用试验仪器校验 |
| | | 二次回路故障，跳闸回路导通 | 检查二次回路接线 |
| | | 绝缘老化，造成短路 | 检测电机绕组绝缘是否正常 |
| 5 | 绝缘电阻降低、泄漏电流大 | 电动机内受潮 | 进行烘干处理 |
| | | 绕组上灰尘污垢太多 | 清除灰尘、油污，并浸漆处理 |
| | | 引出线和接线盒接头的绝缘损坏 | 打开接线盒处理 |
| | | 电动机过热后绝缘老化 | 更换新绝缘 |

## 三、电力电容器常见故障及处理（见表6.2-3）

表6.2-3 电力电容器常见故障及处理

| 序号 | 常见问题及故障 | 原因分析 | 解决措施及方案 |
|---|---|---|---|
| 1 | 电容器熔丝脱落 | 出现故障电流，如接地、短路或合闸冲击电流等，电容器内部短路，外壳绝缘故障 | 停运检查，测量绝缘，对于双极对地绝缘电阻不合格或交流耐压不合格的应及时更换。查清原因，更换保险，投入后继续熔断，则应退出该电容器 |
| | | 熔丝锈蚀脱落 | 更换熔丝 |
| | | 熔丝额定电流不符合要求 | 按匹配额定电流熔丝更换 |

续表

| 序号 | 常见问题及故障 | 原因分析 | 解决措施及方案 |
|---|---|---|---|
| 2 | 电力电容器爆炸 | 内部极间或机壳间击穿而又无适当保护时，与之并联的电容器组对它放电，因能量大爆炸着火 | 立即断开电源，用沙子或干式灭火器灭火 |
| | | 电容器温度超标 | 使电容器周围环境的干燥、通风，降低环境温度 |
| | | 电容器严重漏油 | 消除电容器缺陷，如螺丝松动、锈蚀和漏油 |
| | | 未经放电，连续重合闸 | 电容退出不能马上再投运 |
| | | 小动物导致短路 | 清除异物，做好柜体密封，更换爆炸电容器 |
| | | 熔丝安装不规范导致熔丝不能熔断，最终导致爆炸 | 按要求安装熔丝，更换电容器 |
| | | 谐波引起 | 更换电容器 |
| 3 | 电力电容器不能正常投入 | 保护动作 | 检查定值及系统故障原因 |
| | | 控制回路故障 | 检查控制回路 |
| 4 | 电容器渗漏油 | 产品质量问题 | 更换电容器 |
| | | 接线时拧螺丝过紧，瓷套焊接处损伤 | 改进接线方法，消除接线应力，接线时勿搬摇瓷套，勿用猛力拧螺丝帽 |
| | | 焊缝有砂眼 | 更换电容器 |
| | | 漆层脱落，外壳锈蚀 | 及时除锈、补漆 |
| 5 | 外壳鼓肚变形 | 介质内产生局部放电，使介质分解而析出气体 | 立即将其退出运行，更换电容器 |
| | | 部分元件击穿或极对外壳击穿，使介质析出气体 | |
| 6 | 温度过高 | 环境温度过高，电容器布置过密 | 改善通风条件，增大电容器间隙 |
| | | 高次谐波电流影响 | 加装串联电抗器 |
| | | 频繁切合电容器，反复受过电压作用 | 避免频繁切合，限制操作过电压及涌流 |
| | | 介质老化，$\tan\delta$ 不断增大 | 停止使用及时更换 |

## 四、电抗器常见故障及处理（见表6.2－4）

表6.2－4　电抗器常见故障及处理

| 序号 | 常见问题及故障 | 原因分析 | 解决措施及方案 |
|---|---|---|---|
| 1 | 直流电阻超标及接头发热 | 引流线接头紧固螺栓松动 | 紧固处理 |
| | | 接触面氧化 | 打磨、清洁、涂抹导电膏 |
| 2 | 电抗器着火 | 产品质量问题 | 更换电抗器 |
| | | 绝缘漆老化导致匝间短路 | 更换电抗器，补刷绝缘漆 |

## 五、隔离开关、接地开关常见故障及处理（见表6.2－5）

表6.2－5　隔离开关、接地开关常见故障及处理

| 序号 | 常见问题及故障 | 原因分析 | 解决措施及方案 |
|---|---|---|---|
| 1 | 绝缘子表面污闪 | 表面污秽严重或破损 | 清洁绝缘子或更换新的绝缘子 |
| 2 | 锈蚀卡涩 | 传动部件卡涩 | 将传动部件拆下后对锈蚀部分清洁打磨、润滑 |
| | | 轴承卡涩 | 拆下清洗轴承，涂抹二硫化钼处理，如损坏严重需更换处理 |
| 3 | 回路电阻超标及接头、触头发热 | 连接螺栓紧固程度不够 | 紧固连接螺栓 |
| | | 触头压紧弹簧或螺丝松动，压力降低 | 在设备停电检修时检查、调整弹簧或螺丝压力或更换弹簧或螺丝 |
| | | 触头的接触面氧化或积存油泥 | 用砂纸清除触头表面氧化层，打磨接触面，并涂上中性凡士林 |
| | | 在拉合过程中，电弧烧伤触头或用力不当，使接触位置不正 | 操作时用力适当，操作后应仔细检查触头接触情况，如有异常及时报告处理 |
| | | 刀片与静触头接触面太小，或过负荷运行 | 增大接触面，降负荷使用或更换容量较大的隔离开关 |
| | | 设备在设计制造时存在材料方面的缺陷 | 将老隔离开关更换为经过完善化改造的产品 |
| | | 接线巴掌铜铝直接搭接导致电化反应 | 更换为铜铝过渡线夹 |
| 4 | 操作机构动作，但隔离开关不动 | 连接杆连接脱落 | 检查、修理及更换 |
| 5 | 机构受潮，进水生锈及漏气等 | 密封失效、松动、使用年久恶化 | 检查、修理及更换 |

## 六、真空断路器常见故障及处理（见表 6.2－6）

**表 6.2－6　真空断路器常见故障及处理**

| 序号 | 常见问题及故障 | 原因分析 | 解决措施及方案 |
| --- | --- | --- | --- |
| 1 | 真空度不足 | 真空灭弧室漏气 | 更换真空泡；消除质量缺陷；正确安装、维护与检修；按规定检测真空度 |
| | | 真空灭弧室内部金属材料含气释放 | |
| 2 | 接触电阻增大 | 主回路各连接部位不紧固 | 采用专用工具紧固主回路各连接部分，用砂纸打磨连接处 |
| | | 灭弧室的触头接触面在经过多次开断电流后会逐渐被电磨损 | 对接触电阻明显增大的，除要进行触头调节外，还应检测真空灭弧室的真空度和断路器动特性试验，必要时更换相应的灭弧室 |
| 3 | 不能进行合闸动作 | 合闸线圈或合闸闭锁电磁铁烧坏或断线 | 更换合闸线圈或合闸闭锁电磁铁，重新连接断线 |
| | | 各触点接触不良 | 用砂纸打磨触点 |
| 4 | 有合闸动作，但合不上闸 | 由于受合闸时的冲击力使跳闸杠杆跳起 | 调整跳闸杠杆的位置达到产品技术要求 |
| | | 由于摩擦，跳闸拉杆、其他各连杆回不去 | 检查销子是否被卡住，并注入润滑油 |
| 5 | 不能分闸 | 分闸线圈烧坏或断线 | 更换分闸线圈，重新连接断线 |
| | | 辅助触点接触不良 | 在辅助触点操作连杆时，调整触点或更换新触点 |
| | | 由于摩擦，跳闸杠杆变紧 | 检查销子是否被卡住，注入黄油，调整到适合位置 |
| 6 | 计数器指示不准 | 操作计数器的拉杆偏斜 | 松开拉杆的螺钉，重新调整 |

## 七、绝缘子常见故障及处理（见表 6.2－7）

**表 6.2－7　绝缘子常见故障及处理**

| 序号 | 常见问题及故障 | 原因分析 | 解决措施及方案 |
| --- | --- | --- | --- |
| 1 | 瓷瓶有放电响声，表面闪络 | 瓷瓶表面和瓷裙内有污秽 | 停电，瓷瓶清扫 |
| | | 空气湿度大 | 室内通风，除湿，降低环境湿度 |
| | | 过电压 | 查找过电压原因 |
| 2 | 绝缘子劣化 | 外力、环境、自然老化、事故及产品质量 | 更换绝缘子，选用新型的合成绝缘子替代瓷绝缘子 |

## 八、防雷设备常见故障及处理（见表6.2-8）

**表6.2-8　防雷设备常见故障及处理**

| 序号 | 常见问题及故障 | 原因分析 | 解决措施及方案 |
|---|---|---|---|
| 1 | 避雷针引下线严重锈蚀、断裂，接地线连接处焊接点开焊，螺栓接点等连接处接触不良 | 长时间未进行防腐，焊接点焊接不牢，螺丝紧固不到位 | 汇报，通知相关专业，选择良好天气立即进行合格、可靠的连接 |
| 2 | 避雷针基础或上部部件歪斜 | 基础深度不够，受冻或水害造成基础歪斜，避雷针上部螺丝松动造成上部部件歪斜 | 汇报，通知相关专业，选择良好天气采取加固措施 |
| 3 | 避雷针距离建筑物或围栏距离不足 | 设计原因，也可能是由于新增建筑物和围栏没有经过设计造成 | 汇报，计算后将避雷针或建筑物、围栏移位 |

## 九、避雷器常见故障及处理（见表6.2-9）

**表6.2-9　避雷器常见故障及处理**

| 序号 | 常见问题及故障 | 原因分析 | 解决措施及方案 |
|---|---|---|---|
| 1 | 瓷套表面污秽严重 | 没有及时清扫 | 停电清扫或采取防污措施，更换 |
| 2 | 瓷套、法兰裂纹 | 制造质量不良或外力造成 | 尽快安排更换 |
| 3 | 绝缘基座出现贯穿性裂纹、密封结构金属件破裂 | 制造质量不良或外力造成 | 立即停电更换 |
| 4 | 接地线引下线严重腐蚀或与地网脱开 | 焊接点不牢，长时间未进行防腐，螺丝紧固不牢 | 选择良好天气，立即进行合格、可靠的连接。 |
| 5 | 正常情况下放电计数器连续动作 | 较大污秽加上雨天，使泄漏电流大，导致动作或损坏 | 安排停电计划，清理污秽，更换避雷器放电计数器 |
| 6 | 避雷器温度不均匀 | 内部老化，绝缘部件受损、受潮、表面严重污秽 | 停电检查或更换避雷器，温度分布明显异常时立即停电更换 |
| 7 | 连接螺丝松动、引流线即将脱落 | 施工质量、运行环境或避雷器动作后造成 | 安排停电计划检修，引流线即将脱落时申请立即停电检修 |
| 8 | 引流线与避雷器连接处出现放电现象 | 由于释放大电流电动力和日常运行环境恶劣等造成 | 轻度放电安排停电计划检修，严重放电时申请立即停电检修 |
| 9 | 内部有异常声音 | 内部故障 | 申请立即停电更换。禁止人身靠近，若未造成接地，允许用故障避雷器切断；若已造成接地，必须用前级断路器切断 |

## 十、互感器常见故障及处理（见表 6.2－10）

**表 6.2－10　互感器常见故障及处理**

<table>
<tr><th>序号</th><th colspan="2">常见问题及故障</th><th>原因分析</th><th>解决措施及方案</th></tr>
<tr><td>1</td><td colspan="2">电流互感器二次开路</td><td>电流引线接头松动、端子损坏等</td><td>（1）按表计指示，判断是测量回路还是保护回路开路<br>（2）尽量减少一次电流或停用一次回路<br>（3）停用保护<br>（4）用绝缘导线或绝缘棒短接故障二次端子<br>（5）处理时应戴绝缘手套</td></tr>
<tr><td>2</td><td colspan="2">绝缘受潮</td><td>互感器进水</td><td>停用互感器，对互感器进行真空干燥</td></tr>
<tr><td rowspan="2">3</td><td rowspan="2">放电</td><td>电晕放电</td><td>局部场强大</td><td>停用设备，将绝缘表面与铁芯间缝隙用防晕漆或半导体垫条塞紧，更换互感器</td></tr>
<tr><td>局部放电</td><td>绝缘内部有气孔等缺陷</td><td>测局部放电量不大于 20pC（油浸式互感器），环氧绝缘放电量不大于 100pC，不合格时更换互感器</td></tr>
<tr><td>4</td><td colspan="2">电压互感器铁磁谐振</td><td>在中性点不直接接地的系统中，系统运行状态发生突变，铁芯磁饱和</td><td>（1）改善互感器的伏安特性<br>（2）调整系统的容抗与感抗，使 $X_C/X_L$ 值脱离易激发铁磁谐振区<br>（3）在开口三角并联非线性电阻，或在一次绕组中性点接入适当阻尼电阻</td></tr>
</table>

## 十一、电压异常常见故障及处理（见表 6.2－11）

**表 6.2－11　电压异常常见故障及处理**

<table>
<tr><th>序号</th><th>常见问题及故障</th><th>原因分析</th><th>解决措施及方案</th></tr>
<tr><td>1</td><td>故障相电压为零，分故障相电压上升为$\sqrt{3}$倍相电压</td><td>高压单相金属性接地</td><td rowspan="2">（1）先拉不重要出线<br>（2）再拉重要出线<br>（3）直到拉到接地消失为止<br>（4）单相接地时运行不超过 2h<br>（5）查找高压设备接地故障时穿绝缘靴，戴绝缘手套</td></tr>
<tr><td>2</td><td>故障相电压降低但不为零，非故障相电压升高但小于$\sqrt{3}$倍相电压</td><td>高压单相非金属性接地</td></tr>
<tr><td>3</td><td>电压表显示一相或两相对地电压降低（但不为零），另两相或一相对地电压升高超过线电压；或三相电压均超过线电压，表计指针有摆动现象</td><td>铁磁谐振</td><td>（1）改善互感器的伏安特性<br>（2）调整系统的容抗与感抗，使 $X_C/X_L$ 值脱离易激发铁磁谐振区<br>（3）在开口三角并联非线性电阻，或在一次绕组中性点接入适当阻尼电阻</td></tr>
<tr><td>4</td><td>一相电压大幅降低，但不为零，正常相两相对地电压有不同程度降低，正常两相间的线电压正常，另两线电压下降</td><td>PT 高压侧熔断器熔断</td><td>（1）退出进线、电动机等低电压保护压板或将另一段 PT 并列<br>（2）将 PT 手车拉至检修位，检查 PT 一次保险<br>（3）更换 PT 一次故障相保险</td></tr>
</table>

续表

| 序号 | 常见问题及故障 | 原因分析 | 解决措施及方案 |
| --- | --- | --- | --- |
| 5 | 故障相电压为零，线电压严重下降，另外两正常相电压正常 | PT 低压侧熔断器熔断 | 测量电压二次回路保险，更换保险 |
| 6 | 故障相对地电压升高，但不高于相电压的1.5倍，另两相对地电压降低且幅值相等，但不低于相电压的0.866倍 | 高压单相断线但不接地 | 停电，查找故障 |

## 十二、电缆故障查找及处理（见表6.2－12）

**表6.2－12　电缆故障查找及处理**

| 序号 | 常见问题及故障 | 原因分析 | 解决措施及方案 |
| --- | --- | --- | --- |
| 1 | （1）设备运行中突然停机、开关跳闸<br>（2）测试电缆绝缘不合格 | （1）产品质量缺陷<br>（2）施工质量不规范<br>（3）运行环境不符合要求<br>（4）外力破坏 | （1）上报故障：确定电缆型号、长度、敷设方式、运行环境、电缆走向、故障现象、电缆绝缘阻值情况<br>（2）故障查找步骤：<br>①确认电缆两端连接的设备已与系统断开<br>②对电缆充分放电，打开电缆两端连接螺丝<br>③使用绝缘电阻测试仪和万用表判断故障类型<br>④使用电缆故障测试仪进行故障预定位和定点<br>⑤打开电缆沟盖板（直埋电缆敷设的开挖土，露出电缆）<br>⑥对故障点电缆进行外观检查，找出击穿点，锯掉故障位置电缆，测量剩余电缆绝缘合格<br>⑦根据电缆故障不同部位，重做中间接头或终端头<br>⑧故障处理完毕后，确认电缆线路试验合格后与设备连接，等待投入运行<br>注：在输油站库电缆故障查找前必须先确认电缆路径范围内以及电缆两端无爆炸危险性气体 |

## 十三、架空电力线路常见故障及处理（见表6.2－13）

**表6.2－13　架空电力线路常见故障及处理**

| 序号 | 常见问题及故障 | 原因分析 | 解决措施及方案 |
| --- | --- | --- | --- |
| 1 | 绝缘子及其他瓷质绝缘件击穿 | 绝缘损坏或污秽 | 更换不合格绝缘子、绝缘件；定期清扫；污秽区清扫并采取防污措施；定期测试绝缘电阻 |
| 2 | 导线断股 | 受力或锈蚀 | 根据检查结果进行缠绕、修补、切断重接或更换处理 |
| 3 | 连接器发热或异常 | 受力或锈蚀、紧固不牢 | 处理或更换，定期检测 |
| 4 | 避雷器烧损 | 雷击 | 更换避雷器 |

## 十四、UPS 常见故障及处理（见表 6.2－14）

**表 6.2－14　UPS 常见故障及处理**

| 序号 | 常见问题及故障 | 原因分析 | 解决措施及方案 |
| --- | --- | --- | --- |
| 1 | 换向失败 | 换向电容损坏 | 更换电容器 |
| | | 换向电感损坏 | 更换电感 |
| | | 输出过载或短路 | 检查输出回路 |
| | | 触发控制回路短路 | 检修触发控制回路 |
| | | 换向可控硅损坏 | 更换可控硅 |
| 2 | 逆变桥主元件损坏 | 换向失败 | 参照本表第 1 条 |
| | | 输出过载或短路 | 检修输出回路 |
| | | 主元件保护回路失效 | 检修保护回路 |
| | | 主元件自身质量问题 | 更换主元件 |
| 3 | 主熔断器熔断 | 换向失败 | 参照本表第 1 条 |
| | | 输出过载或短路 | 检修输出回路 |
| | | 主元件击穿短路 | 更换主元件 |
| | | 直流或交流滤波电容损坏 | 更换损坏的电容 |
| | | 设备内部有其他短路点 | 检查排除故障 |
| 4 | 静态开关不工作 | 静态开关主元件损坏 | 更换静态开关主元件 |
| | | 静态开关触发脉冲回路有故障 | 检查修复触发回路 |
| 5 | 逆变器与市电不同步 | 锁相环失锁 | 检查失锁原因并处理 |
| | | 市电频率偏差太大 | 无需处理 |
| 6 | 逆变器或静态开关主元件过热 | 环境温度过高 | 改善环境条件 |
| | | 冷却系统故障 | 检修冷却系统 |
| | | 长期过负荷 | 检查调整负荷 |
| | | 散热片上积尘太多 | 清扫散热片 |
| | | 主元件性能老化 | 更换老化的元件 |
| | | 主元件与散热片接触不良 | 紧固主元件 |
| 7 | UPS 中电子元器件过热或变色 | 电容器漏油或短路 | 更换电容器 |
| | | 电感绕组短路 | 修理或更换电感 |
| | | 晶体管元件击穿损坏 | 更换晶体管 |
| | | 电子元器件的参数变化引起过流 | 检查更换电子元件 |
| | | 回路中发生短路点 | 查找故障短路点 |
| 8 | 信号指示灯不亮 | 指示灯接线松动 | 拧紧指示灯 |
| | | 指示灯损坏 | 更换指示灯 |

续表

| 序号 | 常见问题及故障 | 原因分析 | 解决措施及方案 |
|---|---|---|---|
| 9 | 在投入负荷时输出电压突然下降 | 负荷峰值电流超过规定，使保护动作 | 调整处理负荷 |
| 10 | 输出电压呈周期性波动 | 自控系统失调 | 检查处理自控系统 |
| | | 直流阻抗匹配不良 | 正确匹配直流阻抗 |
| 11 | 交流输出电压异常 | 直流输出电压异常 | 检修直流供电回路 |
| | | 电压检测回路故障 | 检修电压检测回路 |
| | | 基准信号失调 | 调整基准信号 |
| | | 触发控制回路故障 | 检查排除控制回路故障 |
| 12 | 变压器、电抗器过热 | 绕组内部短路 | 检修或更换绕组 |
| | | 过负荷或负荷短路 | 调整负荷或处理负荷回路 |
| | | 环境温度过高 | 改善环境条件 |
| 13 | 输出电压频率不正常 | 本机振荡部分的标准信号不正常 | 检查调整标准信号 |
| | | 相关控制回路故障 | 检修排除相关回路故障点 |

## 十五、蓄电池常见故障及处理（见表 6.2－15）

**表 6.2－15　蓄电池常见故障及处理**

| 序号 | 常见问题及故障 | 原因分析 | 解决措施及方案 |
|---|---|---|---|
| 1 | 电池电压不平衡 | 浮充电压太低 | 调整浮充电压 |
| | | 均衡充电不足 | 给以均衡充电 |
| | | 运行中过放电 | 给以均衡充电 |
| 2 | 电池温度上升过高 | 室温过高 | 改善通风降低室温 |
| | | 充电电流过大 | 调整充电电流 |
| | | 充电电源脉动大 | 检查充电机的滤波，并减少脉动 |
| 3 | 电池电压低 | 电池内部短路 | 更换电池 |
| 4 | 连接处过热 | 连接点松动、锈蚀 | 紧固、除锈 |
| 5 | 蓄电池对绝缘低 | 电池灰尘多 | 清扫电池 |
| | | 电池外壳有破损，有液体溢出 | 更换电池 |
| 6 | 电池容量降低 | 浮充电压低 | 调整浮充电压 |
| | | 均衡充电不足 | 调整均衡充电时间 |
| | | 局部放电严重 | 清扫电池外部，并加强绝缘 |
| | | 长期浮充电，未进行活化或均衡充电 | 对蓄电池进行活化，以后定期进行活化或均衡充电 |

# 十六、变频器常见故障及处理（见表 6.2－16）

表 6.2－16　变频器常见故障及处理

| 序号 | 常见问题及故障 | | 原因分析 | 解决措施及方案 |
|---|---|---|---|---|
| 1 | 单元故障 | 输入缺相 | 主变压器输入缺相、单元保险丝熔断 | 检查 6kV/10kV 电源是否缺相，更换单元保险丝，更换单元 |
| | | 直流母线欠压 | 单元母线电压低于警戒值 | 检查 6kV/10kV 电源是否正常 |
| | | 单元过热 | 散热器温度超标 | 检查冷却风机，更换过滤网；检查环境温度是否超标 |
| | | 驱动故障 | IGBT 过流、驱动电压低于 13V、驱动板故障 | 更换功率单元，更换驱动板 |
| | | 直流母线过压 | 单元母线电压高于警戒值 | 检查 6kV/10kV 电源是否正常 |
| | | 单元通信故障 | 光纤线路故障 | 检查光纤是否有损伤、插接是否有松动 |
| 2 | 系统故障 | 系统通信故障 | 光纤线路故障、单元失电 | 检查光纤是否有损伤、插接是否有松动、单元工作是否正常 |
| | | 系统过流 | 变频器输出电流超过额定的 1.5 倍 | 检查电动机是否正常，检查负载是否正常 |
| | | 系统过载 | 负载超过额定值 | 检查电动机是否正常，检查 6kV/10kV 电源 |
| 3 | 其他故障 | 风机故障 | 冷却风机过载、短路 | 根据相应的电动机保护断路器检查、更换冷却风机 |
| | | 变压器过热 | 变压器温度持续超过警戒值 | 检查冷却风机，观察变压器情况 |
| | | 控制电源故障 | 380V 电源失电、空气开关未合上或检测继电器损坏 | 检查用户电源情况，检查空气开关或者继电器的状态 |
| | | 模拟信号断线 | 频率给定信号中断 | 检查模拟量信号线是否接错或松动，检查模拟信号是否正常 |
| | | 高压掉电 | 变频器运行过程中高压失电 | 检查高压开关是否正常，检查电网系统是否正常 |
| | | 门开关故障 | 门未关好或门开关损坏 | 关好柜门或更换门开关 |
| | | 充电失败 | 没有 380V 充电电源 | 充电电源是否送电 |
| | | 主板与 PLC 通信故障 | 主板与 PLC 通信中断 | 检查主板端子板是否正常，检查 PLC 端口是否正常，检查连接电缆是否正常 |

## 十七、继电保护（紫光继保 DCAP E600 系列）常见故障及处理

### （一）液晶显示异常

①确定 P 板电源开关处于 ON 状态。

②用万用表测量 P 板 220V 输入、24V 输出是否正常。

③确定 P 板正常，做停电计划，依次更换液晶排线、按键板、液晶底板试试。

### （二）保护装置数据不准

**1. 保护电流、电压不准**

电流、电压测量精度：$0.2I_n \sim 1.2I_n$，$0.2U_n \sim 1.2U_n$，±0.5%

用钳形万用表进行测量核查，如果钳形万用表测量值与保护装置显示值差距较大，在误差范围外，则说明装置基准偏移，联系厂家处理。

**2. 测量电压、电流显示为二次值**

查看系统参数、通用参数、PT 变比、CT 变比、测量量显示方式选择。

在修改系统参数中将 PT 变比、CT 变比按照实际输入，测量量显示方式设定为一次值，带电修改不影响保护运行。

**3. 功率、电度显示不准**

变电站大多数负载属于感性负载，比如变压器、电动机，其电流角度要滞后电压角度，以电压 $U_{AB}$ 为参考角度，则 $I_A$ 在第四象限，例如电动机保护装置的幅值角度为：

| | | |
|---|---|---|
| $U_A$ | 57.74V | 0° |
| $U_B$ | 57.74V | 240° |
| $U_C$ | 57.74V | 120° |
| $I_A$ | 5A | 330° |
| $I_B$ | 5A | 210° |
| $I_C$ | 5A | 90° |

若幅值和角度不对，则有功功率和无功功率则计算错误，电度计算出错。

### （三）保护装置误动、拒动

保护装置自身硬件问题概率较小，多数是由于人为原因调试不规范造成。如果怀疑现场保护装置出现误动、拒动问题，在未查明故障原因的情况下，请第一时间与厂家取得联系。

### （四）保护装置开入信号错误

现场常见部分开入信号错误，比如接地刀闸合闸，保护装置和后台监控都指示分闸。保护装置自身硬件问题概率较小，接线松动、辅助接点问题占较大比例。

处理方法：例如接地刀闸图纸定义为遥信 6，用万用表直流挡测量 S 板 6 端子和 10 端子电压，电压为 0，说明外部 DC + 未到达遥信 6，应为外部问题；电压为控母电压 110V 或 220V，说明外部 DC + 已到达装置，为装置问题。

### （五）保护装置通讯异常

**1. 变电站单个保护装置通讯中断**

①检查该单元箱是否存在死机现象，如有死机现象，则将单元箱断电后重启。

②检查该单元箱的通讯线是否接好。

③需查看保护装置站号是否正确。

④更换装置后站号需要设置，且本站装置站号唯一。

⑤更换 S 板通讯口。

⑥上述措施未解决时，更换 S 板，将更换下来的 S 板邮寄往厂家进行维修。

**2. 一段装置通讯中断**

需怀疑是通讯线问题，故障点在通讯正常柜和中断柜之间。如果通讯还是没有，则需要检查该串口是否有问题，需要更换到备用串口或者更换该通讯卡，更换串口后必须将原来串口所带单元箱串口位置改为更换后的串口位置。

**3. 全站通讯中断**

应为后台机或通讯管理机问题。

**4. 个别装置反复报“通讯中断—通讯恢复”**

可能是装置硬件故障，请与厂家联系。

# 第三节　电气常用检维修设备

## 一、电气设备试验项目及所用设备

### （一）电力变压器

①绝缘电阻和吸收比：绝缘电阻测试仪；

②直流电阻：智能型感性负载直阻测试仪；

③泄漏电流：直流高压发生器；

④介质损失角 tan$\delta$：智能型一体化抗干扰精密介损测试仪；

⑤交流耐压试验：交直流轻型试验变压器、变频串联谐振耐压试验装置。

### （二）电动机

①绝缘电阻和吸收比：绝缘电阻测试仪；

②直流电阻：智能型感性负载直阻测试仪；

③直流耐压试验及泄漏电流值：直流高压发生器；

④交流耐压试验：交直流轻型试验变压器。

### （三）互感器

①绝缘电阻：绝缘电阻测试仪；

②交流耐压：交直流轻型试验变压器；

### （四）真空断路器

①绝缘电阻：绝缘电阻测试仪；

②交流耐压试验：交直流轻型试验变压器；

③导电回路电阻：回路电阻测试仪；

④合闸接触器和分、合闸电磁铁线圈的绝缘电阻和直流电阻：万用表、绝缘电阻测试仪；

⑤测量分、合闸时间及同期性：智能真空断路器动特性测试仪；

⑥分、合闸最低动作电压：智能真空断路器动特性测试仪。

### （五）隔离开关

①绝缘电阻：绝缘电阻测试仪；

②二次回路检查：绝缘电阻测试仪；

③导电回路电阻：回路电阻测试仪。

### （六）母线、绝缘子、套管

①绝缘电阻：绝缘电阻测试仪；

②交流耐压试验：交直流轻型试验变压器；

③套管绝缘电阻：绝缘电阻测试仪。

### （七）电力电缆

①电缆主绝缘绝缘电阻：绝缘电阻测试仪；

②电缆主绝缘交流耐压：交直流轻型试验变压器、变频串联谐振耐压试验装置。

### （八）电容器

①绝缘电阻：绝缘电阻测试仪；

②电容值：电容电感测试仪；

③交流耐压：交直流轻型试验变压器。

### （九）电抗器

绝缘电阻：绝缘电阻测试仪。

### （十）金属氧化物避雷器

①绝缘电阻：绝缘电阻测试仪；

②直流1mA电压（$U_{1mA}$）及$0.75U_{1mA}$下的泄漏电流：智能型避雷器测试仪、直流高压发生器；

③运行电压下的交流电流：智能型避雷器带电测试仪。

### （十一）过电压保护器

①绝缘电阻：绝缘电阻测试仪；

②工频放电试验：交直流轻型试验变压器。

### （十二）蓄电池

①蓄电池内阻、电压：蓄电池内阻测试仪；

②充放电试验：智能型蓄电池充放电测试仪。

### （十三）继电保护

微机继电保护测试仪。

### （十四）仪表

微机继电保护测试仪、标准表。

### （十五）继电器

微机继电保护测试仪。

### （十六）绝缘安全工器具

交直流轻型试验变压器、辅助绝缘工器具耐压测试仪。

### （十七）接地装置

接地电阻测试仪。

## 二、电气常用检维修设备介绍（见表 6.3－1）

表 6.3－1　电气常用检维修设备介绍

| 序号 | 名称 | 主要用途、技术参数 | 图　例 |
| --- | --- | --- | --- |
| 1 | 智能相绝缘电阻测试仪 | 1. 用途　用于测量电气设备的绝缘电阻，能发现绝缘材料是否受潮、损伤、老化，从而发现设备缺陷<br>2. 参数　测试电压：500V～5kV 直流；测量量程：0～500GΩ 自动量程 | |
| 2 | 智能感性负载直阻速测仪 | 1. 用途　测量变压器、电机绕组直流电阻，已检查绕组的材质、焊接质量和分接开关接触状况<br>2. 参数　输出电流：40A、20A、10A、3A、1A、15mA；量程：0～0.5Ω（40A），1mΩ～1Ω（20A），2mΩ～2Ω（10A），6mΩ～8Ω（3A），20mΩ～24Ω（1A），20Ω～20kΩ（15mA）；准确度：0.2% ±0.2μΩ；最小分辨率：0.01μΩ | |
| 3 | 回路电阻测试仪 | 1. 用途　用于开关回路电阻、母线电阻、接头电阻等 μΩ 电阻的简单、快速、准确测试，并彻底克服电桥测试可能产生的假性数据。<br>2. 参数　测试电流：DC 100A/200A；测量范围：1～1999μΩ；测试精度：1.0 级；最高分辨率：1 μΩ | |

续表

| 序号 | 名称 | 主要用途、技术参数 | 图 例 |
| --- | --- | --- | --- |
| 4 | 智能型一体化抗干扰精密介损测试仪 | 1. 用途　测试各种高压电力设备介损正切值及电容量的高精度测试仪器。测试各种高压电力设备介损正切值及电容量的高精度测试仪器<br>2. 参数　电容量范围：15pF < $C_x$ < 300nF；10kV 最大电容：$C_x$ <60000pF；最大输出电压：10kV；最大输出电流：200mA | 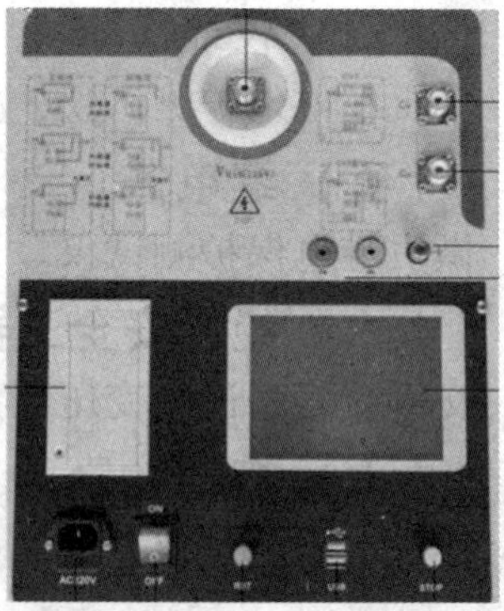 |
| 5 | 直流高压发生器 | 1. 用途　主要用于各种电气设备及绝缘材料的直流耐压试验和直流泄漏试验，手动升压，并且可以进行 MOA 的现场试验<br>2. 参数　可选择 60kV/2mA/3mA/5mA，120kV/2mA/3mA/5mA，200kV/2mA；电压精度：±（量程的 1% + 读数的 1%）；分辨率：0.1kV；电流精度：±（量程的 1% + 读数的 1%）；分辨率：1μA | 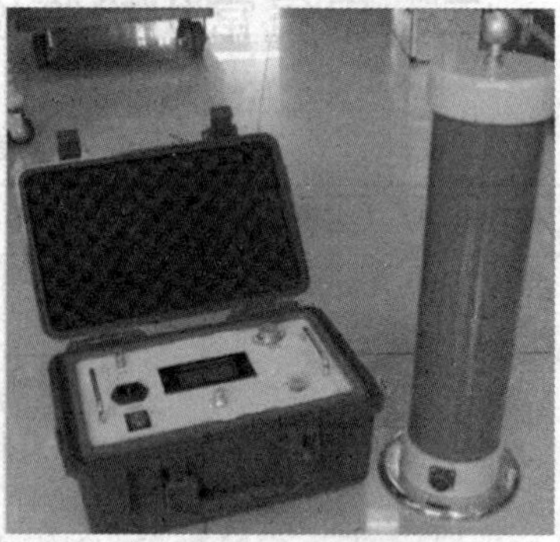 |
| 6 | 交直流轻型试验变压器（含操作箱） | 1. 用途　对各种高压电气设备、电气元件、绝缘材料进行工频或直流高压下的绝缘强度试验<br>2. 参数　输入电压：220VAC；低压输出：0 ~ 250VAC；低压电流：0 ~ 5A/10A/15A/50A；输出容量：0 ~ 3 kVA/5 kVA/10 kVA/15 kVA；高压电压：0 ~ 50kV/100kV/150kV/200kV；高压电流：0 ~ 50mA/100mA/150mA/200mA/500mA/1000mA/2000mA | 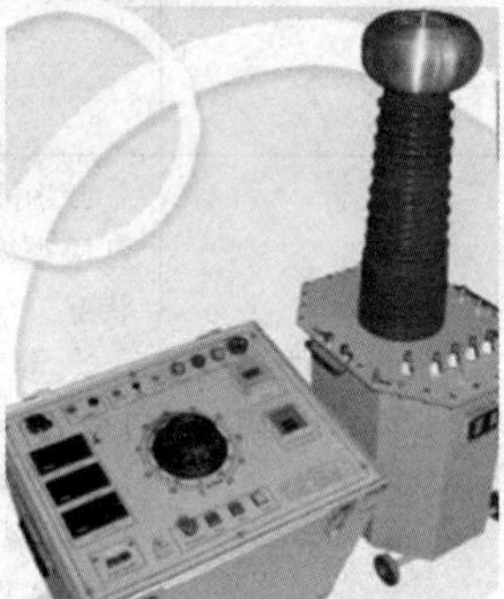 |
| 7 | 智能氧化锌避雷器测试仪 | 1. 用途　用于检测 10kV 及以下电力系统用无间隙氧化锌避雷器 MOA 阀电间接触不良的内部缺陷，测量 MOA 的直流参考电压（$U_{1mA}$）和 0.75 $U_{1mA}$ 下的泄漏电流。<br>2. 参数　测试范围：电压 0 ~ 30kV；电流：0 ~ 1000μA；测量精度：电压 1% | 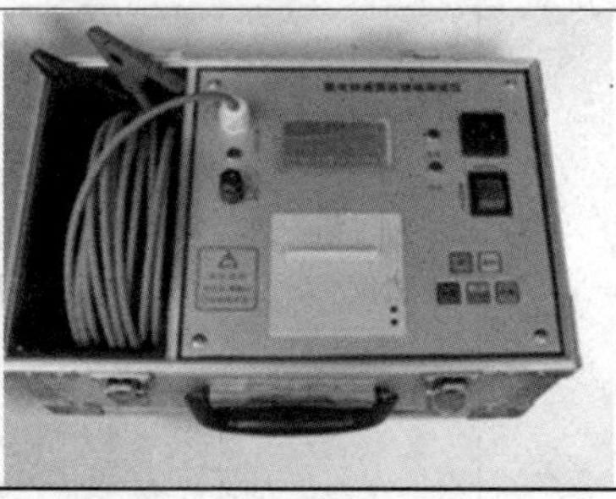 |

续表

| 序号 | 名称 | 主要用途、技术参数 | 图　例 |
| --- | --- | --- | --- |
| 8 | 全自动电容电感测试仪 | 1. 用途　测量并联电容器组中的单个电容器电容值，测量电抗器的电感<br>2. 参数　电容量量程：0.2～2000μF；容量范围：5～20000kV；电感量程：1mH～9.99H；输出测量电压：AC 26V/500VA，50Hz | 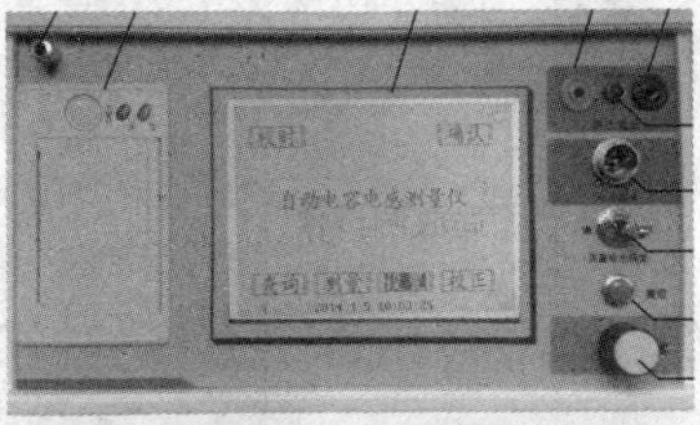 |
| 9 | SF6 多功能分析仪（含测试气体回收系统） | 1. 用途　用于 SF6 气体分析<br>2. 参数　百分比纯度、微水含量、$SO_2$ 含量（0～100ppmv）、HF 含量（0～10ppmv）、$H_2S$ 含量（0～100ppmv）和 CO 含量（0～500ppmv）；测量过程中的 SF6 气体对环境的零排放 | 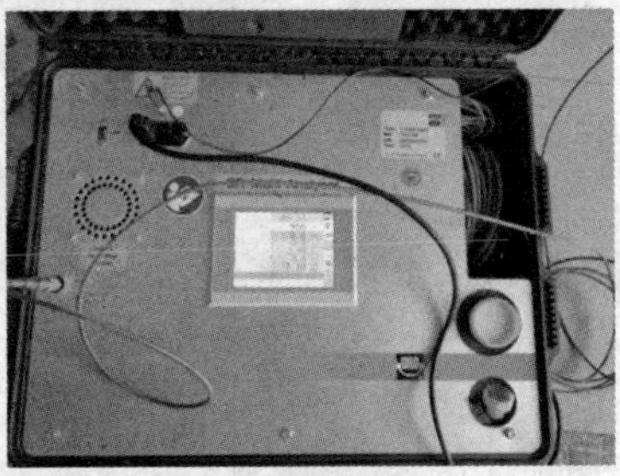 |
| 10 | SF6 气体密度继电器校验仪 | 1. 用途　用于 SF6 气体密度继电器校验<br>2. 参数　自动测量，自动报告数据和结论；测量精度：0.2 级；显示方式：800×600 真彩液晶显示；测量压力范围：0～0.9MPa；压力显示分辨率：0.0001 MPa；测量压力类型：绝对压力和相对压力 | 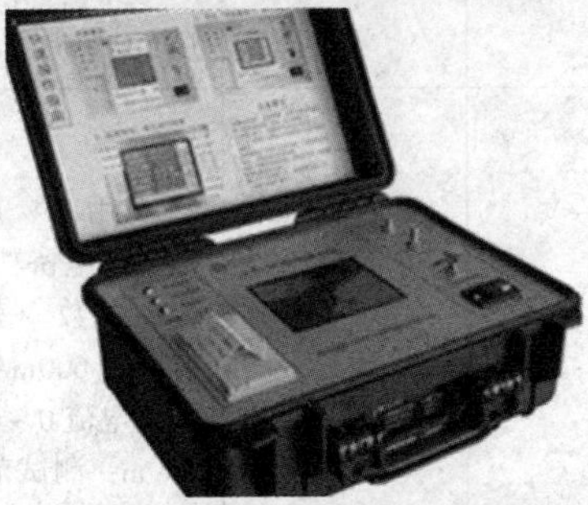 |
| 11 | 红外热像仪 | 1. 用途　用于电力设备、电缆、外线巡检<br>2. 参数　640×480 像素的高灵敏度探测器；5″LCD 显示屏；50Hz/60Hz 全帧频输出，快速的变化亦能捕捉，同时适用于移动目标物；自动搜录最高温、最低温及平均温，发现异常时可实现声音、颜色双报警；内置 500 万像素的可见光模块和一个 LED 补光灯，热像仪具备多种显示模式：全红外、全可见、画中画、热融合 | 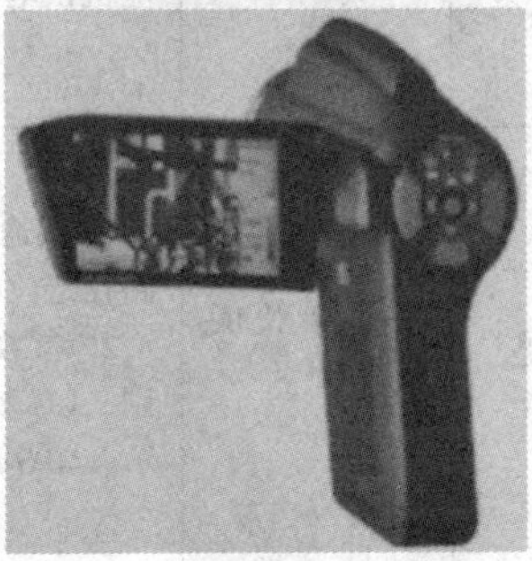 |
| 12 | 远程超声波局放测试仪 | 1. 用途　利用非接触式超声波检测手段检测电力设备劣化而产生的放电、击穿、闪络、灰尘污垢等引起不良现象<br>2. 参数　测量范围：－20～50dB；额定频率范围：20～100kHz；传感器频率范围：35～45kHz、音频输出范围：0～100% |  |

续表

| 序号 | 名称 | 主要用途、技术参数 | 图　例 |
|---|---|---|---|
| 13 | 局放测试仪 | 1. 用途　用于 GIS、开关柜、变压器、电动机、电缆在线监测<br>2. 参数　融合了三种测试技术：超声波，高频 CT、TEV 测试技术 | 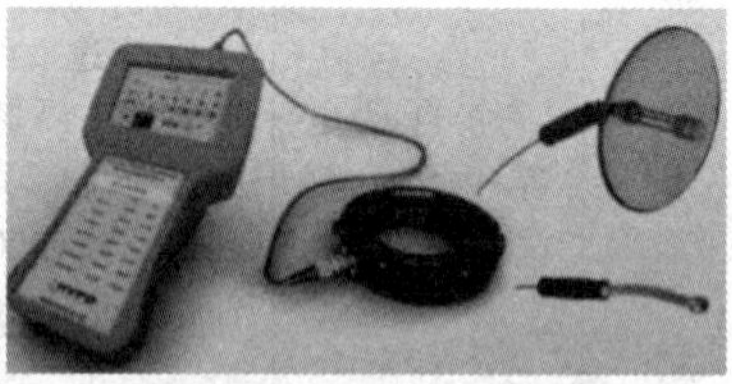 |
| 14 | 电缆故障远程定位系统 | 1. 用途　电缆故障查找、预定位方法：远程定位法、低压脉冲法、二次脉冲法；精确定点方式：智能时间差法、跨步电压法、电磁巡测法、声测法<br>2. 参数　输出直流电压：0～35kV；充电电流：30～50mA；最大放电能量：1200J；最大输出功率：2000W；容量：1kVA；最大测试范围：100km；最高分辨率：0.4m；允许冲击电压：0～35kV；允许冲击能量：2000J；定点定位精度：0.1m | 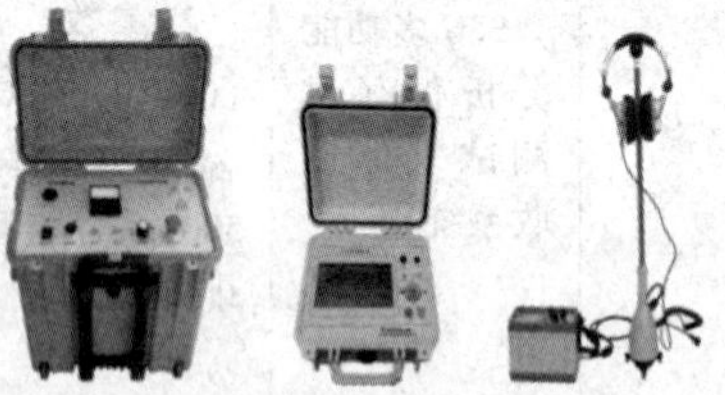 |
| 15 | 智能数字定位电桥 | 1. 用途　用于电缆故障测试，集故障烧穿、数字式电桥功能于一体。<br>2. 参数　烧穿功能：输出电压 0～60kV，短路电流 600mA；电桥功能：输出电压 0～40kV，短路电流 0～600Ma，定位精度 ±（0.2%・$L$+1）m，测试范围 1～50000m；功率：1kVA，发电机供电（大于 1kW） | 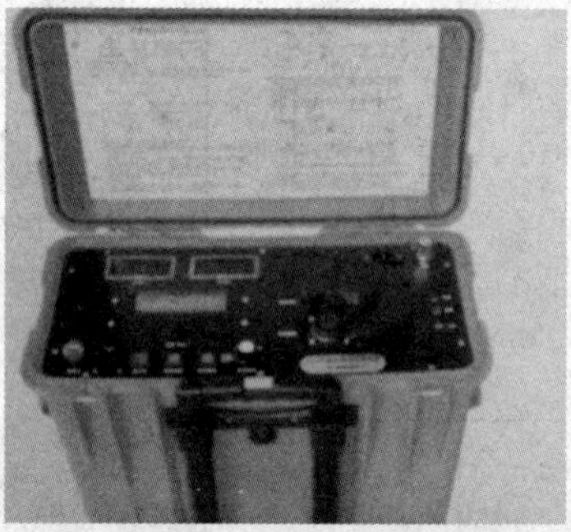 |
| 16 | 彩屏智能管线仪 | 1. 用途　适用于各种复杂环境下电力电缆的路径定位<br>2. 参数　融合 5Hz 超窄带滤波、SS 信号识别、GC 罗盘导向、DA 畸变警示、L/R 左右指示、GPS 地理信息定位等技术 | 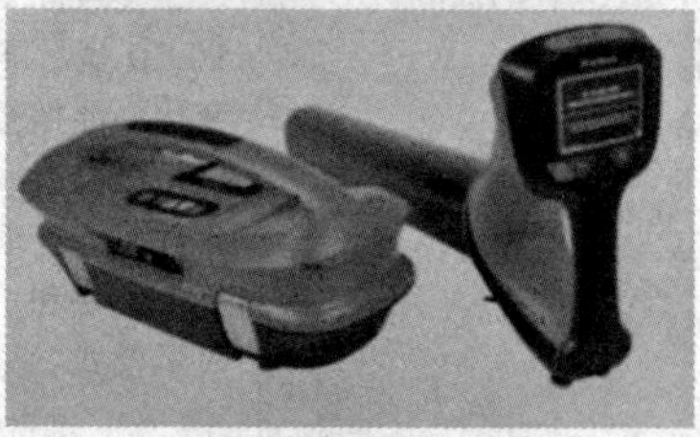 |
| 17 | 带电电缆识别仪 | 1. 用途　主要用于现场多条电缆的准确识别，可用于带电电缆和停电电缆识别<br>2. 参数　钳口：≥140mm；闭合时内径≥120mm；识别方式：方向、幅度、双判据 |  |

续表

| 序号 | 名称 | 主要用途、技术参数 | 图　例 |
|---|---|---|---|
| 18 | 双角度高压电缆安全试扎装置 | 1. 用途　解决了现场高压电缆绝对安全的全自动试扎问题<br>2. 参数　双键遥控，操作简单；双角度试扎，理论保证彻底扎伤短路；无线遥控距离：≥3m；适用电缆：≤$\phi$125mm 的各种高压电缆 |  |
| 19 | 高压电缆头制作系统 | 1. 用途　用以高压电缆头制作的专用工具<br>2. 参数　包括电缆外被开剥器、外半导体层剥除器、绝缘层剥除器、主绝缘层末端剥除器、倒角器、棘轮切刀等 |  |
| 20 | 蓄电池内阻测试仪 | 1. 用途　能够精确测量蓄电池两端电压和内阻，并以此来判断蓄电池电池容量和技术状态的优劣<br>2. 参数　测量范围：内阻 0～100mΩ；电压 0～16V；最小测量分辨率：内阻 0.001mΩ，电池电压 1mV；测量精度：内阻 ±2.0% rdg ±6dgt，电压 ±0.2% rdg ±6dgt | 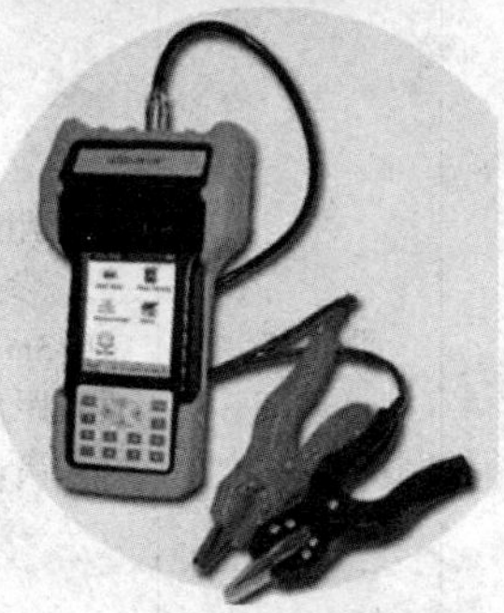 |
| 21 | 蓄电池单体活化仪 | 1. 用途　能对单体电池进行活化测试，激化电池极板失效的活性物质使电池活化，提升落后电池的容量<br>2. 参数　电池电压：12V；放电电流：0～30A；充电电流：30A；上限电压：15.0V；下限电压：10.2V |  |
| 22 | 蓄电池充放电测试仪 | 1. 用途　对蓄电池组进行核对性充放电试验、容量测试<br>2. 参数　电池组电压：DC220V；工作电源：AC220V 或 DC220V；放电电流：0～100A 连续可调；放电终止电压：176～264V 可调 | 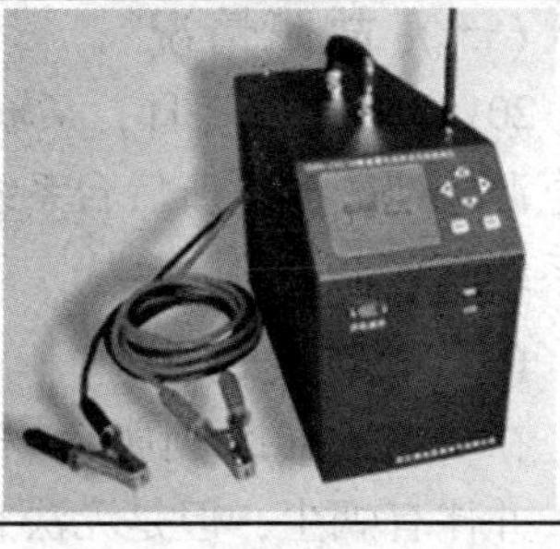 |

续表

| 序号 | 名称 | 主要用途、技术参数 | 图 例 |
|---|---|---|---|
| 23 | 微机继电保护测试系统 | 1. 用途 用于继电保护装置、继电器等仪器仪表的校验<br>2. 参数 电流通道数：标准6相；电压通道数：标准6相；交流电流输出范围：30A/相或180A（六并）；直流电流输出范围：10ADC/相；交流电压输出范围：120VAC/相；直流电压输出范围：160VDC/相 | |
| 24 | 便携式现场电源 | 1. 用途 作为检维修现场便携式电源<br>2. 参数 输出峰值功率：2000W；输出电压：AC 纯正弦波 220V/50Hz；DC：12V/10A，5V/2A | |
| 25 | 测距仪 | 1. 用途 用于外电线路测距<br>2. 参数 测程范围：5～1500m；测距误差：±0.3m；测角误差：±0.1°；测量功能：斜距、垂直距离、水平距离、角度、高差、任意两点间距离；望远镜倍率：8倍 | |

# 第四节 电气抢维修案例分析

## 一、高压开关柜柜顶小母线故障

### （一）故障情况

2015年12月2日，某输油站变电所直流屏故障，直流屏KM、BM回路绝缘异常、直流电源接地，变电所后台系统电脑采集现场6kV高压柜信息全无，根据故障现场判断为直流系统故障。

### （二）处置过程

在变电所查找故障点，根据值班人员反映故障为突发事故，故障发生后变电所有焦糊味，并伴有烟尘，但是无法查找到具体是哪个位置发生的故障。经过简单的查找未找到故障点，晚上变电所照度不够，若逐一排查很耗费时间。因变电所现场一直有视频监控，于是选择从监控录像查找信息。

通过调取监控录像，很快发现故障点位于消弧及过电压保护柜位置，将其柜顶小母线盖板打开后，发现小母线接线端子处有明显的放电痕迹，接线端子锈蚀严重，导线焦糊现象很明显，柜顶小母线区域有大量凝露的水珠，如图 6.4 – 1 所示。于是将变电所所有高压柜柜顶小母线盖板打开，还发现部分高压柜小母线盖板下存在水珠积水。

图 6.4 – 1　柜顶小母线故障图

首先通过切断带电的柜顶小母线，一方面将故障点的积水进行处理清扫，对损坏的小母线绝缘处理，更换小母线接线端子，对故障位置的小母线重新接线；另一方面，针对其他存在积水的位置进行吸水清灰处理，同时将小母线盖板打开一定角度，保持通风，防止再次凝露。

### （三）事故分析

①根据故障点端子排锈蚀情况分析，凝露情况存在时间很久。

②将小母线盖板全部打开后发现凝露积水只存在高压柜的一侧，对其初步分析发现该侧高压柜下电缆沟地势较低，且存有积水。柜顶小母线一直处于运行状态，小母线周围热的水蒸气遇到小母线槽冷金属后凝结成水珠。

③小母线槽上端为金属封闭结构，小母线槽内的水汽无法往上挥发。时间长久使得端子排锈蚀损坏严重，绝缘电阻降低导致此次故障的发生。

④变电所内无除湿装置，建议增加除湿装置。

### （四）经验总结

柜顶小母线在日常维修中很少检查维护，维护和运行人员不会将柜顶小母线槽打开查看小母线情况，在日后维保中需增加柜顶小母线的检查项目。此次事故可以举一反三，检查其他变电所柜顶小母线的运行情况，防患于未然。此次，通过对现场视频查看很快锁定故障点，也为故障查找处置提供了一种新的方法。

## 二、变频器故障处理

### （一）故障情况

某输油站 10#输油泵电机功率为 1800kW，额定电流为 205A，其配套高压变频器故障：故障发生时间 2016 年 2 月 14 日，现场控制面板显示过流保护，如图 6.4－2 所示，动作电流值为 A 相 505.2A，系统保护设定值为 500A，但停机后重启恢复正常。

| 记录时间 | 输出电流 | 输入电压 | 输出电压 | 实际被控 | 备注 |
|---|---|---|---|---|---|
| 22:30:00 | 0.0 | 0 | 0 | 0.00MPa | 系统故障;高压未就绪;重故障报警;开环远控模拟; |
| 22:00:00 | 0.0 | 0 | 0 | 0.00MPa | 系统故障;高压未就绪;重故障报警;开环远控模拟; |
| 21:30:00 | 0.0 | 0 | 0 | 0.00MPa | 系统故障;高压未就绪;重故障报警;开环远控模拟; |
| 21:00:00 | 0.0 | 0 | 0 | 0.00MPa | 系统故障;高压未就绪;重故障报警;开环远控模拟; |
| 20:30:00 | 0.0 | 0 | 0 | 0.00MPa | 系统故障;高压未就绪;重故障报警;开环远控模拟; |
| 20:27:44 | 0.0 | 0 | 0 | 0.00MPa | 系统故障;高压未就绪;重故障报警;开环远控模拟; |
| 20:27:42 | 0.0 | 0 | 0 | 0.00MPa | 过流保护时:Iu=-505.2A Iv=98.8A Iw=406.4A |
| 20:27:40 | 0.0 | 0 | 0 | 0.00MPa | 系统故障;重故障报警;开环远控模拟; |
| 20:27:39 | 0.0 | 0 | 0 | 0.00MPa | PLC急停指令 |
| 20:27:39 | 0.0 | 0 | 0 | 0.00MPa | 系统故障:负载过流!; |
| 20:27:39 | 131.2 | 6.14 | 4.89 | 0.00MPa | 正在运行;开环远控模拟; |
| 20:27:38 | 131.2 | 6.14 | 4.89 | 0.00MPa | 正在运行;开环远控模拟; |
| 20:27:38 | 131.0 | 6.14 | 4.89 | 0.00MPa | 正在运行;开环远控模拟; |
| 20:00:00 | 131.1 | 6.12 | 4.89 | 0.00MPa | 正在运行;开环远控模拟; |
| 19:30:00 | 138.4 | 6.1 | 5 | 0.00MPa | 正在运行;开环远控模拟; |

图 6.4－2　控制面板显示故障信息

### （二）处理情况及原因分析

现场与厂家技术人员一起对变频器显示故障记录和系统设置进行查看；对旁路柜、变压器柜、功率柜和控制柜一一进行排查未发现异常现象；对变频器进、出线电缆和变频器内部高压电缆进行绝缘电阻测试，测试结果一切正常（绝缘均大于 2500MΩ）。现场分析提出三个方面导致故障的可能性：

①软件问题：通过查看变频器设定参数信息发现电流保护定值 500A（瞬时动作）设定偏小，改为 574A（205×2.8）；最低频率 0.5Hz 过小，改为 15Hz；重新对零点漂移进行校正。

②控制模块问题：目前控制方式为 V/F，可改为矢量控制方式进行测试。

③变频器投入运行 11 年，功率模块使用正常未更换过，内部电容器使用年限长，可能存在滤波效果不好，导致高次谐波存在的可能。建议厂家使用专业仪器检测电容器，对功能差的电容器或功率模块进行更换。

完成序号 1 所列问题的改进后变频器正常运行，后续加强对输油泵机组及变频器的巡检，如后续运行仍出现此类故障需联系厂家进行以上序号 2、3 项目的检测和更换。

## 三、EPS 故障处理情况

图 6.4－3　烧毁的 EPS 电池

### （一）故障情况

2015 年 12 月 31 日 6 时，某输油站值班人员正常巡检时发现，变电所主控室 EPS 柜电池组已烧毁，直流屏控母 1 开关无法合闸，主变保护屏和通讯屏装置无法送电不能正常工作，主控室后台电脑已停止供电，EPS 两边通讯屏和交流屏受电池组烧毁影响柜体有烧黑痕迹，主控室存在大量燃烧产生的积灰。图 6.4－3 为烧毁的 EPS 电池。

### （二）处置过程

抢维修人员于 12 月 31 日晚到达现场开展紧急处理：现场检测控制母 1 回路短路，在通讯屏位置发现故障点，通讯屏装置电源线有烧熔现象，现场将存在短路的回路临时断开，通讯屏停止送电运行，将控母 1 回路恢复送电供两面主变保护屏提供直流电源，主变保护屏恢复正常工作。

更换通讯屏电源空开 4 个，将受损的电源线拆除，重新敷设新的电源线，接线调试后通讯屏恢复正常。主控室电脑原供电电源引自 EPS，现场临时从直流屏交流输出 3 回路接线给电脑供电，使电脑恢复正常使用。

经以上维修后，使出现故障的主变保护屏、通讯屏和后台电脑等继电保护功能恢复正常使用且通讯正常。鉴于 EPS 已损坏，现场将 EPS 退出运行，待联系厂家前来处理 EPS。

### （三）可能导致蓄电池失火的原因

①蓄电池连接线松动，连接部件间点电阻过大，热量积累，温度升高，引起蓄电池端子发热导致外壳炭化，ABS 冒烟起火，直至同一层面蓄电池燃烧。

②蓄电池壳体渗漏。蓄电池充电时，内部产生气体，气体压力使硫酸从细小的裂缝中渗出，渗出的硫酸流到接地的蓄电池架上，形成短路而引发事故。同时渗漏的硫酸可腐蚀接线端子，使接线连接部件间接触电阻过大。

### （四）预防措施

①加强蓄电池运行维护管理，巡检过程及时发现蓄电池渗漏液、接线柱腐蚀现象，发现问题及时处理，对于无法处理的蓄电池及时更换。

②定期测量蓄电池内阻可有效发现蓄电池完好状态及连接是否正常。

③蓄电池与其他设备保持必要的安全距离，以避免其他电器设备出现火花/火灾时引

燃蓄电池，也可有利于蓄电池散热，并能尽量避免因蓄电池燃烧等引起更大的损失。

④此次事故通过后台电脑恢复供电后查找记录判断故障发生时间在2015年12月31日00时至01时之间，故障发现距故障发生间隔5~6h，大大扩大了事故的持续时间。建议将蓄电池运行故障状态信号传至后台有人值班室，并在蓄电池的房间内加装视频监控功能。同时加强巡检频率，一旦蓄电池系统发生故障能以最短时间消除故障，防止事故的进一步扩大。

## 四、低压380V污水泵动力电缆故障

### （一）故障线路情况

2015年9月某输油站污水泵无法启动，电缆绝缘测试存在故障。电缆型号为ZR-YJV22-1kV 5×16mm²，起点为站控低压柜，终点为现场污水泵配电柜，铺设方式为直埋敷设，过路套管，电缆全长约200m，途经线路主要是草坪地面，中间有一处过路，路径清晰。

### （二）故障初判

将电缆两端解开，使用绝缘摇表对故障电缆摇测BC相间绝缘，结果为：B－C为100kΩ，B－地为0Ω，C－地为0Ω，其他相绝缘良好。

确定电缆故障为BC间高阻故障，BC对地为低阻故障，接线可选择BC对地施加高压脉冲或BC之间施加高压脉冲。

### （三）预定位

首先通过低压脉冲确认电缆全长为180m左右，预定位观察波形时先将BC相对地施加高压脉冲，但无放电波形。说明BC相对地阻值太低，这种接线方式在故障点位置无法放电。于是选择BC相间施加高压脉冲，出现放电波形，如图6.4－4所示。

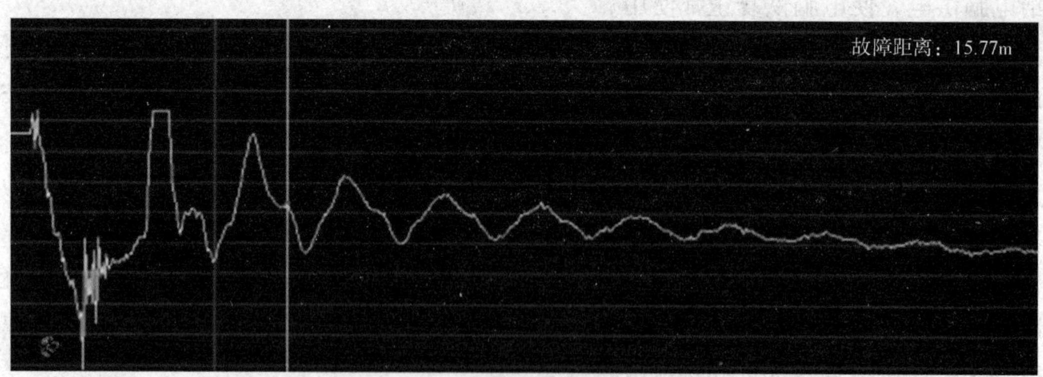


图6.4－4　高压脉冲故障波形

### （四）定点

通过高压波形分析可知故障点距加压电缆位置15m左右。继续对BC相间施加高压脉冲，在预判故障点周围进行定点，放电声音明显，故障点位置地面有明显震动感，在无需定点仪的情况下便可感受到明显的放电现象。故障点位于出站控室外的草坪内，通过停止

加压将故障位置挖开确认故障电缆，发现电缆表皮存在明显的破损点。与故障波形比较，故障点位置与波形高度对应。

## 五、10kV 1#雨水泵电缆故障

### （一）故障情况

电缆路径：变电所至1#雨水泵；敷设方式：电缆沟敷设；电缆型号：ZR-YJV22 3 × 50mm$^2$，10kV；长度：1340m 左右。

现场起始情况：将电缆两端解开，绝缘电阻测试，A－B 为 1.62GΩ；A－C 为 1.78GΩ；B－C 为 16.7MΩ；A－地为 5.5GΩ；B－地为 10MΩ；C－地为 11MΩ。

判断 B、C 相间及对地绝缘电阻偏低，为高阻故障。

### （二）测试处理过程

①首先在变电所侧采用低压脉冲通过 A、B 相间测量电缆全长 1340m 左右。

②C 对铠：高压脉冲 15kV，10min 未击穿，高压脉冲 20kV 10min 发现故障点击穿，但波形显示不明显，不能判定故障点位置。后测试 C 对铠电缆绝缘电阻为 0，万用表测试约为 20kΩ，说明故障点虽已经击穿，故障点经过多次尝试虽有放电，但波形为非标准高压脉冲波形，不能作为预定位判定依据。

③在电机侧测量 B、C 相间及对地绝缘电阻为 8MΩ，对 B 相进行高压脉冲测试，加压约 14kV，10min 未有放电现象，停止加压复测绝缘电阻上升至 80MΩ。由于绝缘电阻回升，无法进行击穿放电，故暂时放弃通过 B 相查找故障点。

④后续在电机侧改为 C 相对铠进行高压脉冲试验，加压两次，最高电压约 15kV，发现有清晰的高压脉冲波形。经波形分析故障点离电机侧约 200m 左右，如图 6.4－5 所示。但进行故障定点时未听到放电声，需进一步确认预定位位置。

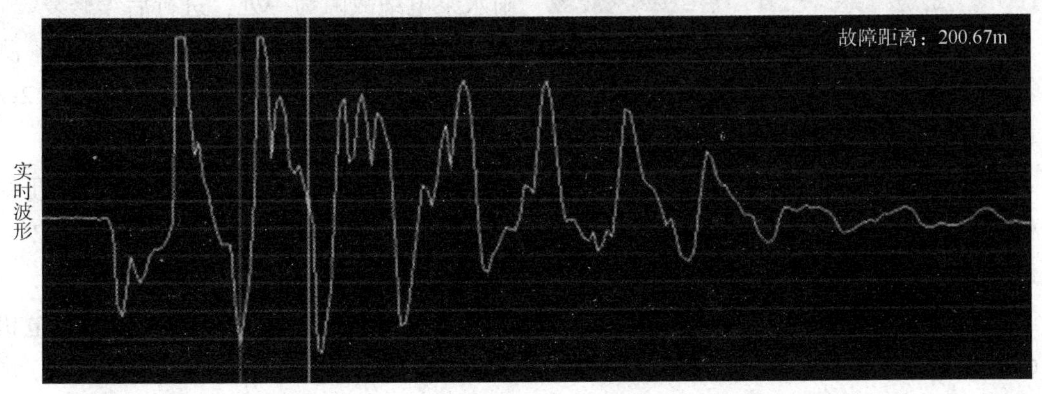


图 6.4－5　电机侧 C 对铠高压脉冲波形

⑤在变电所侧 C 对铠进行测试，高压脉冲 8kV 左右发现有明显的故障波形，波形分析故障点约 1050m 左右，如图 6.4－6 所示，该位置与电机侧预定位情况基本吻合。

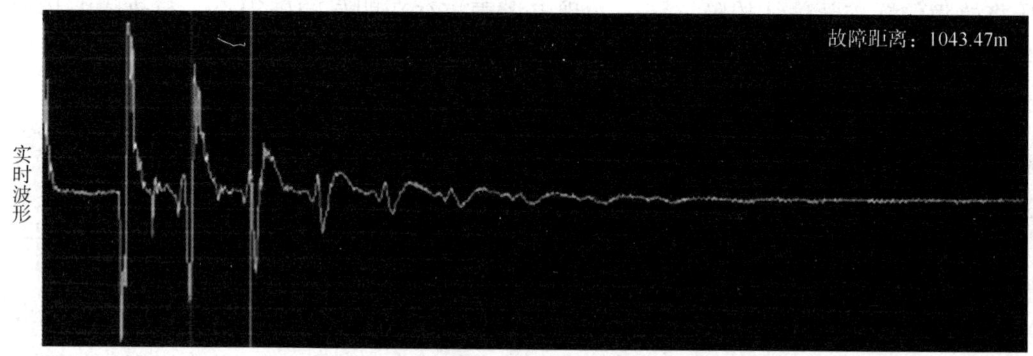


图 6.4－6　变电所侧 C 对铠高压脉冲波形

于是，改为离故障点近距离的电机侧进行测试，C 相对地加压 10kV，在 200m 左右有轻微放电声，但声音不明显，不能精确判断故障点位置。鉴于电缆敷设在充砂的电缆沟内，电缆沟盖板上方约有 50cm 厚土层，故障点放电声音不明显，需要选择在疑似点附近挖开土层，掀开盖板进行后续的定位。

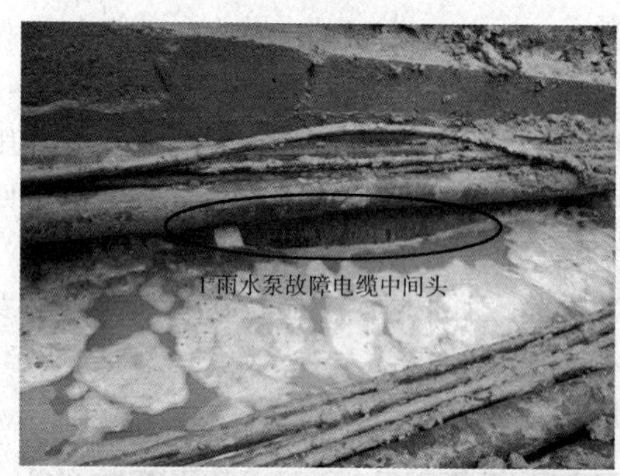


图 6.4－7　1#雨水泵电缆中间头故障

⑥在电缆疑似故障范围内进行开挖，同时在电机侧继续选择 C 相对地施加高压脉冲进行定位，逐渐缩小故障点范围，最终在离电机侧 200m 左右位置发现电缆中间接头，且中间接头有放电声，判断中间接头为故障点，如图 6.4－7 所示。

⑦1#雨水泵电缆故障点剥开后，两边测试绝缘电阻均达到 GΩ，绝缘正常，确定 1#雨水泵电缆故障为一处，进行后续修复。

⑧雨水泵故障电缆中间头恢复后，测试雨水泵电缆绝缘：A－BC 及地为 16.2GΩ；B－AC及地为 16.2GΩ；C－AB 及地为 16.7GΩ。

对电缆进行串联谐振交流耐压：耐压值 14kV，频率 49Hz，耐压时间 5min，耐压结果合格。耐压完后复测电缆绝缘：A－BC 及地为 13.5GΩ；B－AC 及地为 15.8GΩ；C－AB 及地为 14.9GΩ。

至此，1#雨水泵电缆故障已完全处理完毕，将两端电缆头与系统恢复后，测量电机绝缘电阻约 1.5GΩ，送电后电机运行正常。

## 六、变电所Ⅰ段进线电缆故障

### （一）故障情况

电缆路径：上级 110kV 变电站 10kV Ⅰ段 F29 开关至某输油站变电所 1#进线 701 开关；敷设方式：出上级变电所沿电缆沟敷设，中间为电缆桥架，后直埋进变电所；电缆型号：

ZRC-YJV22-8.7/15kV-3×300mm$^2$；长度：3100m（标识牌）。

现场起始情况：电缆两端解开，测量电缆绝缘电阻测试：

A－B 为 126MΩ；A－C 为 112MΩ；B－C 为 55MΩ；A－地为 90Ω；B－地为 44MΩ；C－地为 16.9MΩ。

从输油站变电所侧，判断电缆主要问题为电缆相间及对地绝缘电阻偏低，其中 B、C 相绝缘最低，为高阻故障。需进一步查找电缆故障点。

### （二）测试过程

①从变电所侧对电缆 AB 相低压脉冲测试全长：2780m。

②C－铠及地：高压脉冲 15kV；10min 未见击穿，复测绝缘 A－地为 98MΩ。继续 C－铠及地：故障烧穿 12kV，15min 未见烧穿，复测绝缘 A－地为 100MΩ。

③鉴于 B－地绝缘为 45MΩ，改为 B 相进行故障烧穿。电压刚升至 8kV 立即发现 C 相有烧穿现象，电压无法继续升上去，维持在 2kV 左右，电流为 50mA，5min 后，电流逐渐升至 100mA，于是停止烧穿，复测绝缘电阻 B－地为 0MΩ，说明 B 相故障点已击穿。

④对 B 相进行高压脉冲，有波形出现，但波形不明显，通过波形初步分析故障位置为 1180m 左右。于是安排人员到现场寻找是否有故障放电现象，在 1120m 左右恰有中间头（4#中间头）一个，在电缆桥架内。继续通过 B 相对地施加 10kV 高压脉冲进行定点，复听 4#中间头位置，声音很微弱，不是故障放电声，判断 4#中间头不是故障点。

⑤于是往 3#中间头位置查找，在 3#中间头位置听到明显放电声，用耳听即可。3#中间头在电缆沟内，打开电缆沟盖板进行确认故障电缆，将故障电缆故障点剥开后测试两端绝缘电阻正常，从而判定故障点只有这一处。

## 七、外电线路单相接地故障

### （一）故障情况

事故发生前某输油站变电所由 35kV Ⅰ段进线供电，1#主变、1#站变运行，2#、4#输油泵运行。2017 年 5 月 1 日 2 时 40 分，外电继保后台报 35kV1#进线接地报警，同时 2#、4#输油泵跳闸，3 时 01 分，外线停电，此时 1#站变停止运行，站场全部失电。失电后变电所调整为Ⅱ段进线运行，运行 2#主变、2#站变运行，重新启动 2#、4#输油泵，输油生产恢复。

### （二）故障查找过程

接到抢险指令后到达现场，由于故障原因尚不明确，故障点未找到，故障仍然存在，根据现场实际情况，分两个方面对故障原因进行分析、查找故障点。

在做好安全措施的情况下，一方面安排变电所对故障事件记录情况进行查找分析，对 1#站变进行测试（因现场 1#站变超温报警，温控器显示异常）。另一方面组织人员针对外电线路进行巡线，查找故障点。根据现场情况分析，重点检查 1#、96#杆塔电缆头及外电线路避雷器。

现场对 1#站变及电缆进行绝缘电阻和变压器直流电阻测试，测试结果正常。对温控器检查测试判断温度传感器PT100铂电阻出现故障，传感器损坏，需要更换。同时，外线方面在上一级变电所出站首端96#铁塔位置发现A相电缆头发生故障，搭接在杆塔上，导致35kV外电线路单相接地。

### （三）原因分析

①外线线路：外线电缆A相电缆头搭接到杆塔上，导致电力系统单相接地，这是此次故障的直接原因，因上一级变电所暂不会停电（电力系统规定最长运行时间2h），所以输油站变电所单相接地缺相运行。原因分析：A相电缆头接线鼻子与外线连接位置接触不良，接触电阻过大，长期发热，加之线路摆动使电缆接线端子脱落，搭接到杆塔上。

②35kV变电所：通过变电所后台数据进行分析发现，2时40分，外线发生单相接地，2#、4#输油泵因过负荷发生跳闸（2#泵过负荷动作值为1.19A，整定值为0.85A；4#泵过负荷动作值为1.16A，整定值为0.85A）；3时01分，外线停电，1#站变停电，站场全部失电。因外线单相接地，35kV变电所高压侧线电压保持不变，对非故障相地电压升高为线电压，1#站变异常运行导致温度传感器发生故障。

### （四）故障处理

通过对故障电缆头进行查看，制定恢复方案，准备电缆头、作业相关工器具等应急物料。办理工作票、高处作业等相关手续，物料准备齐全后，在作业现场进行安全防护等措施，并对电缆头处理恢复工作。将故障电缆头制作完成，并进行绝缘试验，试验合格。同时将外电线路两组避雷器拆卸下来后进行表面清理，完成相关试验合格后重新安装。完成以上工作后重新对外电线路进行绝缘测试，测试合格后申请上一级变电所送电。5月3日上午，外线送电运行，运行情况一切正常。

由于1#站变温控器需要重新采购，鉴于温控箱内部主板可能也已经损坏，需同时采购温控器主板及传感器一套。

## 八、电能表损坏导致电流互感器二次回路开路

### （一）故障情况

35kV 3501 1#进线柜运行中电能表B相无电流，继电保护采样显示B相无电流。

### （二）查找过程

经二次线路校验，电能表电流采样回路与继电保护装置保护电流回路串联接在CT二次回路中，万用表测量电能表B相电流回路电压为110V（运行中CT二次电流值1.9A）。分析判断电能表B相电流回路断线，导致CT二次侧开路运行，为不安全运行状态，存在严重隐患。

### （三）改进措施

现场无备用电能表，现场用导线将电能表B相电流回路短接（X4：10－AR50：115），并断开一根电能表电流回路线（线号X4：3，电能表端子排位置），如图6.4－8所示。目前保护CT二次接于继电保护保护CT端子，运行显示正常，保护采样值三相正常。待新电能表到货后进行了更换。

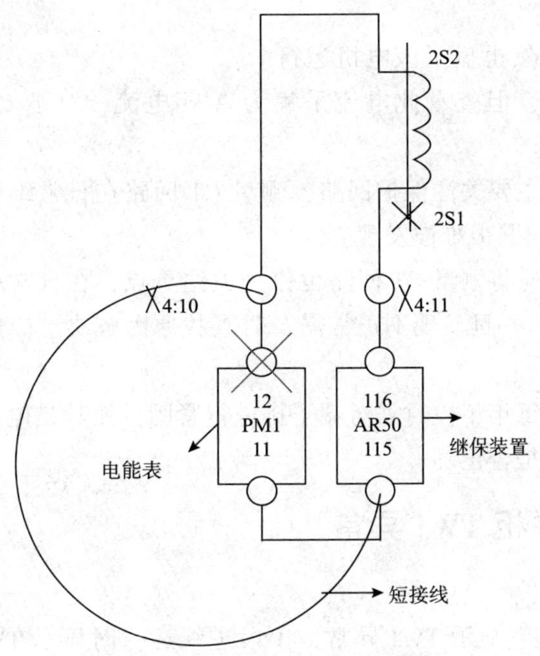


图 6.4－8　现场改进措施图

## 九、一起 CT 二次回路开路故障

### （一）故障情况

2017 年 9 月，在某输油站维修人员在进行变电后台数据查看过程中，发现 7#电机柜历史曲线中 C 相一直没有电流，其他相正常。

### （二）查找过程

根据该现象判断后台通讯和数据上传正常，其他测量量均正常。初步判断可能原因为测量 CT 二次侧 C 相短路或者开路，导致继保装置未采集到 C 相电流。

维修人员前往现场查看继保装置与后台电脑数据一致，于是查看电流测量回路，如图 6.4－9 所示。在端子排位置发现端子排至继保装置线号为 TAJC－的连接线位置接错，导致测量 CT 二次侧开路，存在严重安全隐患，发现后及时调整接线恢复正常。

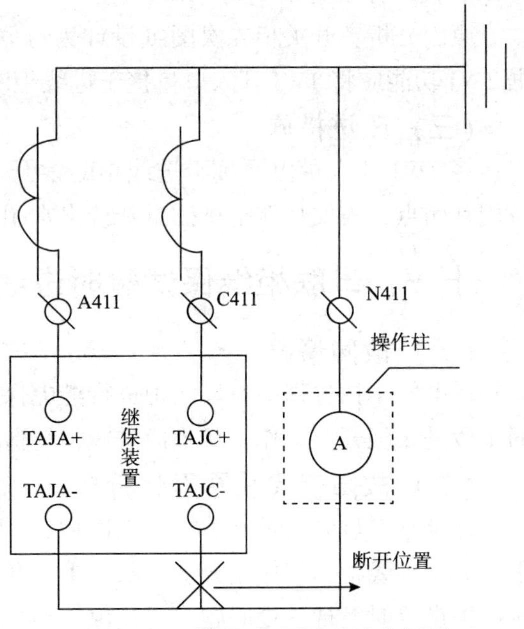


图 6.4－9　测量 CT 回路故障位置图

### （三）总结建议

①后台电脑界面虽然也显示该电机运行

电流（测量回路电流），但查看此电流采集为 A 相电流，对于 C 相出现的故障很难被发现。

②日常维保通常都主要关注保护回路，测量 CT 回路在日常维保过程中维保人员很少关注，若测量 CT 出现问题很难被发现。

③运行和维保人员应将测量 CT 回路也作为关注重点，在日常巡检和维保过程中需观察 CT 测量量是否正常，一旦发现不正常需及时查找原因解决。历史曲线和实时模拟量可作为查找的判断依据。

④电气维保人员在每年年检时需对端子排进行紧固，尤其是电流互感器二次回流，同时检查连接片所处位置是否正确。

## 十、10kV 母联柜 TWJ 异常

### （一）故障情况

10kV 母联柜继保装置显示 TWJ 异常，Ⅰ段进线运行时显示 TWJ1 异常，Ⅱ段进线运行时显示 TWJ2 异常。

### （二）查找原因

母联 TWJ 开入信号接于进线柜断路器常开点，母线Ⅰ段进线柜运行，TWJ1 = 1，I1 = 1.6A，使继保装置报 TWJ1 异常。

原因分析：开关柜二次图纸设计为母联 TWJ 开入量连接进线柜断路器常开点，而根据 TWJ 功能应将 TWJ 开入口量接于进线柜断路器常闭点，这就导致 TWJ 异常一直存在。

### （三）改进措施

将 TWJ 开入量由原接于进线柜的常开点转为常闭点，对照图纸此时进线柜无断路器备用常闭点，需要从航空排插重新接出常闭点至开关柜端子排。

## 十一、母联柜继保试验时进线柜误跳闸

### （一）故障情况

在电气年检过程中对母联柜进行继电保护，当进行过流保护动作时，同时使正在运行的Ⅰ段进线柜开关动作，且Ⅰ段进线柜继保无任何显示异常。

### （二）故障查找及原因分析

仔细查看母联柜及开关柜的二次回路图纸，发现母联柜与进线柜出口 5、6 分别引至Ⅰ、Ⅱ段进线柜，其作用分别为断开Ⅰ、Ⅱ段进线，接线无问题。在查看母联继保装置过流保护设置时发现一处问题：过流保护出口设置为 00011010，即当发生过流时出口 2、4、5 动作。

出口 5 为多余的误设置，此出口直接跳Ⅰ进线柜。因出口 5 接至进线柜分闸回路，未经过继保装置，所以进线柜未出现任何故障信息。将母联柜过流保护出口改为 00001010

后恢复正常。

### （三）总结建议

在进行继保试验过程中除了查看定值设置是否正确外，也要查看确定保护出口是否正常，既要保证保护的正确动作，也要防止保护误动使停电范围扩大。

## 十二、高压输油电机二次回路故障

### （一）现象1

某站带变频装置的输油电机在操作柱进行启动时无法启动，如图6.4－10所示。

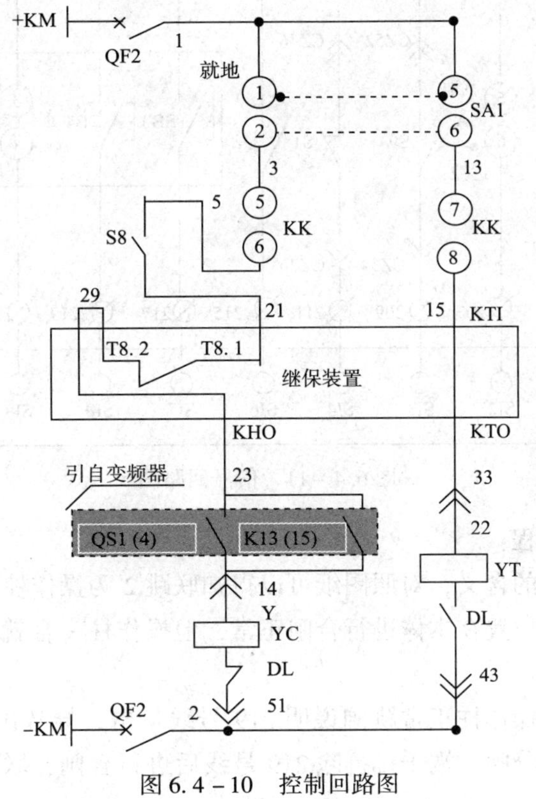


图6.4－10　控制回路图

查找、分析故障过程：

①把手车摇至试验位置在高压柜本体进行分合闸试验，结果均正常，说明就地的分合闸回路没有问题；

②图纸分析，操作柱就地的控制回路主要是从1号线至21号线间的区别，因此查找故障就在这区间内；

③用表测量合闸按钮触点两点间电压为零，不正常，开关柜内用导线直接短接7号线和21号线可以合闸，说明故障点在操作柱内；

④操作柱外壳，发现里面合闸按钮有损坏，接线有腐蚀、虚接现象，在操作柱内短接7号线与21号线，可以进行合闸，更换合闸按钮后操作柱启停正常。

### （二）现象 2

某站带变频装置的输油电机在工频方式下一启动就跳闸，继保装置显示为联跳 2 动作，如图 6.4－11 所示。

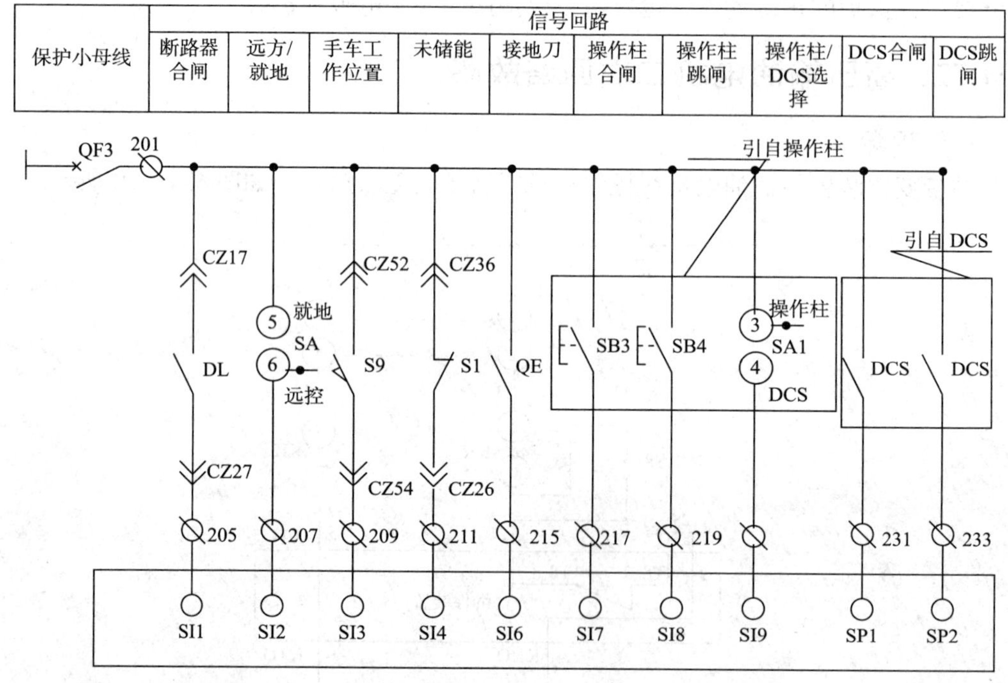


图 6.4－11　信号回路图

查找、分析故障过程：

①查找联跳 2 动作的含义，对照图纸可以得知联跳 2 为操作柱的正常停止动作。

②把手车摇至试验位置在本体进行合闸正常，但操作柱一合就跳表明故障出现在远控分闸回路。

③结合图纸分析，操作柱正常跳闸说明 219 号线带电，导致出口继电器 T5 导通，分闸回路导通使得断路器分闸。端子排拆除 219 号线后进行合闸，联跳 2 不动作，可以判断故障点在操作柱。

④断开电源后检测空开至 219 号线的回路，首先测试 201 号线与 219 号线是否导通，经测试不通。按下操作柱分闸按钮 SB4 后，201 号线与 219 号线导通，松开后不通，说明分闸按钮 SB4 没有问题。

⑤拆开操作柱发现里面有渗水且潮气严重，但线路正常。操作柱内端子排 217 号线与 219 号线紧挨，初步判断为 219 号线感应电压导致跳闸。在合闸按钮 SB3 按下的瞬间，217 号线带电，因为距离和潮气的原因导致 219 号线感应电压较大，达到了分闸所需的电压从而导致联跳 2 动作分闸。

⑥用吹风机吹干后并自然晾晒一段时间，重新连接 219 号线，在操作柱上进行合闸试验，结果正常，更换操作柱防水密封圈后压紧外壳，再次试验正常。

### （三）现象3

某站输油电机位置进行空投试验，合闸后发现电机不能储能，储能指示灯不亮，如图6.4－12所示。

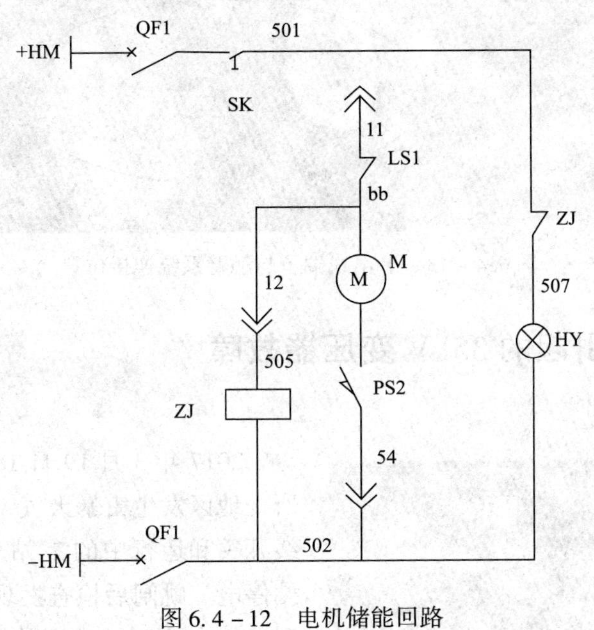


图6.4－12 电机储能回路

查找、分析故障过程：

①将断路器手车处于试验位置，对储能电机进行手动储能，可以储能且指示灯亮，判断故障在于储能回路中；

②在未储能状态下用万用表测量二次插头11#～54#插针电阻值，测量结果为开路，不正常；

③打开断路器操作面板，检查储能限位开关LS1bb触点闭合，正常；

④用万用表测量储能电机两端阻值，结果为开路，判断故障为储能电机烧毁；

⑤将备用储能电机更换后，再次试验一切正常。

## 十三、断路器回路电阻超标故障处置

某输油站电气年检中，对6kV Ⅰ段电容柜的ZN63A型真空断路器进行导电回路电阻测试，发现A相接触电阻值为85.3μΩ，大于标准电阻60μΩ。

对该断路器进行数次动作后复测，并擦拭测试线夹接触部位，测量数值仍偏大。于是进行分段查找以确定接触不良的部位，发现在上出线端子与触臂系统连接处螺栓松动，如图6.4－13所示。经紧固螺栓后，重新检测回路电阻合格，阻值为45.1μΩ。

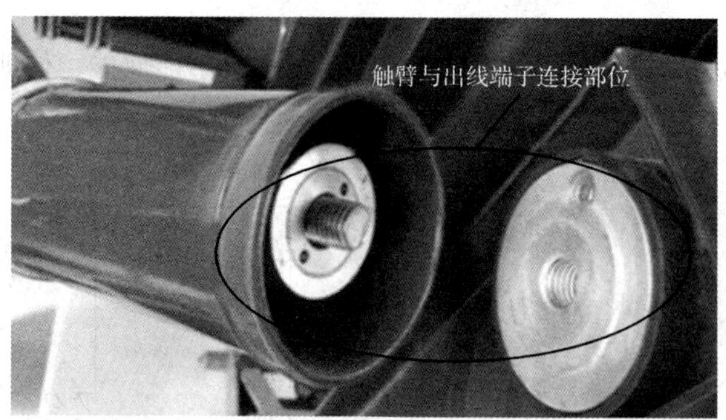


图 6.4－13　上出线端子与触臂系统连接位置

## 十四、雷击引起的 35kV 变压器故障

### （一）故障情况

图 6.4－14　故障发生后的变压器

2017 年 3 月 19 日 18 时 47 分，某输油站所处地区发生雷暴天气，输油站 35kV Ⅱ段进线开关和运行中的 2[#]站变开关同时跳闸，全站停电。跳闸后检查发现 35kV Ⅱ段进线开关和运行中的 2[#]站变开关过流动作（继保装置显示速断动作时动作电流：进线开关 3952A、站变开关 457A），2[#]站变 35kV 侧 B、C 接线柱有明显放电现象，变压器表面有烧焦现场，其中 B 相和 C 相最为明显，低压侧正常，如图 6.4－14 所示，其他设备未发现异常。变压器基本参数：产品型号为 SCB11－800/35，联结组标号为 Dyn11，生产日期为 2015 年 8 月。

### （二）动作过程分析

#### 1. 继电保护定值和事件记录分析

**表 6.4－1　继电保护定值**

| 装　置 | 定值描述名 | 二次定值 | 延时 | CT 变比 |
|---|---|---|---|---|
| 35kV Ⅱ段进线 | 过流Ⅰ段 | 27.8A | 0S | 400/5 |
| | 过流Ⅱ段 | 5.25A | 0.8S | |
| 35kV 2[#]站变 | 过流Ⅰ段 | 20A | 0S | 20/5 |
| | 过流Ⅱ段 | 8.2A | 0.5S | |

通过查看保护定值（见表6.4－1）和事件记录可知35kVⅡ段进线、35kV 2#站变的过流Ⅰ段延时均为0s，事故发生时35kVⅡ段进线、35kV 2#站变同一时间保护都动作跳闸。

**2. 故障录波情况分析**

结合故障录波进行分析，如图6.4－15所示，故障发生时先由A、C相发生相间短路，此时A、C相电流升高，相位相反，已到达过流Ⅰ段保护定值，三相工频电压暂时正常，约50ms后进一步发生A、B、C三相短路，此时A、B、C相电流进一步升高，持续时间约50ms后过流Ⅰ段保护动作将系统电压切除，故障未进一步恶化。

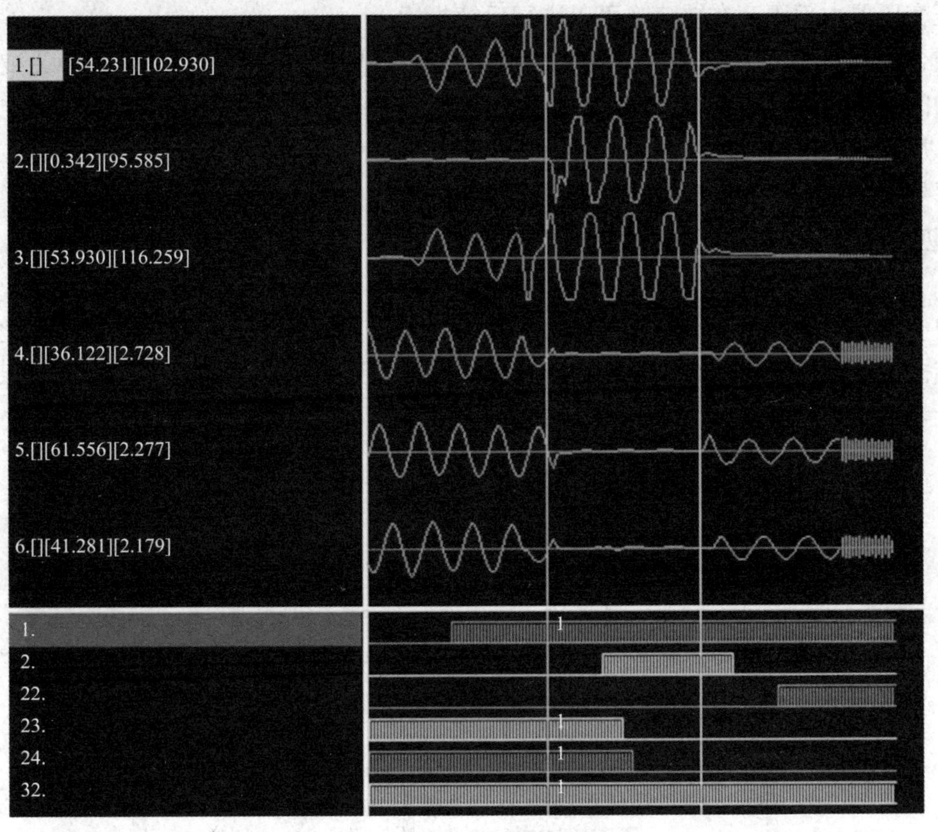


图6.4－15　2#站变故障录波波形

同时，结合现场变压器故障现象分析：故障发生的直接原因是雷击引起的过电压，过电压瞬间导致变压器表面发生闪络，引起A、C相短路，雷击闪络后转化为稳定的工频电弧，故障进一步发展成三相短路，直至保护动作。

## （三）故障后诊断性试验结果分析

**1. 避雷器试验**

现场在原避雷器直流试验的基础上增加交流试验，即测量运行电压下的交流电流，试验结果正常。

**2. 接地电阻测试**

现场检测35kV高压柜及2#站变避雷器、2#站变、变电所接地电阻，测试结果正常。

**3. 变压器试验**

故障发生后，在厂家的指导下，针对2#站变表面情况在进行现场处理，并重新涂抹绝缘漆。处理完成后进行绝缘电阻、交流耐压试验，试验结果正常，这两个试验主要判断绕组间的横向绝缘，同时直流电阻测试结果正常，但不能完全排除绕组匝间、层间的绝缘问题。以上检测项目不能完全排除变压器内部确无故障隐患，故增加变压器三倍频感应耐压试验，经试验验证结果正常，且试验前后均进行空载试运，试运也正常。通过以上检测手段验证变压器内部不存在缺陷，可以进行后续投运。

结合故障后相关试验表明，此次故障并未导致变压器内部绝缘损坏，故障为变压器外表面的闪络事故。2#站变为干式变压器，因其电压等级、结构的特点，高压侧的绝缘裕度有限，加之若当时运行环境潮湿、表面有积灰，会进一步降低表面的绝缘强度，在极端的条件下导致此类事故的发生。

## （四）现场防雷及反事故措施

**1. 高压侧**

（1）外电线路全线架设有避雷线，进线杆塔至变电所穿墙套管距离约20m，此段距离无防直击雷措施，无避雷线或避雷针，且外线至变电所穿墙套管范围内无避雷器保护，如图6.4－16所示。

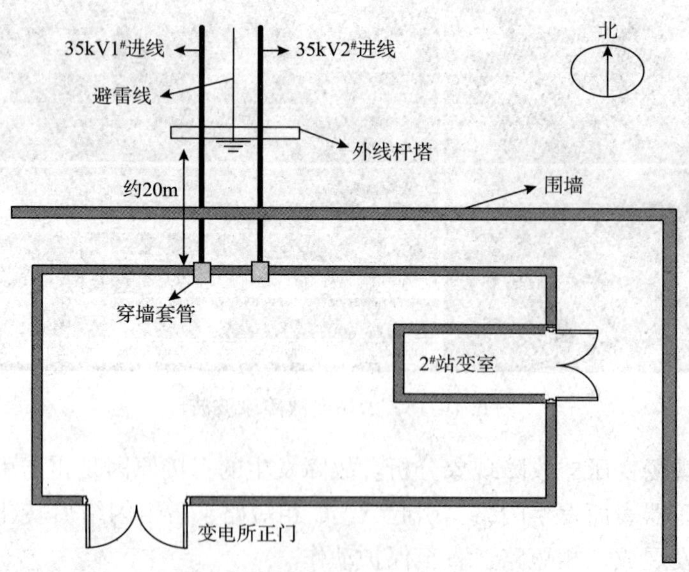


图6.4－16 外线至变电所俯视平面图

建议：结合规范和现场实际考虑增设避雷器、避雷线或避雷针，规范虽对此区域无具体要求，但可依据规范适当提高防雷要求。

参考规范：

①GB/T 50064—2014《交流电气装置的过电压保护和绝缘配合设计规范》5.4.9："35kV 和 66kV 配电装置，在土壤电阻率大于 500Ω · m 的地区，避雷线应架设到线路终端杆塔为止。从线路终端杆塔到配电装置的一档线路的保护，可采用独立避雷针，也可在线路终端杆塔上装设避雷针。"

②《工业与民用配电设计手册》(第四版)："未沿全线架设避雷线的 35 ~ 110kV 变电站和全线架设地线的 66 ~ 220kV 变电站，当进线的隔离刀闸或断路器可能经常断路运行，同时其线路侧又带电，前者应在靠近隔离开关或断路器处装设一组 MOA，后者宜在靠近隔离开关或断路器处装设一组 MOA。"

(2) 2#站变柜避雷器距站变距离约 15m（小于 50m），2#站变处于避雷器的保护范围，符合规范要求。

参考规范：

GB/T 50064—2014《交流电气装置的过电压保护和绝缘配合设计规范》："具有架空进线的 35kV 及以上发电厂和变电站敞开式高压配电装置中 MOA 的配置应符合下列要求：35kV 及以上装有标准绝缘水平的设备和标准特性 MOA 且高压配电装置采用单母线、双母线或分段的电气主接线时，MOA 可仅安装在母线上。MOA 至主变的最大电气距离可按表 6.4 - 2 确定。"

**表 6.4 - 2　MOA 至主变压器的最大电气距离**　　m

| 系统标称电压/kV | 进线长度/km | 进线路数 | | | |
|---|---|---|---|---|---|
| | | 1 | 2 | 3 | ≥4 |
| 35 | 1.0 | 25 | 40 | 50 | 55 |
| | 1.5 | 40 | 55 | 65 | 75 |
| | 2.0 | 50 | 75 | 90 | 105 |

注：全线有地线进线长度取 2km。

**2. 低压侧**

查看站变低压侧及低压进线柜均无避雷器，不符合规范要求，建议在站变低压侧加装低压避雷器。

参考规范：

GB/T 50064—2014《交流电气装置的过电压保护和绝缘配合设计规范》中 5.5.2 条："10kV ~ 35kV 配电变压器的低压侧宜装设一组 MOA，以防止反变换波和低压侧雷电侵入波击穿绝缘。该 MOA 接地线应与变压器金属外壳连接在一起接地。"

## (五) 雷电侵入波来源分析

从目前变电所雷电侵入导致的事故进行分析，现场雷电防护主要有以下两个方面薄弱环节，均有可能导致此次事故的发生。

**1. 高压侧分析**

针对此次故障，高压侧可能遭受雷击的区域主要有：雷击线路附近地面（感应过电压），雷击塔顶及塔顶附近避雷线、雷击导线（有避雷线时，雷绕过避雷线而击于导线）。

靠近变电所线路受到雷击或发生线路感应雷过电压时，将有行波沿导线向变电所运动，其幅值不超过线路的冲击放电电压（线路的冲击耐受电压比变电所的冲击耐压高得多），同时由于进线端首端未装设户外线路用避雷器，但流过变电所内避雷器的雷电流幅值可能超过规定值，而且陡度也会高于允许值，从而会导致变电所产生雷害。

因此，在变电的进线段上加装避雷针（线），使得这一线路绕击和反击于导线的概率都非常小，同时加装避雷器限制入侵变电所的雷电过电压，以减少变电所的雷害事故。

**2. 低压侧分析**

运行经验和试验研究表明，对绝缘良好的配电变压器，仅在高压侧装设避雷器时，仍会发生由于正、逆变换过电压造成的雷害事故，这是因为高压侧装设的避雷器对于正变换和逆变换过电压都是无能为力的。正、逆变换过电压作用下的层间梯度，与变压器的匝数成正比，与绕组的分布有关，绕组的首端、中部和末端均有可能破坏，但以末端较为危险。低压侧加装避雷器可以将正、逆变换过电压限制在一定范围之内。

### （六）总结及建议

雷击能产生极高的过电压，是造成电力系统故障的重要因素。此次雷击引起变电所跳闸，虽未进一步造成大的损失，但为了更好地确保电力设备运行安全，避免防雷缺陷引发电气事故，针对此次事故可从以下几个方面做好防范事故措施：

①输油站库所处地理位置属于雷电活动较频繁地区，建议在防雷设计中要适当提高防雷要求。在完善35kV变电站避雷措施的基础上，可在进线区增加防雷措施，防止雷电直接落到进线上的小概率事件对变压器的冲击。

②完善2#站变相关高低压侧防雷改善措施，同时1#站变防雷措施一并完善，并考虑是否需要增设新的防雷措施。

为了便于分析故障原因，可考虑选择安装避雷器计数器。《工业与民用配电设计手册》（第四版）："变电所内35kV及以上避雷器应装设简单可靠的多次动作计数器或磁钢记录器。"

③由于站变处于变电所一楼，雷雨季节空气湿度较高，建议安装除湿器降低变压器的运行环境湿度，同时加强变压器维护、运行巡检与分析，杜绝表面积灰、蜘蛛网等影响变压器运行安全的情况存在。

④针对此次雷击导致的故障，其他输油站库可参照学习，检查是否存在类似的防雷缺陷，从而完善防雷措施。

⑤电力线路的运行工作应贯彻安全第一、预防为主的方针，全面做好线路的巡视、检测、维修和管理工作，应积极采用先进技术和试行科学管理，不断总结经验、积累资料、掌握规律，保证线路安全运行。

限于目前监测和保护系统的局限，虽无法给出肯定的事故原因，但从事故动作过程和事故原因两方面着手，为分析事故原因和查找隐患缺陷提供了思路，同时提出防范事故的措施，从而最大限度地避免因雷击引起电力系统故障的发生。

## 思考题

1. 低压配电系统有几种接地形式？分别为哪几种？
2. 低压系统中什么是 TN-S 系统？请画出系统示意图。
3. 电力变压器预防性试验包括哪些项目？分别使用哪些试验设备？
4. 可能导致蓄电池失火的原因有哪些？
5. 简述电流互感器二次开路故障的原因及解决措施。
6. 简述高压电机运行中跳闸原因及解决措施。

# 第七章　陆地管道溢油应急处置

## 第一节　溢油及溢油事故危害

### 一、溢油及溢油事故

溢油通常是指排入海洋或其他水域的油。溢油事故是指因操作不当或自然原因导致原油及其炼制品进入海洋、河流、湖泊或其他不利于石油储存的区域的突发性事故。

### 二、溢油的特征

溢油事故发生后，溢油可以进入海洋、地表水体、土壤或地下水等环境介质中，通常考虑的溢油迁移转化多指在海洋或地表水中的行为。原油泄漏到水体中时，首先会在水面快速扩散，随后会向空气中蒸发，进入水体溶解、乳化、生物降解、沉降等，如图 7.1－1 所示。

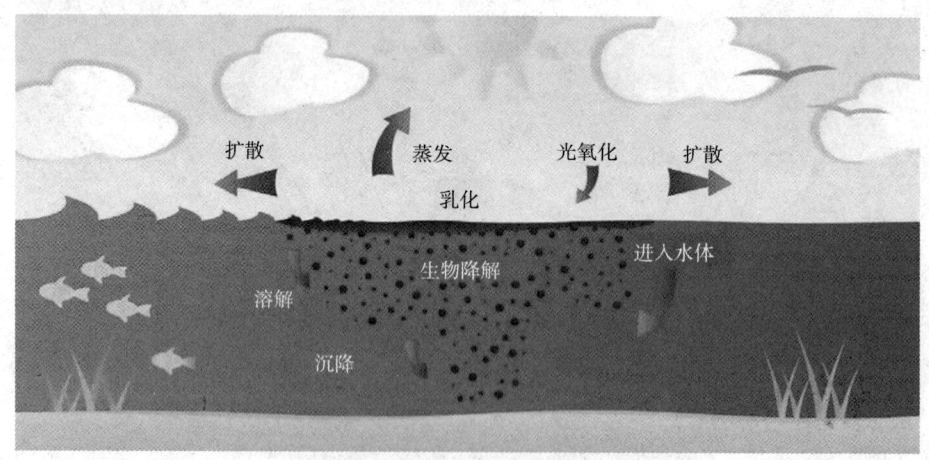


图 7.1－1　溢油的迁移转化示意图

### 三、溢油的危害

溢油发生后，不仅仅具有火灾和爆炸的危险，而且还会对周围环境和人体健康产生危害。溢油对环境的危害主要体现在对水环境、大气环境及土壤环境的污染和破坏，此外，在影响环境的同时，也会直接或间接地影响到环境中生存的其他生物。溢油对人类最典型的危害是芳香烃类物质，长期在这种物质的环境中可能会造成癌症（特别是白血病）。有些情况下，原油中含有的苯及其衍生物会导致人思维不清晰、知觉麻木，随着吸入量的增加，可能出现呼吸困难、心跳停止，甚至死亡。因此，参与溢油抢险的人员在进入现场前，要采取相应的人身防护措施。

## 第二节　常用溢油应急物资

溢油发生后，必须及时对溢油进行处理，一般应急处理方法包括溢油的围控、回收、现场燃烧、化学制剂处理以及生物降解等。使用的设备和材料包括围油栏、收油机、输油泵、储油设备、吸油材料、化学制剂等。其中，围油栏的主要作用是围控溢油，阻止其进一步扩散和漂移，收油机、输油泵、储油设备、吸油材料等则用于回收水面上具有一定厚度的溢油。对于很薄的油膜，需要使用溢油分散剂、凝油剂、集油剂等化学制剂或者生物降解技术进行处理。

### 一、溢油控制物资

#### （一）围油栏

根据中华人民共和国交通行业标准《围油栏》（JT/T 465—2001），围油栏按包布材料可分为橡胶围油栏、PVC 围油栏、PU 围油栏、网式围油栏和金属或其他围油栏；按浮体结构可分为固体浮子式围油栏、充气式围油栏、浮沉式围油栏等；按使用水域环境可分为平静水域围油栏、平静急流水域围油栏、非开阔水域型围油栏和开阔水域性围油栏；按使用情况可分为永久布放型围油栏、移动布放型围油栏和应急性围油栏；按用途可分为一般用途围油栏、特殊用途围油栏，例如防火围油栏、吸油围油栏、堰式围油栏、岸滩式围油栏、激流围油栏等属特殊用途围油栏。

**1. 固体浮子式围油栏**

浮子室由固体充填构成，一般为泡沫，包布材料可为橡胶布或 PVC 布，PU 布也有，但成本高。大型固体浮子式围油栏可适用于开阔水域，小型固体浮子式围油栏适用于近海、港口等流速较小的水域，如图 7.2－1 所示。优点：结实耐用，不怕扎，布放简单，浮重比适中，适应较长围控时间。缺点：回收时复杂，工作强度大，存储体积大。

**2. 充气式围油栏**

浮子室由气体充填构成，有自充气和压力充气两种，包布材料为橡胶布或 PVC 布，PU 布也有。适用于开阔海域、港湾、码头、河流、海洋石油平台和船舶抢险等溢油水域，如图 7.2－2 所示。优点：所需存储空间小，浮重比大，需辅助设备，布放速度快。缺点：怕扎。

(a)PVC围油栏

(a)橡胶围油栏

图 7.2－1 固体浮子式围油栏

(a)

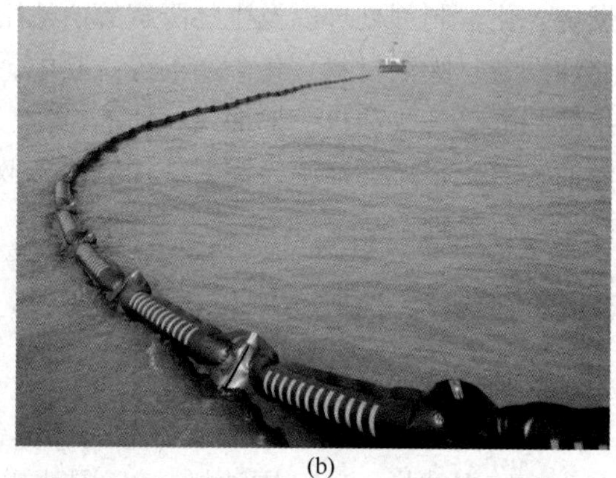
(b)

图 7.2－2 充气式围油栏

**3. 岸滩式围油栏**

岸滩式围油栏上部为充气囊，下部设两个水室囊，三个囊体呈品字形排列，如图7.2－3所示。其特点是：仅适于潮间带和水陆交接处溢油的拦截；围油栏布放场所的地面应较平坦；布放和回收时需特别小心以防止表面被刺伤、划破。

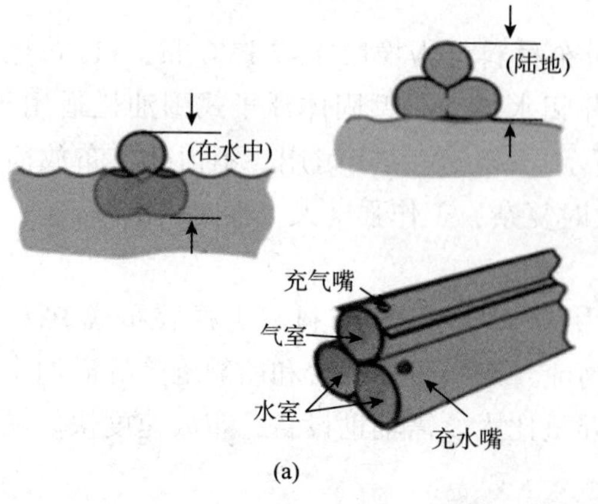

(a)

(b)

图 7.2－3 岸滩式围油栏

**4. 防火式围油栏**

防火式围油栏是用于围控燃烧的油膜的围油栏。其由耐火材料制成，浮体为不锈钢或耐火纤维，连接部分也必须耐火，优点是可围住原油、成品油进行焚烧。一般用于油港、油码头、石油钻井平台等高防火等级敏感区域，如图 7.2－4 所示。

(a)

(b)

图 7.2－4　防火式围油栏

**5. 激流围油栏**

激流围油栏由固体浮子、高强度双层 PVC 布主体、配重链、抗拉加强带、特种加强过流网、对钩式快速接头以及连接部件等组成。湍急水流条件中使用具有抗倒覆性。适用于江河水流特别湍急、河床落差比较大的水域，也可应用于风浪较大、流速较快的远洋海面。该围油栏主要用于溢油事故发生时在湍急水流情况下围截水面溢油、对溢油进行有效导流，同时为确保围油栏在急流中保持不倒姿态和乘波性，在栏裙设置过流网，用于克服水流对栏体的冲击，避免在激流中围油栏被掀翻或倾覆，克服普通围油栏在水流湍急情况下发生溢油逃逸的问题，如图 7.2－5 所示。

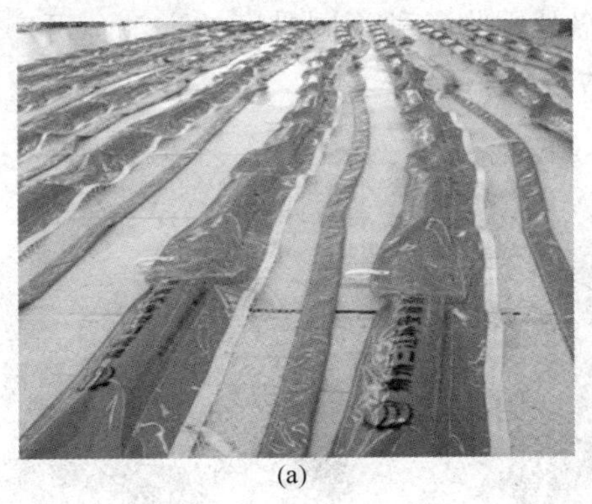
(a)

(b)

图 7.2－5　激流围油栏

## （二）围油栏的储存与维护

围油栏的储存与保养工作直接关系到能否进行快速溢油应急响应，有效地实施围控作业。为了保证快速反应，围油栏的存放地点应尽可能靠近作业点和环境敏感区，且需要确保存放地点周边车辆、船舶进出方便。对于存放在室外的围油栏，应采取措施防潮、防虫、防鼠害；对于折叠存放的围油栏，不得再在围油栏上堆放其他物品，避免围油栏过度受压引起变形，并应定期展开进行检查、重新叠放；充气式围油栏存放在卷轴上也需定期展开进行检查，检查后再重新卷起回收，在卷绕过程中应避免围油栏出现扭曲。

围油栏的保养主要指日常保养和回收作业结束后的保养。日常保养一般是指检查围油栏有无破裂或磨损、有无老化、连接器是否腐蚀或损坏，再根据检查情况进行必要的维修保养和更换；对于长期布放在水域中的围油栏，也要定期将围油栏拖上岸，清除附在围油栏表面的水生物和其他黏着物；无论进行哪种维护保养都应作好详细记录，确保在一定的时间段内对围油栏所有附属件都能够进行一次检查和保养，从而使围油栏处于良好的备用状态。回收作业结束后，围油栏的保养主要是清洗围油栏，检查围油栏是否存在破损、老化情况，检查附属件是否齐全、损坏，对破损、老化围油栏和确实损坏的附属件进行更换和维修。

对于反复用于溢油围控作业的围油栏一般不需要清洗。但如果中途将使用的围油栏存放入库时，则需要进行清洗。清洗围油栏时，应在回收的同时，用专用的清洗装置进行清洗。如果没有专用清洗装置，可先将围油栏回收上来，然后在岸上进行清洗，但要设置清洗区域，避免清洗下来的污水造成二次污染。围油栏最后经淡水冲洗干净并放置阴凉处晾干，涂上滑石粉再入库存放。

## 二、溢油回收物资

### （一）收油机

现行使用的收油机主要有转盘（刷）式收油机、真空式收油机、堰式收油机等。

**1. 转盘（刷）式收油机**

转盘（刷）式收油机是一种耐用、高效的溢油回收设备，主要由液压动力站、液压油管、漂浮在水面的撇油头组成，选择不同形式的盘片回收各种不同黏度的溢油，可广泛用于海洋、江河、湖泊、水池等溢油的回收，如图7.2－6所示。

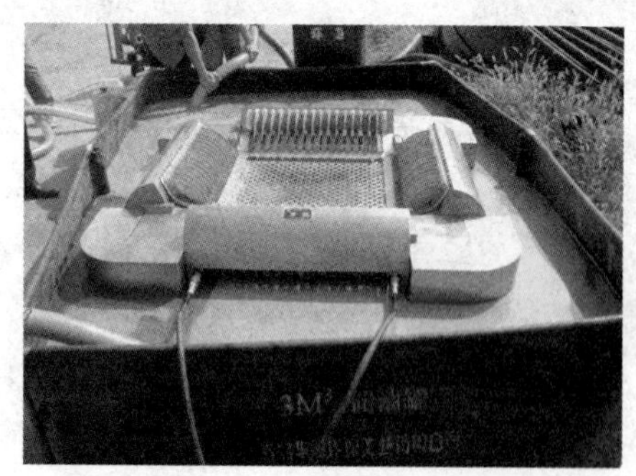

图7.2－6　转盘式收油机

图7.2－7　真空式收油机

**2. 真空式收油机**

真空收油机由收油机主机和动力站两部分组成。动力站由柴油机或电机带动真空泵，在缓冲罐中产生真空，通过吸油头将沙滩上、地面上、浮在水面上的溢油吸收到缓冲罐中。然后再通过真空泵产生空气压力把缓冲罐中收集的溢油输送到岸上或船上的储油设备中，从而实现溢油回收的功能。真空收油机可广泛用于河流、湖泊等水面溢油，也可用于沙滩、岸边、输油站等有溢油需回收的场合，如图 7.2－7 所示。

**3. 堰式收油机**

堰式收油机由收油机和动力站两部分组成。动力站由柴油机带动液压油泵和输油泵，将柴油动力转化为液压动力，来驱动浮在水面上的堰式收油机调节堰上下移动，通过适当调节堰的位置，使堰的上部（堰唇）停留在油、水分界面上。堰式收油机适用于中、低黏度的溢油回收，可广泛应用于油港、码头、江河、湖泊等有溢油需回收的场合，如图 7.2－8所示。

### (二) 收油网

对水面上乳化的溢油、受垃圾污染的溢油和高黏度溢油，特别是在寒冷季节的高黏度溢油，用收油机难以回收，使用收油网可以达到较好的效果。使用时收油网由船拖带，水和油一起进入集油网，水通过集油网的网孔流走，而块状溢油留在网内，如图 7.2－9 所示。

图 7.2－8　堰式收油机

图 7.2－9　收油网

## 三、溢油清除物资

### (一) 吸油材料

**1. 吸油拖栏**

吸油拖栏由亲油疏水的溶喷聚丙烯纤维制成，有圆柱状和片状，密度较轻，可在溢油水面和海滩拦截吸收溢油，也可拖带清除较薄油层，是回收处理较薄油层的有效手段之一，如图 7.2－10 所示。

**2. 吸油绳（吸油索）**

吸油绳（吸油索）是以聚丙烯为原料制成的超细纤维吸附材料，外包覆尼龙网袋，两端设有连接环，可以连接使用。适用于水面溢油、机床设备、输油管道等小面积油污扩散溢出的场所，如图 7.2－11 所示。

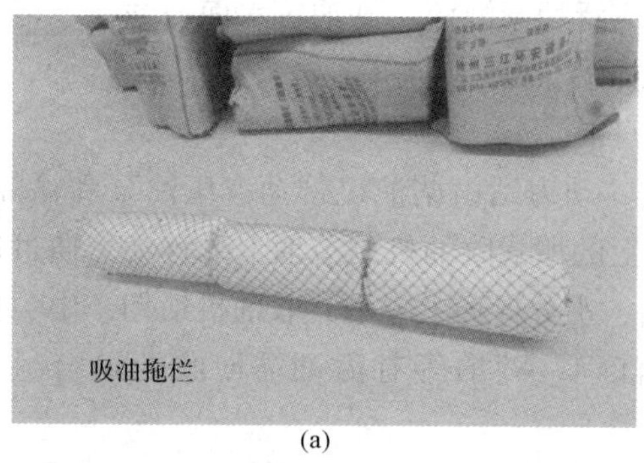

(a)

(b)

图 7.2－10　吸油拖栏

(a)

(b)

图 7.2－11　吸油绳

**3. 吸油毡**

吸油毡是处理水面溢油的重要材料之一。在进行溢油应急处理工作时，应首先使用机械回收设备将较厚的溢油回收起来，然后使用吸油毡吸附水面较薄的溢油。在机械回收设备无法使用和不能使用消油剂的水域应使用吸油毡进行溢油清除，如图 7.2－12 所示。

(a)

(b)

图 7.2－12　吸油毡

## （二）溢油分散剂

化学分散剂（消油剂）利用分子作用原理，将溢油从聚集态拉散到较小分子态的油水乳化物，使水面溢油均匀分散到水体中，从而消除水面溢油污染。溢油分散剂最佳处理溢油的黏度范围为0～10000cst，适应于分散中、低黏度的溢油，如图7.2－13所示。根据《中华人民共和国防治船舶污染内河水域环境管理规定》（交通运输部令2015年第25号），目前禁止在内河水域使用溢油分散剂。

图7.2－13　化学分散剂

图7.2－14　凝油剂

## （三）凝油剂

凝油剂是一种使溢油胶凝成块状物的固体粉末化学制剂，是一种可以有效防止水体污染的化学处理剂，如图7.2－14所示。理想情况下，一般需要10%～40%溢油重量的固化剂来处理溢油。其优点是可以避免使用分散剂带来的二次污染，且不受风浪影响，易于回收溢油防止溢油扩散，并提高围油栏等回收设施的使用效率。

凝油剂种类不同，所适用的油种也不同，选用时要看其性能是否适用于要处理的溢油。凝油剂的性能受水体温度的影响，凝油剂与溢油形成的凝胶黏度随水体温度升高而降低，但在水体正常温度下，不会影响处理效果。

## （四）集油剂

集油剂是一种液体溢油化学处理剂，由表面活性剂和溶剂组成，可以用于清除水面油膜。集油剂可使油膜聚集增厚，但不能清除溢油，因此需要与围油栏、收油机等配合使用。在使用时可采用船舶、人工或空中喷洒三种方式，喷洒时应将集油剂喷洒到溢油周围干净的水面上，不能与水一起喷洒，一定时间后还应补充喷洒。集油剂一般在溢油发生后立即使用，如果风化后再使用，效果会大大降低。集油剂不能与分散剂同时使用，可与凝油剂配合使用。

# 第三节　河流溢油应急处置技术

溢油应急处置即在溢油发生后，根据溢油种类和溢油发生地点的不同，采取的封堵、围控、回收、消除以及应急废物使用后的处置等一系列应急措施的过程。常见的溢油应急处置包括切断溢油源、溢油防扩散控制、溢油回收与消除和废物处置几个阶段。

## 一、溢油应急处置流程

溢油多属于突发性事故，发生紧急，危害严重，溢油处理是一项复杂的系统工程，需要统一的指挥，调动各部门密切配合，运用多种方法、技术和设备进行处理才能成功。陆地溢油常常比海上溢油更难清理。多项因素影响河流溢油应急，如泄漏地点地质构成、土壤结构、地表情况、地下水深度、交通等。陆地发生溢油后，常常会流到河流中，导致污染扩散。河流常常是城市自来水及农村灌溉用水的来源，因此河流溢油常常会给人们的生活带来极大的影响。快速清理河流溢油，将溢油造成的破坏降低到最低的程度，是河流溢油应急工作的首要任务。

溢油发生后，首先应采取措施控制溢油源，根据溢油发生位置的不同，采取不同的控制方法。随后，根据溢油位置、溢油量和水域状况等因素确定处理方案，对溢油进行回收或消除。最后，对处置过程产生的含油污水、含油危废、含油污泥等废物进行处理。溢油基本应急处置流程如图 7.3－1 所示。

## 二、常用溢油应急处置技术

### （一）溢油控制技术

管道发生泄漏事件后，应在最短时间内采取有效的方法控制泄漏油品流入河流，避免环境污染事态的进一步扩大。溢油控制分为陆地溢油控制和水体溢油控制。对于陆地溢油的控制多采用土筑堤坝、开坑筑堤和吸附拦截等方法。而对于水体溢油通常采用围油栏围堵、吸附剂控制、拦油索拦截等方法控制溢油。

**1. 堤坝**

如果沟渠、小溪及河流等水域附近管道发生泄漏，应该首先考虑地形地势，在附近沟渠、小溪或河流的地势低洼部位砌筑实体坝，坝体高度不宜小于 1.5m。筑坝的材料应就地取材，常用的有泥土、沙袋、雪、木板、草木等。同时在远离水域的部位开挖集油坑和导油沟，集油坑和导油沟内应敷设防渗塑料布。集油坑以及实体坝围起来的容积应能满足油槽车到来之前的油品泄漏量。围堵示意图如图 7.3－2 所示。

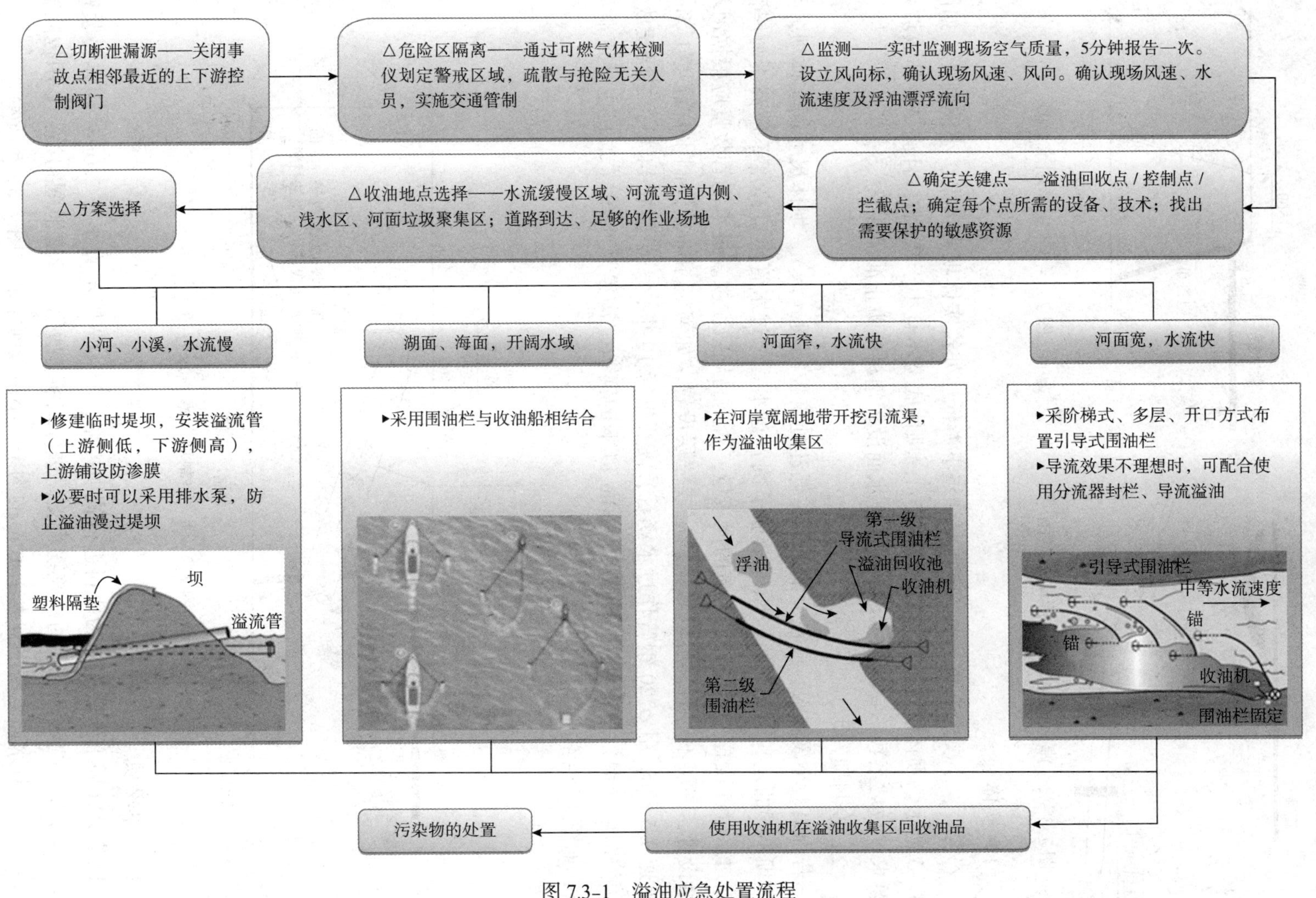


图 7.3-1　溢油应急处置流程

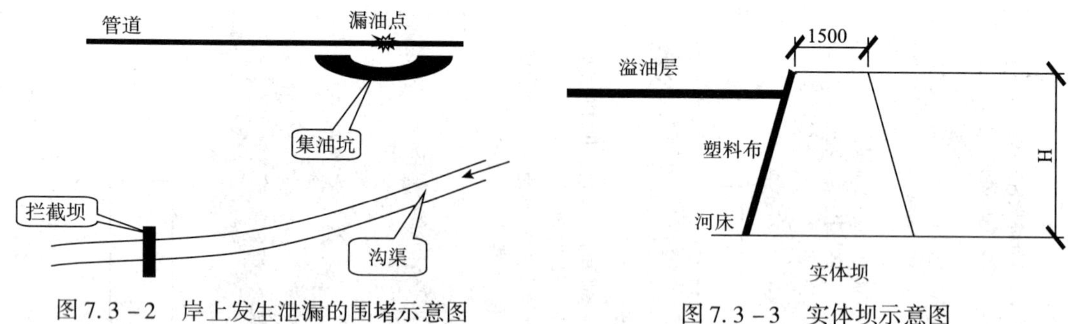


图 7.3－2　岸上发生泄漏的围堵示意图　　图 7.3－3　实体坝示意图

（1）实体坝

若沟渠、小溪内干涸无水，应在漏油点下游低洼处筑实体坝将沟渠、小溪闸死，如图 7.3－3 所示。坝体顶宽一般不宜小于 1.5m，坝体底宽不宜小于 2.5m，且满足土体放坡系数要求（放坡系数不宜低于 1∶0.5），迎水面设置塑料布防止油品渗透。

（2）控制坝（堰）

若沟渠、小溪有水，应在泄漏点下游低洼处筑控制坝（堰）。坝体尺寸同实体坝，与实体坝不同的是利用水重油轻原理增加了倒置过水管，过水管出口高度不应高于河岸高度，过水管的设置一定要满足河流的泄流量，否则易导致溃坝。过水涵管数量应根据河水流量设置，一层不够时，可以考虑两层或三层设置。如河宽 10m，控制水位深度 1.5m，水流速 0.5m/s，用 $\phi$720 钢管作过水涵管，需要钢管 19 根，一层摆放 14 根，二层摆放 5 根。控制坝（堰）适用于在水面宽度 20m 以下的河流、沟渠及小溪（尤其在管道泄漏处），如图 7.3－4 所示。

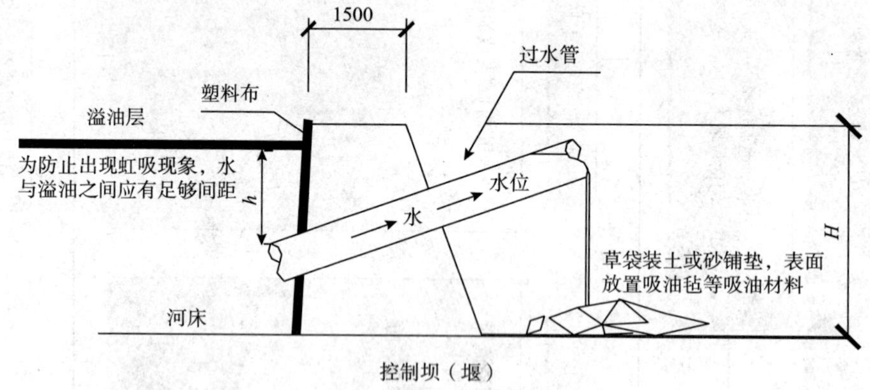


图 7.3－4　控制坝（堰）示意图

（3）草垛坝

以草垛（即玉米秸捆）为原料进行筑坝拦截，坝体宽度不宜小于 2.0m，坝体要紧密结实，以小桥、树桩等坚固的构筑物为支撑进行筑坝。适用于管道泄漏初始，专用抢险物资到来之前，且水面宽度不宜大于 10m 的沟渠、小溪及河流，如图 7.3－5 所示。

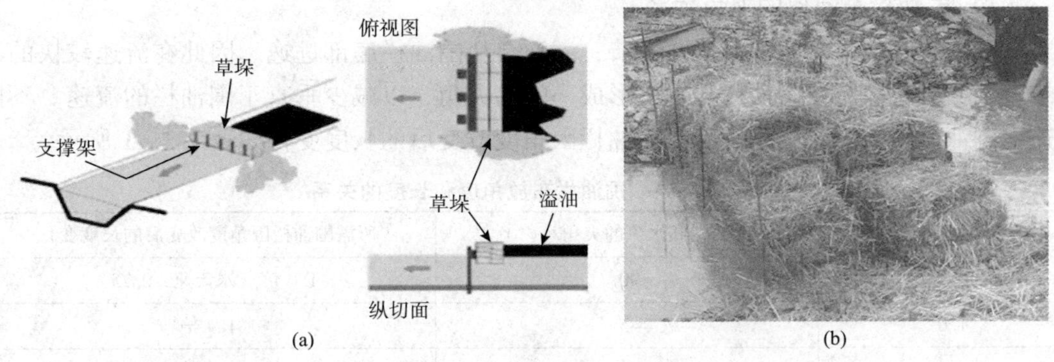


图 7.3－5　草垛坝示意图

（4）混凝土堤坝

当管道泄漏油品可能通过地下水渗入附近河流时，可以考虑在河流岸边打入双层钢板桩，在钢板桩之间开挖沟槽，灌入混凝土，密实的混凝土可以阻止泄漏油品渗入河流，如图 7.3－6 所示。

(a)打钢板桩　(b)浇筑混凝土

图 7.3－6　混凝土堤坝示意图

**2. 围油栏**

泄漏油品进入水面较宽的河流后，应采用围油栏进行拦截收油工作。在河流中使用的围油栏和海上使用的围油栏一般不一样，海上因为波浪高，如果围油栏栏裙太短，碰上高波浪时，会造成溢油从围油栏底部逃逸，所以海上使用的围油栏栏裙较长。大部分河流中，波浪不高，但是水流很急。如果栏裙过长，会导致水流对围油栏的拉力过大，围油栏会沉入水中。如果水面有溢油，就会导致溢油逃逸，所以河流中使用的围油栏栏裙一般较短或者使用激流型围油栏。围油栏布设一般需在河道两岸打坚固的钢桩、木桩或利用已有的树木等。

（1）围油栏与河道的夹角关系

实践证明，当水流速度超过0.7节，溢油会从围油栏底部逃逸。因此在流速较快的河流布放围油栏时，应使围油栏与水流形成一定的夹角，以减少垂直于围油栏的流速。不同流速下围油栏与水流的夹角及所需围油栏因角度改变后的长度变化如表7.3-1所示。

**表7.3-1　围油栏布放角度和长度的关系**

| 水流速度/节 | 围油栏和水流的夹角/（°） | 所需围油栏因角度改变后的长度变化 |
|---|---|---|
| 0.7 | 90 | 1.0倍（水流速<0.75） |
| 1.0 | 45 | 1.4倍 |
| 1.5 | 30 | 2.0倍 |
| 2.0 | 20 | 3.0倍 |
| 2.5 | 16 | 3.5倍 |
| 3.0 | 15 | 4.3倍 |
| 3.5 | 11 | 5.0倍 |
| 4.0 | 10 | 5.7倍 |
| 5.0 | 8 | 7.0倍 |

注：1节=0.514m/s。

水流速度一般采用流速仪测量，现场没有流速仪时，可通过观察一个水上漂浮物通过30.84m距离的时间来测算水流速度。具体操作步骤为：在一根绳子上系两个浮标，浮标的距离是30.84m，把系有浮标的绳子放入水中，固定上游端，在绳子顶端的上游丢一个漂浮垃圾，记录垃圾通过两个浮子（30.84m）的时间，从而可计算出水流速度，如表7.3-2所示。

**表7.3-2　流速简易计算表**

| 通过30.84m的时间/s | 流速/（m/s） | 流速/节 |
|---|---|---|
| 8 | 3.8 | 7.50 |
| 10 | 3.1 | 6.00 |
| 12 | 2.5 | 5.00 |
| 14 | 2.2 | 4.29 |
| 17 | 1.8 | 3.53 |
| 20 | 1.5 | 3.00 |
| 24 | 1.3 | 2.50 |
| 30 | 1.0 | 2.00 |
| 40 | 0.8 | 1.50 |
| 60 | 0.5 | 1.00 |
| >86 | <0.35 | <0.70 |

（2）围油栏的布设

河流围油栏的布放要充分考虑河流的流速和周围的地形，将水面溢油最终导向流速较低的区域，然后利用收油机等进行回收。围油栏布设方法主要有以下几种：

①河道顺直（河宽 < 50m）处的布设方法：采用紊流栏、导流栏和收油栏组合的形式，能够快速将溢油集中到固定收油点上，围油栏可固定在岸边的树上或者篱笆式固定桩，如图 7. 3 – 7 和图 7. 3 – 8 所示。

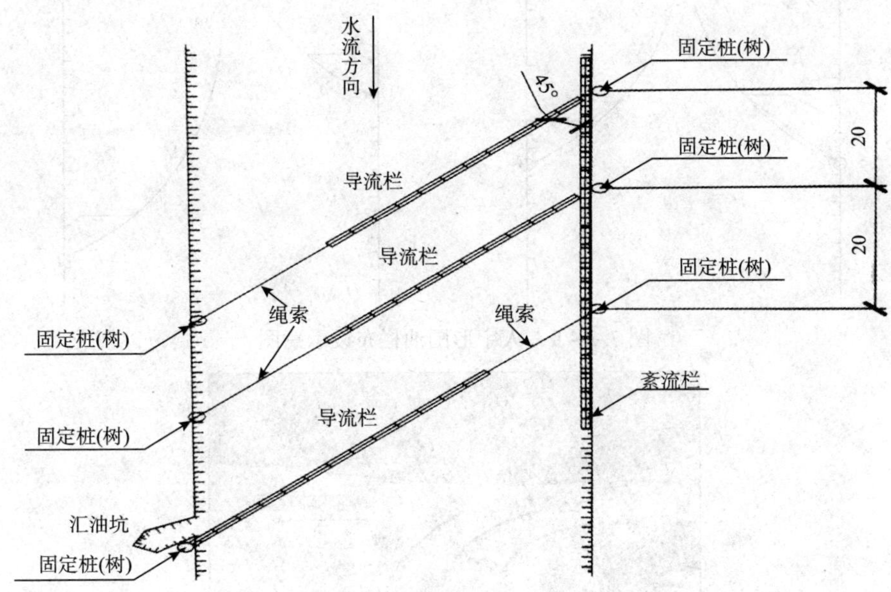


图 7. 3 – 7　河道顺直（河宽 <50m）处的布设示意图

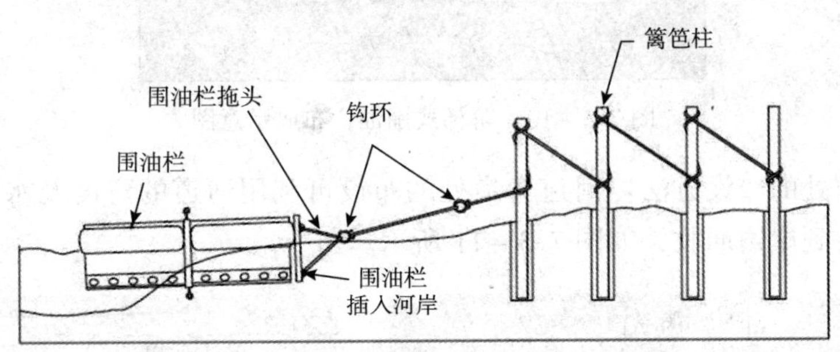


图 7. 3 – 8　围油栏篱笆式柱子固定示意图

② 河道顺直（河宽大于 50m）处的布设方法：对于河面宽度大于 50m 的河流，采用阶梯式、人字等结构布设，此方法可有效将溢油引导到河流两岸，如图 7. 3 – 9 和图 7. 3 – 10所示。

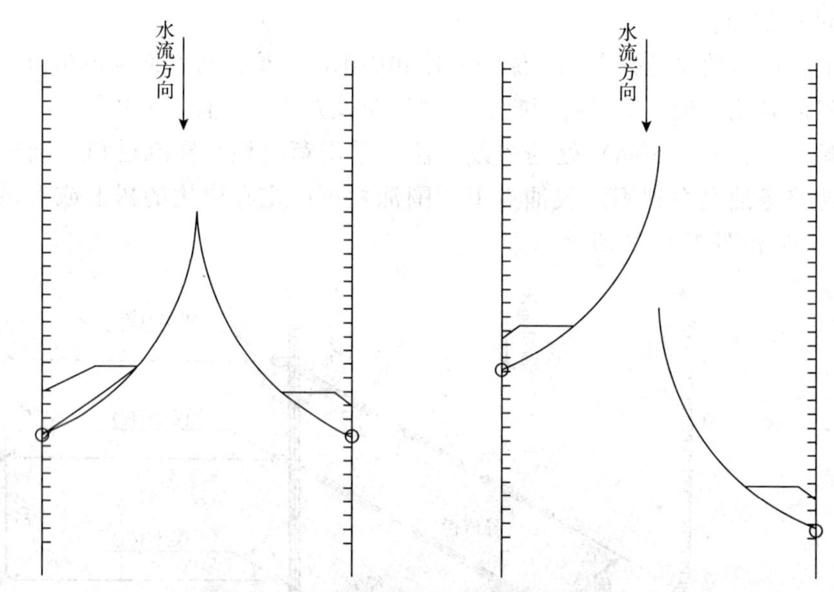


图 7.3－9　人字形围油栏布设示意图

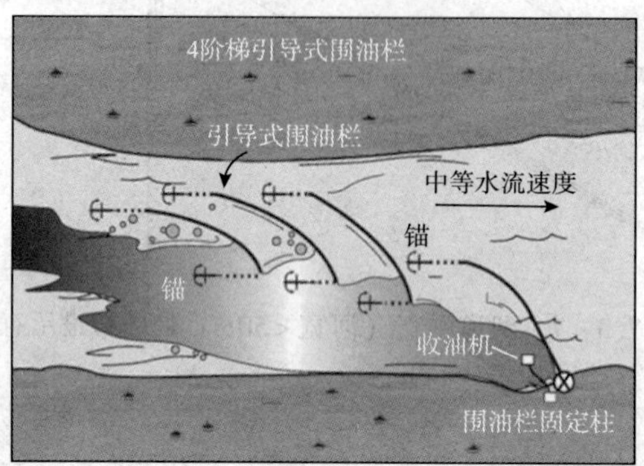


图 7.3－10　阶梯式围油栏布放示意图

③河道弯道处的布设方法：河道弯道处的布设可利用河道的弯度及水流运动的轨迹，将溢油快速收集到岸边回收，如图 7.3－11 所示。

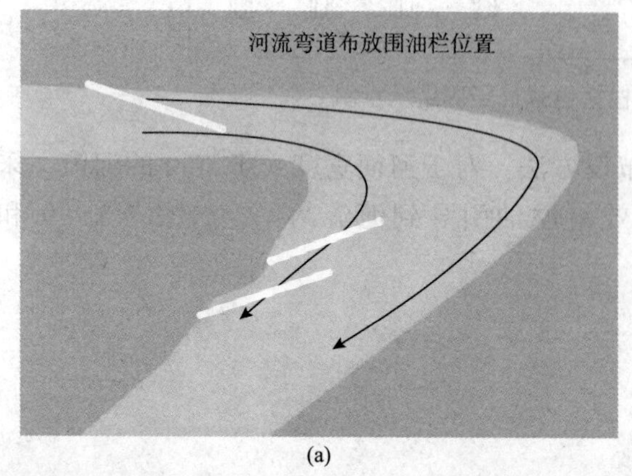


(a)

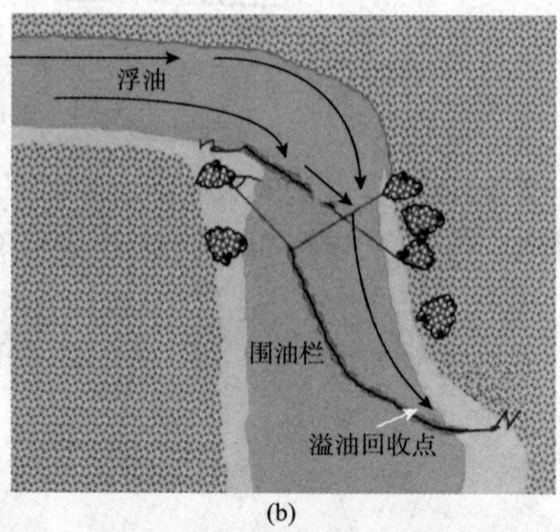


(b)

图 7.3－11　河道弯道处围油栏布设方法示意图

④激流处的布设方法：在江河流经的水流特别湍急、河床落差比较大的水域，一般选用激流型围油栏，该围油栏设有特种加强过流网，增强了围油栏的抗流性能，乘波性、稳定性好，在水流中可有效避免围油栏被掀起或掀翻，从而确保围油栏对溢油进行高效围控和拦截，围控效果显著。

在激流中布放围油栏是一件很困难的事情，特别是当水流速度大于0.7节时。世界溢油界总结了许多有效的方法，如道卡围油栏布放技术、重叠式围油栏J型布放、加拿大越山管道公司围油栏布放技术等，但是使用这些技术都需要有船只，在没有船只的情况下，激流中布放围油栏可以选用围油栏布放舵，它是一个新产品，利用水流的力量布放和控制围油栏，节能环保。使用它可以替代一艘船，它不需锚就可以将围油栏固定成理想的形状，适用水流速度为0.5～5.9节，如图7.3－12和图7.3－13所示。

图7.3－12　围油栏布放舵

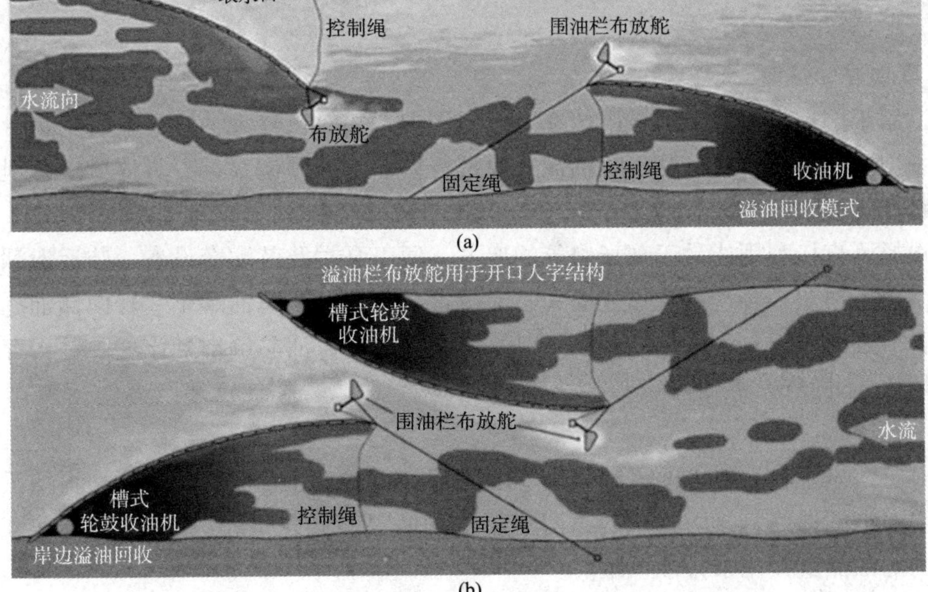


(a)

(b)

图7.3－13　河流使用围油栏布放舵的常见两种形式

**3. 吸油栏（索）**

吸油栏（索）是将吸油毡加工成直径为10～30cm，可以用具有一定强度的绳子连接制成上百米，两端有快速释放接头的围油栏。可作为围油栏的补充，用于沿江、港口、内河的围栏防阻浮油垃圾，如图7.3－14所示。

图7.3－14　吸油栏布设图

吸油栏（索）轻便，一两名人力即可投放拖曳，可视清污所需串联成任意长度。在突发溢油事故时，因围油栏较笨重，往往不能及时布设到位，而吸油栏（索）较轻巧，只需很少人力即可迅速地一节节布设拖曳，及早围挡油污，为清污赢得时间。

## （二）溢油回收技术

泄漏油品及其所污染的水、固体杂质等因其数量的不同，被控制的环境和区域不同，以及本身物理性质的差异等原因，如何将其收纳到安全的地方，是处理溢油工作的重要环节，熟练掌握收油设备、机具和物资的属性，并与现场实际有机地结合是决胜这一环节的关键。

**1. 泵收油**

①适用于倒运或回收陆上被围堵在一定范围内、相对量较大、较集中的泄漏油品。

②采用可对原油、成品油、含油泥浆等进行作业的防爆型泵类，具体应结合泄漏油品的物理特性（黏度、挥发性等）选择适合参数的泵及其附件。

③选择可直接利用或易于现场修筑的地方，便于泵类及其配套设备、装运泄漏油品的容器进出现场作业，合理布放作业面和收油设备。应综合考虑油罐车、轻便储油罐或储油囊的位置、泵的吸程是否满足、泵吸入口是否能将大多数油品倒空到该处、是否存在即使经过现场修筑也无法将油品直接泵入罐车、是否需要多台泵、罐接力倒运装车等各种因素。

④对于泄漏量较大、水面上的油层厚度大于3cm的现场回收，可在岸边再挖一个集油坑，将水面上的油品直接引入坑内，引流渠的沟底高度与水面平齐（见图7.3－15），将集油坑内的油品直接用泵排油入罐。

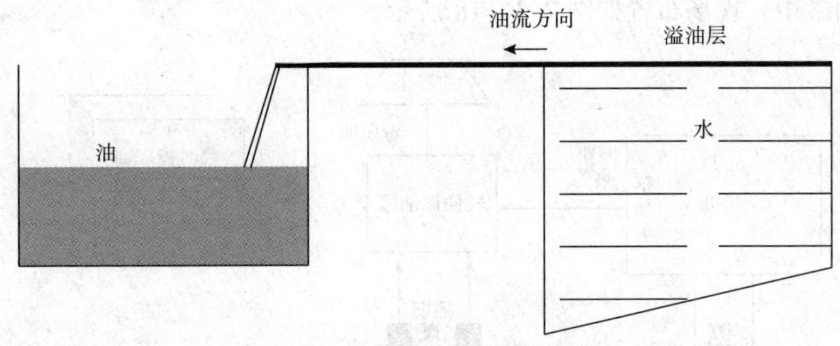


图 7.3－15　引流渠布设示意图

**2. 真空收油机收油**

①适用于陆上分散在滩涂、岩石、坑壁等无法集中的油品和油泥的回收；还可配合水上铲式收油头和收油机，回收介于收油机和吸油毡两种设备回收能力之间的黏度较小的浅水面的溢油。

②陆上集油坑内的溢油在泵无法继续回收的情况下，首选利用真空收油机直接抽吸进行回收。也可向坑内适当注水，使油品漂浮后，在表层回收。

③在静水或河湾水流较缓、较浅、杂草丛生的区域，亦适合采用真空吸油机。

**3. 水上收油机收油**

水上收油机一般有轮鼓式、毛刷式、碟式及绳式等，如图 7.3－16 所示。在泄漏油品围控时应提前考虑为收油设备收油创造有利条件，如图 7.3－17 所示。

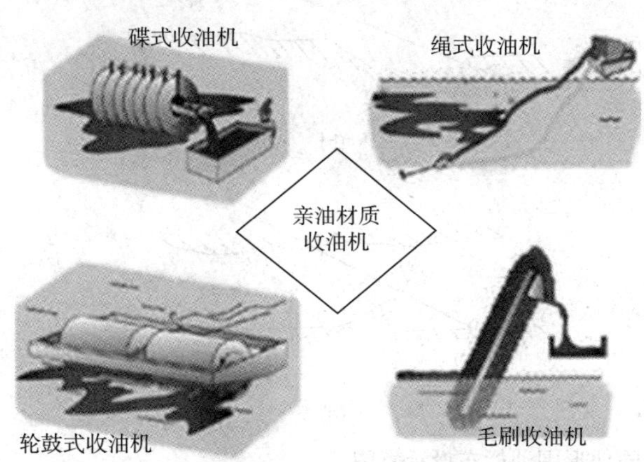


图 7.3－16　水上收油机

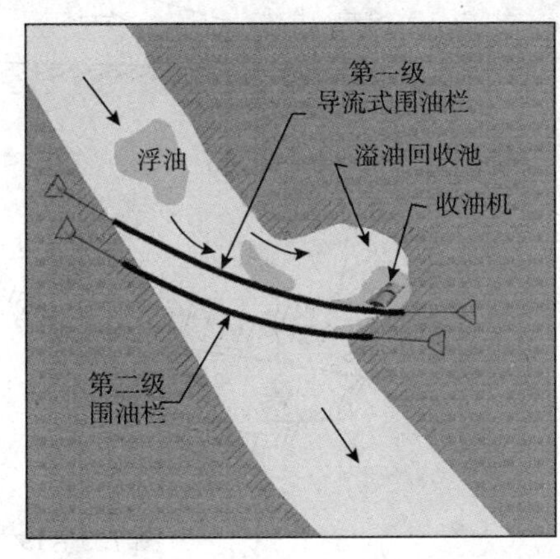


图 7.3－17　水上收油机收油示意图

①收油点选择：收油设备、人员便于快速到达，首先优先选择“一河一案”中的已经确定的拦截点；其次考虑与公路的距离，选择能快速构筑现场作业条件的有利地点；再次选择水流较平缓、油品不易逃逸的河段，兼顾人员较少相对安全等因素。

②现场布置：杂物拦截栅的设置应确保水上杂物被拦截，满足收油机不卡堵、下游围油栏拦油效果不受影响；满足漂浮杂物回收到环保防渗的固体杂物坑内，同时坑内靠近较低一侧设有集油小坑，及时将空出的油水以及收油机回收的溢油直接收纳到罐车、移动油

囊或轻便储油罐中。现场布置如图 7.3－18 所示。

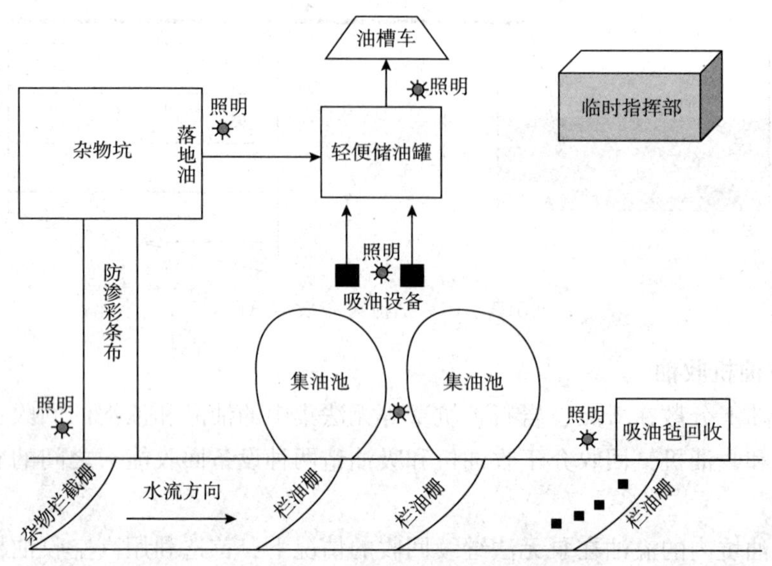

图 7.3－18　中型河流现场布置示意图

③为了发挥收油机的最大效能，应修建或利用地形构筑收油现场，如图 7.3－19 所示，尽可能减少已集结的油品受河道水流的冲击而逃逸。

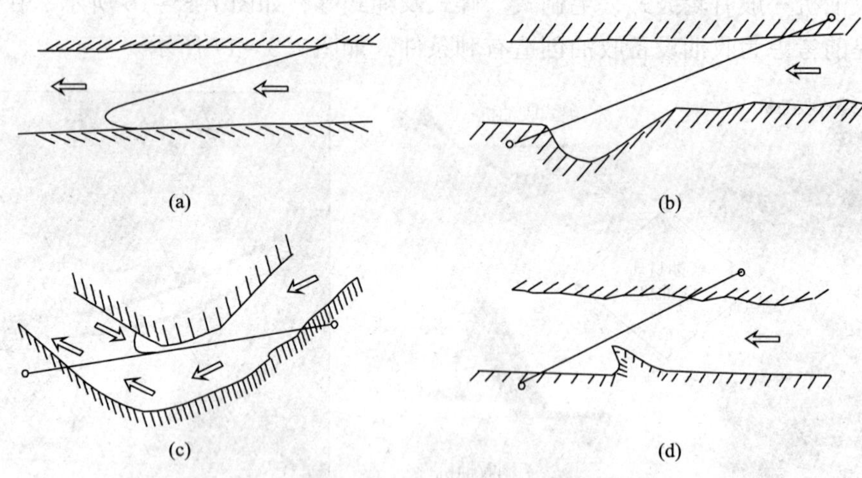

图 7.3－19　不同地形围油栏布设示意图

**4. 吸油材料回收溢油**

在油层较薄、收油机回收效果不好的时候，应考虑采用吸油毡和吸油栏进行吸附，可以在河面和岸边铺设吸油毡，如图 7.3－20 所示，也可以使用吸油颗粒洒在溢油的表面。设置的吸附点应优先考虑有桥梁的河段，亦可利用围油栏制造静水区，如图 7.3－21 所示。在上游投放吸油毡或撒放吸油颗粒，增大吸收效果且便于打捞，吸油毡、吸油栏和吸油颗粒的处理按照固体杂物的处理方法处置。

图 7.3－20　河面和岸边铺设吸油毡

图 7.3－21　利用桥梁、围油栏制造静水区

**5. 地面集油沟收油**

对于泄漏管道附近渗入地面以下的油品，可以采用在地面开挖网格式集油沟，在沟内每隔 3～5m 开挖集油坑，收集渗入地下油品。集油沟不仅能起到集油作用，同时还能截住溢油流向附近河流，在实践中应用效果很好，如图 7.3－22 所示。

(a)

(b)

图 7.3－22　利用地面集油沟收油

## （三）溢油污染物的处置

**1. 河道清理**

在确定油品泄漏抢修完成之后，依次从油品入河点沿河岸两侧清理残留在土体和植物上的油污。拦截点也依次从上游向下游撤除，最后一个拦截点在上游全部清理完毕符合要求后，再予撤除。

**2. 焚烧**

大量的固体油污物的处理方法需按照环保部门的处置意见实施。现场少量的固体油污物可使用便携式多用途焚化炉处理，如图 7.3－23 所示。

图 7.3－23　便携式多用途焚化炉示意图

**3. 生物处理**

生物处理法是微生物利用油类作为新陈代谢的营养物质将其降解，从而达到去除水上溢油的目的，目前主要有菌种法和营养法两种类型。该方法具有费用低、无二次污染等优点，适用于大面积应用；但是处理速度慢，不能分解原油中的高沸点组分（石蜡除外）。

## 三、HSSE 注意事项

①溢油事故发生后，及时在事故区域设置安全警戒线进行布控，划定隔离区，对隔离区设置明显的警戒标志，并协助地方应急反应部门进行事故区域的人员疏散，交通控制，防止次生火灾爆炸事故的发生。

②溢油控制围堵，组织人员对漏点周边打围堰、开挖集油坑和引流沟槽，并按照环保要求，在围堰、集油坑和引流槽内铺设防渗膜，防止溢油污染地下土壤；根据需要对附近河道上下游设置多道围油栏；排查警戒区域内的所有市政阀井、涵洞是否过油，可利用充气式内封堵漏袋快速堵塞地下排水孔洞，以防止油品扩散。

③除工程抢修车外，其他车辆都要远离危险区域，在便于疏散的地方按划定停车位停放抢修车辆，必须按要求装上防火帽；作业区内保证人员疏通通道和消防通道畅通，对周围居民、附近的参观者以及承包商进行宣传并疏散。

④进入现场的人员，必须按规定要求劳保着装，明确各自的职责，服从指挥，听从分配，不违章指挥、违章操作。

⑤指定现场安全监护人员佩带明显标志，配备专用可燃气体检测仪器、含氧测试仪器，负责各个程序的监护检测。

⑥整个抢修作业过程中严密监控河流上游闸门，确保水流保持稳定状态。

⑦随时跟踪油头的位置，为油品拦截提供支持。

⑧河流上收油时，注意吸油颗粒、凝油剂、吸油毡等材料的使用条件、数量和时机。

⑨注意和“一河一案”的对接。

⑩注意冲锋舟使用者的资质以及乘坐者的救生安全。

⑪抢修过程中定期进行水质检测，及时调整收油方案。

⑫事故抢修过程安全结束后，做到工完、料净、场地清，恢复施工现场，确认符合HSSE规定后，方可撤离。

# 第四节　典型溢油污染事故案例分析

## 一、美国某输油管道溢油事故分析

2010年7月26日，美国某地下原油管线发生破裂，导致超过3800$m^3$的原油泄漏，溢油最先流入一条小溪，再流入到附近河流。

### (一) 溢油处置技术

**1. 控制溢油扩散**

在受影响的河道分段设围油栏，防止溢油对下游河流产生影响。

**2. 清除河底油污**

①搅拌：通过机械搅动河底，使河底油污沉积物漂浮到河流表面，然后用吸油毡和真空收油机进行回收，但是回收的效果不是很理想。

②挖掘：对油污较多河底区域进行挖掘，然后从挖掘物中回收原油，据估计，大约有1400gal的石油从5600$m^3$的挖掘物中被成功回收。

### (二) 溢油废物处置

回收溢油过程中产生的含油土壤以及清洗回收船、围油栏表面产生的含油污水进行工厂回收处理。

## 二、大连某输油管道爆炸溢油事故

### (一) 事故概况

2010年7月16日，大连某港口一艘外籍油轮在作业时使用添加剂操作不当，引起连接的输油管道发生爆炸，管道连接的储罐燃烧，并导致大量原油溢入海中，造成海域大面积污染，受到原油污染的海域面积超过400$km^2$，其中重度污染海域约12$km^2$，一般污染海域约为52$km^2$。

### (二) 清污工作

事故发生后，当地政府迅速启动应急预案，对港口水域实施交通管制，迅速疏散附近船舶，调动海事执法船在现场进行油污监控和协调指挥，指挥控制海上火势和溢油蔓延。本次溢油事故的处置手段主要是安置围油栏、放置吸油毡和喷洒吸油剂清除水面溢油。

①入海口阻拦。首先调集围油栏对溢油入海点附近水域进行围控，同时使用收油机回收水面溢油，如图7.4－1所示。

图7.4－1　核心区域回收污油

②在溢油重灾区，使用围油栏拦截，利用大中型船舶内置或侧挂撇油器，进行回收。

③对于扩散面积较大的油膜，利用小型船舶进行拦截回收。

④对不适宜采用机械回收的彩虹油膜，按照国家有关管理要求，规范使用消油剂。

⑤对已经被溢油污染的海岸，组织人工清除。对尚未污染但受到威胁的海岸，用围油栏进行防护。

本次海上清污行动进行40多天后，受污染海域水质基本达到海域功能区标准，海面已恢复事故前常态水平。

### （三）事故反思

尽管对于大连海港海域原油泄漏事件的紧急处置是比较及时和成功的，但也暴露出许多问题和不足。

**1. 溢油处置设备不足**

港区周围储备的围油栏、吸油毡、收油机、消油剂数量不足。事故发生后，由于所储备的围油栏不足，无法完全将泄漏原油阻截在港区范围之内，导致原油扩散至港口外海域，由于专业清污船只数量不足，导致了油污大量扩散，只能动员渔船参加回收。储备的吸油毡、消油剂数量也不足，延误了处理时间。

**2. 应急预案存在缺陷**

在这次应急处置方面，反映出溢油应急处理装备不足、缺少专业应急队伍、处置技术落后等问题。事故表明，现有应急预案缺少针对海陆相连区域发生溢油污染时的专项应急预案，可操作性低。

## 三、天津某石油公司输油管道纵裂溢油处理

### （一）溢油概况

1983年9月20日，天津某石油公司输油管道发生溢油，该管线埋藏在地下1.5m深处，管底出现一条长70cm、宽2mm的纵向裂缝，管内柴油从裂缝流出并渗入到堤土里，油在堤土中饱和后从岸边流出，进入河流并迅速扩展，到22日早晨为止，已造成沿河3km长的水面污染。

### （二）控制溢油

**1. 溢油区布设围油栏**

为了防止溢油区溢油继续蔓延，应急人员在溢油区外围设置了固体浮子式围油栏，围

油栏布置成弧形，每隔 20m 用一只锚将围油栏锚定起来，使围油栏在有风浪情况下保持弧形不变。

**2. 铺放围油栏拦截溢油**

现场人员利用渔船在河中布设围油栏拦截水面浮油，围油栏设置成人字形，并用锚进行固定以保持形状，河流中部围油栏可打开，方便过往船只通行。

**3. 水厂取水口设置围油栏**

在油污染的河段内有附近水厂取水口，在发生溢油后，该取水口已停止取水。为了防止浮油继续进入取水口，在取水口周围设置两层围油栏，内放入吸油材料清除水面上的浮油。

**4. 利用稻草截集溢油**

利用竹竿和木棍作芯，外面绑扎一层稻草，然后逐根连接起来做成稻草围油栏，另外将当地的稻草帘子用绳子连接起来，铺在河面上，形成一条溢油拦截带，将绳子按照一定角度固定在河两岸，让河面溢油集中到河岸边，再利用稻草进行吸油，在围油栏短缺时，利用稻草收油起到了很好的效果。

## （三）收集油膜

**1. 横拖围油栏收集油膜**

水面上的浮油随着时间的推移逐渐变薄，变得不连续，应急人员利用 2 条小船在水面上横拖围油栏的方法，把水面浮油、油膜集中到河边进行回收。

**2. 横拖绳拖把扫油**

当有水草的河面上出现油膜时，应急人员用 2 条小船牵引绳拖把掠过水面将油膜扫走。因为绳拖把密度小，可以浮在水面上，扫油从河中向河边扫，当油膜被扫到河边时，用稻草等吸油材料把油收起来。

## （四）回收溢油

**1. 挖集油沟**

柴油从埋在地下的管道裂缝中溢出，进入岸边堤土，又从岸边流入河里。为了截住从堤土流入的溢油，应急人员沿河边挖了一条集油沟。集油沟长约 60m，宽约 50cm，深约 40cm，并且隔一段距离挖一个深约 80cm 的小井。溢油自集油沟沟壁渗出，流入沟中，然后再汇入小井中，小井内满了时，用小桶将油取出。

**2. 用吸油材料收油**

本次溢油采用的主要吸油材料是稻草和锯末，应急人员用小船在河中投放稻草和装有锯末的麻袋，经过一段时间，稻草和锯末吸饱油后捞上来，进行无害化处理。

**4. 拔除附着油的水草**

河边水草很多，上面附着一些浮油，天津某石油公司组织当地群众将水草割断捞上来，进行无害化处理。

**5. 更换含油堤土**

为了彻底清除渗入土壤中的柴油，将漏油管道周边的含油堤土共约 300$m^3$ 全部进行了置换。

## 四、原油管道移位断裂溢油处理

### （一）溢油概况

某管道公司原油管道因地质灾害，造成管道发生位移，管段焊口撕裂，原油大量泄漏至管线附近低洼处的灌木林、芦苇荡、藕塘，并进入距离管线附近灌溉渠内。

### （二）控制溢油

泄漏事故发生后，该公司立即启动了应急预案，全线停输，根据现场情况，采取措施控制泄漏原油进一步流入灌溉渠，避免环境污染事态的扩大。同时，组织人员对管线进行抢修。

**1. 浇筑混凝土堤坝**

为防止泄漏油品通过地下渗入灌溉渠，抢修人员沿河流岸边打入40m长双层拉森钢板桩，在钢板桩之间开挖沟槽，灌入混凝土，密实的混凝土可以阻止泄漏油品渗入河流。

**2. 围油栏拦截**

为防止油品流入下游河流，在灌溉渠内敷设多道围油栏进行拦截，同时，沿灌溉渠两岸铺吸油毡，吸附水面溢油，防止溢油污染河岸，如图7.4－2所示。

图7.4－2　围油栏拦截

图7.4－3　收油机收油

### （三）回收原油

**1. 回收藕塘内原油**

利用转盘式收油机回收藕塘内的表面原油，先将原油回收至储油罐内，再用抽油泵抽到油罐车内运走（见图7.4－3和图7.4－4）。表层原油回收后，剩余的油水混合物用泵抽至油罐车内，运往污水处理厂处理。

**2. 清理受污染土壤**

藕塘内水抽干后，清理藕塘内的表层含油土，堆放到临时防渗池内暂存，后期进行无害化处置。

**3. 清理灌木林、芦苇荡内原油**

先把表面的灌木林、芦苇清除并做无害化处理，然后在地面开挖网格式集油沟，在沟内每隔 3 ~5m 开挖集油坑，收集渗入地下油品。集油沟不仅能起到集油作用，同时还能截住溢油流向附近河流，应用效果很好，如图 7.4 –5。

图 7.4 –4 储油罐

图 7.4 –5 网格式集油沟

### （四）污染物处置

对原油泄漏造成污染的土壤，委托环保专业公司进行就地无害化修复，对产生的危险固体废弃物，均委托属地环保部门认可的专业公司进行无害化处置；对回收的油水混合物和含较多污泥的原油运送至污水处理厂进行处理，对回收的含水较少的原油送至输油站内的泄放罐内。

## 思考题

1. 溢油产生的主要危害有哪些?
2. 常见围油栏的分类、适用范围及优缺点有哪些?
3. 常用的溢油控制技术有哪些?
4. 围油栏布设角度与河流流速的关系是怎样的?
5. 举例说明常见河道中围油栏的布设方法。

# 第八章　抢维修作业安全管理

## 第一节　现场安全监测仪器与防护装备

### 一、现场安全监测仪器的使用方法

#### （一）便携式硫化氢检测报警仪（以 MSA 天鹰 2×硫化氢检测仪为例）

**1. 外观说明**

（1）功能部位说明（见图 8.1－1）

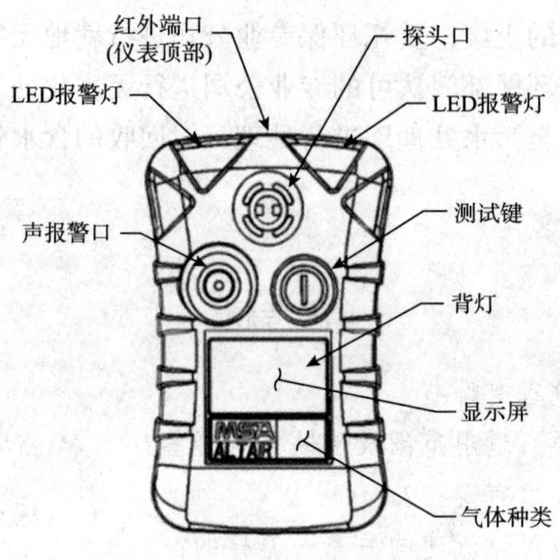


图 8.1－1　外观功能说明

（2）显示屏页面说明（见图 8.1－2）

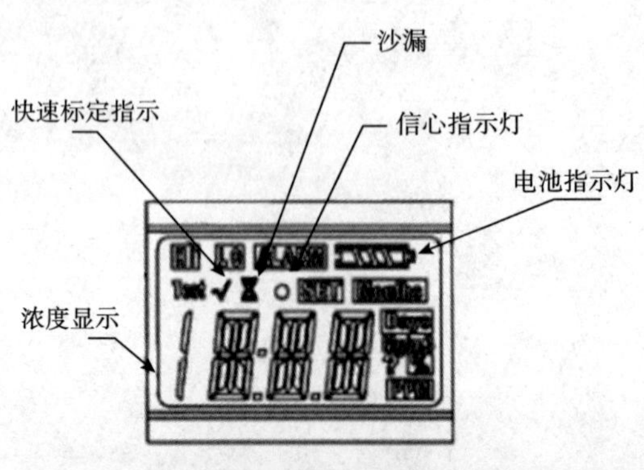


图 8.1－2　显示屏页面说明

**2. 技术参数：**

①外形尺寸：86mm×51mm×25mm。

②质量：113g。

③外壳：严密的聚碳酸酯-橡胶复合外壳，优异的防护性能。

④电源：可更换CR2锂离子照相机电池（原装配套电池型号为saft LS17330/3.6V，不可充锂电），工作时间超过9000h。

⑤报警：95dB声报警，多角度LED光报警，震动报警为标准配置；高、低浓度报警，STEL，TWA浓度报警；低电量报警；传感器失效或缺失报警。

⑥温度范围：-20~50℃。

⑦湿度范围：10%~95%RH（无冷凝）

**3. 使用方法**

①手动设置报警点　确保仪表已关机，卸下电池并重装。按住测试键3s，仪表开机；当“ALARM”报警“SET”设定和“？”问号显示时立即按测试键，进入手动改变报警设定点，如果不按测试键则仪表如平常一样，在3s后开机。当“LO”“ALARM”“SET”“？”显示后，按测试键，改变低报警设定点，连续按测试键增加低报警值，或一直按住测试键可快速增加低报警值，到达设定数值时松开，等待3s后继续。当“HI”“ALARM”“SET”“？”显示后按测试键，改变高报警设定点。连续按测试键增加高报警值，或一直按住测试键可快速增加高报警值，到达设定数值时松开，等待3s后继续。

②预检　按住测试键3s开机，此期间“ON”显示。一个LCD功能测试启动探头字段，声报警，LCD灯和振动报警启动，任何一个未出现，仪表不得使用。软件版本号显示3s，仪表气体类型显示3s，“LO”“ALARM”图标亮，低报警设定点“LO”“ALARM”图标亮，低报警设定点显示3s。“HI”“ALARM”图标亮，高报警设定点显示3s。“SET”“？”和“FAS”显示，提示进行新鲜空气设定，按测试键进行设定，沙漏、“SET”和“FAS”显示；如不需设定，不用按测试键。新鲜空气设定完成，开机程序继续，仪表显示读数、浓度单位和电池电量，开机完成。若新鲜空气设定时“FAS/ERR”显示，则按测试键确认错误，并进行仪表标定。

③仪表标定　确定自己处于新鲜的、无污染的空气中；正常操作模式按住测试键2s，当“TEST”“GAS”和“？”显示时，按住“Test”键。“TEST”和“CAL”显示，3s后“FAS”和“？”显示，按测试键开始标定，期间不要对探头呼吸。若标定不成功，“ERR”显示，检查标定过程中是否处于新鲜空气中，没有人对探头呼气，如需要则重新标定，直到显示“OK”，如果“ERR”持续显示，则仪表不得使用。若标定成功，“OK”显示，等待5s返回正常模式。

④快速标定测试　正常操作模式按住测试键2s，当“TEST”“GAS”和“？”显示，按一下测试键，启动快速标定测试。此时沙漏和“GAS”显示，通入标定气体，“OK”显示说明标定气体被探测到。等待约5s，显示将出现“√”符号，通过测试。若未出现“√”，可检查探头是否被堵，标定气瓶是否正确，气瓶是否过期或空瓶，气体通入时间是

否适当，进气管应位于仪表前盖上，如需要则重复快速标定程序。如果“√”符号不出现，回到标定仪表，并重复快速标定测试。

⑤测量气体浓度　当仪表进入测量页面时，是以 ppm 显示测量浓度，并停留在测量页面，直到选择其他页面或关机。当测量气体达到或超过低报警值设定点时，显示“LO”和“ALARM”并闪烁，按测试键可停止 5s，一旦气体浓度降低到报警设定点以下，低报警自动清除。当气体浓度达到或超过高报警设定点时，显示“HI”和“ALARM”并闪烁，按测试键可停止 5s，但高报警是锁定的。当浓度降低到高报警设定点以下时也不会复位，按测试键可使报警复位。在测量气体浓度时，仪器会出现各种报警，在报警状态下需要将仪器复位，各种状态下的复位参见表 8. 1 – 1。

**表 8. 1 – 1　各种报警状态下的复位操作**

| 报警名称 | 报警描述 | 仪表显示 | 复位模式 | 备　注 |
| --- | --- | --- | --- | --- |
| 低报警<br>10PPM | 声光震动 | LO ALARM 闪烁 | 自动复位 | 如果显示持续超过低报警点，按 TEST 报警声停止 5s，然后再响起 |
| 高报警<br>15PPM | 声光震动 | HI ALARM 闪烁 | 手动复位 | 如果显示持续超过高报警点，按 TEST 报警声停止 5s，然后再响起 |
| STEL 报警<br>15PPM | 声光震动 | LO ALARM 闪烁 | 自动复位 | 如果显示持续超过低报警点，按 TEST 报警声停止 5s，然后再响起 |
| TWA 报警<br>10PPM | 声光震动 | LO ALARM 闪烁 | 不可复位<br>关机 | 如果显示持续超过低报警点，按 TEST 报警声停止 5s，然后再响起 |
| 欠电报警 | 声光 30s 一次 | 电池图标边框闪烁 | | 不能使用仪表 |
| 故障报警 | 声光震动 | | | 送修 |

⑥关机　按测试键 3s，“OFF”和沙漏图标显示，再继续按测试键 2s，仪表关机。

**4. 仪表电池更换**

①关闭仪表，取下将仪表前后两半个外壳固定在一起的四个螺钉。

②小心取下前外壳，露出电池，线路板留在后半个外壳上，不要碰到显示屏的连接（两个蓝色接头）。

③取下耗尽的电池，换上规定的电池，确认在安装电池时，其正负极与电池盒上标出的一致。

④安好前盖，确认探头、喇叭垫片和探头垫片都安放到位。

⑤确保显示屏的接口和接头都清洁，无灰尘，以保证正常操作。如需要，显示屏的接头可以用无绒毛的软布擦干净。

⑥将四只螺钉固定回原位，不要将螺钉拧得过紧，否则外壳可能损坏。

**5. 仪表探头更换**

①关闭仪表，取下将仪表前后两半个外壳固定在一起的四个螺钉。

②小心取下前外壳，露出探头（位于仪表的顶部，靠近报警灯的位置）。

③从探头穴中取出探头。

④在线路板的探头穴中安装新的探头（探头仅可单向安装）。将探头紧紧靠坐在线路板上。

⑤将前盖板安放回原位，确认探头、喇叭垫片和探头垫片都安放到位。

⑥确保显示屏的接口和接头都清洁，无灰尘，以保证正常操作。如需要，显示屏的接头可以使用无绒毛的软布擦干净。

⑦将四只螺钉固定回原位，不要将螺钉拧得过紧，否则外壳可能损坏。

**6. 使用注意事项**

①只能检测空气中的硫化氢气体（背景气要有氧气）。

②不能使用压缩空气清洁探头。

③电池欠压报警时不允许使用仪表。

④仪表报警时必须立即撤离所在场所。

⑤电池必须是 CR2 型锂电池（不可以充电）。

**7. 维护与保养**

①保持仪表清洁。

②仪表应存放在干燥清洁的环境中。

③每年检测一次。

## （二）多气体复合检测仪（以 MSA 天鹰 4 × 为例）

**1. 外观说明**

（1）功能部位说明（见图 8.1－3）

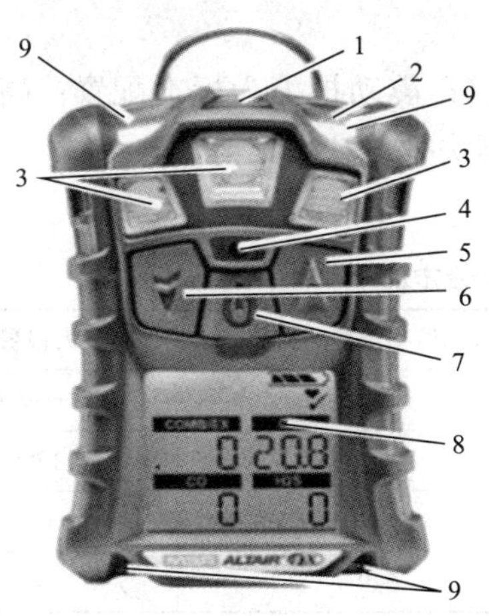


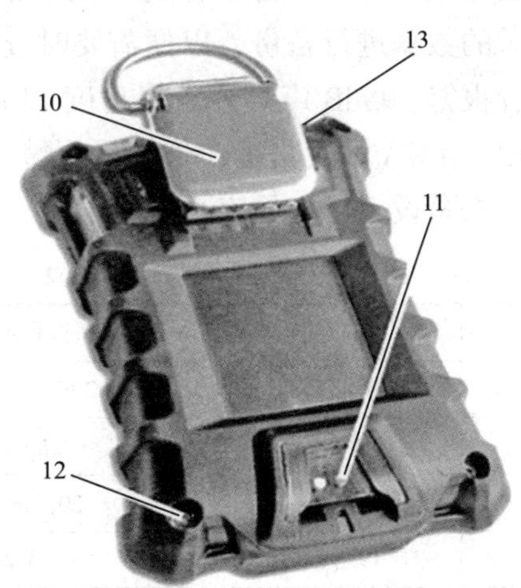


图 8.1－3　功能部位说明

1—MSA Link 通信接口；2—安全 LED 指示灯（绿色）和故障 LED 指示灯（黄色）；3—传感器入口；4—喇叭；5—▲按钮；6—▼按钮；7—开/关按钮；8—显示屏；9—报警 LED 指示灯（4 个）；10—带夹；11—充电接口；12—螺丝（4 个）；13—充电 LED 指示灯（红色/绿色）

（2）显示屏页面说明（见图 8.1－4）

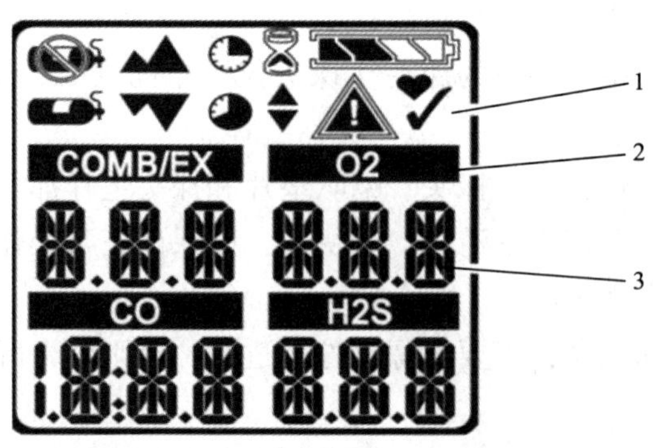


图 8.1－4　显示屏页面说明

1—图形标记；2—气体类型；3—气体浓度

**2. 技术参数**

①测量对象：一氧化碳、硫化氢、氧气、单一可燃气体。

②测量范围：0～1999ppm（1ppm＝$10^{-6}$）。

③传感器参数：LEL 量程：0～100% LEL 或 0～5% $CH_4$；$O_2$ 量程：0～23% Vol；CO 量程：0～1999ppm；$H_2S$ 量程：0～200ppm。

④运行温度范围：－20～50℃。

⑤湿度范围：15%～90% 非凝露。

⑥采样方式：扩散式。

⑦传感器寿命：两年。

⑧数据记录：可自动记录标定时间、报警等 500 个事件数据，另外可运用 MSA Link 软件对记录的数据进行备份，以便需要时查询。

⑨声音报警：95dB 声报警，多角度 LED 光报警，震动报警为标准配置；高、低浓度报警，STEL，TWA 浓度报警；低电量报警；传感器失效或缺失报警。

⑩出厂报警设定值：见表 8.1－2。

**表 8.1－2　出厂报警设定值**

| 传感器 | 低报警值 | 高报警值 | 最小报警设置点 | 最大报警设置点 |
|---|---|---|---|---|
| LEL | 10% LEL | 20% LEL | 5% LEL | 60% LEL |
| CO | 250ppm | 100ppm | 15ppm | 1700ppm |
| $H_2S$ | 10ppm | 20ppm | 5ppm | 175ppm |
| $O_2$ | 19.5% Vol | 23% Vol | 5.0% Vol | 24% Vol |

**3. 使用方法**

①仪表自检　按开关键，仪表进入自检状态，检查传感器是否有缺失，如有则发出报警，如无则继续执行开机程序。之后将不断弹出多个程序和页面，如制造商名称、软件版本、传感器发现、可燃气体类型、有毒气体单位，报警设定点等，一般翻页速度为 2～4s（可设定），直到弹出新鲜空气设定页面“FAS ?”。

②新鲜空气设定 在进行新鲜空气设定时，必须在新鲜且无污染的环境下进行，用于仪表自动零点标定。在弹出页面“FAS ?”时，按开关键仪表启动 FAS，屏幕不显示气体符号，沙漏闪烁，启动气体传感器读数。FAS 标定结束后，显示“FAS PASS”（FAS 完成）或“FAS ERR”（FAS 故障），以及超出 FAS 限制范围内的传感器故障标志。完成后 FAS 范围内的所有传感器归零，仪表进入正常测量页（主页）。如在弹出页面“FAS ?”时，按右边上翻键，跳过新鲜空气设定，仪表进入正常测量页（主页）。

③测量模式（正常操作） 在仪表进入正常测量页面模式下，就可以进入工作场所进行正常检测。检测后要查看仪表参数时，可按左下翻键，读取不同的页面信息。按第一下进入第一个快速测试页面，可进行快速测试检查；按第二下进入峰值读数页面，可显示所有传感器的峰值读数，按右键读数可清零；按第三下左下翻键，进入最小值读数页面（谷值页），氧气传感器的最小读数；每按一下左下翻键，依次读取短期暴露限值、8h 加权平均值、时间/日期页面和跌倒报警页面。在跌倒报警页面，按右键可打开或关闭该功能，按右键打开后再按开关键确认，跌倒功能打开；需要关闭时，按右键后再按开关键确认。关闭后仪表进入测量页面，通过仪表上的三个按键可浏览前后各子菜单。

④启动呼救功能 在抢修作业时，遇到突发情况，可利用仪表的呼救功能向外界发出呼救信号，提醒作业人员。在正常测试页面下，按左下翻键 5s，所有的报警都会打开，按右键复位，停止呼救。

⑤关机 仪表不用时，按住开关键 5s，三声长蜂鸣声后显示屏上显示 OFF，放开按键，仪表关机。

⑥参数设定或修改 当需要对仪表进行参数设定或修改时，必须在仪表处于关机状态下。在按右键的同时按下开机键，要求输入密码，仪表初始密码为“672”，利用左右按键输入密码，开关键确认。如密码不正确则仪表进入测量模式，密码正确，则进入传感器设定页面，按开关键确认，仪表进入设定子菜单，如不需要设定，按右键跳过。在设定子菜单时，会显示“ON”或“OFF”，提示是否需要打开或关闭可燃气体传感器，用左右键更改打开或关闭。要打开时，选择“ON”按开关键确认，页面提示用什么气体标定，分别按右键翻页选择需要用于标定的可燃气体，选择后按开关键确认。接着页面跳转到 $O_2$ 传感器设定页面，操作同可燃气体传感器设定步骤和流程一样。然后依次按上述设定步骤分别设定 CO 和 $H_2S$ 传感器，在完成最后一个传感器设定后，页面开始自动跳转标定设定了。

⑦标定设定 按左右键可跳过标定设定，否则按开关键进入子菜单，显示可燃气体数值，按左右键设定需要的数值后按开关键确认；接着跳转到 $O_2$ 传感器数值页面，按左右键设定需要的数值后按开关键确认；然后依次按上述调整方法分别设定 CO 和 $H_2S$ 传感器数值。接着进入标定到期日提醒，按左或右键可开启或关闭标定到期日提醒，左或右键调整提醒日期，开关键确认，标定设定完成。

⑧报警设定 到期提醒设定完自动跳转报警设定页面，按开关键确认，进入报警设定。按左或右键跳过此设定，则所有报警不能激活，选择“ON”按确认键显示可燃气体

传感器标定的低报警值浓度，通过按左或右按键调整到所需值后，按开关键储存，低报警值设定完成，以相同的方法设定高报警值，可燃气体传感器高低报警值设定完成。通过左右键和开关键按上述步骤，分别设定 $O_2$、CO 和 $H_2S$ 传感器高低报警值。在完成最后一个传感器设定后，进入时间和日期的设定。

⑨时间和日期设定　按左或右键跳过此设置，如需设定按开关键进入设置子菜单。按左或右键设定月份数值，按开关键存储，设定日、年、小时和分钟时重复上述步骤。日期和时间设定完成后显示退出窗口，用开关键确认，退出仪表设定，仪表进入测量模式页面。

**4. 传感器更换和增加**

①关闭仪表，拆下四个外壳螺钉，取下仪表上壳体，注意传感器垫圈方向。

②用手指操作，轻轻摇松需要更换的传感器，然后从对应插座内逐一垂直拔出 $O_2$、CO、$H_2S$ 和可燃气体传感器。

③将新的传感器的接触管脚对准线路板上的插座孔插入，按压到位。

④如在保养过程中，需更换传感器过滤片，需仔细剥离旧过滤片，谨防损坏壳体内部。安装新过滤片前，需剥离胶带背面的衬纸，注意过滤片的正确方向，将有胶带的一面贴到前壳体的内侧，按压过滤片到位，按压时谨防损坏过滤片表面。

⑤重新将传感器垫圈安装到前壳体，注意垫圈方向。

⑥重新将四只螺钉固定回原位，不要将螺钉拧得过紧，否则外壳可能损坏。

⑦重新开机，等待传感器稳定后标定。

**5. 使用注意事项**

①每次使用前，需在清洁环境中进行快速测试。

②不能阻塞传感器的开口。

③使用过程中触发报警，应先立即离开现场。

④可燃气体浓度过高，可能导致仪表进入锁定报警状态，可燃气体传感器自动关闭，实际测量读数页面显示“×××”，只有到新鲜空气中关机后再开启才能解除锁定状态。

⑤仪表遭到撞击时，要重新进行标定。

**6. 维护与保养**

①保持仪表清洁，严禁使用清洁剂。

②仪表应存放在干燥清洁的环境中，存放温度为 18～30℃。

③电池欠压报警时不允许使用仪表，请及时选择正确的电压充电。

④每年检测一次。

## 二、抢维修现场个体防护重点装备的使用方法

个体防护装备是指从业人员为防御物理、化学、生物等外界因素伤害所穿戴、配备和使用的各种劳动防护用品的总称。生产经营单位必须根据作业人员所从事的工作性质、岗位和环境按规定配备相适应的个体防护装备，使其在劳动过程中利用阻隔、封闭、吸收、

分散、悬浮等措施，减轻或免除外来伤害及职业危害，保护作业人员安全与健康，是作业人员避免伤害的最后一道防线。因此，作业人员必须在现场正确佩戴和使用个体防护装备。下面介绍抢维修作业现场配置的一些个体防护重点装备的正确使用方法。

### （一）头部保护——安全帽

安全帽是保护头部最常用的保护工具，是作业人员的保护神，要按规范佩戴和使用，如果佩戴和使用不正确，就会失去保护作用。这里要强调的是在室内检维修作业特别是在送、配电等室内场所进行检维修作业时，也必须规范佩戴安全帽，因为安全帽既可以防碰撞，同时还有绝缘和隔离作用，防止触电事故的发生。一般安全帽的结构、作用和使用方法大家都非常熟悉，在此不再赘述，这里主要介绍电气作业要使用的近电报警安全帽的使用方法。

**1. 近电报警安全帽的结构（见图8.1－5）**

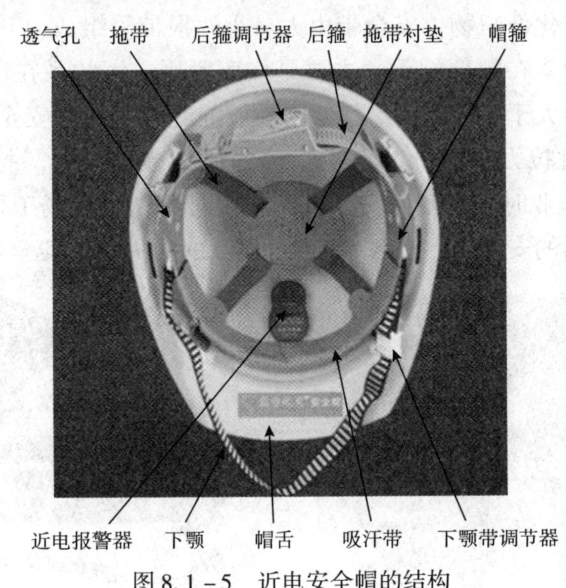


图8.1－5　近电安全帽的结构

**2. 近电报警安全帽的使用方法**

近电报警安全帽是电气作业人员常配备的安全防护用品，具有为带电作业人员提供警示的作用，使用过程中除了要按照一般安全帽的使用规定外，还需按近电报警安全帽规定的方法使用。

①每次使用前，要先确定现场电压的等级，再将挡位开关拨至与现场电压等级相适应的挡位。

②打开电源开关，开始自检，当听到三声“嘟，嘟，嘟”的响声后，说明自检结束，功能正常，方可正常使用。

③一般近电报警安全帽的使用范围：在电压为200～380V架空电力电缆的报警距离为0.4～0.6m；在电压为10kV架空电力电缆的报警距离为0.8～1.0m；在电压为35kV架空电力电缆报警距离为1.8～2.0m。

④如果在报警距离范围内，近电安全帽连续发出长叫声，即为报警，说明电力线路或电气设备带电，作业人员就要引起注意，做好防范。如果偶尔出现间断几声的现象，是由于用电设施周围或许存在其他电压、电场等情况造成的干扰影响，这不是报警。

⑤近电安全帽在上述使用范围内接近带电设备设施时才会发出报警信号，这只是提供了一道预防性保护措施，还需要增加试电、验电等技术措施，不得减少。由于报警器在电压较低时有可能存在不报警或本身存在故障的情况，不得由此判断用电设施不带电，仍需进行试电、验电；如近电报警安全帽发出报警声，应视为设备有危险电压，作业人员需保持高度警惕，检查用电设施、关闭电源，经试电、验电确认无电后才能进行作业，当需要带电作业时要做好安全防护措施。

### （二）高处防护——安全带

安全带是预防高处作业人员坠落及用于密闭空间作业人员救援的个人防护用品，其材质主要有皮革、帆布或化纤织物。安全带由大、小两根带子组成，其上同时配有挂钩、挂环等金属结构件，小的系在腰部偏下，主要是作束紧用；大的系在牢固的构件或物体上。一般一根安全带的拉力大于2250N，严禁使用一般的绳索来代替安全带。选用的安全带应符合国家标准，要经过拉力试验、冲击重量等的质量检验合格。抢维修作业人员在2m（含2m）以上的高处作业时必须使用安全带，使用时要结合现场工作性质、工种和环境，选择符合特定使用范围的安全带（如图8.1-6所示的两种常用安全带）。

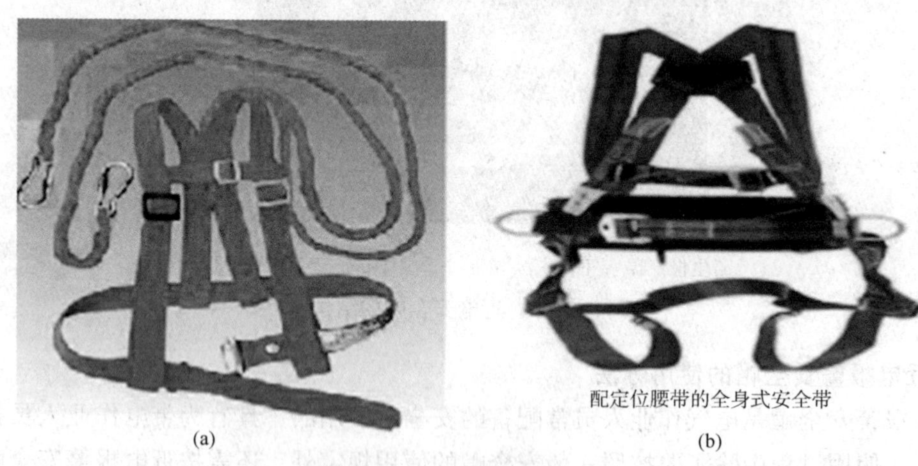

配定位腰带的全身式安全带

(a)　　(b)

图8.1-6　两种常用安全带

**1. 安全带的佩戴方法（以全身式安全带为例）**

①解开带扣，握住安全带背上的D型环，抖动安全带，理顺各部位编织带。

②把肩带套在肩膀上，让D型环处于后背两肩中间位置。

③两条腿相继穿出腿带。

④两手相继穿出肩带，扣好腰带。

⑤扣好胸带并调整到胸部位置，穿戴完成。半身式安全带穿法基本相同，只是没有第三步。图8.1-7所示为两种常用安全带穿戴完成效果图。

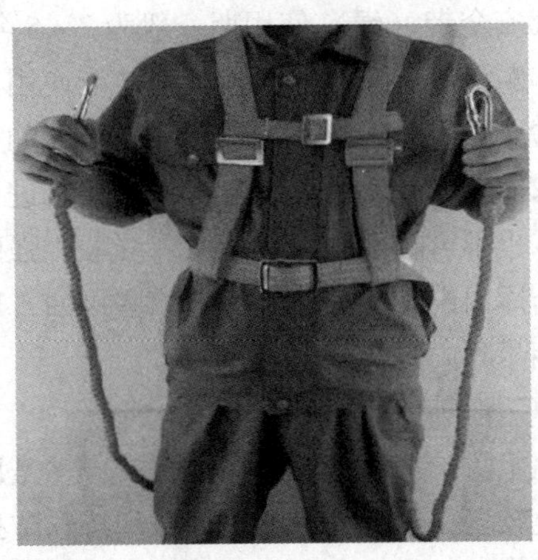

图 8.1－7　两种常用安全带穿戴完成效果图

**2. 安全带（绳）的正确使用及注意事项**

①使用前应进行外观检查：

a. 检查组件是否齐全、不得短缺。

b. 检查绳索、编织带有无脆裂、断股、扭结、伤残和破损。

c. 检查金属配件是否有裂纹、焊接缺陷和严重锈蚀等情况；检查挂钩的钩舌咬口是否平整，不得错位；检查保险装置是否有效，其卡簧弹跳性是否良好；检查铆钉有无明显偏位，是否表面平整；是否有经质检部门检验的合格证。

②安全带（绳）要正确穿戴，严禁随意穿挂，特别是只挂腰间。

③安全带（绳）要拴挂在牢固的构件或物体上，禁止把安全带（绳）系挂在移动、带尖锐棱角或不牢固的物件上，如现场确无固定系挂处，可使用适当强度的钢丝绳或其他方法提供系挂处，确保系挂点牢固。

④在使用过程中，安全带（绳）必须做到高挂低用或平行拴挂，严禁低挂高用。安全带（绳）使用长度在 3m 以上时应加缓冲器（除自锁钩用吊绳外），并要防止其摆动、碰撞，避免尖刺，不得接触明火。

⑤在杆、塔上工作时，不得失去后备保护，要将安全带的后备保护绳系挂在安全牢固的构件上（带电作业可根据现场实际确定是否系后备安全绳）。

⑥安全带（绳）严禁擅自接长使用，也不准打结使用，以防坠落时腰部受到较大冲力伤害。不准将钩直接挂在安全带（绳）上使用，钩子必须挂在连接环上使用。

⑦使用时需将安全带（绳）的钩、环系挂在系留点上，检查各卡接是否扣紧，防止使用时意外脱落。

⑧在低温环境下使用安全带（绳）时，要检查安全带（绳）是否存在硬化割裂现象，否则不得使用。

⑨安全带上的各种附属部件不得随意拆除，当更换新绳时需加绳套。

⑩安全带绳保护套必须完好，要检查是否有磨损，有磨损时需更换新套后才能使用。

⑪安全带（绳）使用期一般为3～5年，对于频繁使用的绳，要经常检查其外观，有磨损、断股等异常时需更换新绳才能使用。另外对于安全带缝制部分和挂钩部分在使用前也要检查，看是否存在裂断和残损等，如有则不得使用。

⑫安全带在使用后，要按使用要求进行维护和保管。可将安全带、绳卷成盘，切不可折叠，也不可接触高温、明火、强酸、强碱或尖锐物体。安全带应储藏在干燥、通风、避光的仓库内，可在金属配件上涂些机油，以防生锈。不要存放在潮湿的仓库中保管，更不准长期暴晒雨淋。

## （三）躯干防护——防护服

躯干防护用品及通常讲的防护服，是用于保护作业者免受环境有害因素的伤害。防护服种类较多，可分为一般防护服和特殊防护服（防水服、防寒服、防砸背心、防毒服、阻燃服、防静电服、防高温服、防电磁辐射服、耐酸碱服、防油服、水上救生衣、防昆虫服、防风沙服等），根据工作岗位、作业环境的不同而配备。目前抢维修作业涉及的防护服主要有防水服、防寒服、阻燃服、防静电服、防油服、救生衣等，防护服禁用尼龙、化纤或其他混纺布料制作。

### 1. 防护服功能

防护服装主要针对身体的伤害，采取最基本的安全防护。主要防护功能有：

①机械伤害；②化学品灼伤、腐蚀；③烧伤、烫伤；④冻伤；⑤电击伤害；⑥放射线伤害；⑦微波伤害；⑧生物伤害。

### 2. 不同作业环境对防护服的穿着要求

作业人员作业时必须根据工作岗位、作业环境的不同选择与所从事作业相适应的防护服。穿着时衣领口要扣紧，袖口必须扎紧，衣下摆要扣紧。

①在输油站（库）从事机、泵、阀等检维修作业人员必须穿防静电作业服、防油服。

②在输油站（库）从事仪表作业人员必须穿防静电服。

③在输油站（库）从事电气作业人员必须穿防静电作业服，在进行带电作业时，必须穿绝缘服。

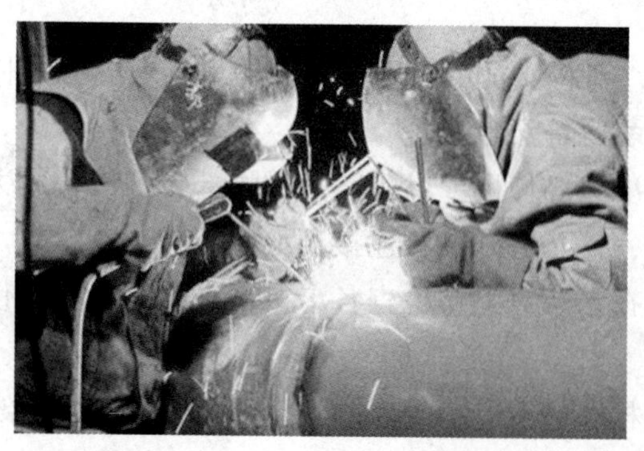

图8.1－8　电焊作业穿阻燃服

④从事管道抢维修作业人员需根据现场环境变化穿相适应的防护服，一般穿防静电服、防油服、防寒服。

⑤从事电气焊作业时必须穿着阻燃服（见图8.1－8）。

### 3. 防静电工作服的使用和注意事项

①在易燃、易爆场所禁止穿脱防静电服，需在危险区域之外穿脱。

②在防静电服上严禁使用金属纽扣和拉链等，也不得在衣服上附加或佩戴任何金属物件，以防产生火花。

③穿用防静电服时，应与防静电鞋配套使用。

④需保持防静电服的清洁，确保其防静电性能。洗涤时要注意用软毛刷和中性洗涤剂刷洗，避免损伤服料纤维。

### （四）眼睛和面部防护——防护眼镜和面罩

眼睛和脸部是人体中较为脆弱的部位，在日常工作中应该注意保护。

#### 1. 防护眼镜和面罩的作用

常见的伤害有物理伤害、化学伤害和辐射伤害等，防护眼镜和面罩的作用就是为了避免上述伤害。

①防止固、液打击的伤害，如固体颗粒、尖锐利器、灰沙、高压液体喷射和碎屑飞溅物等伤及眼睛及面部。

②防止化学性物品的伤害，如化学液体飞溅、电气焊烟雾等伤及眼睛和面部。

③防止热、光辐射对眼睛造成的伤害，如强光、火花、热流、电气焊弧光、微波、激光、紫外线、红外线和电离辐射的伤害。

#### 2. 抢维修人员常用防护眼镜和面罩

根据上述防护眼镜和面罩的不同作用，衍生出了很多不同作用和功能的安全防护眼镜，主要有防烟尘、防冲击、防化学飞溅和防光辐射等多种眼镜和面罩。针对各种可能对眼睛和脸部产生的伤害，在抢维修作业中应根据不同的工作环境使用不同的防护用品。

①防冲击的护目镜和面罩　主要作用就是防止固、液打击伤及眼睛及面部，因此其镜片和镜架的结构要坚固，能够抗打击，框架周围需有遮边。防护镜片有三种材质可选，分别为硬质玻璃片或钢化玻璃、胶质黏合玻璃（受冲击、击打破碎时呈龟裂状，不飞溅）和铜丝网防护镜。抢维修作业中常见的手提砂轮机打磨等作业就需要佩戴这种护目镜和面罩。

②防辐射的护目眼镜和面罩　主要作用就是防止过强的热、光等辐射伤及眼睛，因此其镜片既能反射或吸收辐射线，又能透过一定可见光，如驾驶人员一般使用的偏光眼镜、电气焊作业人员使用的电焊眼镜和面罩等。

③防尘、烟雾和其他有毒有害气体的防护镜和面罩　按照防护要求，与面部接触部分必须做到密封、遮边、无通风孔，防止有害气体进入，其镜架要耐酸、碱。

因此，参与抢维修的作业人员，必须了解自己作业环境的有害因素，选择佩戴合适的安全防护眼镜或面罩。图 8.1－9 是抢维修中常用的护目镜和面罩。

### （五）足部防护——防护鞋（靴）

防护鞋（靴）的种类繁多，根据防护作用不同而不同。防静电用的有皮质防静电安全鞋（靴）、防静电胶底鞋（靴），电工作业用的有绝缘皮鞋（靴）、低压绝缘胶鞋（靴），防化学腐蚀用的有耐酸碱皮鞋（靴）、耐酸碱胶靴、耐酸碱塑料模压靴，野外施工用的有防刺穿鞋（靴）、胶面防砸安全鞋（靴）、防雨鞋（靴）。另外还有一些特殊作业用的防护鞋（靴），如高温防护鞋（靴）、焊接防护鞋（靴）等。有些防护鞋（靴）将几种防护功能进行了集合，如防油防砸防穿刺防静电多功能鞋（靴），应根据作业场所和内容的不同

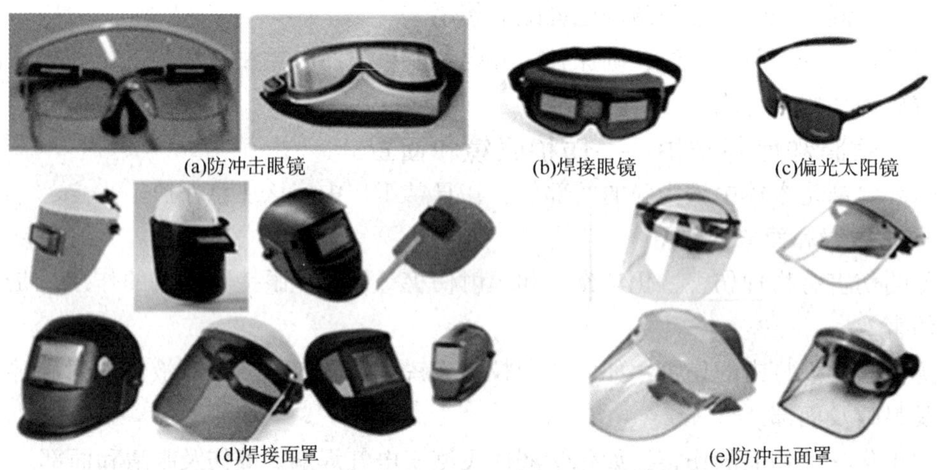


图 8.1－9　抢维修常用的护目镜和面罩

选择使用。

**1. 抢维修作业常用防护鞋**

抢维修作业中常用的防护鞋主要有防油防砸防穿刺防静电多功能鞋、防静电鞋、绝缘鞋、电气焊防护鞋等，如图 8.1－10 所示。

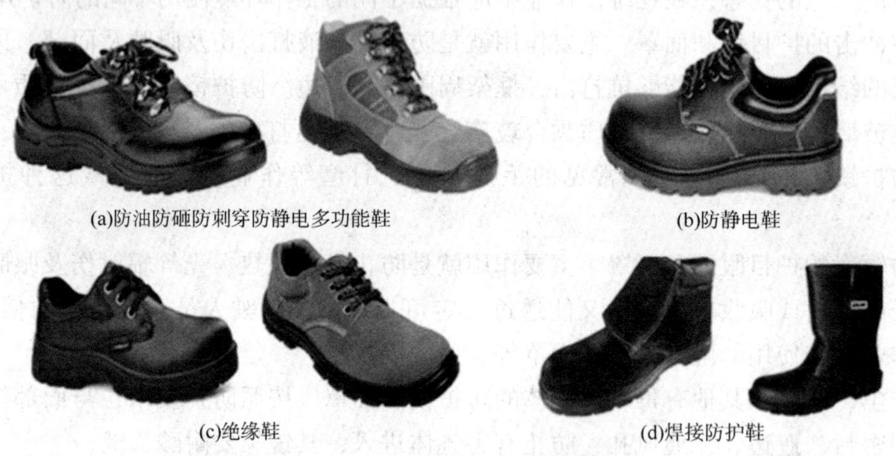


图 8.1－10　抢维修作业常用的防护鞋

**2. 绝缘鞋（靴）的使用要求**

①使用前要进行外观检查，对于有外伤、裂纹、漏洞、气泡、毛刺、划痕等缺陷的，不得使用，要及时更换。

②必须在规定的电压范围内使用，高压绝缘鞋（靴）可在高压和低压电气设备上作为辅助安全用具使用，但低压绝缘鞋（靴）禁止在高压电气设备上作为安全辅助用具使用，穿着时也严禁用手直接接触带电设备，每半年要做一次预防性试验。

③绝缘靴在存放时要远离可能受到酸、碱、油类或腐蚀物影响的场所，也要避开热源 1m 以上的距离，同时不得和普通雨靴混放。在遭到酸、碱、油、水等浸泡时，不得作为

辅助安全用具使用。

④雷雨天气或一次系统有接地时，巡视变电站室外高压设备应穿绝缘靴。布面绝缘鞋只能在干燥环境下使用，避免布面潮湿。

⑤穿绝缘鞋（靴）时，裤管不宜长及鞋底外沿条高度，更不应拖地，须将裤管套入靴筒内。

⑥穿绝缘鞋（靴）时要注意尖锐物，防止刺伤鞋底，若发现底纹磨光，有内部颜色露出时，严禁作为绝缘鞋使用，应及时更换。

## （六）手部防护——防护手套

防护手套对作业人员双手实施基本安全防护。防护手套种类繁多，抢维修作业现场必须根据所从事的作业环境选择适宜的防护手套。在使用钻床、铣床加工和传送设备等具有夹挤危险的部位操作时，不得使用手套，否则可能被机械缠住、夹住；在使用重锤时，也不得使用手套。

### 1. 常用的防护手套（见图8.1－11）

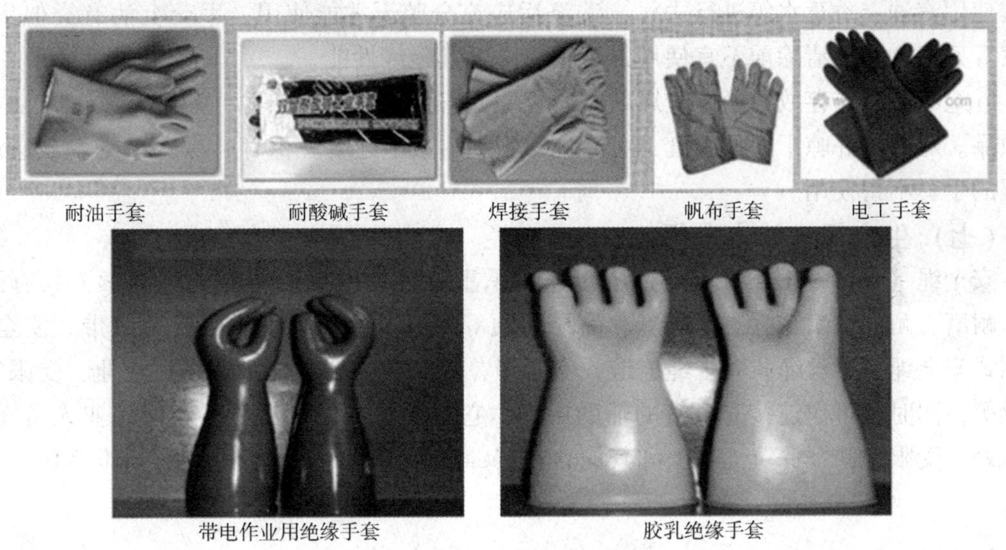

耐油手套　耐酸碱手套　焊接手套　帆布手套　电工手套

带电作业用绝缘手套　胶乳绝缘手套

图8.1－11　作业现场常用的防护手套

①一般劳动保护手套：电气、仪表作业人员通常使用这类手套，具有保护手和手臂的功能。

②耐酸、碱手套：主要是在接触酸、碱时佩戴，抢维修作业很少接触到。

③耐油橡胶（皮）手套：管道抢维修、机泵阀检维修作业人员通常配备此类手套，主要防止接触油类物质，保护双手。

④焊工手套：管道抢维修作业人员在进行电、气焊作业时戴的防护手套。使用前要进行检查，当皮革或帆布表面已经僵硬、有洞眼等残缺现象时，不得使用。要选择有足够长度的手套，至少手腕部不能裸露在外，同时与焊接服配套使用。

⑤绝缘手套：供电气作业人员带电作业时使用，主要作用是将人的双手与同一电位带

电体或不同电位带电体之间进行隔离，使之绝缘，达到预防触电的目的。按制作材质可分为橡胶和乳胶绝缘手套两大类，使用较为广泛，使用时要根据现场电压范围选择适当的绝缘手套，同时检查表面是否存在裂痕、发黏、发脆等缺陷，否则禁止使用。

作业前，要先对使用的工器具、设备、工件及现场作业环境进行风险分析后，再选取适当材质制作的、方便操作的防护手套。

**2. 绝缘手套使用方法及注意事项**

①使用前应对绝缘手套的完好性进行检查，检查有无沙眼（采用充气法）、内外有无破损和发黏（脆）、电压等级是否合适、试验周期是否过期（每半年检验一次），如发现上述情况之一时禁止使用。

②穿戴绝缘手套时要将上衣袖口放入手套筒口内。

③在现场进行带电作业、倒闸操作、设备验电、接地线装拆等作业时应戴绝缘手套。

④使用过程中要防止尖锐物体刺破手套，刺破后的手套不得使用，需立即更换。

⑤使用后的绝缘手套可用肥皂、专用的绝缘橡胶制品去污剂和低于60℃的清水洗涤，严禁使用汽油、香蕉水等进行去污，洗涤后应充分晾干才能使用。手套上沾有类似焦油、油漆等残留物在未清除前不宜使用，否则将降低其绝缘性能。

⑥绝缘手套应存放在通风干燥处，避免阳光直射，应远离热源并避开酸、碱、油类等腐蚀品。对洗涤并晾干后的手套，可涂抹滑石粉后按上述方法保存，保存中受潮或清洗后潮湿的手套不得使用。

## （七）生命绳——安全绳

安全绳（见图8.1－12）是指用于连接承重装置和保护人员安全的绳索，具有强度大、耐磨、耐用、耐霉烂、耐酸碱、简易轻便等特点。按使用材质可分为织带式安全绳、纤维式安全绳、钢丝绳式安全绳、链式安全绳，常用于救助、牵引、高空作业、受限空间作业等，同时也可作连接安全带的辅助用绳，它主要提供二重保护，确保作业人员安全。在高处、受限空间、深坑、水上和其他含有有毒有害气体的环境下进行的抢维修作业，均要用到。

(a)　　(b)

图8.1－12　常见安全绳

**1. 安全绳的简易系法**

由于安全绳作用广泛，其系法也很多，应熟悉几种常用的简易系法，下面分别进行简要介绍。

（1）连续单结

连续单结就是在一条绳子上连续打上多个单结，结与结之间有一定间隔，可在营救人员或应急逃生时使用。打单结很容易，但速度慢，为了提高现场效率，这里介绍一次性打多个单结的方法（见图 8.1－13），打结过程中尽量保持结与结之间间隔距离相同，如不熟练很难做到，需反复练习。

图 8.1－13　连续单结的打法

（2）称人结

称人结用途广泛，不管是野外还是水上作业，甚至各行各业及日常生活中都能用到，被称为“绳结之王”。其特点是易结又易解，在现场吊运物体或由上往下垂吊时相当方便。其基本打法如图 8.1－14 所示，还有很多衍生的打法，就不一一介绍了。

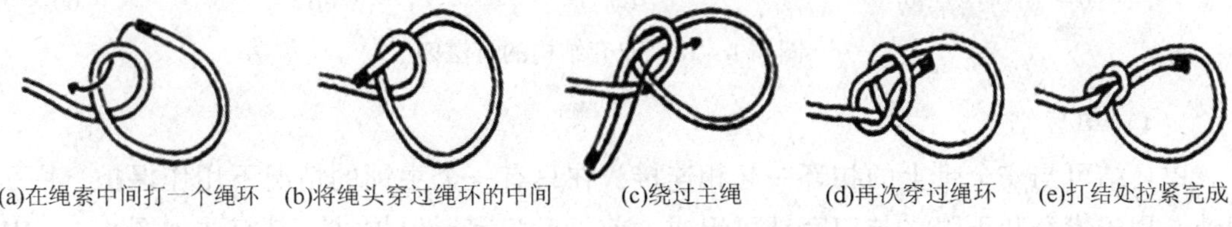


图 8.1－14　称人结的基本打法

（3）双套结

双套结结构简单实用，打结快速方便，通常应用在两端施力均等的物品上，其安全性极高，可用于固定、捆绑物体，也可用于套在安全带扣环上进行攀登和下降，可与单环结组成一前一后门字形保护站。如果打成双套滑结，则可轻松解开。其结法很多，下面介绍几种最具代表性的打法，如图 8.1－15～图 8.1－18 所示。

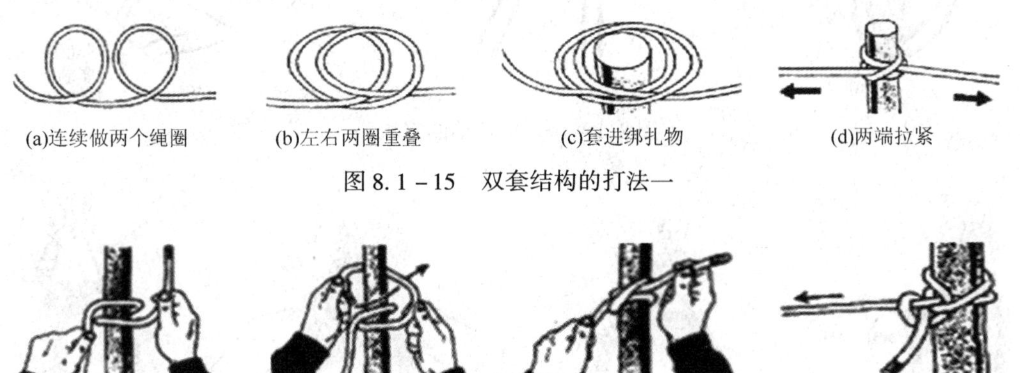


图 8.1－15　双套结构的打法一

图 8.1－16　双套结构的打法二

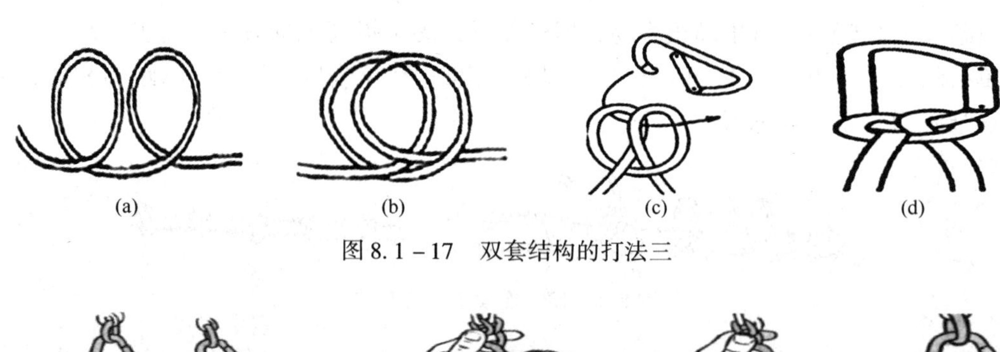
图 8.1－17　双套结构的打法三

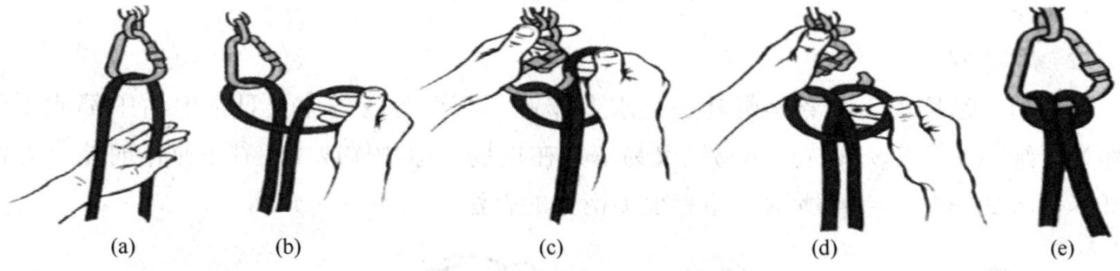
图 8.1－18　双套结构的打法四

（4）单环结

单环结可与安全带上的扣环一起相连接，在只有一个主锁的情况下用作保护，用手可制动，用于攀登和下降，与双套结可组成一前一后门字形保护站。其打法如图 8.1－19 和图 8.1－20 所示。

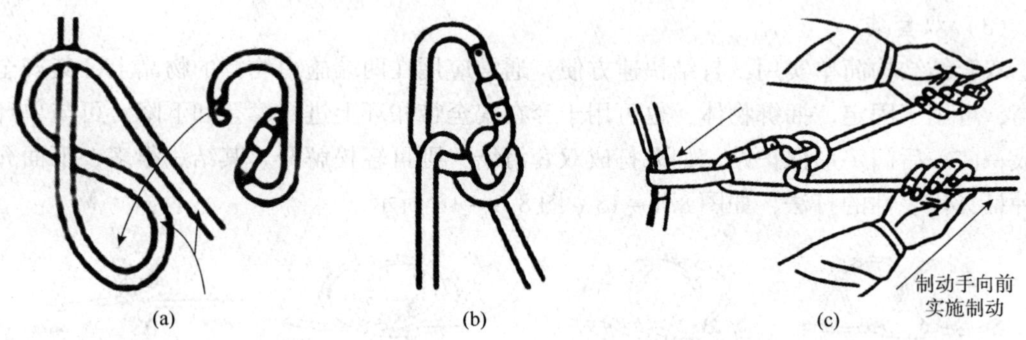

图 8.1－19　单环结的打法一

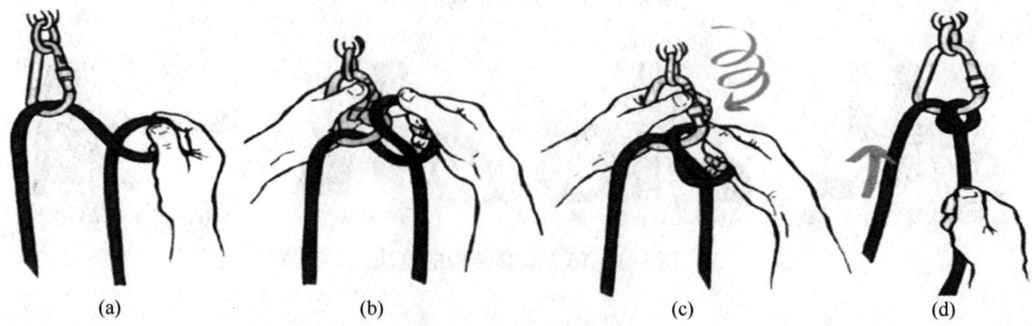
图 8.1－20　单环结的打法二

（5）“8”字环结

安全带上常带有金属扣环的“8”字环，主要用于安全绳与安全带的连接。其连接方法如图 8.1－21 所示。

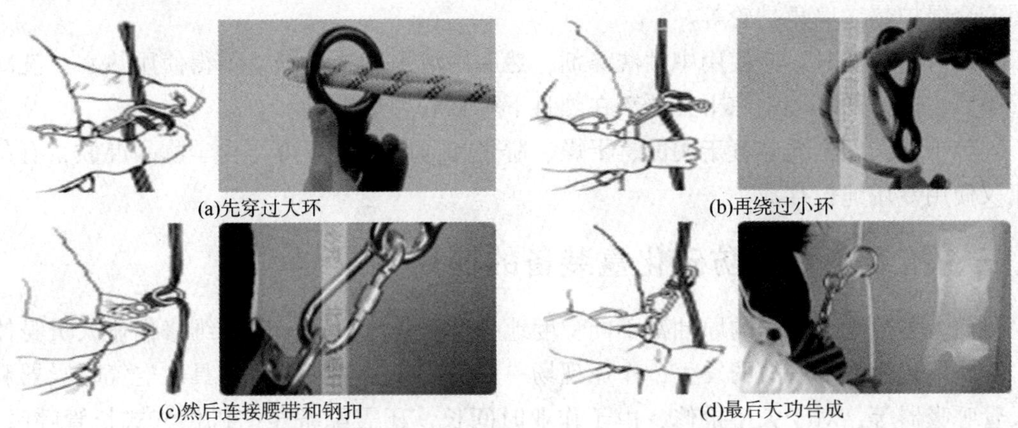


图 8.1－21　安全绳与“8”字环的连接

（6）替代安全带的简易系法

作业现场如果没有安全带，在紧急情况下，也可用安全绳临时代替安全带在高空作业和应急救援时使用。其简易系法如图 8.1－22 所示。

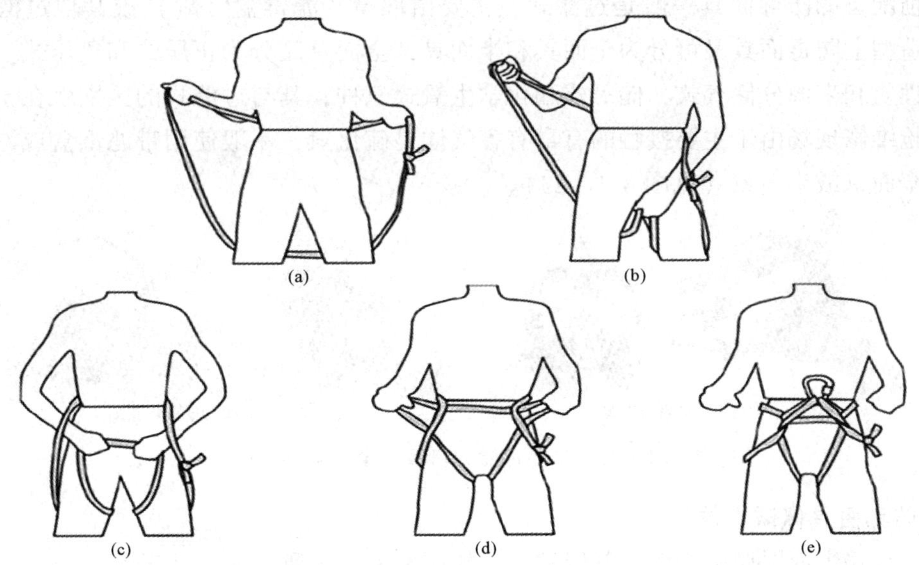


图 8.1－22　安全绳替代安全带的简易系法

**2. 安全绳的使用保管要求**

①使用前、后均要进行外观检查，检查是否存在变粗、变细、变软、变硬，检查有无划伤、磨损、化学腐蚀和严重掉色等情况，如果存在以上缺陷须停止使用或更换新绳。

②在使用过程中，不得在地面上拖拉和踩踏安全绳，因地面上的沙砾会碾磨安全绳表

层而加速其磨损。

③在使用中要特别注意不要通过有摩擦、锋利边角的地方，否则接触时极易发生磨损、刮割，导致安全绳断裂；确需在有摩擦和边角的地方使用时，务必做好保护措施，如使用安全绳护垫、墙角护轮等。

④用后需清洗时，应使用中性洗涤剂，然后用清水冲洗干净，不得使用热水，洗净后置于阴凉、通风的环境中晾干，严禁在烈日下暴晒和加热烘干。

⑤晾干后的安全绳应置于阴凉、干燥、避光和通风处，不得与化学物品混放，有条件时建议使用专用绳包存放。

## 三、抢维修现场防硫化氢装备的使用方法

目前大多数管道输送的原油都不同程度地含有硫化氢，为保障抢维修作业人员身体健康，预防硫化氢中毒事故的发生，作业现场一般需配备过滤式防毒面具、空气呼吸器和移动长管呼吸器等，对于大型抢修，由于作业时间长，还需配备压缩机供气式长管呼吸器，以确保抢维修任务高效快速完成。

### （一）防毒面具

防毒面具主要是保护人的眼睛、面部和呼吸器官，免遭粉尘、细菌、有毒有害气体或蒸汽等有毒物质伤害的个人防护器材。按防护原理，防毒面具可分为过滤式和隔绝式两种，目前配备的防毒面具一般是过滤式，主要由面罩、滤毒盒（罐）或其他过滤元件组成。从造型上防毒面具又可分为全面具和半面具，全面具又分为正压式和负压式。隔绝式按气体性质和来源分储气式、储氧式和化学生氧式三种，其与过滤式的区别就在于自身供气。在抢维修现场由于主要接触的有毒有害气体是硫化氢，一般使用带滤毒盒或滤毒罐的自吸式全面罩或半面罩（见图 8.1－23）。

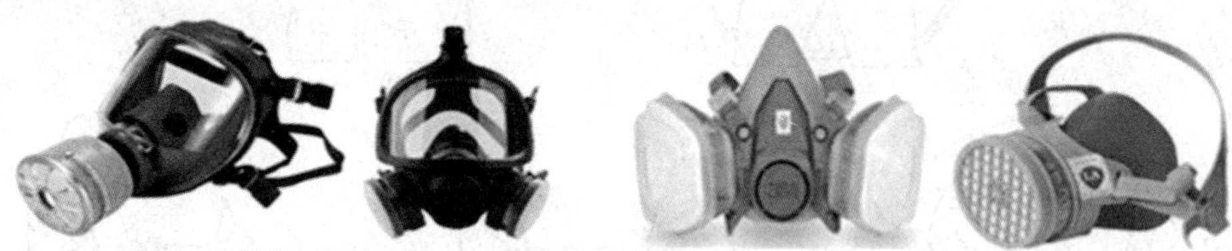

(a)带单、双滤毒盒防毒全面罩　　(b)带单、双滤毒盒的半面罩

图 8.1－23　带滤毒盒的自吸式全面罩和半面罩

#### 1. 防毒面具佩戴方法

以自吸式半面罩佩戴为例，其佩戴方法如图 8.1－24 所示。

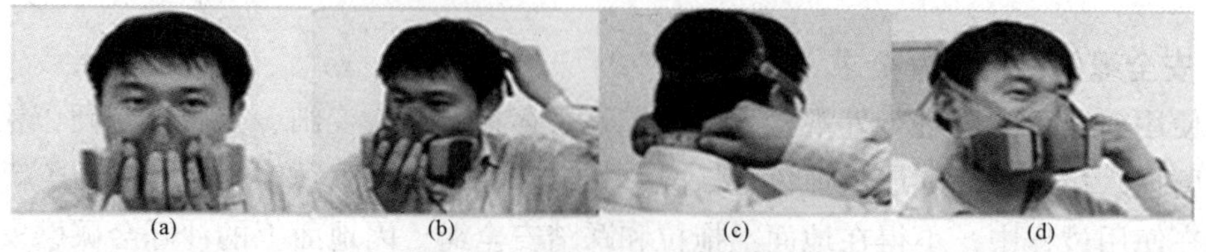

(a)　(b)　(c)　(d)

图 8.1－24　自吸式半面罩佩戴方法

①解开头带底部搭扣，将面具盖住口鼻。

②将上端头带框套拉起并置于头顶位置。

③双手在颈后将下面的头带拉向颈后，然后将头罩底部搭扣扣住。

④调整头带松紧度，可先调前端头带，后调颈后头带，将面罩与脸部密合良好。当头带过紧时，用手指外推塑料片即可将头带放松。

⑤佩戴完毕应进行试呼吸，确保呼吸顺畅。

**2. 防毒面具使用注意事项**

①正确选择防毒面具。先对现场气体进行氧含量和有毒气体浓度检测，根据检测结果进行选型：在 $O_2$ 含量≥19.5%的情况下，当 $10mg/m^3 < H_2S$ 浓度 $\leq 30mg/m^3$ 时，应佩戴过滤式防毒面具；当 $30mg/m^3 < H_2S$ 浓度 $\leq 50mg/m^3$ 时，应佩戴防硫化氢型的滤毒罐（盒）。在选择同时使用的防毒面具和滤毒盒（罐）时要针对不同的毒气选择适用的滤毒盒（罐），做到专防专用；对于刺激性液体、液体可能发生喷溅和硫化氢浓度高时应使用全面罩。

当现场出现以下情况时，严禁使用过滤式防毒面具，应选用空气（或长管）呼吸器：

a. 当 $H_2S$ 浓度 $> 50mg/m^3$ 或 $O_2$ 含量 $< 18\%$ 时；

b. 当其他有毒气体含量（体积比）$> 2\%$ 时；

c. 在槽、罐等缺氧密闭容器、毒气浓度偏高或毒气种类不明等情况时。

②使用前需对防毒面具进行完好性和密封性检查：检查滤毒盒（罐）的使用期限，禁止使用过期、失效的滤毒盒（罐）；检查滤毒盒（罐）底座密封圈是否完好；检查防毒面具是否存在裂痕、破口等情况，确保面具与脸部的密合性；检查呼气阀片是否存在变形、破裂等情况；检查头带是否有弹性或断裂，确保使用的呼吸器性能良好。

③使用过程中当觉得吸气困难或闻到异味渗入（即滤料可能失效）时，应立即向上（侧）风向撤离有毒现场，听从监护人指挥到达安全区，摘下面罩更换滤盒（罐），或更换其中的滤纸（料），严禁在有毒区摘下面罩。

④滤毒盒（罐）使用后应及时记录累计使用时长，根据失效时长及时更换滤毒盒（罐），如阀片损坏也应立即更换。

⑤面具使用后应及时进行清洁和消毒。可用肥皂水或0.5%的高锰酸钾溶液进行洗涤，清洗时切忌使用有机溶液清洗剂或其他化学溶液进行清洗，否则会降低使用效果；洗后置于阴凉干燥处阴干，切忌日晒火烤，损坏橡胶部件。

⑥使用完毕需将滤毒盒（罐）上部的螺帽盖拧上，并塞好橡皮底塞后储存，以免滤料受潮失效。

⑦防毒面具和滤毒盒（罐）应储存于清洁、干燥、无油污、无阳光直射和无腐蚀性气体、通风良好的库房环境，同时要做好日常维护和保养。

**3. 防毒面具佩戴密合性测试**

防毒面具佩戴前应做密合性测试，以检查密封效果。其测试方法有以下两种：

方法一：手掌盖住呼气阀，缓慢呼气，若面部能感觉到有压力，且面部和面罩之间没感到有空气泄漏，说明面具佩戴密合性良好；若感觉到面部与面罩之间有空气泄漏，则需重新调节头带与面罩的位置和松紧度，直到无空气泄漏为止；如多次测试后均有漏气现象，需更换。

方法二：手掌盖住滤毒盒（罐）座的连接口，缓慢吸气，若感觉呼吸困难，说明面具佩戴密合性良好；若感觉有气吸入，则需重新调节头带与面罩的位置和松紧度，直到无空气吸入为止；如多次测试后均有漏气现象，需更换。

以上两种方法可同时使用，在有漏气时，需按以上方法重做密合性测试，直至密合性良好为止。

**4. 滤毒盒（罐）更换条件及装配方法**

①将记录的滤毒盒（罐）使用时间与标明的有效防毒时间进行对照，时间接近时需更换。

②在使用过程中感觉呼吸困难、自我感觉不适时或感觉有异味时必须更换。

③更换时要先去掉滤毒盒（罐）的密封层，取下盒（罐）盖和底塞，再将滤毒盒（罐）的镙口对准防毒面具的盒（罐）底座连接口，顺时针旋转并拧紧，使用前做密合性测试。

## （二）正压式空气呼吸器

**1. 正压空气呼吸器的组成（见图 8.1－25）**

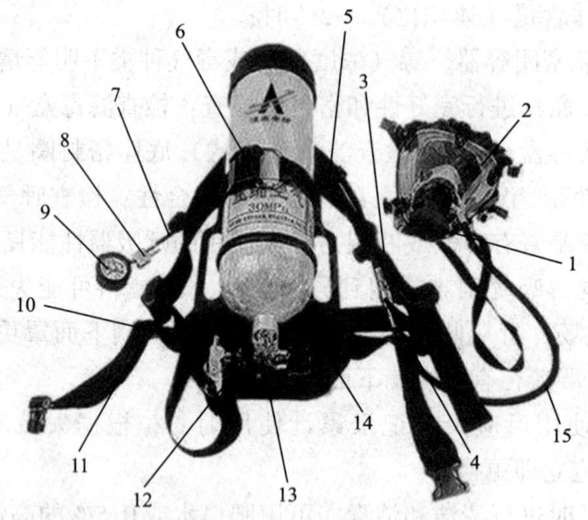


图 8.1－25　正压空气呼吸器的组成

1—供气阀；2—全面罩；3—调节带；4—快速接头；5—肩带；6—气瓶固定带；7—高压管路；8—报警哨；9—压力表；10—腰带卡；11—腰带；12—减压器；13—气瓶和气阀；14—背板；15—中压管路

**2. 空气呼吸器的使用和佩戴方法**

（1）使用前的检查、准备工作

①检查空呼气瓶的绑扎是否牢固，背带、腰带是否完好，不得有断裂，同时检查与减压器连接是否牢固、气密。

②检查压力表和气瓶气压：检查压力表外观是否良好、连接是否牢固、指针是否归零后，将空气瓶开关打开，检查气瓶的气压一般不得小于 25MPa，因管路、减压系统中有气体的压力上升，余压报警器会发出短暂报警声。

③检查各接头的气密性：将气瓶阀关闭，观察5min内的压力表读数变化，其表压下降应不大于2MPa，说明供气管路高压部分气密性好。

④校验报警器：轻按供给阀膜片组，缓慢排出管路中的空气，在压力下降到4~6MPa时，余压报警器应发出连续报警声音并持续到表压值接近零时，说明报警器功能正常，否则需重新校验报警器。

⑤检查导气管和各连接件：查看中压导管是否存在老化、裂痕、漏气等现象，同时检查导气管与供给阀、减压器、快速接头等的连接是否牢固和损坏。

⑥检查供给阀和呼气阀是否匹配：带上呼气器，打开气瓶开关和供给阀供气。当吸气时，供给阀处于供气状态，能听到明显的“呲呲”响声；当呼气或屏气时，供给阀应处于停止供气状态，不能听到“呲呲”响声，说明匹配良好，若供给阀仍在供气或听到“呲呲”声，则说明不匹配，应调换全面罩或校验呼气阀的通气阻力，使其达到匹配要求。

⑦检查全面罩：查看镜片、系带、环状密封、吸气阀、呼气阀等是否完好，镜片及其他部分应清洁、明亮和无污物，其与供给阀的连接要牢固、位置要正确。

⑧检查全面罩与面部的密合性：戴上全面罩，关闭空气瓶开关，进行深呼吸数次，直到吸尽空气呼吸器管路系统的余留气体，此时全面罩内处于负压状态，在大气压作用下，面罩和面部结合处有绷紧感，且人员会感觉呼吸困难，说明全面罩和呼气阀有良好的密合性。

（2）呼吸器的佩戴方法（见图8.1-26）

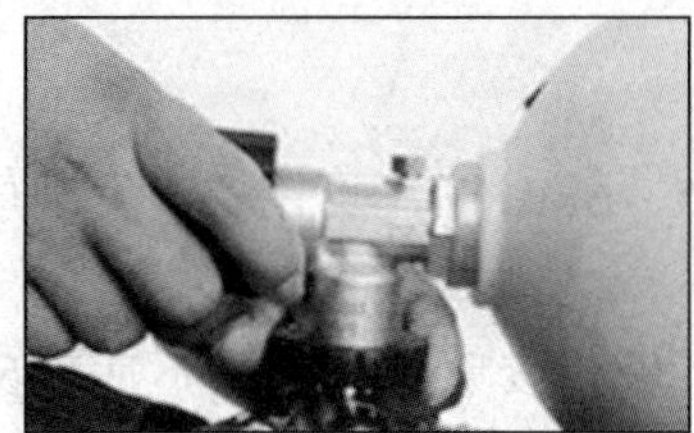
(a)将气瓶阀门和减压器阀门连接

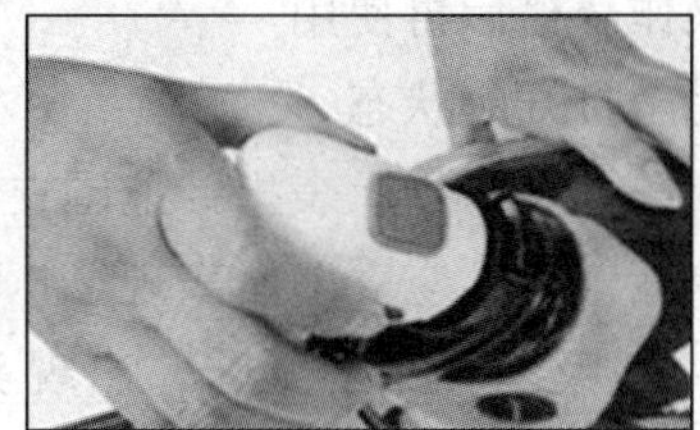
(b)将供气阀安装在面罩卡口处

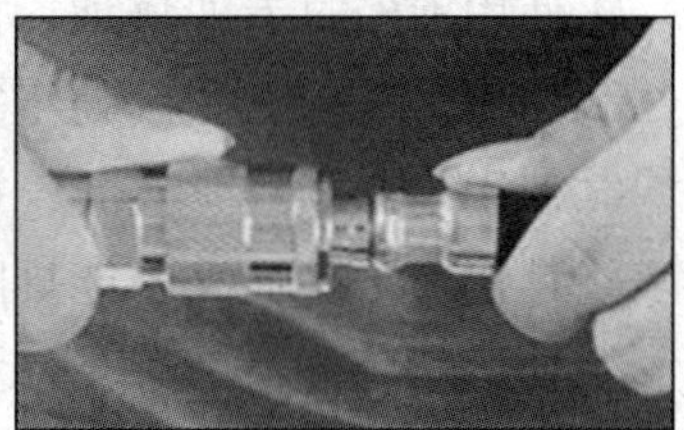
(c)连接中压导管接头和供气阀快速接头

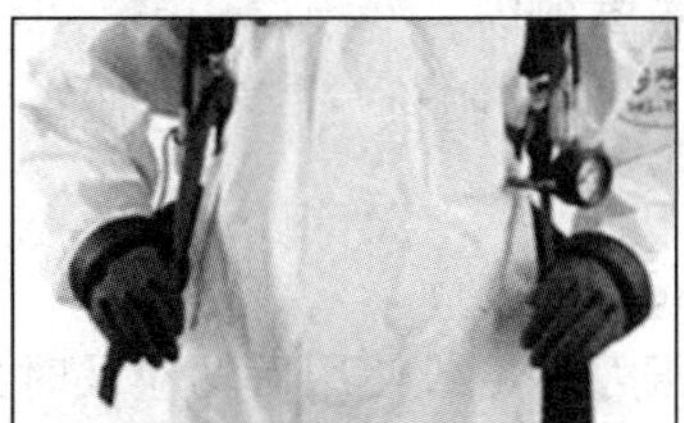
(d)背起空气呼吸器，调节背带

(e)扣上腰带扣并调节腰带长度

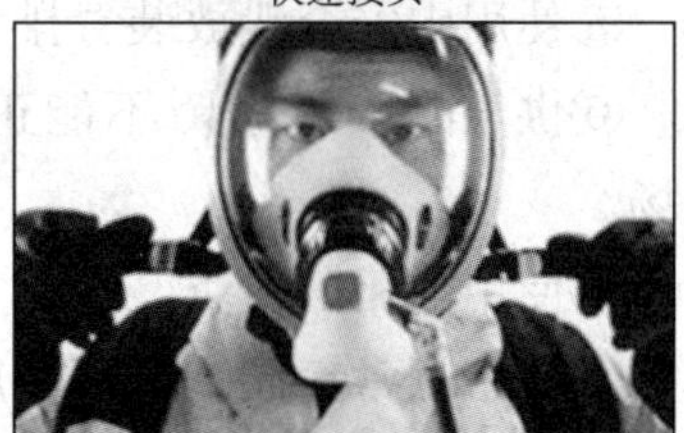
(f)带好面罩，使面罩与面部紧密贴合

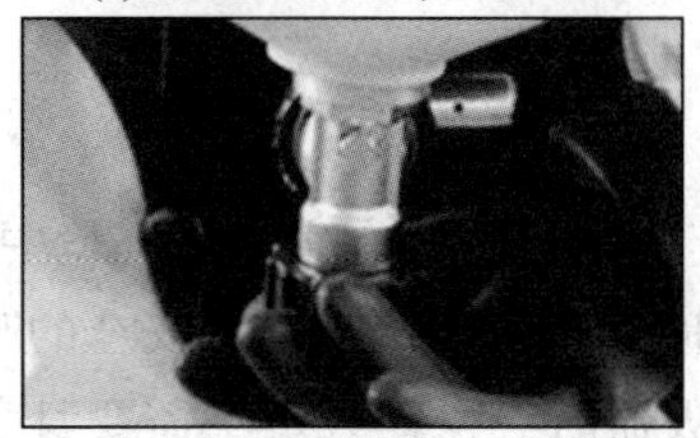
(g)逆时针打开气瓶阀门，呼吸顺畅后进行作业

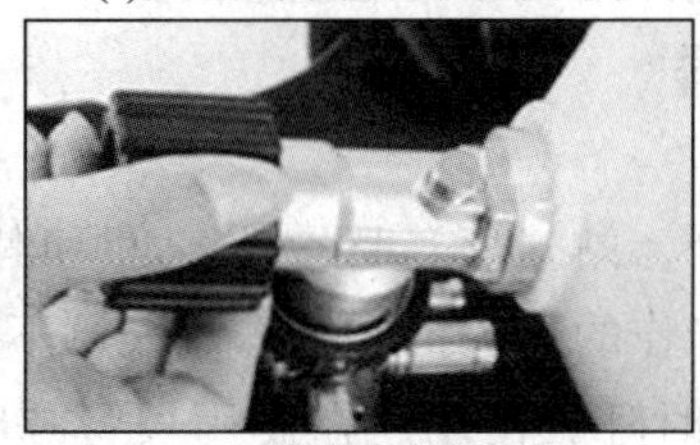
(h)顺时针拧紧气瓶阀门

(i)按住供气阀底部排出残余空气

图8.1-26　空气呼吸器佩戴步骤

①连接气瓶阀与减压阀。

②将供气阀安装在全面罩卡口外。

③将中压导管接头插入供气阀快速接头。

④背上空气呼吸器，使空气瓶开关在下方，调节背带松紧度。

⑤扣上腰带扣，并调节松紧度。

⑥带上面罩，使面罩与面部紧密结合。

⑦检查供给阀和呼气阀是否匹配：逆时针打开气瓶阀门，进行深呼吸 2～3 次，应感觉舒畅，且能听到明显的“嗞嗞”响声，当呼气或屏气时，供给阀应处于停止供气状态，不能听到“嗞嗞”响声，说明匹配良好，若供给阀仍在供气或听到“嗞嗞”声，则说明不匹配，应调换全面罩或校验呼气阀的通气阻力，使其达到匹配要求。同时按压供气阀的底部，检查其开闭是否灵活。待一切正常后，收紧全面罩系带，感觉呼吸顺畅、舒适、且无明显的压痛后再作业。

⑧作业完毕，撤离现场，需到达安全区后，顺时针关闭气瓶阀门，按压供气阀底部，排除残余空气。

⑨松开全面罩的系带卡子，摘下全面罩，将快速接头拆开后，卸下呼吸器，整理后装箱。

（3）空气呼吸器使用注意事项

①使用前经过专业培训，操作合格后再使用。

②使用时确保气瓶阀处于完全打开的状态。

③使用中必须经常查看气瓶压力表，指示表指针范围在 5～6kPa 时不可用。当发现压力表指针快速下降而又不能排除漏气时，应立即撤离现场。

④使用时感觉呼吸阻力大、呼吸困难、有异味，出现头晕、咳嗽、恶心等不适现象时，应立即撤离现场。

⑤使用中安全泄放装置排气或听到报警哨报警后应立即撤离现场。

⑥供气阀发生故障不能正常供气时，应立即打开应急旁供气阀供气，并迅速离开现场。

⑦使用前后的检查、佩戴、撤离、拆卸必须在无污染的安全区进行。

⑧气瓶日常存储时的压力应保持在 28～30MPa，若气瓶压力不足或使用后均应及时到专业充气站进行充气，确保气量充足，以满足应急需要。

### （三）移动式长管呼吸器

#### 1. 应用场所

移动式长管呼吸器能在野外、站（库）区受限空间和其他具有有毒有害气体环境中，对进行长时间、重强度和复杂工作的管道抢维修作业人员不间断地提供既清洁又安全的呼吸空气，该系统可供 1～4 人同时呼吸使用。在使用长管呼吸器时，操作人员不需要身背气瓶，大大减轻了操作人员的工作负担，增强了身体的灵活性，适用于长时间在缺氧有毒环境使用，更适合于在狭窄的工作区域，如坑道、管道、深井等需长时间作业的场所内使用。

**2. 移动式长管呼吸器的基本组成（以两人使用为例，见图8.1－27）**

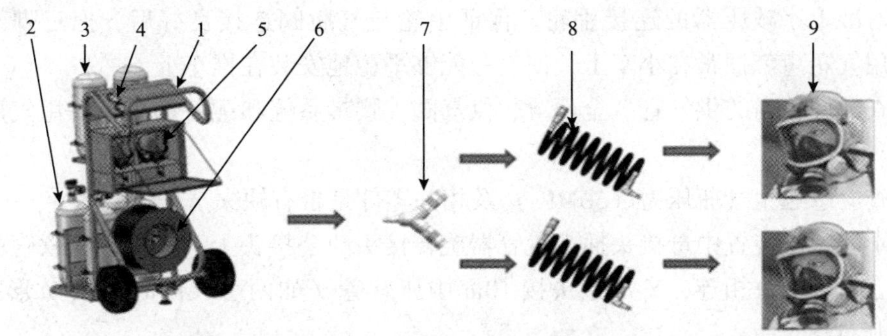


图8.1－27　长管呼吸器基本组成

1—移动推车；2—高压碳纤维供气瓶；3—备用气瓶；4— 减压器；5— 集气块；6—盘管器（带供气长管）；7—三通接头；8—连接软管；9—呼吸系统（其主要由面罩、腰带、供气阀和应急逃生气瓶组成）

**3. 主要性能（以两人使用为例）**

（1）理论作业时间：配置4个6.8L、30MPa供气气瓶，另外配有2个备用气瓶，2个人同时使用可持续90min，一般每45min换掉两个气瓶，可无限制使用下去。

（2）气瓶作业压力：30MPa。

（3）作业距离（标准配置）：30m（盘管器上）+10m（延伸供气管）。

（4）作业人数：1~2人同时作业（另需在供气站旁配值守人员）。

（5）报警压力：5~6MPa。

**4. 供气原理**

该供气系统主要由移动推车、高压碳纤维气瓶、减压器、盘管器及呼吸系统等组成。

将该供气系统的各个部件按要求连接后，打开碳纤维气瓶上的瓶阀，4个碳纤维气瓶中的高压气体经高压集气块和减压器，将30MPa的高压气体减到0.8MPa，中压气体再经盘管器向作业人员提供可呼吸的新鲜空气。

该呼吸系统由全面罩、供气阀、逃生气瓶、自动切换阀、低压报警哨组成。值守人员需时刻注意，当高压气瓶中的压力降到5.5MPa左右时，减压器上的报警哨就会发生刺耳的报警声，提示值守人员将其中两个高压气瓶卸压，并更换两个已充好的备用高压碳纤维气瓶作为供气源，高压集气块上与6个碳纤维气瓶相连的6个接头装有单向阀，这样各个气瓶不会出现互充现象。当备用气瓶的压力降到5.5MPa左右时，减压器上的报警哨就会发生刺耳的报警声，但气瓶中的气体仍可以继续为作业人员供气。当中压压力降到0.5MPa时，作业人员身上配备的低压报警哨发出刺耳的报警声，提示作业人员撤离作业现场，同时自动切换阀会自动将供气源切换到备用逃生气瓶，由逃生气瓶继续为作业人员供气（作业人员有15min的时间从作业场地逃到安全区域）。

如果不用应急逃生气瓶，则需安排人员守护移动供气源，当移动供气源上的报警哨发出报警时，值守人员要立即通知作业人员撤离作业现场到安全的区域。

**5. 使用方法及注意事项**

①调节三角支架（不能使三脚架落下），将压缩空气气瓶放到小车的气瓶托架上，将气瓶阀口对准十字减压器的连接手轮。保证手轮与气瓶阀连接良好后，把三脚架螺丝拧紧，气瓶用气瓶束带捆紧在小车上，使气瓶能够平稳地安装在推车上。

②检查配件箱内的供气管、全面罩、供气阀、腰带系统和配备的移动备用气瓶是否齐全完好。

③检查应急逃生气瓶压力（30MPa）及相关零件是否有缺失。

④将十字减压装置中母接头插入盘管器旋转接头的公接头上，30m 中压软管的公接头与盘管器上的母接头相连，Y 形接头接 10m 中压软管（如两个人同时使用 Y 形接口接 2 根 10m 中压软管）。

⑤取出并佩戴专用腰、背带，根据使用者的体型，适度调整腰带、背带的松紧度，要注意腰间阀的方向，快速插座应朝上方，且确保应急逃生瓶和腰间阀的位置放置在腰部两侧，以佩戴舒适、同时尽量方便手臂作业活动为宜。穿戴好后，将 10m 中压软管未连接的一端与呼吸系统的腰间供气阀快速接头连接，再通过应急逃生气瓶的中压管将自动切换阀的快速接头与供气阀连接起来。

⑥拧紧四个泄气螺丝，避免浪费压缩空气。慢慢打开气瓶阀门，观察压力表指针位置，然后关紧阀门，检查压力表是否有下降，如果下降表示系统有泄漏，应该检查各连接处是否有漏气，正式使用前要确保系统没有泄漏。

⑦按面罩佩戴方法带好全面罩。

⑧打开移动气源后再打开应急逃生气瓶（移动气瓶与备用气瓶的打开顺序不可颠倒），打开供气阀，以正常的速度呼吸。关闭移动气瓶瓶阀，检查自动切换阀的切换是否正常（当移动气源端的压力下降到 3bar 时，切换阀会自动切换到应急逃生气瓶供气，并同时报警）。如果应急逃生气源功能不正常，切勿使用应急逃生气源。

⑨关闭供气阀，关闭应急逃生气源，再打开移动气源瓶阀后立即关闭瓶阀，用供气阀上的黄色强制供气阀放掉系统内的余气，同时检查移动气源压力报警器是否正常（5～6MPa 报警），如不正常禁止使用该移动供气源。

⑩设备检查正常后，打开移动气源，再打开应急逃生气瓶气源（移动气源与备用气源的打开顺序不可以颠倒），打开供气阀，操作人员可以正常使用。

⑪正常使用时必须有专人值守、更换气瓶。作业人员、监护人员和值守人员之间应保持良好的通讯联络，以便在发生意外时能及时通知作业人员逃离危险场所。如果使用人听到应急逃生气源发出提醒的报警哨鸣笛后，也需立即撤离现场。

⑫正常使用时，值守人员要始终注意压力表的指针和报警哨的信号，及时更换气瓶。十字减压器的四个入口处都有单向阀，在正常作业时可任意卸下其中一个或两个空气瓶，然后再装上充满气的备用气瓶即可连续作业。在卸瓶前应先关紧瓶阀，再打开空气螺丝放掉管路中的余气，然后再拧开连接手轮卸下气瓶，同时更换气瓶，更换气瓶时同样要按照步骤①的方法安装气瓶。

⑬长管呼吸器的佩戴人员日常应接受专业培训。使用前要进行佩戴检查和密合性检查，同时要检查各气源压力是否达到工作压力，如果发现面罩、呼吸器、供气阀、移动气源、逃生气源等出现故障或存在其他安全隐患不得强制投入使用。在使用过程中，如感觉气量供给不足、呼吸困难、有异味，出现头晕、咳嗽、恶心或出现其他不适情况时，应立即撤出现场，或打开应急逃生气源供气并撤离。

⑭使用过程中，应对供气长管做好保护措施，拖拉布放时应避免与锋利尖锐器、坚角、腐蚀性介质和粗糙物产生摩擦，防止戳破、划坏、刮伤供气长管。如供气长管出现损坏、自我感觉不适或感觉有异味时应立即撤离作业现场并进行更换。因操作中不慎接触到腐蚀性介质时，可立即用清水进行清洗并擦干。

⑮使用前后的检查、佩戴、撤离、拆卸等必须在无污染的安全区域进行。

⑯气瓶日常存储时压力应保持在28～30MPa，当气瓶压力不足和使用后均应及时到专业充气站进行充气，确保气量充足，以满足应急需要。

# 第二节　抢维修作业现场安全管理

## 一、抢维修的必要性和特点

输油设备经过长时间的运转，其零部件的精确度易发生变化，产生松动、局部振动、声响异常、螺栓蠕变、密封件老化，易发生跑冒滴漏；原油管道和油罐经过物料的冲刷和腐蚀，易产生管（罐）壁减薄、耐压强度减损甚至腐蚀穿孔。这些情况如得不到及时的检（抢）维修，往往造成动力消耗升高、原油泄漏、着火爆炸等事故的发生，对环境造成严重污染，为此必须及时进行检（抢）维修，消除隐患，防患于未然，确保安全生产。

按检维修的内容可分为小修、中修、大修。由于输油设备连续运转和腐蚀等原因，经常会突发故障或泄漏，应根据生产运行需要进行抢修，且具有抢修频繁和危险性大的特点。在拆旧更新、加固改造、修理安装等检（抢）维修过程中，经常需要从事动土开挖、起重吊装、抽堵盲板、进入受限空间、动火、高处作业等直接作业，且存在设备内外、高空地下等立体交叉作业同时进行，如果不编制方案、组织不严密、计划和措施不周全、监护不到位，每个环节稍有疏忽都可能发生事故（件）。直接作业环节发生的事故占全部安全生产事故的50%以上，事故原因都不同程度地存在现场监管不到位、风险识别不全、安全措施不落实、安全意识淡薄等，直接作业环节安全问题一直是安全管理工作的瓶颈，事故呈现多发态势。此外，由于输油生产具有高温、高压、易燃易爆、有毒有害、腐蚀等特点，决定了输油设备检（抢）维修中的各个方面都存在着危险性，可能会威胁到人身安全，甚至发生严重的安全事故，同时还会造成环境的破坏与污染。

## 二、抢维修作业执行的有关安全管理制度

由于抢维修作业涵盖了用火、登高、临时用电、起重、动土、受限空间和盲板抽堵等

特殊作业，针对抢维修中直接作业环节事故高发的特点，为加强公司抢维修直接作业环节的安全管理，规范现场作业行为，强化抢维修直接作业环节的安全监管和事前管控，公司所有抢维修作业均必须严格执行中国石化集团公司和管道储运有限公司制定的各项安全管理制度。编者归纳了近年来（截止到2017年底）中国石化集团公司涉及抢维修作业的主要安全管理制度（见表8.2－1），供各抢维修队查阅学习。

**表8.2－1　涉及抢维修作业有关的主要安全管理制度**

| 类别 | 名称 | 文号 | 签发日期 |
|---|---|---|---|
| 基础资料类 | 中石化安全管理手册 | M01－2015 | 2016－1－1 |
| | 中国石化安全培训管理规定 | 中国石化安〔2015〕515号 | 2015－9－23 |
| | 中国石化HSE观察管理规定 | 中国石化安〔2011〕758号 | 2011－8－10 |
| | 中国石化安全台账管理规定 | 中国石化安〔2011〕1161号 | 2011－12－28 |
| | 中国石化安全检查规定 | 中国石化安〔2011〕855号 | 2011－9－15 |
| | 中国石化生产安全风险管理规定（试行） | 中国石化安〔2016〕625号 | 2016－12－28 |
| 直接作业环节类 | 中国石化动土作业安全管理规定 | 中国石化安〔2016〕21号 | 2016－1－6 |
| | 中国石化高处作业安全管理规定 | 中国石化安〔2016〕4号 | 2016－1－6 |
| | 中国石化进入受限作业安全管理规定 | 中国石化安〔2015〕675号 | 2015－12－7 |
| | 中国石化临时用电作业安全管理规定 | 中国石化安〔2015〕683号 | 2015－12－16 |
| | 中国石化起重作业安全管理规定 | 中国石化安〔2016〕7号 | 2016－1－7 |
| | 中国石化用火作业安全管理规定 | 中国石化安〔2015〕659号 | 2015－11－30 |
| | 中国石化盲板抽堵作业安全管理规定（试行） | 中国石化安〔2016〕5号 | 2016－1－6 |
| | 中国石化作业许可管理规定 | 中国石化安〔2016〕20号 | 2016－1－6 |
| | 中国石化硫化氢防护安全管理办法 | 中国石化安〔2017〕644号 | 2017－12－11 |
| | 中国石化施工作业安全管理规定 | 中国石化安〔2011〕715号 | 2011－8－5 |
| | 中国石化高温作业管理规定 | 中国石化安〔2011〕852号 | 2011－9－15 |
| 应急管理类 | 中国石化安全生产应急管理规定 | 中国石化安〔2015〕288号 | 2015－5－4 |
| | 中国石化安全生产事故管理规定 | 中国石化安〔2015〕533号 | 2015－10－16 |
| | 中国石化消防安全管理规定 | 中国石化安〔2014〕534号 | 2014－9－30 |
| | 中国石化区域应急联防管理规定 | 中国石化安〔2011〕1045号 | 2011－11－22 |
| | 中国石化防洪抗灾管理规定 | 中国石化安〔2011〕657号 | 2011－7－21 |
| | 中国石化生产安全事故应急预案（2015）版 | 中国石化安〔2015〕708号 | 2015－12－30 |
| 其他类 | 中国石化机动车辆交通安全管理规定 | 中国石化安〔2011〕775号 | 2011－8－15 |
| | 中国石化石油库和罐区安全管理规定 | 中国石化安〔2011〕757号 | 2011－8－10 |
| | 中国石化安全设施管理规定 | 中国石化安〔2011〕753号 | 2011－8－10 |
| | 中国石化HSE标识规范 | 中国石化安〔2010〕634号 | 2010－11－17 |

## 三、抢维修作业安全管理要求

### （一）抢维修安全管理基本要求

**1. 对人员要求**

（1）对作业现场负责人的要求

①接到抢维修任务后，要了解故障情况、研判故障类型、制定初步处理方案。

②要组织作业人员对作业任务和作业环境进行JSA分析，制定并落实相应的安全管控措施。

③要组织作业人员召开班前会，对作业任务、风险、安全技术措施和应急逃生措施等内容进行交底。

④要组织抢维修作业区域内的警戒设置和安全警戒。

⑤根据需要编制抢维修方案并上报，参与抢维修方案的制定，按批准后的抢维修方案组织实施作业。

⑥要指定现场作业监护人，并要对现场安全管控措施进行确认。

⑦要对抢维修作业区域和作业过程安全措施进行检查和巡查。

（2）对作业现场监护人的要求

①监护人需接受培训，取得监护人资格证，监护时应佩戴明显标志。

②对抢维修方案和作业许可证中制定的各项安全管控措施进行逐项检查、确认；办理各项作业许可证（票），当发现安全措施不落实或不完善时，不得开始作业。

③对抢维修作业现场的安全进行全程监护与巡回检查。

④监护期间，要坚守岗位，不得脱岗，不得兼做与监护无关的其他工作；发现异常情况时要立即通知作业人员停止相关作业并撤离现场，及时联系有关人员采取应急处置措施。

⑤当发现现场人员存在违章指挥和违章作业时应立即制止。

⑥要熟悉作业区域及相邻周边地形地貌等环境和相关生产工艺情况，具有风险分析、判断和正确处理异常突发事件的能力，掌握必要的现场急救知识。

⑦要熟练掌握和使用可燃气体和有毒气体检测仪器，随时对现场进行气体检测。

（3）对现场作业人员的要求

①参与抢（检）维修作业人员除接受本单位日常安全教育培训外，还需接受本专业（岗位）的培训，取得本专业（岗位）的操作资格证书，严禁无证和酒后上岗。

②作业人员要正确穿（佩）戴和使用与作业内容相适应的个体劳动防护用品，熟悉安全防护装备、消防器材的使用方法。

③作业人员不得携带火源（火种）、非防爆电子产品（如通讯、摄影器材）进入站、库区码头和已知或潜在含有火灾、爆炸危险的作业场所和区域，所带个人物品需放在指定位置保管。

④作业人员不得随意触碰与作业无关的输油生产设施。

⑤作业人员要熟练掌握抢（检）维修作业的专业技能和抢维修设备、机具和工、卡具的正确使用方法，严格遵守各项安全操作规程。

⑥作业人员在进入站库区、码头前，应按规定接受管理单位的HSE安全教育，经培训考试合格后，办理准入手续，并按要求佩戴入库证件进入指定作业区域。

⑦作业前，应熟知作业内容、程序和方法，参与JSA分析，识别作业中的危害因素，做好相应安全管控措施；接受安全技术交底和风险告知并签字确认。

⑧在安全措施不落实、作业监护人不在场和特殊作业未办理作业许可证等情况下，不得进行作业。

⑨作业人员要清楚作业过程中与监护人员的沟通方式，熟知突发事故现场处置方案及安全防护措施，严格履行相应应急救援抢险职责，懂得紧急情况下的逃生路线、应急处理和自救、互救措施。

⑩凡患有心脑血管疾病、癫痫病、精神病以及其他经相关医疗机构证明不适于高处作业的人员，不得从事高处作业。作业人员在作业中如发现情况异常或身体感到不适等情况时，应向监护人或周围其他人员发出信号，并迅速撤离现场。

**2. 班前会和安全技术交底要求**

（1）安全技术交底要求

每一项抢维修任务作业开始前，作业负责人必须组织所有作业人员进行安全技术交底。安全技术交底的相关要求如下：

①既可采取由作业负责人召集安全、技术、质量和班组长等管理人员进行交底，再由各班组长召集本班组的作业人员进行安全技术交底的逐级交底方式，也可由作业负责人召集全部作业人员采用集中交底的方式，采用哪种交底方式由作业负责人根据作业人数多少确定。

②交底内容必须具体、明确，要有针对性。

③应结合本次抢维修任务方案，把经JSA分析后的危害因素和制定的安全技术管控措施作为安全交底的主要内容。

④交底内容应当采用书面形式。

⑤交底内容要有表格记录，交底人和接受交底人均要在安全技术交底上签字确认，以备检查。

技术交底主要内容包括但不限于：

①抢维修任务概况和方案介绍。

②通过组织JSA分析，识别出抢维修作业过程中存在哪些危害因素和问题。

③告知针对危险因素和问题应采取哪些具体的安全技术管控措施。

④告知作业过程中个人应注意的安全事项和防护措施。

⑤告知作业人员本次作业应执行技术标准、规范和安全操作规程。

⑥告知作业人员发现安全隐患和异常突发情况时应采取的应急处置措施和处置中采取的自救和急救措施。

⑦告知作业人员作业程序、采用的作业方法和技术、质量控制措施及达到的标准。

（2）班前会要求

班组长是班组安全生产的第一责任人，在班组安全管理中发挥着举足轻重的作用。抢维修作业开始后，在每天的作业前，班组长应召集本班组全体作业人员召开班前会，结合本班的作业任务、现场作业环境条件和任务要求等应注意的安全事项，进行班前喊话，班组长要事先进行准备。

班前会的主要程序和内容包括但不限于：

①现场列队——点名。

②检查劳保用品穿戴及着装规范、上岗证及操作证随身佩带等，观察队员精神面貌。

③对前一天现场工作完成情况进行总结和点评，表扬和鼓励表现突出的员工，对存在违章行为、工作怠慢、组织失误、责任心不强等现象的员工及时提出批评，对前一天作业中存在的问题和不足，要求吸取教训并提出改进措施。

④告知本班作业内容和时间要求，针对作业内容进行必要的安全教育、事故通报、技术标准（规范）和作业规程的学习、应急预案和危险源讲解、异常情况和应急处置等，并提出注意事项，以达到警醒目的。

⑤针对当天的作业任务进行布置，一定要明确、具体，要进行详细分工，细化分配到每个岗位和员工。主要内容应包括作业任务、作业地点和范围、作业时间段、作业负责人、现场监护人和每个作业工序人员分工等，不能模糊不清。

⑥讲解特殊工种有哪些岗位安全要求。

⑦班组长在布置工作任务的同时，对本班作业过程中每一道工序、每一道环节有哪些风险和可能发生的问题，要全面、细致交代作业安全风险、危险点。主要风险要考虑以下因素：

a. 可能给作业人员带来危险因素的工作场所，如高空中、高压电线下、受限空间（容器、孔洞、深坑等）内、邻近高压管道和带电设备以及立体交叉作业等。

b. 可能给作业人员带来危险因素的工作环境，如高温、高压、狂（台）风、水上、临水临边、邻近易燃、易爆、有毒气体和物品及夜间光线不足等。

c. 可能给作业人员带来危险因素的设备和工器具，如起重设备、转动设备、电动工具及其有缺陷的设备、工器具等。

d. 可能给作业人员带来危害因素的设计变更、工艺流程的改变、操作程序变更和操作方法的错（失）误等。

e. 作业人员的身体健康状况、精神状态、习惯性违章行为、技术水平和能力等可能带来的危险因素。

⑧针对存在的作业安全风险，要制定具体的安全技术管控措施，措施必须明确、具体、可执行，同时要将上述风险和措施告知班组成员。

⑨要听取员工在作业中存在的问题反馈和合理化建议，对存在的问题进行解答。

⑩作好班前会记录，参加人员必须签到，以备检查。

**3. 对抢维修作业 JSA 分析要求**

作业安全分析，英文全称 Job Safety Analysis，通常被简称为 JSA，是目前国内外石油化工行业较为常用的一种有效的安全管理工具。它通过借助整个 JSA 分析团队的力量，事先或定期对作业中存在的危害进行识别、评估并制定控制措施，从而最大限度地消除和控制风险。《中国石化安全管理手册》明确规定，所有施工作业都要在作业前运用 JSA 等方法进行危害识别及风险分析；直接作业环节“7 + 1”制度中也明确规定，将 JSA 分析作为作业前必须进行的关键环节和作业许可证签发的主要依据。

抢维修队要加强日常风险教育和技能培训，使员工掌握安全风险的基本情况及防范、应急处置措施。检维修作业前，按照“谁作业谁负责”的原则，由现场作业负责人组织安全、技术、设备、班组长和相关人员对设备、设施、环境和作业活动开展安全风险识别，进行 JSA 分析。

JSA 分析大概流程（见图 8.2－1）：选定作业活动，针对作业活动分成若干步骤，在每一个步骤中分析“人、机、环、管”中潜在的危害，并制定相应的安全风险管控措施；安全风险管控措施确定后，应对相关管理和作业人员进行培训和安全技术交底告知，确保措施落实到位。

图 8.2－1　JSA 分析流程图

（1）选定作业活动

在进行抢维修作业前，按作业活动选择熟悉 JSA 方法的管理、技术、设备、安全、操作等 3～5 名人员组成 JSA 分析小组。分析时应根据作业活动，确定作业安全分析对象，对某一项确定的现场作业活动进行分析。

（2）作业活动分解

作业活动分解方法和描述原则如下：

①把选定的作业活动分解为几个主要步骤，就是首先做什么，其次做什么，而不必描述如何做，作业步骤描述要简练、明了。

②分解步骤时需注意不可过于笼统，可参照标准操作规程、作业指导书或现场实际作业程序等进行分解，一般将作业内容规范为作业前安全措施确认、作业活动、完工验收三大步骤。

③要结合现场作业实际，进行细化分列，划分出各项作业的具体步骤，但也不能太细，一项作业活动的步骤一般为 3～8 步较为适宜，如过于繁琐，导致后续分析工作量较大。

④如作业活动步骤实在过多，尤其是涉及多项直接作业环节的，则可以将每个直接作业活动独立出来进行 JSA 分析，以便能够分析得更为透彻、详细。例如用火作业可能涉及

高处作业和受限空间两项高风险作业，则应对两种作业进行详细分析。

（3）分步进行危害识别

作业步骤划分完成后，需要对每一个步骤工作流程中存在的危害因素进行全面辨识，了解、认知作业风险。可采用观察比较、回忆、讨论等多种形式和方法，识别作业过程中的“人、机、环、管”四个方面可能存在的危害因素。进行危害因素辨识时需注意结合作业实际，尤其注意区分同一作业活动在不同作业人员、区域、装置、环境下的危害因素变化情况。在每个作业步骤的危害识别过程中，应首先考虑第一类危险源（能量和危险物质），然后考虑第二类危险源（物的故障、人的失误、环境和管理缺陷）。危害辨识还须结合作业现场，对作业中可能存在的“特殊危害因素”加以辨识，如对某次高处用火作业，作业平台上临时出现的“孔洞”等因素进行辨识。后果描述则可从危害因素产生的伤害方式和伤害对象入手，描述危害因素产生的主要后果。

（4）制定管控措施

①确定现有管控措施

JSA 分析小组应针对当前的危害，结合单位实际，从工程措施、标志警告和管理控制措施、个体防护装备等方面，制定针对性的现场管控措施。例如，针对用火作业中“原油泄漏”的危害因素，目前主要采用“隔离”的工程控制措施，现有管控措施为“关阀停输，并加设盲板彻底隔离”。

②制定补充控制措施

针对风险等级较高或已有控制措施无法满足其风险控制要求的作业步骤，可从工程控制措施、标志、警告和管理控制措施、个人防护装备方面考虑制定补充控制措施，补充控制措施通常针对的是某次作业中存在的“特殊危害因素”，并加以落实。例如，针对用火作业中“原油泄漏”的危害因素，目前主要采用“隔离”的工程控制措施，现有管控措施为“关阀停输，并加设盲板彻底隔离”，同时还应补充“标志、警告和管理控制措施”中的“挂签”措施，故制定补充管控措施为“在盲板处挂签”。再例如，针对某次高处用火作业中作业平台上出现的孔洞，应制定并落实添加硬隔离或铺板等补充控制措施。

以上（1）~（4）步是 JSA 分析的整个流程，要将分析内容正式填入 JSA 分析记录表（见表 8.2－2）中，本次分析全部结束，同时要求参与分析的人员在记录表中签字，存档备查。表 8.2－2 是以用火作业为例，进行了 JSA 分析，可以根据现场实际情况进行增减和调整，这里只是提供一个分析思路。

（5）落实管控措施

现场作业负责人在作业前要逐一落实作业方案和 JSA 分析表中制定的现有管控措施和补充管控措施，现场作业许可签发人要组织属地单位相关人员、作业单位负责人和现场安全监护人员对作业单位所采取的管控措施逐一进行检查和确认。

**4. 对抢维修现场车辆停放要求**

①进入站库区的车辆应执行《库区管理规定》。

表 8.2－2　××输油站用火作业 JSA 分析记录表

| 作业活动： | | ××站用火作业 | 区域/工艺过程： | 泵房用火 |
|---|---|---|---|---|
| 分析人员： | | 李××、张××、王××、吴××等 | | 日期 | ×年×月×日 |
| 序号 | 工作步骤 | 危害描述 | 现有控制措施 | 补充控制措施 |
| 1 | 作业前安全措施确认 | 作业人员安全意识淡薄 | 现场负责人和安全管理人员应对作业人员进行安全教育，提高安全意识 | |
| | | 作业现场及周边区域存在易燃物品 | 仔细排查，要清除用火点周围易燃物，对下水井（道）、暗涵、地沟、地漏、电缆沟等采用铺沙、覆盖、水封等工程技术措施进行隔离 | 严禁在用火点 30m 内排放各类可燃气体、15m 范围内排放各类可燃液体和装卸作业等 |
| | | 原油泄漏 | 关阀停输，加设盲板彻底隔离 | 在盲板处挂签 |
| | | 用火管道内存在油气 | 对管道采用冲洗、置换至气体分析检测合格 | 用火时通蒸汽（或氮气） |
| | | 用火区域含有硫化氢气体 | 检测分析硫化氢浓度，若含量 >10mg，应采取相应的通（排）风和佩戴个体防护装备等措施 | 采用喷洒水雾等消除控制措施 |
| | | 作业前未检测可燃气体或浓度超标 | 进行可燃气体分析检测，爆炸下限 >4% 时，分析检测数据 <0.5% 为合格；爆炸下限 <4% 时，分析检测数据 <0.2% 为合格 | 强制通（排）风 |
| | | …… | …… | …… |
| 2 | 用火作业 | 未穿戴劳防用品或穿戴不规范 | 按规定穿（佩）戴与作业内容相适应的防护用品（护目镜、安全绳、工作服等） | 有硫化氢时佩戴空气呼吸器 |
| | | 作业人员对作业情况不清楚 | 作业前组织人员进行安全技术交底和班前喊话 | |
| | | 现场通风不良 | 打开门窗，保持通风 | 强制通风 |
| | | 氧气、乙炔气瓶放置不规范 | 确保氧气瓶、乙炔瓶分别与用火点间隔 >10m | 确保氧气和乙炔气瓶间隔 >5m |
| | | 现场未拉设作业警戒区域、未设置安全警示标志 | 现场拉设作业警戒区域，设置安全警示标志 | 高处设置风向标 |
| | | 作业坑未设置逃生通道或消防通道堵塞 | 作业坑开挖时要设置不同方向 <30°的逃生通道，材料和设备摆放不得堵塞消防通道，也不得影响人员操作与巡回检查 | 使用安全绳或逃生梯 |
| | | 同时涉及两个及以上特殊作业 | 若同时涉及高处、受限空间等特殊作业时，尽量错开作业时间和作业位置，分别落实相应的管控措施，并分别办理相应的作业许可证 | 分别采用硬隔离措施 |
| | | 在高处用火作业 | 清除下面和周围的可燃物，并对用火区域进行围隔，检查下面及周围是否有空洞、阴井、地沟、电缆沟等地下空间，并采取覆盖、隔离等措施，防止火花飞溅引起火灾爆炸事故 | |
| | | 现场监护、监控 | 作业现场指定监护人全程监护，同时架设视频监控 | 实施双监护 |
| | | 消防器材配备不足 | 按规定或方案要求配备足够消防器材 | 配备消防车监护 |
| | | 作业人员和用火部位发生变化 | 按规定办理作业许可证，实行“一人一处一证”，人员和位置发生变化时，重新落实安全措施并办理许可证 | |
| | | …… | …… | …… |

续表

| 作业活动： | | ××站用火作业 | 区域/工艺过程： | 泵房用火 | |
|---|---|---|---|---|---|
| 分析人员： | | 李××、张××、王××、吴××等 | | 日期 | ×年×月×日 |
| 序号 | 工作步骤 | 危害描述 | 现有控制措施 | | 补充控制措施 |
| 3 | 完工验收 | 用火完毕未清理现场或验收 | 用火作业结束后，拆除防护设施，清理作业现场，检查并排除用火区域及周围残留的安全隐患，双方进行交底验收，在作业许可证上签字确认 | | |
| | | …… | …… | | …… |

②进入站库区车辆，应接受站库方的检查并登记，要按站库方规定的速度、路线行驶并按指定位置停放，进入站库区的车辆在入库前应仔细清除车内烟头、烟灰，严禁将火种带入。

③进入站库区和抢维修现场的机动车辆必须安装有专业资质厂家生产的机动车排气管安全防火罩，配备完好的消防器材。

④抢维修作业用的吊车、挖掘机等机动车进入作业现场必须按照作业要求，接受现场指挥，停放在指定位置的上风向，在有利于抢维修方便的前提下，尽可能远离作业现场。

⑤对于专业抢维修车辆和设备运输车辆需要进入警戒区域的，要将抢维修车辆和设备安装阻火器后停放在指定位置的上风向，设备卸载完成后驶离警戒区域，并停放在上风口距抢维修点警戒区以外的区域的指定位置。

⑥其他机动车到达指定作业区域后，车辆须停稳并熄火，并停放在上风口距抢维修点警戒区以外的区域。

## （二）抢维修涉及不同作业环境的安全管控措施

抢维修作业涉及的直接作业环节很多，每个环节根据不同作业环境，产生的危险性不尽相同，这就需要根据现场实际制定具体的安全管控措施。

**1. 在含油气作业坑、槽、井、沟内作业安全管控措施**

（1）着装要求

①穿防静电工作服、防油服、防油防静电防砸防刺穿鞋、安全帽、防油手套、防水雨鞋。

②坑深超过1.5m要系扎阻燃或不燃材料安全带、安全绳。

（2）呼吸和监测装备

①佩戴便携式四合一气体检测仪、便携式硫化氢报警仪。

②如坑内含有硫化氢，根据浓度检测选择佩戴过滤式防毒面具（硫化氢浓度10～30mg/m$^3$）、带防硫化氢型滤毒罐（盒）的防毒面具（硫化氢浓度30～50mg/m$^3$）、正压空气呼吸器或长管呼吸器（硫化氢浓度>50mg/m$^3$）。

（3）人员和监测要求

①特种作业人员和监护人持证上岗。

②作业人员应熟知个体防护器具的使用方法、作业内容、风险管控措施、应急预案及逃生路线、自救知识。

③要指定监护人，要熟悉作业区域及相邻周边地形地貌等环境和相关生产工艺情况，具有风险分析、判断和正确处理异常突发事件能力，掌握必要的现场急救知识。

④监护人必须实行全过程监护，不得离开作业现场或做与监护无关的事。要对安全措施落实情况进行检查，作业中随时对现场及周边进行观察，当发现异常情况时，应及时通知作业人员停止作业，并立即采取救护措施或撤离。

⑤监护人按规定随时检测可燃气体、氧气和硫化氢含量，确保符合作业规定要求。可燃气体浓度低于爆炸下限值的10% LEL为合格，氧含量为19.5% ~23.5%为合格，$H_2S$最高允许浓度不大于10mg/m$^3$为合格。监测结果如有1项不合格，应立即停止作业并撤离，采取必要的防护措施后方可再作业。

（4）消防和逃生要求

①坑底配小型灭火器、灭火毯，坑上配大型灭火器，必要时配备泡沫消防车。现场应预留消防逃生通道，机械、设备、材料停（摆）放不得堵塞消防通道。

②作业坑与地面大于2m时应最少设置两处小于30°的坡道、梯子或台阶等不同方向逃生通道，坡道应设阶梯，表面应采取防滑措施，通道不得堵塞。

（5）作业安全管控措施

①作业前安全管控措施：

a. 作业前，组织作业人员针对作业内容进行JSA分析，确定相应的作业程序和安全管控措施，做好安全技术交底和风险告知。

b. 坑内作业前，要根据作业内容、周边环境因素在作业坑外围设置警戒、围栏等警戒隔离设施和警示、疏导标志等，夜间还要在醒目位置设置警示灯，同时在作业区域高点设置风向标。

c. 作业前要检查逃生通道设置是否符合要求。作业坑深度大于2m时，应与地面设置两条不同方向的逃生通道，通道应设置在上风向，其宽度不小于1m，通道坡度不大于30°，通道表面应采取防滑措施。

d. 作业前要检查作业坑的边坡是否有裂纹或是否稳固，如发现边坡裂缝、疏松，要采用设置安全边坡和固壁支撑等安全技术措施。

e. 如原油还在泄漏时，要在下风向开挖导流沟（渠）和集油坑，将区域内的原油导入集油坑，或安装防爆抽油抽水设备进行抽排。做好地面和地下排水工作，作业坑底要设置集油集水坑，如作业坑有积水或地下水流出，提前安装应急抽油（水）泵，并安排专人抽排，严防地面油水渗入作业层面造成塌方。

f. 清理作业坑周围有可能发生滚落的所有物体。

g. 检查作业用的材料、设备、挖出的泥土在作业坑边的堆放距离和高度是否满足安全要求（坑边堆土分别距边缘至少1m和堆土高度不大于1.5m），挖出的泥土不应堵塞下水道和窨井。在坑边停放机械、铺设轨道及车辆通行时，应保持适当距离（在沟边停放施工机械，要距离坑边最少2m以上，施工机械行走安全距离距沟边应大于3m且缓慢通过)，采取有效的固壁支撑措施，确保人员和设备安全。

h. 检查安全防护措施并确认，办理作业许可，落实视频监控。

②作业过程中安全管控措施：

a. 在坑内需进行吊装作业时，坑上的起重设备不得熄火，操作人员不得下车。起吊时，吊臂和起吊物件下方严禁站人，起吊物件与坑壁间严禁站人，确认物件平稳后两侧方可站人。

b. 在坑内两人以上同时挖土作业时应相距2m以上，防止工具伤人。

c. 使用机械挖掘时，作业人员不应进入机械旋转半径内。

d. 严禁在离电缆1m距离以内机械开挖作业。

e. 在油气环境下应在上风向作业，面部不能垂直正对着可能泄压口位置，避开油气流可能喷射和封堵物射出的方位。

f. 所使用的工器具必须防爆，临时用电设施应做到“一机一闸一保护”，使用配电箱和电动工器具应安装漏电保护器。

g. 要安装通风设施，对坑道内进行连续通风降低油气浓度，监护人员需要对有毒和可燃气体进行连续监测。

h. 作业中坑上人员不得在坑道边缘站立和行走。不应在土壁上挖洞攀登，上下坑道，也不得在坑、槽、井、沟内休息。

i. 作业中监护人应随时检查和观察坑、槽、井、沟边坡或固壁支撑，发现边坡开裂、松动或支撑出现位移、弯曲或折断等异常情况时，立即停止作业，撤离现场，采取隔离和加固等措施。

j. 拆除固壁支撑应从下而上，更换支撑应先装新的，再拆旧的。

k. 遇到6级以上大风或大雪、大雨、大雾等恶劣天气，禁止在坑内作业。

（6）其他许可证办理

坑下作业如涉及作业坑内用火、起重、临时用电和受限空间等作业时，按相关安全管理规定落实相应的安全措施并确认，按规定办理相关作业许可。

**2. 抢维修用火作业安全管控措施**

（1）着装要求

①电气焊人员必须穿戴专用的焊帽、焊接服、焊接鞋、焊接手套、焊接面罩或眼镜，配合人员需戴有色防护眼镜。

②打磨人员必须穿戴工作服、防砸防刺穿鞋、安全帽，防护手套、防冲击眼镜或面罩。

③在深度超过1.5m的坑内用火，需系扎阻燃或不燃材料安全带、安全绳。

（2）呼吸和监测装备

①佩戴防尘口罩、便携式四合一气体检测仪、便携式硫化氢报警仪。

②如气体检测含硫化氢，则根据检测浓度选择佩戴过滤式防毒面具（硫化氢浓度10～

30mg/m$^3$）、带防硫化氢型滤毒罐（盒）的防毒面具（硫化氢浓度30～50mg/m$^3$）、正压空气呼吸器或长管呼吸器（硫化氢浓度＞50mg/m$^3$）。

（3）人员和监测要求

①特种作业人员和监护人持证上岗。

②作业人员应熟知个体防护器具的使用方法、作业内容、风险管控措施、应急预案及逃生路线、自救知识。用火作业人员应坚持“三不用火”的原则，对不符合的，有权拒绝违章指挥用火作业。

③指定用火监护人，要熟悉作业区域及相邻周边环境和相关生产工艺情况，熟悉工艺操作流程和设备完好状态，具有风险分析、判断和正确处理异常突发事件能力，掌握必要的现场急救知识。

④监护人必须实行全过程监护，不得离开作业现场或做与监护无关的事。要对安全措施落实情况进行检查，当突发异常情况时，要迅速通知作业人员停止作业，并立即采取有效救护措施或撤离现场。

⑤监护人要随时进行气体检测。凡需要在管线、罐、塔、容器等设备内以及室内、沟坑内用火，用火前均应进行内外环境可燃气体和硫化氢气体检测，设置采样点（见图8.2－2）。对设备管线外部用火，外环境气体检测（分析）范围不小于用火点10m范围，可燃气体浓度低于爆炸下限值的10% LEL为合格，$H_2S$最高允许浓度不大于10mg/m$^3$为合格；在生产、输送、储存氧气的设备上用火，需检测设备内的氧含量且不得超过23.5%；上述检测数据如不符合要求，立即通知停止用火作业并撤离，在采取有效防护措施后方可恢复作业。

图8.2－2　在用火点周围设置采样点

（4）消防与逃生要求

①现场需配备小型灭火器、灭火毯和大型灭火器，特级动火需配备消防车。

②如在作业坑内用火，作业坑与地面大于2m时应最少设置两处小于30°的坡道、梯子或台阶等不同方向逃生通道，坡道应设阶梯，表面应采取防滑措施。

③现场应预留消防逃生通道，机械、设备、材料停（摆）放不得堵塞消防通道。

（5）作业安全管控措施

①作业前安全管控措施：

a. 作业前，组织作业人员针对作业内容进行JSA分析，确定相应的作业程序和安全管控措施，做好安全技术交底和风险告知。

b. 与用火点相连的管线、容器等，应采取可靠的隔离、封堵或拆除措施。

c. 对管线进行多处割开、断管、开孔等用火作业时，相连通的各个用火部位的用火作业要进行隔离，有条件的要进行放空处理。不能进行隔离时，相连通的各个部位的用火作业不应同时进行。

d. 在生产、输送、储存可燃物料的容器、管线和设备上用火，应先关阀停输，切断物料的来源，并采取可靠的封堵、隔离或断开等措施，再经彻底的吹扫、清洗、置换程序后（见图8.2－3），打开人孔（应自上而下依次打开），通风换气。经气体分析检测（如间隔超过1h用火，需再次分析检测）合格后方可用火，或在容器、管线中注满水后用火。

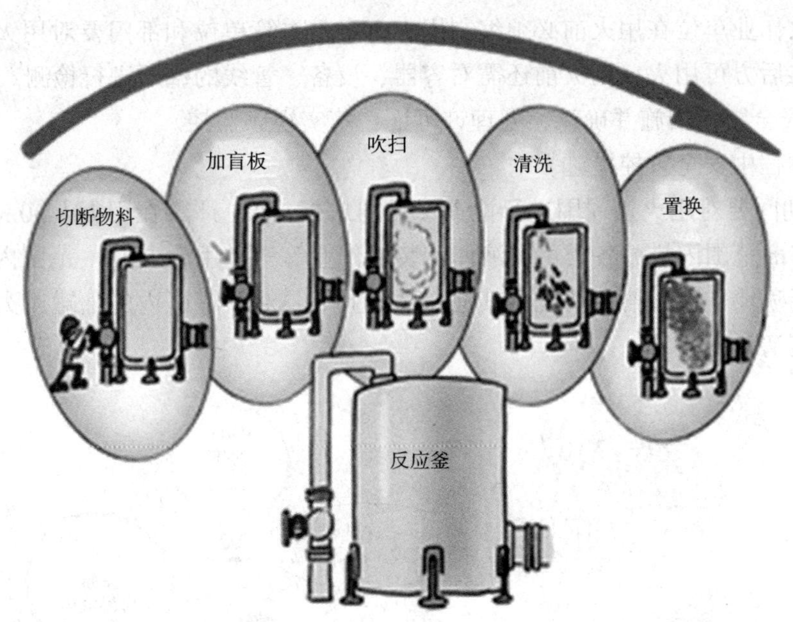


图8.2－3　吹扫、清洗、置换程序

e. 与用火点直接相连的阀门应上锁挂牌。

f. 用火作业区域应结合现场环境实际，合理设置警戒范围，并设有明显警示标志，严禁与用火作业无关人员、车辆和设备进入用火作业区域，同时要在作业区域高点设置风向标。

g. 用火前，要清除用火点现场周围（最小半径15m）及其下方的一切可燃物；仔细排查用火点周围存在的空洞、窨井、地沟、水封等，并采用铺沙、覆盖、封堵等工程技术措施进行隔离；排查动火点周围有可能存在泄漏易（可）燃、易爆物料的设备设施，并采取隔离措施。

h. 高处用火作业应对用火区域进行围隔，并采取防止火花飞溅、散落措施，其他要求执行高处作业安全管理规定。

i. 现场临时用电设施应做到“一机一闸一保护”，使用配电箱和电动工器具应安装漏电保护器。

j. 电焊与电缆连接的中间接头不得裸露，应做绝缘处理，使用前应检查电缆电线不得有破损和裸露，也不得带电拖拉电缆电线，发电机和焊机使用时必须可靠接地。

k. 在进行气焊焊割作业时，乙炔瓶应直立，不得卧放；要确保氧气瓶和乙炔瓶之间的间距大于5m，二者与用火点间距均应大于10m，并做好遮阳措施，不得曝晒。

l. 对于拆除旧设备和管线需要用火时，用火前要查明输送介质和其流向，并制定相应的安全管控措施。原则是凡能拆下来的设备、管线均应拆下来移到安全地方用火，尽量减少在正常运行生产区域的用火作业。

m. 对盛装（输送）可燃气（液）体、有毒有害介质且正在运行的容器、设备、管线上用火，用火作业单位在用火前必须编制用火方案，主管单位和部门要对用火方案进行评审并得到批准后方可用火，用火前还需对容器、设备、管线的壁厚进行检测。

n. 检查安全防护措施并确认，办理许可证，落实视频监控。

②作业过程中安全管控措施：

a. 用火期间要对用火点周围进行检查（见图8.2-4），严禁在用火点30m内排放各类可燃气体、15m范围内排放各类可燃液体和装卸作业等，在用火点10m范围内及上、下方不得同时进行喷漆、可燃溶剂清洗和其他交叉作业等，对在罐区内的油罐用火时，其相邻油罐不得实施清油作业。

图8.2-4　用火期间对周围可燃物进行检查

b. 在用火点距铁路沿线 25m 内进行用火，若装载危险化学品的火车通过或停留时，应立即停止用火作业。

c. 用火作业人员作业时应观察风向标，在用火点的上风向作业，面部不得正对用火点，并避开油气流可能喷射和封堵物可能射出的方位。特殊情况时应采取围隔作业并控制火花飞溅。

d. 管线应保持正压用火，在压力不稳定的情况下，不应进行带压不置换用火作业。当现场监护人发现生产装置或作业现场出现异常情况，经研判可能影响到作业人员的安全时，应立即通知作业人员停止作业，迅速撤离，在通报属地单位查明原因并增加安全管控措施后才可继续作业。

e. 作业中根据现场风力和风向，必要时安装通风设施，对现场进行强制通风降低焊尘、烟雾浓度。

f. 如在坑、槽、井、沟内用火，作业人员不应在坑、槽、井、沟内休息，坑上人员不得在坑道边缘站立和行走，同时严禁车辆和大型机械设备在坑道边通行和作业。

g. 如在作业坑用火，人员不应在土壁上挖洞攀登。

h. 在用火作业过程中，当作业内容、地点或环境条件发生变化时，应停止作业，要重新进行 JSA 分析，确认风险并制定管控措施、办理相应的许可证后才能作业。

i. 如遇暴雨雪天、五级以上（含五级）大风或其他不适宜用火作业的恶劣气象环境，无特殊情况原则上禁止露天用火作业。确因输油生产需要用火，用火作业提级管理，同时做好防雨、防风和隔离措施。

③在受限空间用火安全管控措施：

用火作业过程中如涉及受限空间用火，在做好上述安全管控措施外，还须采取以下措施：

a. 在受限空间内进行用火作业时，不得同时进行喷漆、刷漆和用可燃溶剂清洗、调和等其他可能产生易燃气（液）体的作业。

b. 受限空间内外应各派一名监护人，并约定联络信号；用火监护人应佩带便携式多气体报警仪，随时对受限空间内可燃气体、氧含量和有毒气体进行监测，当气体报警仪报警时，必须立即组织作业人员撤离。

c. 受限空间用火时，必须打开人孔，进行强制通风，确保各种气体浓度合格。

d. 受限空间内用火，严禁将各类气瓶带入受限空间。

（6）其他许可证办理及要求

①用火作业如涉及起重、临时用电、受限空间和高处等作业时，按相关安全管理规定落实相应的安全措施并确认，按规定办理相关作业许可。

②用火作业实行一人（用火监护人）、一处（一个用火地点）、一证（用火作业许可证）制度，一张用火许可证不可多处用火，其他地点用火必须重新办理用火许可证；用火作业许可证特级和一级有效时间不超过 8h，二级用火许可证不超过 48h，对现场违反用火规定的监护人要收回许可证，如图 8.2－5 所示。

(a)

(b)

(c)

(d)

图 8.2－5 用火作业许可证要求

③抢修（险）用火作业许可证，由基层单位填写申请，现场审核，现场签发。

**3. 高处作业安全管控措施**

（1）着装要求

①应佩戴安全帽、工作服、防滑鞋，禁止穿硬底或带钉易滑的鞋。

②应佩带工具套（袋）并系绳带。

③正确佩戴符合国家标准的安全带，在不具备安全带系挂条件时，应增设安全绳（生命绳）、安全网等安全设施。

④带电高处作业应穿绝缘服（鞋）、绝缘手套，戴近电安全帽，使用绝缘工具。

（2）呼吸和救援装备

①在有排放有毒、有害气体及粉尘超出允许浓度的场合，根据排放物类型和检测浓度选择佩戴防护器具（如空气呼吸器、过滤式防毒面具或口罩等）。

②现场应配备的救生设施（如担架）和灭火器材。

（3）人员和监测要求

①高处作业人员作业前需提供有效的健康体检报告。凡患有未控制的高血压、恐高症、癫痫、晕厥及眩晕症、器质性心脏病或各种心律失常、四肢骨关节及运动功能障碍疾病，以及其他不适于高处作业疾患的人员，不得从事高处作业。

②高处作业必须设专人监护，作业人员和监护人配备必要的通讯联络工具。

③高处作业人员和监护人需持证上岗。

④作业人员应熟知个体防护装备的使用方法、作业内容、风险管控措施、应急预案及逃生路线、自救知识。

⑤监护人要熟悉作业区域及相邻周边环境和相关生产工艺情况，熟悉作业流程和设备完好状态，具有风险分析、判断和正确处理异常突发事件能力，掌握必要的现场急救知识。

⑥监护人必须实行全过程监护，要佩戴明显标志，不得离开作业现场或做与监护无关的事。要对安全措施落实情况进行检查，当发现作业内容与许可证不符或相关安全措施未落实时，不得作业；出现异常时要及时通知作业人员停止作业，并立即采取有效措施或撤离现场，在采取有效防护措施后方可恢复作业。

（4）作业安全管控措施

①作业前安全管控措施

a. 作业前，组织作业人员针对作业内容进行JSA分析，确定相应的作业程序和安全管控措施，做好安全技术交底和风险告知。

b. 应划定作业区域并拉设警戒带。

c. 应根据实际需要配备符合GB 26557安全要求的梯子、挡脚板、跳板等，脚手架的搭设须符合国家、部门和行业规范和标准，跳板两端必须捆绑牢固，经验收、挂合格标识牌后方可使用。

d. 现场使用便携式木梯和便携式金属梯梯脚底部应坚实，不得垫高使用，踏步不得有缺档，梯子的上端应有固定措施。

e. 作业平台四周应设置防护栏、挡脚板；临边及洞口四周应设置防护栏杆、警示标志或采取覆盖措施。

f. 高处带压堵漏等特殊情况应设置逃生通道。

g. 检查安全防护措施并确认，办理作业许可，落实视频监控。

②作业过程中安全管控措施：

a. 作业人员在作业前，必须将安全带系挂在作业点上方的牢固构件上，要避开有尖锐棱角或有可能转动的部位。安全带系挂点下方应留有足够的净空，做到高挂低用（见图8.2－6）。在不具备安全带系挂条件时，应增设生命绳、安全网等安全设施。

图8.2－6　高处作业安全带系挂

b. 作业人员需站在牢固的结构物上作业，不得在高处做与工作无关事项，也不得在高处休息。在无安全防护设施的条件下，严禁在屋架、桁架的上弦、支撑、檩条、挑架（梁）、砌体、未固定的构件上行走或作业。在彩钢瓦、瓦棱板、石棉板等轻型材料屋顶上方作业时，要增设牢固的脚手板并固定，同时脚手板上要有防滑措施。

c. 严禁高空作业期间上下投掷工具、材料和杂物等，高处所用材料应堆放平稳。

d. 所携带的工具应使用工具套（袋），使用工具时应系有安全绳，不用时放入工具套（袋）内或稳固平台上。

e. 作业人员上下高处时手中不得持物，以防掉落。

f. 作业中在同一坠落方向上，不得安排上下交叉作业，如需进行交叉作业，中间应设置安全防护层，采取“错时错位硬隔离”措施，对坠落高度超过24m的交叉作业，应设置双层安全防护。

g. 在高处铺设格栅板、花纹板时，要按照作业方案和程序，必须按组边铺设边固定，铺设完后，要及时组织检查和验收。

h. 因作业程序需要，安全防护设施需临时拆除或变动时，应经作业许可审批人同意且需采取相应的防护措施，作业后需立即恢复并重新组织验收。

i. 应根据现场实际情况，推进标准化作业，尽可能降低和减少高处作业的频次和时间。

j. 作业人员如发现异常情况或感到不适等，应及时发出信号并迅速撤离现场。

③作业中遇到恶劣环境管控措施：

a. 在雨、雪天和气温高于35℃（含35℃）或低于5℃（含5℃）等恶劣天气条件下进行高处作业时，应采取防雨、防滑、防寒和防暑等措施；当气温高于40℃时，必须停止高处作业。

b. 如遇有五级以上强风、雷电、暴雨、大雾等不适宜高处作业的恶劣气象条件时，禁止露天高处作业；在暴风（雨）雪过后，应对作业安全设施进行详细检查，发现问题立即处理。

c. 如夜间作业或作业场所光线不能满足作业要求时，应设置充足的照明设施，确保作业需要的能见度，在存在有毒和可燃气体场所，必须使用防爆照明设施。

d. 在临近或存在有毒、有害气体及粉尘超出允许浓度的场所，严禁进行高处作业。通过检测如在允许浓度范围内，应做好必要的有效防护措施，配备必要的防护器具，如空气呼吸器、过滤式防毒面具或口罩等。

（5）其他许可证办理

高处作业如涉及用火、临时用电、进入受限空间等作业时，应按相应的安全管理规定做好安全防护措施，并办理相应的作业许可证。

**4. 受限空间作业安全管控措施**

（1）着装要求

①穿防静电工作服、防油防静电防砸防刺穿鞋、安全帽（根据需要配防爆头灯），防油手套。

②要系扎阻燃或不燃材料安全带、安全绳。

（2）呼吸及逃生救援装备

①根据气体浓度检测结果，选择佩戴过滤式防毒面具（硫化氢浓度 10～30mg/$m^3$、氧含量 19.5%～23.5%）、带防硫化氢型滤毒罐（盒）的防毒面具（硫化氢浓度 30～50mg/$m^3$、氧含量 19.5%～23.5%）、正压空气呼吸器（硫化氢浓度 >50mg/$m^3$，氧含量 <19.5% 或氧含量 >23.5%）。

②空间内配备小型灭火器、灭火毯，空间外配大型灭火器，必要时配备泡沫消防车。现场应预留消防逃生通道，机械、设备、材料停（摆）放不得堵塞消防通道。

③空间外还需配备一定数量的应急救护器具（包括空气呼吸器或长管呼吸器、供风式防护面具、救生绳、担架等）和通（排）风设施。

④要确保出、入口内外畅通，不得有障碍物，方便人员出入、疏散和救援，并设置警示标志。

⑤对于坑（池）等半封闭的作业场所，坑（池）与地面应最少设置两处梯子、台阶或坡道等不同方向逃生通道，坡道应设阶梯，表面应采取防滑措施，通道不得堵塞。不应在土壁上挖洞攀登。

（3）人员和监测要求

①特种作业人员和监护人持证上岗。

②佩戴便携式四合一气体检测仪、便携式硫化氢报警仪。

③作业人员应熟知个体防护器具的使用方法、作业内容、风险管控措施、应急预案及逃生路线、自救知识（见图 8.2－7）。

图 8.2－7　进入受限空间要熟知应急知识

④作业人员要做到“三不进入”：无作业许可证不进入，监护人不在现场不进入，安全措施不落实不进入。

⑤要指定监护人，需培训考核合格，要熟悉作业区域及相邻周边环境和相关生产工艺情况，熟悉作业流程和设备完好状态，具有风险分析、判断和正确处理异常突发事件能

力，掌握必要的现场急救知识。

⑥监护人要佩戴明显标志，实行全过程监护，不得离开作业现场或做与监护无关的事。要对安全措施落实情况进行检查，当发现作业内容与许可证不符或相关安全措施未落实时，不得作业；出现异常时要及时通知作业人员停止作业，并立即采取有效措施或撤离现场。

⑦监护人要与作业人员约定联络信号，并清点进出受限空间人数，在出入口处随时与作业人员保持联系，不得擅自离开监护岗位。

⑧监护人要随时进入空间进行检测、观察，对受限空间监测时应采取有效的个体防护措施。在容积较大的受限空间作业，应对上、中、下各部位进行检测，确保每个部位的可燃气体、氧气和硫化氢含量合格（可燃气体浓度低于爆炸下限值的10% LEL为合格，氧含量19.5%～23.5%为合格，$H_2S$最高允许浓度不大于10mg/m$^3$为合格），监测结果如有1项不合格，应立即停止作业并撤离。对监测结果变化波动明显以及可能释放有害物质的受限空间，应进行连续监测，出现情况异常时应立即停止作业，撤离人员，对现场采取处理措施，检测合格后方可恢复作业。

（4）作业安全管控措施

①作业前安全管控措施：

a. 作业前，组织作业人员针对作业内容进行JSA分析，确定相应的作业程序和安全管控措施，做好安全技术交底和风险告知。

b. 应对现场监护人和作业人员进行必要的安全教育，包括可能存在的危险、危险因素及应采取的安全措施、个体防护器具的使用方法及注意事项、事故的预防和自救知识、相关事故的经验和教训。

c. 对受限空间进行吹扫、蒸煮、置换等工艺处置，直到检测合格；对所有可能存在易燃易爆、有毒有害物料的管线、阀门与其相连的均必须加装盲板进行隔离，盲板处应挂标识牌，严禁以关闭阀门代替安装盲板措施（见图8.2－8）。

图8.2－8　以关闭阀门代替安装盲板

d. 对带有转动部件的受限空间，进入前应切断电源，摘除保险或挂接地线，同时要在开关上设置“有人工作、严禁合闸”的警示牌，必要时可派专人进行监护。

e. 进入受限空间前 15min 内，应对受限空间进行有毒有害、可燃气体、含氧量检测（分析），检测（分析）合格后方可进入。

f. 严禁使用卷扬机、吊车等运送作业人员进入受限空间（见图 8.2－9）；进入人员所携带的工具、材料要登记，与作业无关的人员和物品、工具不得带入。

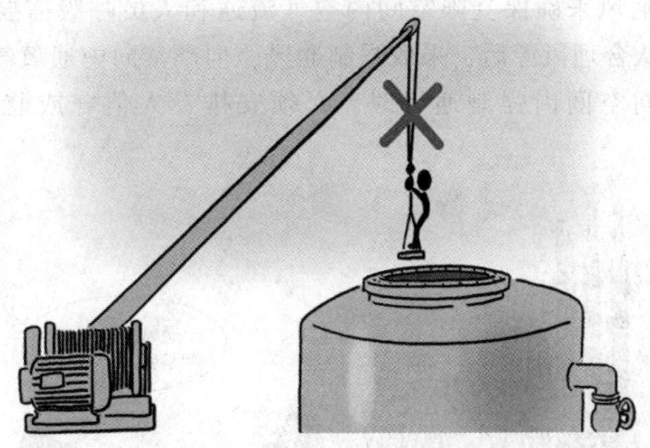

图 8.2－9　使用起重机械运送作业人员

g. 作业人员使用的工器具必须防爆，临时用电设施应做到“一机一闸一保护”，使用配电箱和电动工器具应安装漏电保护器。同时要使用防爆对讲机等通信工具联络，不得携带非防爆通信工具和器材等进入受限空间使用。

h. 对所有打开的人孔在气体检测（分析）合格之前及非作业期间必须要用人孔封闭器（见图 8.2－10）进行封闭，同时挂“严禁进入”等警示牌，不得私自进入。

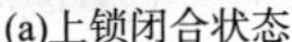

(a)上锁闭合状态

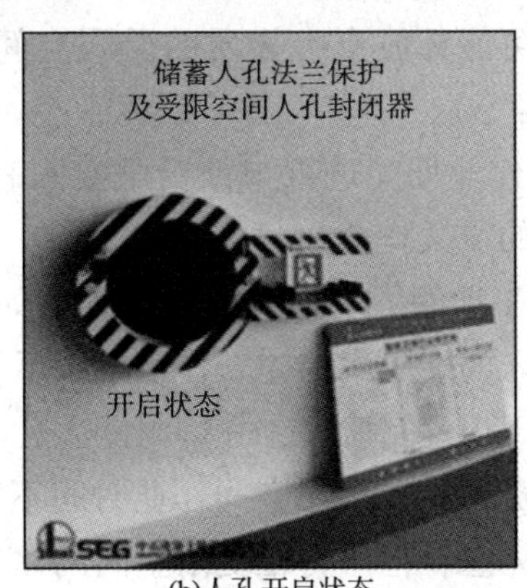


(b)人孔开启状态

图 8.2－10　人孔封闭器

i. 检查安全防护措施并确认，在气体检测合格后办理作业许可；落实全过程视频监控，对确实难以实施视频监控的作业场所，应在受限空间出口设置视频监控。

②作业过程中安全管控措施：

a. 受限空间内作业必须使用安全电压和安全行灯。在金属容器（罐、炉、塔、釜等）和特别潮湿、场地狭窄的非金属容器内作业，照明电压不大于12V。作业人员在潮湿环境作业时应站在绝缘板上，并要对金属容器进行可靠接地。对使用电动工具或照明电压需大于12V时，必须安装漏电保护器，其接线箱（板）应设置在空间外，不得带入容器内。原先盛装过易燃易爆气（液）体等介质的，在其空间作业应使用防爆电筒或电压不大于12V的防爆安全行灯，行灯的变压器不得放在容器内或容器上。

b. 可采用自然通风来确保受限空间内空气流通和人员呼吸需要，自然通风满足不了需要时，分析确认合理风源后，采取强制通风，但严禁向内通氧气。如使用供风式面具、长管呼吸器和向空间内强制通风时，必须安排专人值守或监护供风设备（见图8.2－11）。

图8.2－11　受限空间严禁通氧气

c. 作业人员作业中应佩戴便携式气体检测报警仪进入受限空间定时检测，至少每2h检测一次。对可能释放有害物质的受限空间，应连续监测，并佩戴适宜的个体防护装备（如空气呼吸器等）。

d. 严禁在作业期间进行与该受限空间有关的各类试车、试压和试验等，也不得同时进行其他有关的交叉作业。

e. 作业停工期间，应在入口处设置诸如“严禁入内”等的警告牌，并采取设置围隔等防止人员误入的硬隔离措施。作业结束后，应进行清理并全面检查受限空间的人数和工具，双方确认无误签字验收，立即封闭人孔。

f. 作业人员每次在受限空间作业时间不宜过长（除使用供气式长管呼吸器外），应进行轮换作业或休息，但不得在受限空间内休息。

g. 在作业中如出现异常或作业人员身体感到不适、呼吸困难等情况时，应立即向监护人发出信号，迅速撤离到安全环境中，严禁在有毒、窒息环境中摘下防护面罩。

h. 作业中发生人员中毒、窒息等异常紧急情况时，抢救人员必须佩戴隔离式防护器具进入受限空间，严禁无防护救援，同时要安排至少1人在空间外部负责联络或接应工作

（见图 8.2－12）。

图 8.2－12　佩戴呼吸设备救援并建立联络

i. 作业期间受限空间出现异常情况或状况改变时，应立即通知人员停止作业并撤离，并在入口处应设置警告牌，在采取处置措施、进行 JSA 分析并进行气体检测（分析）达到安全作业条件后，需重新办理作业许可证，方可进入受限空间恢复作业。

（5）其他许可证办理

受限空间作业如涉及用火、临时用电和高处等作业时，必须按相关的安全管理规定落实相应的安全措施，办理相应的作业许可证。

**5. 临时用电作业安全管控措施**

（1）着装要求

①应佩戴安全帽、工作服、绝缘鞋、绝缘手套。

②应佩带电工工具套（袋）。

③高处作业时应正确佩戴符合国家标准的安全带、生命绳（安全绳）。

④高处带电作业应使用绝缘工具和穿绝缘服（鞋）、绝缘手套，戴静电安全帽。

（2）呼吸和救援装备

①在有排放有毒、有害气体及粉尘超出允许浓度的场合，根据排放物类型和检测浓度选择佩戴防护器具（如空气呼吸器、过滤式防毒面具或口罩等）。

②现场应配备救生设施和灭火器材。

（3）人员和监测要求

①作业单位和配送电单位的电气作业人员应持有效的电工特种作业操作证方可进行送（停）电、安装临时用电线路等用电作业。

②监护人需持证上岗。

③作业人员应熟知个体防护器具的使用方法、作业内容、风险管控措施、应急预案及

逃生路线、自救知识。

④要指定监护人，需培训考核合格，要熟悉作业区域及相邻周边环境和相关生产工艺情况，熟悉作业流程和设备完好状态，具有风险分析、判断和正确处理异常突发事件能力，掌握必要的现场急救知识。

⑤监护人必须实行全过程监护，不得离开作业现场或做与监护无关的事。要对安全措施落实情况进行检查，当发现异常情况时，应及时通知作业人员停止作业，并立即采取救护措施或撤离，在采取有效防护措施后恢复作业。

（4）作业安全管控措施

①作业前安全管控措施：

a. 作业前，组织作业人员针对作业内容进行 JSA 分析，确定相应的作业程序和安全管控措施，做好安全技术交底和风险告知。

b. 应划定作业区域并拉设警戒带。

c. 在运行的生产装置、罐区和具有火灾爆炸危险场所内不得随意接临时电源。确因检维修作业需要，由配送电单位指定接入点，办理用电许可证才能接入。

d. 检维修作业如需使用 6kV 及以上的临时电源时，用电作业单位需编制临时用电方案并向配送电单位提出申请，需得到批准后按照《中国石化电气设备及运行管理规定》要求办理用电许可。

e. 应对临时用电的电气设备周围进行检查，不得存放易燃易爆、污染源和腐蚀介质，否则要在作业前进行清除或采取防护等级与环境条件相适应的防护措施。

f. 在防爆场所必须使用相对应防爆等级要求的临时电源、电气元件、电气设备和线路，并落实相应的防爆安全措施。

g. 应使用绝缘性能良好的临时用电线路及设备。

h. 应采用橡胶护套绝缘电缆作为临时用电的电源线。

i. 配送电单位应在对安全防护措施落实情况进行现场检查并确认后，签发作业许可证。凡在具有火灾爆炸危险场所内的临时用电，应按照《中国石化用火作业安全管理规定》程序办理用火作业许可证，再办理临时用电作业许可证。临时用电的作业单位需持《电工作业操作证》、临时用电方案（对使用 6kV 及以上的临时电源）、《中国石化用火作业许可证》（火灾爆炸危险场所）、作业任务单等相关资料到配送电单位办理临时用电许可证。

j. 送电前，临时用电配送电单位和作业单位应在现场共同检查临时用电线路和电气设备，逐项确认《临时用电作业许可证》的安全措施全部得以落实，方可送电。

k. 落实作业期间全程视频监控措施。

②作业过程中安全管控措施：

a. 送电时，应依次从供电端向受电端进行送电，送电期间应依次对线路和受电设备进行逐个检查。作业单位应对临时用电设备和线路进行检查，每天不少于 2 次，并建立检查记录。

b. 应按供电电压等级和容量正确使用临时用电设备和线路，所用电气元件应符合国家、行业规范标准要求；临时用电电源施工、安装应严格执行电气施工安装规范，并做到接地良好。

c. 应按规范要求做好临时用电电气设备的接地和保护安装，其保护零线（PE 线）需采用绝缘导线，最小截面积要符合要求，严禁装设开关或熔断器；工作零线（N 线）必须通过漏电保护器且与保护零线（PE 线）之间不得再做电气连接。

d. 临时用电电缆线路应采用埋地或架空敷设。架空敷设时应使用专用电杆、木、竹或其他绝缘材料架设，且应采用绝缘铜芯线，严禁架设在树木、钢管、脚手架和其他易导电的临时支撑杆（物）上。在作业现场架空线最大弧垂与地面距离要不小于 2.5m，穿越机动车道和消防通道时要不小于 5m，同时禁止任何一级电压的架空线路跨越储罐区、收发油作业区、输油泵房等危险区域的上空。

e. 对需要埋地敷设的电缆线路的埋地深度不应小于 0.7m，并在电缆上下左右敷设不小于 50mm 厚细沙，在其线路上应设置醒目的走向标志和安全警示标志，在埋地穿越公路时应加设防护套管。

f. 临时用电线路因受现场环境条件限制，无法采取架空和埋地敷设时，严禁沿地面明设，必须采取防止踩踏、碾压等机械损伤和介质腐蚀的穿套管保护措施。

g. 现场使用的临时用电配电盘（箱）要进行编号，盘（箱）门应关闭牢靠，不得敞开，其上应有警示标志。现场应放在干燥、通风和常温场所，放置时离地高度不少于 30cm，且需做好防雨和接地保护措施，不得放在潮湿、有毒有害和可燃介质、易受撞击、震动、高温烘烤等场所。

h. 配电箱、开关箱的进、出线口应配置固定线卡，进出线应加绝缘保护套并成束卡固在箱体上，不得与箱体直接接触。移动式配电箱、开关箱的进、出线应采用橡皮护套的绝缘电缆，不得有接头。配电箱的电器安装板上必须分别设置 N 线和 PE 线端子板，进出线中的 N 线和 PE 线必须分别通过 N 线和 PE 线端子板连接。箱内各线色标应符合规范要求：相线 L1（A）、L2（B）、L3（C）的绝缘颜色依次为黄、绿、红色，N 线为淡蓝色，PE 线为绿/黄双色，严禁混用和互相代用；配电箱、开关箱金属箱门与金属箱体必须采用编织软铜线做电气连接。

i. 临时用电线路的漏电保护器的选型和安装必须符合《剩余电流动作保护器的一般要求》（GB 6829）和《漏电保护器安装和运行的要求》（GB 13955）的规定。每天使用前必须对临时用电的漏电保护器进行漏电保护试验，其额定漏电动作电流不应大于 15mA，额定动作时间不得大于 0.1s；开关箱内漏电保护器额定漏电动作电流不应大于 30mA；如果在潮湿或有腐蚀介质的场所，应采用防溅型漏电保护器，其额定漏电动作电流不应大于 15mA，额定漏电动作时间不应大于 0.1s。如果试验不合格不得使用。

j. 临时用电设施应做到“一机一闸一保护”，对开关箱和移动式、手持式电动工具应安装符合规范要求的漏电保护器（见图 8.2－13）。

k. 临时用电工程专用的电源中性点直接接地的（220V/380V）三相四线制低压电力

图 8.2－13　电动工具需安装漏电保护器

系统，必须符合《施工现场临时用电安全技术规范》（JG J46）规定，采用 TN-S 接零保护（三相五线制）系统，电气设备不带电的金属外壳必须与保护零线连接。

l. 必须根据现场作业环境条件选用合适的电压和临时照明设施。一般在正常湿度环境下宜使用开启式照明器，但在潮湿或特别潮湿环境下宜使用防水型开启式照明器，在具有火灾爆炸危险场所需根据危险等级使用防爆型照明器。对于照明器的使用电压，一般正常湿度环境下可使用 220V 作为照明电压，但在受限空间、高温、比较潮湿或灯具离地高度小于 2.5m 等场所内应使用照明电压不应大于 36V 的安全行灯，在潮湿和易触及带电体的场所应使用照明电压不应大于 24V 的安全行灯，在特别潮湿、导电良好的地面或在罐、槽、塔、釜、炉等金属设备容器中应使用照明电压不应大于 12V 的安全行灯，在上述场所中，如含有易燃易爆介质时，其安全行灯需使用防爆型。

m. 作业单位在现场使用自发电的自备电源不得接入公用电网，也禁止在临时用电线路上任意增加用电负荷或私自向其他单位转供电。

n. 在临时用电作业许可证有效期内，如遇临时停电（配送电单位应及时通知临时用电单位）、停工或人员离开时，临时用电单位应依次从受电端向供电端切断临时用电开关。当再次来电（配送电单位应及时通知临时用电单位）或重新施工时，须对线路、设备检查确认后，方可依次从供电端向受电端进行送电。

o. 在开关上再次接引、拆除临时用电线路时，应对其上级开关进行断电后，同时上锁或加挂如“禁止合闸”的安全警示标牌，须有专人监护。

p. 作业完工后，作业单位应及时通知配送电单位进行停电，在进行相应的确认后，方可拆除临时用电设施和线路。安装、维修和拆除临时用电设施和线路应由持有有效电工作业证的专业电工进行操作，并有人监护，作好工作记录。

q. 临时用电作业单位应按用电方案和作业许可证要求在指定地点进行作业，不得随意变更作业地点和作业内容。如需变更，需重新进行 JSA 分析和安全管控措施确认后，重新办理作业许可证。

（5）其他许可证办理

临时用电作业如涉及高处、受限空间等作业时，按相应的安全管理规定做好安全防护措施并确认后，应办理相应的作业许可证。

**6. 盲板抽堵作业安全管控措施**

（1）着装要求

①必须穿戴防静电工作服、防油防静电防砸防刺穿鞋、安全帽、防油手套。

②在高处进行盲板抽堵作业需系扎阻燃或不燃材料安全带、安全绳。

（2）呼吸和监测装备

①便携式四合一气体检测仪、便携式硫化氢报警仪。

②如气体检测含硫化氢，则根据检测浓度选择佩戴过滤式防毒面具（硫化氢浓度10～30mg/m$^3$）、带防硫化氢型滤毒罐（盒）的防毒面具（硫化氢浓度30～50mg/m$^3$）、正压空气呼吸器或长管呼吸器（硫化氢浓度>50mg/m$^3$）。

（3）人员和监测要求

①特种作业人员和监护人持证上岗，盲板抽堵作业人员应经过安全教育培训，考核合格。

②作业人员应熟知个体防护器具的使用方法、作业内容、风险管控措施、应急预案及逃生路线、自救知识。

③要指定监护人，需培训考核合格，要熟悉作业区域及相邻周边环境和相关生产工艺情况，熟悉作业流程和设备完好状态，具有风险分析、判断和正确处理异常突发事件能力，掌握必要的现场急救知识。

④监护人必须实行全过程监护，不得离开作业现场或做与监护无关的事。要对安全措施落实情况进行检查，当发现异常情况时，应及时通知作业人员停止作业，并立即采取有效的救护措施或撤离。

⑤监护人要随时检测气体浓度。对输送、储存过含硫原油的罐、塔、容器等设备和管线以及室内、沟坑内等场所进行盲板抽堵作业时，均应进行内外环境可燃气体和硫化氢气体进行浓度检测，可燃气体浓度低于爆炸下限值的10%LEL为合格，$H_2S$最高允许浓度不得大于10mg/m$^3$为合格；在封闭和半封闭的室内、沟坑内进行盲板抽堵作业，还应检测空间氧含量应在19.5～23.5%范围为合格；如$H_2S$或氧含量其中一项不合格，立即通知作业人员停止作业并撤离，在采取有效防护措施后恢复作业。

（4）消防与逃生要求

①现场需配备小型灭火器、灭火毯、大型灭火器。

②现场应预留消防逃生通道，机械、设备、材料停（摆）放不得堵塞消防通道。

（5）作业安全管控措施

①作业前安全管控措施：

a. 作业前要编制作业方案并得到审批。

b. 作业前，组织作业人员针对作业内容进行JSA分析，确定相应的作业程序和安全管控措施，做好安全技术交底和风险告知。

c. 盲板抽堵必须确认部位，并挂牌做记号。对有多处盲板抽堵，为防止因误抽堵盲板造成事故，应预先绘制盲板详细的现场分布图，标注清楚并对盲板进行统一编号，作业时指定专人统一指挥，按图作业。

d. 应按管线内介质的性质、压力、温度选用相适宜的盲板和垫片。高压盲板应选用按规范设计、制造并经探伤合格的盲板。所选盲板应平整、光滑，要无裂纹和孔洞，厚度要经强度计算满足压力要求，且直径应大于或等于法兰密封面直径。

e. 为便于安装、拆卸、辨识和加挂盲板标识牌，盲板应有一个或两个手柄，但8字盲板可不设手柄。

f. 检查安全防护措施并确认，办理许可证，落实视频监控。

②作业过程中安全管控措施（见图8.2－14）：

图8.2－14　盲板抽堵作业过程中安全管控措施

a. 在易燃易爆场所进行盲板抽堵作业时，作业点压力应降到常压或微正压，以防止空气吸入造成事故。在作业点半径30m内不得同时安排动火、排放、放空、采样等其他交叉作业。其作业场所应使用防爆工具和防爆照明灯具，严禁用非防爆工器具敲打管线、法兰等。

b. 在储存、输送含有硫化氢原油的设备、管道上进行盲板抽堵作业时，作业点压力应降到常压或负压，人员需佩戴便携式硫化氢检测仪，根据现场硫化氢浓度检测结果选择穿戴适合的个体防护装备（防毒面具或空气呼吸器等）。

c. 在含腐蚀性或高温介质的设备、管道上进行抽堵盲板作业时，不得带压作业且应采取防酸碱灼伤或高温烫伤的措施。在拆卸法兰时，要确认无气无液后方可拆卸；在安装紧固法兰螺栓时，待全部紧好后进行详细检查，确认无泄漏时方可离开现场。

d. 在2m以上高处进行加装、拆卸盲板等作业时，易发生高处坠落事故，应系安全带作业，并将其高挂在牢固的承重结构件上，严格按照《中国石化高处作业安全管理规定》执行。

e. 如果在距离支架较远的管道上拆卸法兰，应制作临时支架或吊架固定管道，以防止拆开法兰螺栓后管线下垂伤人。

f. 现场应设置风向标，在拆除盲板或法兰时，作业人员应站在上风向，不得正对法兰缝隙；同时在拆除螺栓过程中，应按对称、夹花拆除，即隔一个或两个松一个，缓慢进行，以防管道、设备内余压或残料喷出伤人；在拆除最后两条对称螺栓前应再次检查并确认管道、设备内压力，确保在无压力下拆卸。

g. 应对盲板抽堵作业点流程的上、下游采用原有阀门等进行有效隔断，且应在有物料来源阀门的另一侧加装盲板，两侧均要加装合格垫片，所有螺栓必须紧固到位。

h. 在室内、沟坑内等通风不良作业场所进行盲板抽堵作业，应打开门窗，必要时采取强制通风措施，防止可燃气体和硫化氢气体积聚，也可采用水雾喷淋等措施，消除静电，稀释气体浓度，降低危害。

i. 不得在同一管道上同时进行两处及两处以上的盲板抽堵作业。

j. 夜间作业要有充足的照明，照明设施必须防爆。

k. 生产系统如有紧急或异常情况，立即通知停止盲板抽堵作业。

l. 未编制方案或审批手续不全、未进行 JSA 分析、交底不清、安全措施未落实或不到位、现场无监护人、作业环境不符合安全要求时，作业人员要停止或拒绝作业。

m. 作业结束，要对盲板抽堵情况进行检查和确认。

（6）变更和其他许可证办理

①当作业内容、作业部位发生变更或作业范围扩大时，须针对变化的作业内容开展 JSA 分析，落实相应安全管控措施后，重新办理《盲板抽堵作业许可证》。

②盲板抽堵作业如涉及高处、用火、受限空间等作业时，按相应的安全管理规定做好安全防护措施，应办理相应的作业许可证

**7. 管线动土开挖作业安全管控措施**

（1）着装要求

①穿防静电工作服、防油服、防油防静电防砸防刺穿鞋、安全帽、防油手套、防水雨鞋。

②坑深超过 1.5m 要系扎阻燃或不燃材料安全带、安全绳。

（2）呼吸和监测装备

①佩戴便携式四合一气体检测仪、便携式硫化氢报警仪。

②如坑内含有硫化氢，根据浓度检测选择佩戴过滤式防毒面具（硫化氢浓度 10 ~ 30mg/m$^3$）、带防硫化氢型滤毒罐（盒）的防毒面具（硫化氢浓度 30 ~ 50mg/m$^3$）、正压空气呼吸器或长管呼吸器（硫化氢浓度 > 50mg/m$^3$）。

（3）人员和监测要求

①特种作业人员和监护人持证上岗。

②作业人员应熟知个体防护器具的使用方法、作业内容、风险管控措施、应急预案及逃生路线、自救知识。

③要指定监护人，需培训考核合格，要熟悉作业区域及相邻周边环境和相关生产工艺情况，熟悉作业流程和设备完好状态，具有风险分析、判断和正确处理异常突发事件能力，掌握必要的现场急救知识。

④监护人必须实行全过程监护，不得离开作业现场或做与监护无关的事。要对安全措施落实情况进行检查，当出现异常情况时，应及时通知作业人员停止作业，并立即采取有

效救护措施或撤离。

⑤在含原油现场，监护人要随时检测可燃气体、氧气和硫化氢含量，气体浓度要合格（可燃气体浓度低于爆炸下限值的 10% LEL 为合格、氧含量为 19.5% ~23.5% 为合格，$H_2S$ 最高允许浓度不大于 10mg/m$^3$为合格），监测结果如有 1 项不合格，应立即停止作业并撤离，采取措施符合要求后再作业。

（4）消防和逃生要求

①现场配备小型灭火器、灭火毯、大型灭火器、泡沫消防车。现场应预留消防逃生通道，机械、设备、材料停（摆）放不得堵塞消防通道。

②作业坑与地面大于 2m 时应最少设置两处梯子、台阶或坡道等不同方向逃生通道，坡道应设阶梯，表面应采取防滑措施，通道不得堵塞。

（5）作业安全管控措施

①开挖作业前的安全管控措施：

a. 动土前要向管道管理单位确认作业区域是否有电（光）缆、管网和暗渠（沟）等地下隐蔽障碍物。如有，双方需确认上述障碍物位置、走向、分布等情况并进行交底，做好标记并落实安全保护措施，同时还要现场检测管道实际位置、走向和埋深。

b. 根据上述地下物交底情况和管道检测参数，制定开挖方案，并得到批准。

c. 作业前，组织作业人员针对作业内容进行 JSA 分析，确定相应的作业程序和安全管控措施，做好安全技术交底和风险告知，并按照作业方案，逐条落实安全措施。

d. 对开挖区域要设置警戒、围栏等隔离措施和警示标志等。在道路上（含居民区）及危险区域内开挖时，还需设置围栏、盖板、行人和交通引导标志，夜间还应在显著位置设置警示灯。如在地下作业影响地上活动安全或地面活动影响地下作业安全时，均应根据周围环境设置围栏、警示牌、警示灯等隔离警示措施。

e. 开挖区域如有泄漏的原油，要先检测开挖区域油气浓度，当油气浓度不能满足开挖条件时，可采用通风、水雾或覆盖等方式降低油气浓度（< 10% LEL），达到安全开挖条件。

f. 检查泄漏的油气是否已进入地下市政管网，如有原油流入，其管网内原油要进行有效的截流或分流隔离；对流入口采取覆盖、铺沙、水封等措施进行隔离，或者向管网内通风（氮）等惰化处理方式降低油气浓度。通过以上措施处理后，需检测可燃气体浓度符合要求，达到安全开挖条件。

g. 开挖前地面原油处理：将开挖区域周围地面的原油清理干净，区内原油较多时或还在泄漏时，要在下风向开挖导流沟（渠）和集油坑，将区域内的原油导入集油坑，或安装防爆抽油设备进行抽排，并进行有效分流隔离，防止原油回流；地面原油清理后，需对作业区域地面采用置换表层土、通风、铺沙、垫膜隔离和干粉、泡沫覆盖等惰化处理方式降低油气浓度，并检测可燃气体浓度是否达到安全开挖条件。

h. 开挖现场所使用的电动工具应安装漏电保护器。

i. 做好开挖前的各项安全措施检查并确认，办理动土作业许可证，落实视频监控。

②开挖作业过程中安全管控措施：

a. 根据泄漏位置的地面附着物实际情况，选择人工、水射流、机械或其他适宜的开挖方式。在管道泄漏的情况下，如采用机械开挖方式，应在通风、水雾或泡沫覆盖保护下作业，防止产生油气积聚和火花。

b. 开挖临近地下的隐蔽设施时，应根据其分布情况选择使用适当的挖掘工具和方式进行开挖，避免损坏地下隐蔽设施。开挖中遇到已露出的电缆、管线以及不能辨认的物品时，应立即停止开挖（见图 8.2－15），报告动土审批单位处理，妥善加以保护，不得敲击、搬移，避免损坏地下隐蔽设施。在按要求采取保护措施、重新审批后方可继续动土作业。在破拆、切割硬质路面的地下市政管网和其他密闭空间障碍物时，应随时检测密闭空间的油气浓度，在确保安全的前提下，可采取人工、水射流、机械或其他方式开挖；若油气浓度超标，需采用不产生火花的开挖方式（如人工、水射流等）或在采取水雾喷淋等措施降低油气浓度达到安全开挖条件后使用机械开挖方式。

图 8.2－15　挖出不明物要先停止挖掘

c. 在开挖过程中，需指定专人指挥和监护，需对地下管网和地面环境的油气浓度进行连续监测。

d. 开挖时要由上至下逐层挖掘，尽量在管道两侧进行开挖，并在管道两侧做好标识，随时检测管线深度，严禁采用挖空底脚和挖洞的方法进行挖掘。

e. 开挖时，要加强对邻近建（构）筑物、道路、管道等的下沉和变形进行观察，防止位移和沉降，必要时采取支护措施。在开挖过程中应根据土壤性质、湿度、挖掘深度和其他地质情况进行分析，因地制宜地设置安全边坡、阶梯式开挖或固壁支撑等防止滑坡和塌方的安全支护措施。作业过程中还应安排专人对坑、槽、井、沟边坡或固壁支撑措施进行随时检查和监测，当发现边坡松动、裂缝、土石滚落或支撑移位、折断等异常情况时，立即撤离并隔离现场。在采取必要的防范措施，经 JSA 分析确认安全后再进行作业。

f. 人员在含有油气的坑、沟、槽内开挖时，要安装通风设施对坑道内进行连续通风或喷洒水雾等措施降低油气浓度，同时监护人要对有毒和可燃气体进行连续监测。

g. 如原油还在泄漏时，要在下风向开挖导流沟（渠）和集油坑，将区域内的原油导入集油坑，或安装防爆抽油抽水设备进行抽排。做好地面和地下排水工作，对周围的地面积水要设置围堰并导流，严防地面油水倒灌或渗入作业层面造成塌方；作业坑底要设置集油集水坑，如作业坑有积水或地下水流出，应提前安装应急抽油（水）泵，并安排专人抽排。

h. 要检查作业坑周围，对有可能发生滚落的所有物体进行清除。

i. 检查抢维修用的材料、设备、挖出的泥土在作业坑边的堆放距离和高度是否满足安全要求（坑、槽、井、沟边堆土分别距边缘不小于 0.8m 和堆土高度不大于 1.5m），挖出的泥土不应堵塞下水道和窨井。在坑边安放机械、铺设轨道及通行车辆时，应保持适当距离（在沟边停放施工机械时要距坑边最少 2m 以上，施工机械行走要距沟边至少大于 3m 且需缓慢通过），根据情况必要时可采取有效的固壁措施，确保安全。

j. 当作业坑深度大于 2m 时，应与地面设置两条不同方向的逃生通道，通道应尽量设置在上风向，其宽度不小于 1m，坡度不大于 30°，通道踏步应采取防滑措施。

k. 在坑下两人以上同时挖土作业时应相距 2m 以上，防止工具伤人。使用机械挖掘时，严禁在离电缆 1m 距离以内使用机械开挖作业，作业人员不得进入机械旋转半径内。

l. 开挖中坑上人员不得在坑道边缘站立和行走。不应在土壁上挖洞攀登，上下坑道，也不得在坑、槽、井、沟内休息。

m. 在开挖过程中需要占用规划批准范围以外的场地、可能损坏道路（管线、电力、邮电通信等公共设施）、需要临时停水（电）、需要中断道路交通和进行爆破作业等情况时，应及时报告属地单位，采取有效措施后方可继续进行作业。

n. 在开挖过程中，如出现塌方、滑坡或其他险情时，要立即通知作业人员停止作业并撤离，根据现场情况在条件许可时再撤出设备。在事发地周围拉设警戒区域，设置明显标志的警告牌，夜间还需设警示灯，同时安排人员警戒值守；按规定通知属地单位和其他设计、安全等相关部门，对险情进行调查分析和处理。

o. 在拆除固壁支撑时，应做到从下而上，更换支撑时应先装新的，再拆旧的。

p. 在遇到 6 级以上大风或大雪、大雨、大雾等恶劣天气条件下，禁止开挖作业。特别是雨雪后和解冻时期，边坡易出现松动、裂缝甚至滑坡而导致支撑移位、折断等，应先进行全面检查，确认无问题后方可再作业。

q. 作业结束时应在拆除支撑后进行回填，恢复地面设施。

（6）道路开挖作业安全管控措施

动土开挖作业中如涉及道路开挖、断路作业，除做好以上安全管控措施外，还需做好以下管控措施：

①作业前，管道管理单位和作业单位应共同制定交通组织和开挖方案，需得到道路管理单位的批准。为确保消防车和其他重要车辆的通行，并满足应急救援要求，对主干道宜采用分步开挖方案，如影响消防道，则须向主管部门和消防部门报告。

②作业单位应对开挖区域实施封闭和隔离措施，并根据现场实际情况，在道路封闭的路口和其他相关道路上按规范设置交通警示和疏导标志，在作业区周围设置路栏、导向标、道路作业警示灯等交通警示设施，同时需派专人指挥和值守。

③如在道路上进行白天不超过2h、夜间不超过1h即可完工的定点作业，在现场有专人指挥交通的情况下，只需在作业区周围设置相应的交通警示和指示疏导设施：白天可设置锥形交通路标或路栏，夜间还需加设道路作业警示灯。

④在夜间或雨、雪、雾天进行道路开挖、断路作业时，应设置采用安全电压、高度不低于1.0m并能至少在150m外可见连续、闪烁或旋转的道路作业警示灯，在雨、雪、雾天应全天开启，其他气候条件下须傍晚前开启。

⑤道路开挖或断路作业结束后，作业单位要拆（移）除作业区域周围和交通路口设置的隔断、路栏、道路作业警示灯、导向标等一切交通警示和隔离设施，并清理现场后，申请管道管理单位现场检查核实，并报告道路有关部门恢复交通。

（7）其他许可证办理

动土作业如涉及作业坑内用火、起重、临时用电和受限空间等作业时，按相关安全管理规定开展JSA分析，落实相应的安全措施并确认，按规定办理相关作业许可。

**8. 起重作业安全管控措施**

（1）着装要求

起重作业人员需穿工作服、防砸防刺穿鞋，但在易燃易爆场所进行起重作业的人员需穿防静电工作服、防油防静电防砸防刺穿鞋，戴安全帽和防刺穿手套。

（2）呼吸和监测装备

①在易燃易爆作业现场作业人员需佩戴便携式四合一气体检测仪、便携式硫化氢报警仪。

②如油气中含有硫化氢，根据浓度检测选择佩戴过滤式防毒面具（硫化氢浓度10～30mg/m$^3$）、带防硫化氢型滤毒罐（盒）的防毒面具（硫化氢浓度30～50mg/m$^3$）、正压空气呼吸器或长管呼吸器（硫化氢浓度>50mg/m$^3$）。

（3）人员和监测要求

①起重机械操作、指挥、司索作业人员和监护人均需持证上岗。

②作业人员应熟知个体防护器具和吊装机具的使用方法、作业内容、风险管控措施、应急预案及逃生路线、自救知识；起重机械操作人员应熟知起重机械操作规程并严格遵守。

③要指定监护人和起重指挥，应熟悉作业区域及相邻周边环境和起重作业流程、内容，具有分析、判断和正确处理异常突发事件能力，掌握必要的现场急救知识。

④监护人会同起重指挥、司索和起重机械操作人员要分工明确，共同做好起重作业现

场的安全措施和监护。

⑤起重指挥人员应佩戴明显的标志，严格执行吊装方案，按规定的指挥信号进行指挥，其他操作人员应清楚吊装方案和指挥信号。

⑥监护人必须实行全过程监护，不得离开作业现场或做与监护无关的事。要对安全措施落实情况进行检查，当发现异常情况时，应及时通知作业人员停止作业，并立即采取有效救护措施或撤离。

⑦在含原油现场，监护人要随时检测可燃气体和硫化氢含量，气体浓度要合格（可燃气体浓度低于爆炸下限值的10% LEL为合格，$H_2S$最高允许浓度不大于10mg/$m^3$为合格），监测结果如有1项不合格，应立即停止作业并撤离，在采取措施符合要求后再作业。

（4）消防和逃生要求

①如在易燃易爆场所进行起重作业，现场须配备小型灭火器、灭火毯、大型灭火器，必要时配备泡沫消防车。

②现场应预留消防逃生通道，机械、设备、材料停（摆）放不得堵塞消防通道。

（5）作业安全管控措施

①起重作业前安全管控措施：

a. 作业前，组织作业人员针对作业内容进行JSA分析，确定相应的作业程序和安全管控措施，做好安全技术交底和风险告知。

b. 作业前应对起重机具、吊（索）具和安全防护装置等进行检查，确保处于完好状态。对不合格的吊装机具、索具、安全防护装置或它们处于非完好状态时，不得投入作业，应进行检修或更换处理。

c. 对重量超过40t或不足40t，但形状复杂、长径比大、刚度小、精密贵重、作业条件特殊的物件，要编制起重作业方案且需得到审批。

d. 起重机械进入易燃易爆场所，要确认安装有防火罩。

e. 吊装现场应设置吊装作业区域，拉设警戒带或围隔，并设置安全警示标志，非作业人员禁止入内。

f. 起重机械及其臂架、吊具、辅具、钢丝绳、缆风绳和吊物等不得靠近高低压输电线路。确需在输电线路近旁作业时，须保持足够的安全距离（见表8.2－3），起重机械的安全距离应大于起重机械的倒塌半径，否则应停电后进行起重作业（见图8.2－16）。

**表8.2－3　起重机械、设备与架空输电线路间的最小安全距离**

| 项目 | 输电导线电压/kV | | | | | | |
|---|---|---|---|---|---|---|---|
| | <1 | 10 | 35 | 110 | 220 | 330 | 500 |
| 安全距离/m | 2.0 | 3.0 | 4.0 | 5.0 | 6.0 | 7.0 | 8.5 |

图 8.2－16　起重机械倒塌半径小于与输电线路安全距离

g. 吊装场所如有含易燃易爆和危险化学品的设备、管道等时，应编制吊装方案，并对设备、管道采取有效的防护措施，否则需在放空、清洗、置换合格后再作业。

h. 应按起吊物重量选择起重设备、吊具、索具等，不得超负荷吊装。

i. 对于轮式起重机械，要选择平坦、坚固的地面停放，若地面松软须将地面垫平、压实。同时要在四个支撑腿下方铺垫枕木或钢板，支撑稳固，将车身顶起并保持水平，严禁在松软或坑洼地面、无支腿或虽支腿但不垫枕木或钢板的情况下吊装。

j. 正式起吊前必须进行试吊，以检验机具、支撑、地锚受力情况。发现问题时要将吊物放回地面，检查并排除故障后重新试吊，确认一切正常后方可正式吊装。

k. 检查安全防护措施落实情况并确认，办理作业许可证。基层管理单位负责其管辖范围内二、三级起重作业许可审批，一级起重作业由二级单位业务分管负责人审批。

l. 落实作业期间全程视频监控。

②起重作业过程中安全管控措施：

a. 起重作业中，起重操作、司索等人员必须听从指挥人员指挥。

b. 应根据吊物具体情况选择合适的吊具与吊索，其承载重量不得超过额定起重量和安全负荷，不同种类或规格的吊索、吊具不得同时混合使用。

c. 吊物绑挂要牢固，吊点要处在吊物的平衡位置上（即与吊物的重心在同一垂直线上），除具有特殊结构的吊物外，严禁单点捆绑起吊，如果吊挂不牢或不平衡，起吊时可能造成吊物滑动。起升吊物时要对其连接点进行检查，观察是否牢固、可靠，严禁用吊钩直接缠绕吊物。

d. 在绑挂吊物时，吊索与经过的吊物棱角处须加衬垫，对未加衬垫的，不得进行起重吊装。

e. 在吊物绑挂时，不得绑挂超过额定重量、重量不明、埋置物或与其他物体连在一起的重物。

f. 对不能用吊索捆绑的零散件，应使用专门的吊斗、吊篮等吊具盛装吊运，且不得一次性装满。

g. 严禁人员随吊物起吊，也不得在吊钩（物）下和起重机运行轨道上停留。因情况特殊确需进入悬吊物下方时，必须事先与起重指挥和起重操作人员沟通联系，必要时应对吊物设置支撑措施。

h. 吊物在吊运过程中，人员与吊物之间应保持一定的安全距离，任何人不得靠近起吊物。当起重臂、吊钩（物）下有人或吊物上有人（浮置物）时不得进行起重操作（见图8.2－17）。

图8.2－17　起吊物上有浮置物

i. 下放吊物时，不得利用极限位置限制器停车，严禁自由下落（溜）。

j. 在放置吊物就位时，确保人与吊物之间留有一定的安全距离，可使用牵引绳、钩子或撑竿等牵引工器具辅助就位，特别是对大型吊物必须使用牵引工器具辅助就位；在吊物就位前，不得解开吊索。

k. 针对大型吊物在使用两台或多台起重机械同时吊运时，其升降、运行速度应缓慢并保持同步。尽量选择使用载荷相同的起重机械一起吊运，载荷要分配均匀，每台承载重量不得超过各自额定载荷的80%。

l. 起重作业过程中，当现场指挥、监护和作业人员在发现紧急危险情况时，都必须发出停止作业或避让信号，不论何人发出紧急停车信号，均应立即执行。

m. 要确保作业场地有充足的照明，在夜间没有灯光或无法看清指挥信号、吊物和场地等情况时，不得进行起重操作。

n. 严禁在易燃、易爆、有毒介质的管道、设备、容器和危险厂房、电线杆等物体上拴吊绳或揽风绳。

o. 在吊装过程中若起重机械或与吊装相关设备出现故障时，起重操作人员应立即向起重指挥报告，没有指挥下达离开命令，任何人不得擅自离开岗位。

p. 在起重作业过程中若发现制动器和安全装置失灵、吊钩防松装置损坏或钢丝绳损伤时，禁止起重操作。

q. 不得在起吊状态下对起重机械进行检查和维修，同时也不得调整起升、变幅机构的制动器。

r. 在停工或休息间隙时，应将吊具、吊物、吊笼和吊索放下，不得悬吊在空中。

s. 不得在6级以上大风或大雨（雪）、大雾等恶劣天气下从事露天起重作业。

t. 起重作业完毕，应将吊钩和起重臂收回并归位，所有控制手柄推向零位，对电气控制的起重机械则应关闭总电源开关。清理场地，将吊索、吊具按规定存放，并对其进行必要的检查、维护、保养。

（6）其他许可证办理

起重作业中如涉及到高处吊装等作业时，执行相关安全管理规定，做好JSA分析，落实相应的安全措施并确认，按规定办理相关作业许可。

**9. 水上作业（含防洪防汛、水上溢油处置）安全管控措施**

管线穿越河流、湖泊等水体，因洪水威胁管道本体安全，为了保护管道，需要进行临水或水上作业；因各种原因导致原油泄漏或流入到河流、湖泊等水体后，也需要进行水上溢油拦截和回收等作业，水上作业是抢维修常见的作业之一。

（1）着装要求

①作业人员需根据现场具体作业内容选择合适的劳动保护用品，现场需穿一般工作服、救生衣、防砸防刺穿防滑鞋。但在易燃易爆场所进行水上作业的人员需穿防静电工作服、防油防静电防砸防刺穿防滑鞋，戴安全帽和防刺穿防滑手套。

②现场需准备足够的救生衣、救生圈、潜水衣、雨衣、雨鞋、雨伞、安全网、安全带和安全绳等，根据不同情况选用。

（2）呼吸和监测装备

①如原油泄漏到水体，水上作业人员需佩戴便携式四合一气体检测仪、便携式硫化氢报警仪。

②如油气中含有硫化氢，根据浓度检测选择佩戴过滤式防毒面具（硫化氢浓度10～30mg/m$^3$）、带防硫化氢型滤毒罐（盒）的防毒面具（硫化氢浓度30～50mg/m$^3$）、正压空气呼吸器或长管呼吸器（硫化氢浓度>50mg/m$^3$）。

（3）人员和监测要求

①水上船舶驾驶、潜水人员需要持证上岗，作业中涉及的其他特种作业人员也需要持证上岗。

②水上作业人员应接受过防洪抢险作业、溢油围截基本知识、水上作业安全防护知识的教育培训。熟知个体防护器具的使用方法、作业内容、风险管控措施、应急预案及逃生、自救知识。船舶驾驶人员应熟知船舶操作规程并严格遵守。

③要指定监护人，应熟悉水上作业区域及相邻周边的环境和水上作业流程、内容，具有分析、判断和正确处理异常突发事件能力，掌握必要的现场急救知识。

④监护人会同船舶驾驶人、水上作业人员要分工明确，共同做好水上作业现场的安全措施和监护。

⑤监护人必须实行全过程监护，不得离开作业现场或做与监护无关的事。要对安全措施落实情况进行检查，当发现异常情况时，应及时通知作业人员停止作业，并立即采取有

效救护措施或撤离。

⑥在溢油现场，监护人要随时检测可燃气体和硫化氢含量，气体浓度要合格（可燃气体浓度低于爆炸下限值的 10% LEL 为合格，$H_2S$ 最高允许浓度不大于 10mg/m$^3$为合格），监测结果如有 1 项不合格，应立即停止作业并撤离，在采取有效防护措施后方可恢复作业。

（4）消防和逃生要求

①如在水上和岸边进行溢油回收作业，现场须配备小型灭火器、灭火毯、大型灭火器、泡沫消防车等。现场应预留消防逃生通道，机械、设备、材料停（摆）放不得堵塞通道。

②水上作业人员需穿好救生衣，如遇落水，船上人员和岸上人员应立即抛投救生设备和安全绳，船体靠近，牵引安全绳协助落水人员逃生救护。

（5）水上作业安全管控措施：

①水上作业前安全管控措施：

a. 日常要制定水上溢油应急预案、外管道防洪应急预案及其现场应急处置方案，并进行演练。

b. 要切断水体泄漏点两侧的截断阀，紧急停输。

c. 及时了解当地天气、水文预报，勘查现场，制定现场作业方案并得到批准。

d. 作业前要进行 JSA 分析、安全技术交底和风险告知。要确保每名员工对安全措施、风险和紧急状况时逃生、落水自救和救护方法等相关安全知识有足够了解掌握。

e. 对周边环境进行安全检查，检测可燃气体和硫化氢浓度。根据检测结果划定警戒区域并拉设警戒，同时对外围交通道口、火种进行管控，对警戒区域内的人员进行疏散，必要时通知当地公安、安监、消防等部门，协助疏散和管控。要将与抢修作业无关的人员清理到安全区域，并安排人员对警戒区域的各个道口进行警戒值守和引导，维持现场秩序。

f. 临水区域要设置防护设施和有关安全警示标志。对于被洪水淹没的堤岸和道路，除了拉设警戒外，还要设置引导标志、警示标志，甚至设置围栏，同时要专人看护，以防落水；对作业人员要通过淹没的堤岸和道路沿线还需拉设并固定引导绳，确保通过安全，防止落水和冲走。

g. 要对水上溢油区域的通行进行管控，必要时请求地方航道管理部门实行水域交通管制，封闭溢油区域，疏导区域内的船只向安全水域转移。

h. 上船作业前要向当地航道管理部门了解航道障碍物情况，或者向当地熟悉航道、水流情况的人员进行了解，以免行驶中被搁浅、碰撞和触礁等。

i. 水上作业船舶及其他水上设备必须检查，状况良好方可用于作业，对租用的船舶必须证照齐全，按规定配备足够的救生器材。

j. 船上要配备通信工具，随时与陆地人员保持联系。

k. 须在水上作业平台的周围设置防护栏杆并挂设安全网，确实无法设置时，作业人员在平台上必须系安全带（绳）。

l. 作业前应检查安全防护措施落实情况并确认。

②水上作业过程中安全管控措施：

a. 水上作业时要穿戴好救生衣，佩戴对讲机等通信工具，船上要准备足够的救生圈、安全绳索。船舶驾驶人要持证上岗，严禁超载、超速，除船舶驾驶人外，其他人员一律不得擅自驾驶。

b. 临水作业人员和船舶行进中要随时观察四周有无高压线铁塔倾倒、电线低垂或断折，要远离避险，不可触摸或接近，防止触电。

c. 抢险车辆不得强行通过漫水路段，因抢险需要确需进入时，需做好引导、路况探测和其他安全技术措施，确保安全通过。

d. 在船舶行进和水上作业时，遇有恶劣天气或洪峰、大波时，要紧急停靠，避风浪、雷电等。

e. 船舶停靠岸边时，要及时锚固。停稳后才能上下，并注意脚下岸距，不得强行跨越，最好安排人员接应，搭好跳板后，方可卸料作业。

f. 在船舶行进中或船上临水休息时，人员均不得在船头、船尾和船的边缘站立和骑坐。

g. 在两船之间进行搬（倒）运物件作业时，须将两船靠至最近距离并注意因浪涌造成两船上下左右晃动的影响，人员不得脚跨两只船。

h. 因抢险需要，人员确需站在船舷外或船边缘作业时，要系好安全绳（带）。

i. 运料船在靠近作业船附近时，要相互防止锚缆挂住叶轮和船舵被打坏。遇有其他船只通过时，要采取适当的避让措施。

j. 当上游失去控制的船舶或巨大漂游物向作业船舶靠近，威胁到作业船舶安全时，要提前采取紧急避让措施，必要时可立即派出机动船舶协助避让。

k. 对在水上搭接的浮桥、跳板等辅助设施要绑扎紧固。

l. 在水上架设的栈桥、操作平台要验算承载力，要设置防护栏杆及有效防滑措施，要对各受力部位进行检查。

m. 在搭接浮桥、跳板、打桩、搬运和其他水上作业时，要注意互相观察，防止落水和误伤、碰伤、砸伤、扎伤等。

n. 水上作业现场所接临时用电要严格执行临时用电安全管理规定，规范布接。所接电线、电缆和电气设备要远离水源并做好防雨、防潮措施，经常巡查，非工作人员应远离带电设施，防止触电。移动工具、手持式电动工具应做到一机一闸一保护，搬运、移动电气设备时要先断开电源，对于含有油气的溢油现场使用的临时用电设施必须满足防爆要求。

o. 对于需要在夜间进行的水上作业、溢油拦截与回收作业，要在现场和所经过的道路上配备充足的照明设施以满足人员和作业使用要求。

p. 根据溢油范围、水体情况合理选定、布设围油栏类型、数量和地点，防止油污继续流动或扩散。要对水体中成功拦截的溢油及时进行回收，防止溢流，扩大污染。

q. 在人员跌（滑）落水中时，要采取适当救援措施及时救离水域，将溺水人员转移到空气新鲜平坦处，进行必要的人工救助措施，有条件时及时送医。

r. 临水作业现场若洪水迅速上涨时，要迅速撤离，应向河道两岸高处跑。山体滑坡时，不要沿滑坡体滑动方向跑，应向滑坡体两侧跑。

s. 雨、雪、霜天气在水上平台进行作业时，要做好 JSA 分析，制定和采取有效的防滑、防寒（冻）措施，及时清除平台上积聚的水、冰、霜、雪。在六级以上强风、浓雾等恶劣气候条件下，船舶应进入岸边停靠，不得行驶和进行其他水上作业。暴风雨（雪）前后，均应逐一检查水上作业安全设施，如发现有变形、松动、损坏或脱落等现象时，应立即修缮，不得带病投入使用。

**10. 含硫化氢抢维修现场作业安全管控措施**

（1）着装要求

①穿防静电工作服、防油防静电防砸防刺穿鞋、安全帽（根据需要配防爆头灯）、防油手套。

②要系扎阻燃或不燃材料安全带、安全绳。

（2）呼吸及逃生救援装备

①可能发生硫化氢泄漏或逸散的作业场所，应配备一定数量符合规定的应急救护装备：空气呼吸器、逃生型呼吸防护器具、供风式防护面具或长管呼吸器、便携式硫化氢检测报警仪、四合一气体检测仪、应急照明灯、安全带或安全绳等救援设施，设施宜置于作业人员易于获取的位置，并有专人管理，定期检查与维护。

②现场配备小型灭火器、灭火毯、大型灭火器和通风设施，必要时配备泡沫消防车。现场应预留消防逃生通道，机械、设备、材料停（摆）放不得堵塞消防通道。

③作业人员应根据现场气体浓度检测结果，选择佩戴过滤式防毒面具（硫化氢浓度 10～30mg/m$^3$，氧含量 19.5%～23.5%）、带防硫化氢型滤毒罐（盒）的防毒面具（硫化氢浓度 30～50mg/m$^3$，氧含量 19.5%～23.5%）、正压空气呼吸器（硫化氢浓度 >50mg/m$^3$，氧含量 <19.5%或氧含量 >23.5%）。

④室内需有消防逃生通道，通道不得有障碍物，保证其畅通无阻，便于人员出入和抢救疏散。

⑤对于坑（池）等半封闭的作业场所，坑（池）与地面应最少设置两处梯子、台阶或坡道等不同方向逃生通道，坡道应设阶梯，表面应采取防滑措施，通道不得堵塞．不应在土壁上挖洞攀登。

（3）人员和监测要求

①特种作业人员和监护人须持证上岗。

②监护人和作业人员须佩戴便携式四合一气体检测仪，作业人员也可佩戴便携式硫化氢报警仪。所使用的检测仪器应按规定校验，确保检测仪和防护装备的完好率应达到 100%。

③作业人员必须接受过硫化氢知识、检测仪器和防护装备等培训、演练并考核合格。

应熟知个体防护器具的使用方法、作业内容、风险管控措施、应急预案及逃生路线、自救知识。

④要指定监护人，需培训考核合格，要熟悉作业区域及相邻周边环境和相关生产工艺情况，熟悉作业流程和设备完好状态，具有风险分析、判断和正确处理异常突发事件能力，掌握必要的现场急救知识

⑤监护人必须实行全过程监护，不得离开作业现场或做与监护无关的事。要对安全措施落实情况进行检查，当异常情况发生时，应及时通知作业人员停止作业，并立即采取有效救护措施或撤离。

⑥监护人要与作业人员约定联络信号，应清点进入含硫化氢现场的作业人数，随时保持与作业人员的联系，严禁离岗。

⑦监护人要随时进入现场观察和检测气体含量，进入现场监测时应采取有效的个体防护措施。确保现场可燃气体、氧气和硫化氢含量合格［可燃气体浓度低于爆炸下限值的10%（LEL）为合格，氧含量19.5%～23.5%为合格，$H_2S$最高允许浓度不大于10mg/m$^3$为合格］，监测结果如有1项不合格，应立即停止作业并撤离，在采取有效防护措施后方可恢复作业。

（4）作业安全管控措施

①进入含硫化氢现场作业前安全管控措施：

a. 作业前，站（库）方需将输送原油的物性、与作业相关设备设施情况、现场硫化氢浓度检测情况等信息与抢维修作业单位现场交底。

b. 抢维修作业负责人应根据双方交底情况，负责组织作业人员开展JSA分析，识别出作业区域内易积聚硫化氢的部位，完善防控措施。应结合实际情况，针对可能发生的硫化氢中毒事故制定专项应急救援预案。

c. 作业前要召开班前会，对所有作业人员进行安全技术交底，告知作业中存在的危害因素和应采取的安全措施、现场应急处置措施以及逃生路径，指定监护人，所有作业人员需签字确认。

d. 作业负责人或监护人要检查作业人员的防护装备是否符合要求，发现不安全状态和不安全行为应及时制止。

e. 在有可能发生硫化氢泄漏和形成硫化氢聚集的作业区域应设置应急撤离通道和泄险区，同时应在便于观察处设置醒目的警示标志和风向标，风向标可采用高、低双点的设置方式，高点宜设置在作业区域最高处，低点宜设置在人员相对较多的区域。

f. 须划定作业区域并对作业区域实施警戒，与作业无关的人员和没有佩戴防护装备的人员严禁进入警戒作业区域。

g. 抢维修车辆尽量远离作业区域，确需进入现场必须安装防火帽，待抢维修装备卸载后和其他车辆均应撤离到警戒线以外，所有车辆必须停靠在上风向。

h. 作业中严禁使用非防爆的抢维修设备、工器具和通信工具等，必须符合防火防爆要求。

i. 检查安全防护措施并确认，办理作业许可；落实全过程视频监控，对确实难以实施视频监控的作业场所，应在出入口设置视频监控。

②作业过程中安全管控措施：

a. 进入已知和潜在含有硫化氢气体的作业现场时，检测人员需佩戴正压式空气呼吸装备，对硫化氢气体、可燃气体等进行检测，检测时必须两人及以上，至少一人监护。

b. 根据现场硫化氢检测浓度和作业环境，浓度超过10mg/m$^3$时应预警，作业人员需佩戴过滤式防毒用具方可进入作业现场；当浓度超过30mg/m$^3$时，应佩戴防硫化氢型的滤毒罐（盒）方可进入现场作业；当浓度超过50mg/m$^3$时，必须佩戴正压式空气呼吸器或使用其他隔离式供气呼吸装备，方可进入现场作业。

c. 对使用移动式供气装置的供气站应置于上风侧，放置地点需对周围环境气体进行检测，确保周围空气质量满足呼吸要求。

e. 进入含硫化氢现场作业时，除按要求佩戴相适应的呼吸装备外，作业人员必须至少两人及以上，还应佩戴便携式硫化氢检测报警仪，在未采取有效防护措施的情况下，不得进入现场强制作业人员冒险作业。现场监护人应站在作业点的上风向监护，进入作业区域检测硫化氢浓度时，需佩戴相应的呼吸装备。

f. 作业时，作业人员应站在上风向作业。根据现场需要应顺着风向开启强制通风设施，对于低洼处必须采用抽排风，人员不得站在风机下风向。

g. 作业后，禁止在有毒、窒息环境脱卸防毒用具。

h. 当现场出现硫化氢中毒事件时，抢救人员必须佩戴隔离式防护面具进入现场施救，严禁无防护救援，不得盲目施救，及时启动应急处置预案。具体处置和救护措施参见“（5）硫化氢中毒现场应急处置和人员救护措施。”

③进入含硫化氢的受限空间作业安全管控措施：

如进入含硫化氢的受限空间作业，除执行以上措施外，还需做好以下管控措施：

a. 在进入含硫化氢介质的设备、设施等受限空间作业前，应切断一切物料来源并加装盲板，采用冲洗、蒸煮、吹扫、置换等措施，直到可燃气体、硫化氢气体检测合格为止。

图 8.2－18　进入受限空间个体防护措施

b. 在进入可能含有硫化氢气体的地下敞开式、半敞开式坑、槽、沟等作业前，也需对可燃气体、硫化氢气体和氧含量进行检测。

c. 根据现场检测的浓度和作业环境，作业人员需选择佩戴与硫化氢浓度相适宜的防毒面具或正压式呼吸保护器具，同时须佩戴必要的通讯联络设备（防爆对讲机或防爆手机），系好逃生绳（见图 8.2－18），现场还须配备必备的救护设施。对受作业环境限制而不易达到通风换气的场所，作业人员不得使用过滤式防毒面具；对可能产生烟尘的作业必须佩戴长管呼吸器或正压式空气呼吸器。

d. 进入受限空间作业前，需按照受限空间安全管理规定要求做好 JSA 分析，落实各项安全防护措施，在检查并确认后办理受限空间作业许可证，监护人必须在现场的情况下方可进入作业。

e. 经检测氧含量合格的情况下，现场可采用自然通风的方式，确保受限空间内空气流通及满足人员呼吸需要；当氧含量低于 19.5% 或高于 23.5% 时，须采取强制通风方式以满足作业人员呼吸要求，在送风前应对风源进行分析，确保清洁无污染，但不得向内充氧气。

f. 作业过程中严格执行全程监护制度，监护人不得擅离职守，发现违章作业要及时果断制止。

g. 作业中监护人和作业人员要随时保持联系和沟通，现场一旦发生异常情况或人员身体感到不适、呼吸困难时，应立即停止作业，同时向监护人发出求助信号，期间不得摘下面罩，应迅速撤离有毒区，到达空气清新的安全环境中方可摘下面罩。

h. 发生人员中毒、窒息的紧急情况时，抢救人员必须佩戴隔离式防护用具（如正压式空气呼吸器等）进入受限空间，过滤式硫化氢防毒面具只能用于开放式环境的逃生，不适用于密闭空间、地下环境逃生使用。严禁无防护救援（见图 8.2－19），并至少有 1 人在受限空间外部负责联络工作。

图 8.2－19　进入受限空间无防护救援

i. 作业期间如发生泄漏或作业环境发生异常变化时，应停止作业并撤离，经应急处置和重新进行 JSA 分析，并检查确认达到安全作业条件后，重新办理作业许可证，方可继续作业。

j. 其他要求按照《中国石化进入受限空间作业安全管理规定》执行。

④含硫化氢设备（施）、仪表检维修作业安全管控措施：

在站（库）区的设备、设施（含油罐罐顶）上进行拆卸、解体、维修、更换管线、阀门、垫片、盲板、仪表等检维修作业，可能存在泄漏硫化氢的风险，因此必须做好安全管控措施。

a. 作业前，站（库）方负责将检维修现场检测的硫化氢浓度、原油中硫化氢浓度和检维修设备是否有盲肠段、空腔等信息向检维修单位进行现场交底.

b. 根据站（库）方告知的硫化氢浓度，检维修单位需对硫化氢浓度进行检测复核，根据复检结果，按要求佩戴相适应的呼吸保护用具，同时佩戴便携式硫化氢报警仪才能进入现场作业。对硫化氢浓度超过 50mg/m$^3$或含硫原油正在泄漏时，作业人员必须全程佩戴隔离式呼吸保护用具及便携式硫化氢气体报警仪进入现场作业。

c. 现场监护人必须佩戴四合一气体检测仪或硫化氢气体检测仪，在同一作业区进行近距离指导和监护，现场监护人需根据气体检测结果决定是否向作业人员发出解除佩戴空气呼吸器指令。

d. 在拆卸、解体、维修、更换含有高浓度硫化氢原油的管线、泵体、阀门、收发球筒、盲管段、原油罐（污油罐）等法兰螺栓或仪表时，现场要设置强排风措施，作业人员需站在上风口；在拆卸管线、泵体、阀门等法兰时，应间隔松开螺栓，且需逐步松开，在松动之前，不要把螺丝全部快速拆开，保留两根螺栓，让设备余压慢慢卸掉，以防管道内剩有余压、残余物料或硫化氢气体大量喷出伤人。

e. 在登罐进行光栅、呼吸器、排水管阀和一、二次密封等检维修作业前，站（库）方要先确认油罐是否有收发油作业、是否低罐位和罐顶是否含有硫化氢等信息，并将罐顶有关信息与抢维修单位交底。

f. 在罐顶进行检维修作业人数不应超过 5 人，且不应集中在一起。

g. 在罐顶进行检维修作业时，作业人员应检测硫化氢浓度，在确认不含硫化氢或不超过 $10mg/m^3$时，方可作业。作业人员需在检维修设施的上风向进行检维修作业，同时需有人监护；在拆卸过程中，当现场有硫化氢溢出或浓度升高不超过 $50mg/m^3$时，应停止拆卸作业，佩戴适当的防毒面具，现场开启通风设施进行强制通排风，方可作业，监护人应随时监测硫化氢浓度。

h. 当油罐正在进行收发油作业或油罐处于低罐位、罐顶含有高浓度硫化氢时，严禁登罐进行检维修作业；若确因生产需要需登罐进行抢修时，必须佩戴隔离式空气呼吸装备，并有专人在现场监护。

i. 在雷电、冰雹、暴雨期间禁止登罐进行检维修作业。

j. 在室内进行拆卸、解体、更换泵体、阀门、仪表等抢维修作业时，应实时检测室内硫化氢气体浓度，同时应打开门窗进行自然通风，必要时采取强制通风措施。

k. 其他管控要求按照《中国石化石油库和罐区安全管理规定》执行。

（5）硫化氢中毒现场应急处置和人员救护措施

①停止作业，撤离现场：

当现场硫化氢浓度持续上升无法控制或者作业人员出现硫化氢中毒时，作业人员应立即停止抢维修等相关作业，同时疏散下风向人员，快速撤离至上风向地势开阔的安全区域，并向上级报告现场情况，实施紧急处置，个人在未做好保护措施的情况下不得贸然进入现场处置。

②抢救人员，切断泄漏源：

救援人员（两人及以上）必须佩戴隔离式呼吸防护用具，观察风向标后从上风向进入现场对中毒人员施救，将中毒人员抬离危险区，转移到上风侧或其他安全地带的空气新鲜处；同时迅速找出泄漏或逸散源，在确保自身安全情况下，关闭泄漏点前后阀门，切断泄漏源，检查泄漏点，迅速查明泄漏原因并控制泄漏。对进入罐、塔、加热炉、容器、下水道等受限空间事故现场，还需携带安全带（绳），如果遇到问题应按联络信号立即撤离现场，外部人员接应。

③救护与求助：

将中毒人员先期进行按压心肺复苏和吸氧等临时抢救措施；同时立即联系当地110、120，请求开辟绿色交通、医疗救助通道。报警时要明确告知硫化氢中毒发生地点和附近比较明显的标志物，并派人到交通路口等地方接应救助人员，在医疗救助人员到来前，需按以下措施抢救中毒者：

a. 救援人员需将中毒者脱离有毒区，转移到上风侧安全、平坦、干燥地带的空气新鲜处后，要立即查看中毒者情况。

b. 在专业医疗人员到来前，若中毒者能自行进行呼吸，应立刻进行吸氧，并应保持中毒者处于放松状态、保持体温，然后将伤员运送至专业医疗救治机构或求助当地120急救中心转运。

c. 在专业医疗人员到来前，若中毒者呼吸停止，要迅速将中毒者头部歪斜清理出口、鼻内的黏液、血块、泥沙等杂物，保持呼吸道畅通，采用心肺复苏进行按压。一旦中毒者能自由呼吸，抢救方可停止，并对中毒者进行吸氧，然后将伤员运送至专业医疗救治机构或求助当地120急救中心转运。

d. 在专业医疗人员到来前，在通过上述紧急救护措施后，仍然无法使中毒者恢复呼吸，或确认中毒者已死亡，应及时运送到有条件的医疗单位进行抢救，同时通知气防站和有关单位。

④警戒与监测：

立即发出警报，迅速设定初始隔离区，设立警示标识和警戒线，封闭事发现场，硫化氢浓度在10mg/m$^3$以上的区域均为限制进入区域，并做好警示标志；对隔离区域周围实行交通管制，疏散转移危险区内所有人员，禁止无关人员及车辆进入，同时禁止未采取有效防护措施的有关人员进入警戒区域；要对泄漏现场硫化氢气体浓度进行持续监测，对于受限空间作业现场，还要对受限空间内氧含量进行检测。

⑤防火防爆：

消除泄漏区域内的一切火源，禁止可能产生火花的一切行为，防止发生爆炸。

⑥浓度稀释：

消防队伍使用水雾、强制通风等方式对现场硫化氢气体进行稀释。

⑦恢复抢险作业：

当监测现场条件允许时，方可开展对泄漏管道、储油罐或其他相关部位进行抢维修等相关作业。

**11. 检维修中防硫化亚铁自燃安全管控措施**

（1）硫化亚铁产生原因

①由于公司输送的部分原油中含有浓度较高的硫化氢，一般原油运行温度在70℃以下，在长期的生产运行过程中，主要由低温腐蚀性气体$H_2S$与金属发生化学反应产生硫化亚铁，从而带来一系列设备、管线的硫腐蚀问题。

②原油储运设备因长期输送高浓度硫化氢原油，在停运期间内部结构件与潮湿空气长

期接触，造成腐蚀，生成铁锈，因设备内含有硫化氢气体，未清除的铁锈在生产过程中就会与硫化氢发生化学反应生成硫化亚铁。

（2）硫化亚铁自然机理及危害

①当硫化亚铁或铁的其他硫化物暴露在空气中，在遇热或光照作用下，会发生化学反应生成有刺激性气味的白色二氧化硫气体，同时释放出大量的热。当周围有其他可燃物（如油品）存在时，会冒出浓烟，并引发火灾和爆炸。当原油中硫含量越高，其腐蚀产物硫化亚铁沉积越多，如站库工艺管线上的过滤器、盲肠段和收发球筒等，由上游携带（或管壁附着）有硫化亚铁的原油流经（或清管通球到达）这些部位时，很容易被拦截、沉（堆）积下来，当这些部位因检维修需要在打开时与大量空气接触就会发生硫化亚铁化学自燃的现象。

②对于长周期、多周期连续运行的储油罐，罐内将积聚一定量的硫化亚铁，并与罐内沥青质、油垢等混在一起形成结构疏松的垢污。局部积聚的硫化亚铁在潮湿空气中，其低价铁离子和硫离子分别氧化成高价离子时，会释放出大量的热量。由于局部温度升高，将加速周围硫化亚铁的氧化，形成连锁反应。由于垢污中存在部分原油和重质油，在硫化亚铁的氧化作用下，就会迅速燃烧造成火灾事故，同时放出更多的热量，如果油罐处于密封状态，这种自燃现象极易造成爆炸事故的发生。

③硫化亚铁的自燃和含水量有一定关系。硫化亚铁起始自热温度在不含水时为140.93℃，当水含量小于10%时，硫化亚铁自热过程加强，产生正催化作用，随着水含量的不断增加，硫化亚铁氧化升温趋势逐渐减缓，降低到30～48℃左右，当水含量大于60%时，硫化亚铁自热现象消失。

（3）容易生成硫化亚铁的主要部位

原油在储运过程中主要有以下部位容易产生和积聚硫化亚铁：

①拱顶储油罐的罐顶安全附件，如罐顶的安全阀、呼吸阀和阻火器等的内部结构件。

②长期使用的浮顶储油罐的罐壁、罐底、浮盘、呼吸孔和罐壁等部位。

③长期不运行的站库输油设备内部结构件和工艺管道内壁。

④外管道内壁和站库内过滤器、收发球筒、盲肠段、死油段管线等部位。

通过对硫化亚铁自燃的成因、机理和现象分析，硫化亚铁的自燃需要有可燃物作为支撑，而公司运行的设备和管道存输介质均为可燃原油，因此在检维修过程中要对硫化亚铁的自燃进行有效管控，否则将给检维修人员的人身安全和设备安全带来很大的危害。

（4）防硫化亚铁自燃安全管控措施

①人员着装要求：

a. 穿戴防静电工作服、防油防静电防砸防刺穿鞋、安全帽（根据需要配防爆头灯）、防油手套。

b. 根据需要系扎阻燃或不燃材料安全带、安全绳。

②配置呼吸及逃生救援装备

a. 根据气体浓度检测结果，选择佩戴过滤式防毒面具（硫化氢浓度10～30mg/m$^3$、氧含量 19.5% ~23.5%）、带防硫化氢型滤毒罐（盒）的防毒面具（硫化氢浓度 30 ~ 50mg/m$^3$，氧含量 19.5% ~23.5%）、正压空气呼吸器或长管呼吸器（硫化氢浓度 >50mg/m$^3$，氧含量 <19.5% 或氧含量 >23.5%）。

b. 现场配备小型灭火器、灭火毯、大型灭火器，必要时配备泡沫消防车。

c. 现场还需配备一定数量的应急救护装备（包括空气呼吸器、供风式防护面具或长管呼吸器、安全带、救生绳等）和通风设施。

d. 室内（外）需有消防逃生通道，且不得堵塞，确保人员出入和抢救疏散畅通。

③人员和监测要求：

a. 特种作业人员和监护人持证上岗。

b. 佩戴便携式四合一气体检测仪、便携式硫化氢报警仪。所使用的检测仪器应按规定校验，确保硫化氢检测仪和防护装备的完好率应达到 100%。

c. 作业人员必须接受过硫化氢、硫化亚铁知识、检测仪器和防护装备等培训、演练并考核合格。应熟知个体防护器具的使用方法、作业内容、风险管控措施、应急预案及逃生路线、自救知识。

d. 要指定监护人，需培训考核合格，要熟悉作业区域及相邻周边环境和相关生产工艺情况，熟悉作业流程和设备完好状态，具有风险分析、判断和正确处理异常突发事件能力，掌握必要的现场急救知识。

e. 监护人必须实行全过程监护，不得离开作业现场或做与监护无关的事。要对安全措施落实情况进行检查，当发现异常情况时，应及时通知作业人员停止作业，并立即采取有效救护措施或撤离。

f. 监护人要与作业人员约定通讯联络信号并随时保持联系，应清点进入现场的作业人数，严禁擅自离岗。

g. 监护人要随时进行气体检测，对进入现场监测时应采取有效的个体防护措施。确保现场可燃气体、氧气和硫化氢含量合格（可燃气体浓度低于爆炸下限值的 10% LEL 为合格，氧含量 19.5% ~23.5% 为合格，$H_2S$ 最高允许浓度不得大于 10mg/m$^3$ 为合格），监测结果如有 1 项不合格，应立即停止作业并撤离，在采取处置措施后经检测合格再作业。检维修作业期间，尤其是在高温环境，必须加密巡检，以便及时发现和处理。

④做好作业前危害分析和交底，落实防控措施和监控措施：

a. 组织作业人员开展 JSA 分析，识别出作业区域内易积聚硫化亚铁的部位，做好硫化亚铁自燃应急预案，完善防控措施。

b. 作业前要召开班前会，对所有作业人员进行安全技术交底，告知作业中存在的危害因素和应采取的安全管控措施、现场应急处置措施以及逃生路径。

c. 落实安全防护措施并加以检查和确认，办理作业许可。

d. 落实全过程视频监控，对确实难以实施视频监控的作业场所，应在出入口设置视频监控。

⑤防硫化亚铁自燃工艺处置管控措施：

硫化亚铁在设备检维修中发生的自燃和燃烧一样存在三要素，即设备中本身积聚有硫化亚铁，还必须与氧气接触和达到一定的温度。要预防硫化亚铁自燃事故的发生，就必须要消除上述三要素中的至少一种。

a. 控制腐蚀——抑制硫化氢产生　要从源头上控制硫化氢的生成，可在工艺和设备上采取措施，减少硫化氢对设备的腐蚀，从而抑制硫化氢的生成。因抢维修作业涉及的是已知含有硫化亚铁的情况下如何管控其自燃，因此对于抑制硫化氢的产生不在本文讨论范围，在此不再赘述。

b. 采用隔离法——控制氧含量　硫化亚铁的自燃三要素之一需要有氧气存在，因此在检维修作业前，可用惰性气体（如氮气）充入油罐、管道等设备内部进行置换，并可在作业中连续充氮保护，隔离硫化亚铁粉末与空气中的氧接触，避免发生氧化反应。为防止罐内氧含量突然增高，在进入罐、釜等设备的受限空间前，需打开人孔时，不得将上下人孔同时打开，以防进罐空气形成对流，但为了防止设备内缺氧造成窒息，作业人员在进入设备时必须佩戴空气呼吸器或长管呼吸器进入，不过这种方法不方便进行检维修操作。对于长期停用的输油设备应采用加盲板密闭，也可采用注入氮气保护、水封保护等措施可有效隔离空气。

c. 采用清洗法——去除硫化亚铁　清洗法包括物理清洗和化学清洗。物理清洗主要是利用特殊机械清洗设备表面垢层。化学清洗主要有碱洗、酸洗、有机溶剂清洗以及用表面活性剂与碱、有机溶剂等组成的混合溶液用来清洗不同结垢的化学清洗。与隔离法相比，清洗法成本低、简便有效，较为常用。常用的清洗法主要有：碱洗、酸洗、高 pH 溶剂清洗、多级氧化剂清洗和蒸汽吹扫等，可采用多种清洗法相结合，有效去除硫化亚铁。在检修输送、存储过高含硫原油的设备、储罐前，应采取蒸汽吹扫、化学清洗等有效方法去除积存的硫化亚铁，避免打开设备后因硫化亚铁自燃造成设备损坏或发生火灾爆炸事故。在清洗、吹扫时，要做好管控措施和监护，停止周围用火作业、机动车辆通行和切断其他火源；针对弯头、拐角等死区要进行特别处理；同时要注意低点排凝，对于无低点排空阀的，要把最低法兰拆开，排除残油及剩余油气，确保吹扫质量，避免硫化亚铁自燃引发火灾爆炸。设备管线清洗、吹扫完毕后，应在设备与外部连接的有关管线之间加装盲板进行隔离，加装盲板应有专人监护，盲板要编号、登记并挂牌，防止漏加（拆）造成事故；对无法加装盲板的部位，要挂牌、上锁，防止误开。

d. 采用冷却法——降低温度　温度是影响硫化亚铁氧化的主要因素之一，在清洗、吹扫后，须确保容器内温度降至40℃以下，可采用自然通风等进行冷却降温，但对于体积大、热容量高的储油罐、塔等，因自然降温较慢，可采取从罐（塔）顶部注水方式，提高降温速度。进入设备内作业前，除了将设备内温度冷却至室温以下外，还需用清水冲洗以保持内部构件湿润，且须落实硫化亚铁自燃的必要管控措施后方可打开人孔，进入作业；作业过程中，应指派专人随时监测设备内的温度变化，如监测到温度升高，须及时通知作业人员撤离，待采取有效的降温措施后方可再次作业。

e. 使用钝化剂——消除硫化亚铁活性　硫化亚铁钝化剂是一种高效的化学清洗剂，由能对硫化亚铁有较强螯合作用的螯合剂、缓蚀剂等复合而成，对聚结在设备上的无机垢如 FeS、$Fe_2O_3$等具有较好的清除作用，以防止 FeS 自燃而烧毁设备。该钝化剂具有化学性质稳定、无毒无害且使用安全方便等特点，同时在使用中还具有对设备腐蚀小、不会沉积在设备上、对环境也无特殊影响等诸多优点，是一种最为常见和安全地消除硫化亚铁自燃的有效方法。设备中积聚的硫化亚铁，通过使用硫化亚铁钝化剂进行化学钝化清洗处理，经过一系列化学反应，可将油垢中的硫化亚铁分解为稳定的无机铁盐和硫盐，且溶于水中或被流动的原油带走。通过钝化，含硫化亚铁污垢脱离了设备，消除了其活性，从而达到了阻止其自燃并保护设备的目的。

f. 含硫化亚铁油泥的处置措施　检维修过程中，硫化亚铁和含油污泥等从储罐、管线内清除出来后，对清理出的罐底污物应装入袋中浇湿后及时交由有资质的单位运走进行无害化处理。对于一时无法处置的要运出站库区外，放置在安全地带，周围不得有可燃物，并做好警戒和警示标志，旁边配备消防灭火器材，派专人值守，并尽快联系有资质的单位运走进行无害化处理。

⑥发生硫化亚铁自燃的扑灭措施：

a. 冷水浇灭法　一般使用洁净冷水来灭火，使 FeS 的含水量 >60%、温度 <40℃，降温后可以防止 FeS 再次自燃，但在降温措施中，在设备内不得采取通风措施降温。

b. 惰性气体稀释法　通入惰性气体（如氮气），以降低密闭空间内的含氧量，使其 < 5%。注意，不得采取通入水蒸气措施降低含氧量，若硫化亚铁自燃已产生较高温度时，应尽可能使用蒸汽扑救，防止设备因高温急冷产生退火或热应力不均而变形开裂。硫化亚铁发生自燃后，应根据现场实际情况选择适宜的方法进行扑灭。

# 第三节　检维修作业事故案例分析

## 一、沟下作业管沟坍塌死亡事故

**1. 事故经过**

×月×日 15 时，某机组作业队长带领管工黄某、电焊工杨某、李某在坑下进行焊口组对焊接，同时安排安全员在沟边进行监护。18 时 24 分，对口完成，正在进行焊接时，安全员大喊“塌方危险！快闪开！”。由于突发塌方，管工黄某和电焊工李某在沟中被埋。作业队长立即组织现场人员进行抢救，于 19 时 10 分，将黄某和李某救出，经送医抢救无效死亡。

**2. 事故原因分析**

（1）直接原因

①未能根据作业坑地质情况进行放坡，管沟放坡不够。

②在放坡不够的情况下，现场没有采用其他有效的防塌方支护措施，导致沟坡塌方，

人员被埋。

（2）间接原因

①现场地质条件与设计时相比发生了变化，管沟表层是泥岩、里含细砂层和黄土层。

②管沟边缘堆土较高，违反动土作业安全管理规定中堆土距沟边不小于0.8m，堆土高不大于1.5m的要求，现场实际堆土高度为2m，导致管沟边坡承压增大，加上当地持续降雨，诱发了边坡塌方。

**3. 事故教训**

①加强现场作业人员安全知识、操作技能的培训，增强自我保护意识和防范能力，提高员工的安全素质。

②作业前，结合现场实际，进行危害识别和风险评估，组织相关人员对作业内容开展JSA分析，并制定切实有效的管控措施。

③作业前应进行安全技术交底和班前喊话，对作业人员风险危害、管控措施和逃生自救等方法进行告知。

④严格按照中石化动土作业安全管理制度，检查并确认各项安全管控措施落实后方可签发许可证。

⑤作业过程中要做到不间断地对作业坑及周围进行检查和监护，发现异常及时停止作业并撤离。

## 二、某石化总厂液位计检修硫化氢中毒事故

**1. 事故经过**

某石化厂维修队仪表工谢某和班长一起，处理浮筒液位计，谢某在打开底部阀门进行排凝时，含有硫化氢的介质排出，谢某当即中毒晕倒，班长跑回控制室求救，后经抢救无效死亡。

**2. 事故原因分析**

经事后调查，该厂制定了硫化氢防护管理规定和应急处置措施，配备了防护装备和便携式硫化氢检测仪，现场还设置了固定式硫化氢检测仪和警示标志牌。

（1）直接原因

谢某因吸入高浓度的硫化氢，发生闪电型中毒，中毒后未得到及时救助导致死亡。

（2）间接原因

①作业人员对硫化氢危害认识不足，防范意识淡薄，在场的作业人员均未按规定佩带隔离式呼吸防护用具，也未佩戴便携式硫化氢检测仪进行浓度检测。

②作业现场因没有配备呼吸装置，导致班长发现王某中毒后不能及时施救，只能跑回控制室求救，以致延误了最佳抢救时机。

③作业前，未按《中国石化硫化氢防护安全管理规定》落实安全管控措施，也未办理作业票，现场也没有指定监护人进行监护。

④设备管理存在安全隐患。事后经查发现浮筒正压和副压引压阀虽然关闭，但没有关

严，产生内漏。导致作业人员打开排凝阀时，产生硫化氢气体溢出。

**3. 事故教训**

（1）加强对作业人员专项防硫化氢中毒的安全培训，熟知硫化氢的危险特性，熟练掌握硫化氢中毒的预防和急救措施。

（2）在可能含硫化氢现场作业前，要开展 JSA 分析活动，并制定切实有效的管控措施。

（3）作业前应进行安全技术交底和班前喊话，对作业人员风险危害、管控措施和逃生自救方法等进行告知。

（4）严格执行《中国石化硫化氢防护安全管理规定》，检查并确认各项安全管控措施落实后方可签发许可证，指定监护人和视频监控。

（5）加强设备维护与管理，确保设备、管道、仪表、阀门等处于完好状态。

## 三、某石化公司高处作业坠落事故

**1. 事故经过**

某石化公司气焊工黄某虽系好了安全带，但没将安全带系挂就进行旧管线拆除作业，一只脚踩在距地面 4.0m 高的平台栏杆上，另一只脚踩在 $\phi$406mm 管线上，一手扶在水泥梁上，另一只手持焊枪切割 $\phi$406mm、总长约 4.5m 的管线吊钩。当吊钩割断时，黄某因管线摆动推下平台。由于黄某安全帽未系下颌带导致安全帽在坠落过程中脱落，坠地后造成颅内出血，经抢救无效死亡。

**2. 事故原因分析**

（1）直接原因

违章作业。作业人员黄某虽穿戴了安全带，但没有按高处作业安全带使用规范要求系挂在牢固的结构件上，导致坠地死亡。

（2）间接原因

①作业前，未针对作业内容进行危害识别，JSA 分析不到位，作业现场安全措施未落实。

②作业人员安全意识不强，未按要求正确佩戴和使用安全劳动防护用品。

**3. 事故教训**

①高处作业前，应结合现场实际，针对作业内容开展 JSA 分析，制定相应的管控措施。

②按规定正确佩戴安全带、安全帽。对于高处作业需要戴安全帽时，应系好安全帽带；使用的安全带要与作业内容相适应，且应系挂在作业处上方的牢固构件上，系挂点下方应有足够的净空，做到高挂低用，避开尖锐棱角的部位。

③高处作业人员应严格执行《中国石化高处作业安全管理规定》，落实安全管控措施并办理作业许可，做好监护。

## 四、电焊机触电死亡事故

**1. 事故经过**

施工队长李某安排电焊工蒋某在3m高的脚手架上对水管进行焊接，在附近作业的杜某听到安全帽落地的声响，向上看到蒋某下蹲并趴在跳板上，两只手都垂了下来。杜某叫人切断电源，将蒋某抬离现场进行人工呼吸抢救，在救护车送医后抢救无效死亡。

**2. 事故原因分析**

（1）直接原因

蒋某在3m高的脚手架上焊接水管时，使用焊钳作焊机二次线连接，焊后，未停机切断电源，身体移动位置时，脚面碰到电焊把线裸露部分，身体上部接触到潮湿的设备，使电流通过人体，导致触电。

（2）间接原因

虽然对检修工作制定了施工方案和安全措施，但项目负责人对施工人员的安排及现场安全防范措施的落实考虑不周；检修前虽办理了相关票证，但执行不规范；检修现场安全监督检查不力，对电焊机二次线裸路接头的习惯性违章操作缺乏认识，制止不力。

**3. 事故教训**

①电焊作业前，应对电焊设备进行全面检查，消除二次裸露情况，保证二次线完整，破损焊钳必须更换，移动把线必须停机进行。

②强化特殊工种的管理并落实检修现场各项安全防护措施，认真执行有关规章制度。

## 五、吊装作业指挥失误致人受伤事故

**1. 事故经过**

某安装队在从事吊装作业时，起重工赵某在现场负责指挥吊装，将一根长6m、重1.4t钢管一端拖地，另一端由卷扬机牵引，运行到距地面2.5m高处。随后在进行调整作业中，吊物前端搭到斜支在水泥柱子上的备用钢梯横撑上，作业人员李某用绳索拴住钢管上部后，站在距吊物不足2m的斜坡上用力向外拖拉。当钢管脱离横撑时，由于卷扬机牵引绳已松弛，钢管的下坠拉力将李某拖带并滑倒，卷扬机司机没有观察到停车指挥信号，继续回车运行，致使吊物落在李某腰上，造成其腰部重伤。

**2. 事故原因分析**

（1）直接原因

吊装指挥失误。指挥人员观察和处置各作业环节出现的问题不到位，对现场出现的卷扬机跑绳松弛、现场作业人员安全距离等情况观察不够，且未向卷扬机操作者发送正确哨音和规范旗语等指挥信号。

（2）间接原因

①现场作业人员的安全意识不强。李某与吊装物的安全距离过近且站位不当，发生意外情况时不能及时有效避险。

②施工现场组织不当。卷扬机放置位置不当，距离吊装作业点较远，对机械操作、现场指挥和司索人员之间的沟通协调和配合不利。

**3. 事故教训**

①多工种作业时应统一指挥，密切配合，多角度观察，防止信号误传或视线不清造成操作失误。

②指挥人员应熟练掌握指挥术语，密切注意吊装现场人、物、设备的位置及状态。

③配合作业人员应观察周边环境，熟悉逃生路径，要与被吊物体保持足够的安全距

## 六、硫化氢中毒事故

**1. 事故经过**

某石化加氢装置停工检修，×月×日进行安全阀拆卸定压工作。施工人员在拆卸原料油反冲洗过滤器的安全阀时闻到异味，立即撤离现场，并通知装置外操人员赵某等人到现场检查确认。赵某等3人到现场检查，赵某在检查确认过程中发生中毒晕倒，其余2人在施救过程中也相继发生中毒，其中赵某因抢救无效死亡。

**2. 事故原因分析**

（1）直接原因

①作业前未关闭截止阀，在拆开法兰后，高浓度的硫化氢气体从法兰处倒串溢出，赵某到现场检查确认时未采取任何防硫化氢中毒措施，导致吸入硫化氢中毒死亡。

②其他2人均在施救过程中也未采取任何防护措施，盲目施救，导致多人中毒。

（2）间接原因

①施工人员检修设备作业前危害因素分析不到位，安全技术交底不清，安全措施未落实。

②施工人员防硫化氢中毒安全意识淡薄，在进入已告知的危险区域前未进行气体检测，监护人员也未在现场监护。

③施工人员在未采取任何防护措施，也未办理作业许可的情况下，盲目施工。

④在进入现场检查时，施工人员明确告知现场有硫化氢，检查人员未佩戴任何呼吸防护装备贸然进入，也未佩戴气体检测仪进行气体检测，在一人已中毒的情况下，其他检查人员没有立即撤离，冒险施救，造成施救人员中毒。

**3. 事故教训**

①检维修作业前要组织作业人员进行JSA分析，制定有针对性的安全管控措施，并对作业人员进行安全技术交底，告知防护措施和逃生路线。

②加强施工人员和检查监护人员防硫化氢中毒安全知识教育培训，充分认识硫化氢的危害，强化防硫化氢中毒演练。

③在进入已知的危险区域前应进行气体检测，监护人员应在现场监护。对含硫化氢作业环境和安全措施进行检查和确认，办理作业许可和视频监控，监护人不在现场不得进行作业。

④作业人员在进入含硫化氢作业场所前，应进行气体检测，根据气体浓度选择佩戴适宜的个体防护装备，监护人要对现场气体浓度随时监测，监测或施救时，必须做好个体防护措施，严禁无防护救援和冒险施救行为。

## 七、污水处理罐爆燃事故

**1. 事故经过**

某石化公司承包商对净水车间的含油污水处理罐进行增加氮封管线施工作业。车间安全员开具了“二级用火作业许可证”，动火位置在罐西侧，用火内容为罐西侧电、气焊氮气线配管，在用火作业票的补充措施一栏注明了“罐体旁严禁用火”。

某日，承包商派王某等5名施工人员和监火人李某进入作业现场，在完成外输管预制后，5名施工人员携带用火作业工具登上罐顶对接定位，并分别进行了分工，李某负责电焊，王某负责气焊，其余3人协助作业。施工人员在罐顶人孔盖上的短节进行点焊后，拆卸了人孔盖上的15个螺栓，因最后一个螺栓生锈而无法拆卸。随后施工人员打开了人孔盖并移位，王某点燃气焊枪，想切割生锈螺栓，在气焊枪靠近螺栓准备切割时，罐内产生爆燃，罐体随即弹起把王某甩下罐顶，当场死亡。因罐体爆燃后产生倾斜，李某也从罐顶护栏滑落至罐下，抢救无效死亡，其余3人轻伤。

**2. 事故原因分析**

（1）直接原因

违章作业，施工人员未按照用火作业票规定用火范围用火，在打开人孔后未进行气体检测就使用气焊切割生锈螺栓，导致罐内油气混合物爆燃。

（2）间接原因

①施工人员安全教育缺失，安全意识淡薄，现场5名施工人员没有辨识出作业过程中的危害和风险，擅自打开人孔，不听监火人的劝阻，野蛮用火，是典型的违章作业。

②监管不到位，现场监火人在发现用火部位发生变化时，没有采取有力措施加以阻止，也没有收回“用火作业许可证”，特别是施工人员在强行用火时更没有采取有效措施进行阻止，任其违章用火，也没有向主管部门报告，导致事故发生。

③未严格执行《中国石化用火作业安全管理规定》，用火监火人未经培训、考核合格后，不得上岗。

**3. 事故教训**

①加强对作业人员安全教育培训，特殊作业人员和监护人需经培训、考核合格后，方可持证上岗。

②作业前，认真开展JSA分析活动，制定有效的防范措施并做好落实和确认。

③认真执行中石化制定的有关用火作业安全管理的各项规定，用火作业发生变化时需重新进行分析并落实各项管控措施后，重新办理许可证。监护人对违规用火作业要强力阻止。

④强化对承包商的安全培训和管理，坚决杜绝“三违”现象。

## 八、某公司高处坠落死亡事故

**1. 事故经过**

起重工李某等 5 人在 26m 的作业面上进行吊装作业，施工人员韩某、任某在 30. 8m 高的作业面上进行已吊装到位的第一片过热器管片安装组对作业时，韩某将安全带系挂在已焊接完毕的管排上，任某系挂在滑道绳索上。此时李某正在吊装第二片管片过程中，吊装第一片过热器管片用的 1 号手拉葫芦（规格 1t）挂钩与钢丝绳发生脱开，导致第一片管片发生坠落。1 号手拉葫芦的挂钩钩住了韩某身上的安全带，将韩某和任某一并拖拽出作业平台，此时任某因冲击受力向 26m 作业平台方向滑动，韩某与第一片管片一并勾在水平的滑道绳索上，导致用于固定水平滑道的 2 号手拉葫芦（规格 2t）超载断裂，第一片管片坠落时也将韩某的安全带撕裂，韩某和第一管片均坠落到煤锅炉底部，落到捞渣机内灰浆上，施救人员将韩某救出送往医院抢救，经抢救无效死亡。

任某同挂在水平滑道绳索上的第二片管片也一起坠下，在下坠过程中第二片过热器管片的 3 号滑动葫芦（规格 3t）被北侧水冷壁卡住，任某及第二块管片悬在炉内半空中，任某后来被消防队员救出，受轻伤。

**2. 事故原因分析**

（1）直接原因

施工人员违章作业。在安装组对管片作业中，本应垂直吊装的 1 号手拉葫芦存在斜吊现象，导致葫芦挂钩与钢丝绳脱开。任某将安全带系挂在滑道绳索上也属违章行为。

（2）间接原因

①对施工方案把关不严，没有进行 JSA 分析，未进行安全技术交底。

②未对现场使用的起重吊索具进行安全检查与确认。

③安全监管不到位。现场防护网、生命绳、临边防护等安全防护设施缺失；安全警示标志不足，未落实监护人，没有对安全措施进行检查，也没有办理高处、起重作业许可和落实视频监控。

**3. 事故教训**

本次坠落事故暴露出施工现场对承包商安全管理不细不严、风险识别与防范措施落实不到位和监管缺失等。

①要严格对承包商施工作业的安全管理，属地单位、监督部门和承包商安全管理要形成合力，树立承包商的安全就是自己的安全理念，坚决杜绝以包代管现象。

②作业方案未能有效全面识别出作业过程中涉及用火、进入受限空间、临时用电、高处作业、起重作业等直接作业环节存在的安全隐患，应针对现场作业实际制定有针对性的安全管控措施，要对承包商制定的施工方案组织相关专业人员进行审批。

③要严格执行直接作业环节的安全管理制度，按方案落实安全措施，办理作业许可，特殊作业需要落实视频监控和监护人制度。

## 九、某公司分包商管线用火作业发生火灾事故

**1. 事故经过**

某公司分包商在未办理动火作业票情况下安排更换管廊上的蒸汽管排凝阀，但双方进行了工作交底后，分包商便组织 4 名施工人员更换蒸汽管线排凝阀，当使用气焊切割已经拆除下来的排凝管和阀门连接螺栓时，发生气体闪爆，当时在现场作业的 4 名施工人员全部被严重烧伤，并在距用火地点 25m 处引起管道爆裂起火，管内可燃物料泄漏助燃了火势并蔓延。经消防人员全力扑救，燃烧了近一个半小时的大火终被扑灭。

**2. 事故原因分析**

（1）直接原因

管廊管道低点排凝管泄漏，未对现场可燃气体进行检测和安全措施未落实，也没有进行检查和确认及办理用火作业许可，可燃气体扩散到作业地点，施工人员违规使用气焊切割排凝阀螺栓，产生明火并发生闪爆，闪爆后引发火灾，管道中的可燃物料泄漏，导致了火灾扩大。

（2）间接原因

①施工单位安全意识淡薄，对现场存在的危险和产生的后果识别不足，在明知存在泄漏的情况下，没有采取任何管控措施，也未办理用火作业许可，严重违反用火作业安全管理规定，是典型的违章用火作业。

②对分包商的现场安全监管严重缺失，以包代管。未指派监护人，也无人到现场进行监督和检查，未及时发现和制止作业人员违反《用火作业安全管理规定》的行为。

③设备管理不到位，没有对工艺管道进行日常检查和检测，也未能及时发现管道存在泄漏的缺陷，导致气体蔓延到用火点。

**3. 事故教训**

①严格执行用火作业安全管理规定，切实做好 JSA 分析工作，加强用火作业区域及相邻周边隐患排查，清除危险源，落实用火前的各项安全管控措施。

②强化对承包商和分包商现场作业的安全管理，加强安全监督力度，对未落实用火作业安全措施的不得进行用火，坚决杜绝以包代管。

③加强设备的日常检查和管理，确保设备状态完好，杜绝跑、冒、滴、漏，对设备存在的安全隐患应及时排除。

## 十、某加油站承包商受限空间窒息死亡事故

**1. 事故经过**

某加油站承包商组织施工人员陈某等 7 人进行 2[#]油罐清罐作业，并办理了一级用火、临时用电、受限空间作业许可和施工进场确认表等施工准入手续。加油站值班员工王某打电话向在外开会的站长报告，站长指示王某对施工人员进行入场安全教育和培训。王某组织施工人员在加油站现场进行安全培训，结束后将考试试卷交予陈某。施工人员开始卸

车，并分别开始进行临时用电搭接接电、调试电动送风长管空气呼吸器（以下简称空气呼吸器）、开2#油罐人孔和拆除潜油泵等作业前的准备工作。在站长返回加油站后，站长要求落实罐内气体检测、通风置换、罐内照明等安全防护措施后才能进入作业，但施工人员陈某嫌麻烦，认为使用空气呼吸器进入罐内作业没有问题。站长就向上级主管负责人报告现场情况，因时间较晚主管负责人指示陈某不赞成继续作业，陈某不听劝阻，仍坚持继续作业。陈某安排何某佩戴空气呼吸器和安全绳进入2#油罐内进行清罐作业，安排常某在油罐操作井口拉住何某的安全绳和保护导气软管防止弯折。约20min后，在井口的常某和陈某发现罐内的何某在不停地拖动导气软管并与流量阀对接，并向油罐的另一端移动，两人感觉不对劲，随即呼喊何某上来，并将梯子从井口放下，听到呼喊的加油站员工王某赶到井口和同时位于井口旁的施工队员一起用力拖拉安全绳，试图将何某拖出，但未成功。约1min后，何某倒在罐底，造成中毒窒息死亡。

**2. 事故原因分析**

（1）直接原因

①在未进行油罐内有毒有害气体、氧含量检测的情况下，佩戴未经检定的空气呼吸器进入罐内作业，因空气呼吸器存在连接故障，不能正常使用，在长时间吸入高浓度油气后，导致窒息死亡。

②在罐底作业中，罐内施工人员系挂的安全绳和导气软管缠绕在罐内的三角支架上，在人员移动时将导气软管与流量阀接口处拉断（见图8.3－1）而无法获得空气，因吸入大量油气晕倒，丧失了自救能力；同时因安全绳在井下缠死、备用呼吸器也不完好，地面人员拉不动绳索而无法施救。现场现有的安全防护设施全部失效，错失了救援最佳时机。

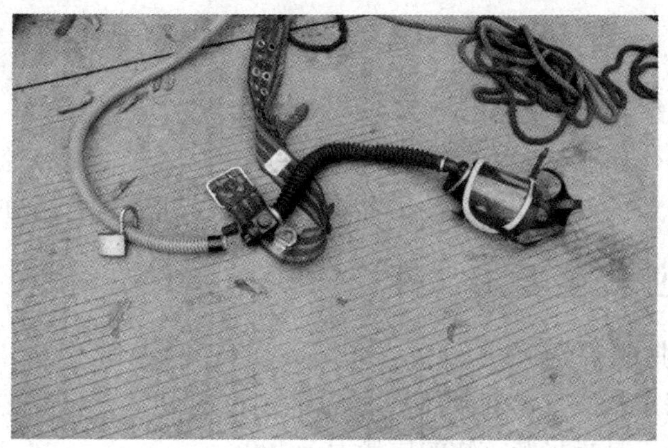

图8.3－1　空气呼吸器导气软管与流量阀接口处断裂

（2）间接原因

①特殊作业作业许可审批人员（站长等）在未到现场对安全措施进行检查和确认情况下，违规开具作业票。

②作业前对施工方案审查不严不细，走过场；未进行JSA分析，也没有制定安全防范措施，进行的安全技术交底尽在机关大楼进行，未在现场落实，安全技术交底流于形式。

③承包商入场前的安全培训和考核不严格，没有安排安全管理人员对施工人员进行安全培训和考试，仅由不具有资质的值班员代替安全员进行，且考试试卷直接交由现场施工人员进行，失去考试意义。

④未对施工进场前的设备机具完好性进行检查和确认，以致存在严重缺陷的个体防护装备投入现场使用。

⑤现场安全监管严重缺位。施工前对受限空间的现场气体检测、通风置换、罐内照明等安全防护措施均未落实的情况下，仍然强制冒险作业，现场监护人制止不力，导致承包商员工严重违章施工。

**3. 事故教训**

①严格执行直接作业环节安全管理制度。作业前要组织作业人员结合现场实际情况进行 JSA 分析，制定有针对性的安全防范措施，并按规定对现场各项安全措施的落实情况进行确认，严格按规范办理作业许可。

②落实施工作业现场监护人员的责任。现场监护人员应进行专业培训并取得监护证，履行监护人应该承担的职责。

③严格承包商准入制度。要规范承包商入场资质审查、方案审查和安全措施审查，加强入场前安全教育培训和考核。

④强化现场监管，不但要对施工单位作业前的措施进行监督和检查，更要对作业过程中的作业行为进行监管，同时要对承包商投入的设备机具等进行检查，确保所使用的工机具完好，对带病的机器具不得准入。

# 第四节　起重作业安全管理

起重作业在抢维修作业过程中起着至关重要的作用，起重机械设备工具的安全管理与使用决定着抢维修作业的效率和安全性，本节主要介绍起重作业安全的相关知识。

## 一、吊装作业安全要求

### （一）吊装作业的等级

吊装作业按吊装重物质量，划分为三个等级：

①一级吊装作业：是指吊装重物的质量大于 100t；

②二级吊装作业：是指吊装重物的质量大于等于 40t 且小于等于 100t；

③三级吊装作业：是指吊装重物的质量小于 40t。

### （二）吊装作业基本要求

①作业前，应按规定穿戴好个人防护用品。

②穿戴的特种劳动防护用品须具有国家要求的“三证一标志”——生产许可证、产品合格证和安全鉴定证，且产品上贴有 LA 安全标志认证。

③作业前建立吊装警戒区，指定专人进行安全监护。

④作业前须拉设警戒线、竖立警示牌。

⑤起重指挥必须佩带明显标识。

⑥起吊物体必须拉设溜绳。

### （三）吊装作业的主要安全措施

①进行吊装作业时须明确指挥人员，且指挥人员要佩带明显的标识。

②指挥人员须按标准的指挥信号进行指挥，其他的操作人员也应掌握吊装方案和指挥信号。

③起重指挥人员应按吊装方案进行指挥，若有问题时与方案编制人员及时协商解决。

④大型重物在正式起吊前须进行试吊，检查机具、地锚等受力情况，若发现问题应将重物放回地面，排除故障后重新进行试吊。

⑤吊装过程中出现故障和问题，操作人员应立即向指挥人员报告，没有指令，不得擅自离开岗位。

⑥在吊物就位前，不得拆卸吊装索具。

⑦严禁利用管道、管架、电杆、机电设备等不能承重、不稳定物体作吊装锚点。

### （四）起重机司机的安全要求

①作业前，须对吊车进行检查。

②按指挥信号进行操作，但是对于紧急停车信号，只要有人发出，均应立即执行。

③当天气情况不良，无法看清指挥信号以及场地和吊物时，不得进行起重操作。

④相关起重机械和吊物须远离高低压输电线路，保持安全距离，或停电再进行吊装。

⑤停工或休息时，应将吊物、吊索具放好，禁止悬挂在空中。

⑥不得在有载荷的情况下对起重机进行检维修和调整。

⑦下放吊物时，不得利用极限位置限制器停车，严禁自由下落。

⑧遇恶劣天气不适合吊装时，不应进行露天吊装作业。

## 二、吊索具的选用、维护保养及报废

### （一）吊索具分类

常见吊索具主要有以下几种：

①吊具：指吊装作业的刚性取物装置。

②索具：吊运物品时，系结钩挂在物品上具有挠性的组合取物装置，也称为吊索。

③吊带：是用合成纤维等制成的用于吊装的连接带。

④钢丝绳：强度高、弹性好、自重轻及挠性好，是用于绑扎固定物品的工具，也是构成吊索的主要挠性元件。

⑤链条：用于将起吊重物挂到起重机或其他起重机械的吊钩上的工具。

⑥吊钩：一般多使用单面吊钩，吊较重的物料时使用双面吊钩。

⑦卸扣：用于装卸与起升货物时连接起升工具和货物的索具配件。卸扣起重作业中最

为广泛使用的连接工具，常常用来连接起重吊环、吊钩及钢丝绳的固定，各种设备和物体捆扎作为连接点，有时也作为吊具与吊具之间的连接等。

⑧绳卡：用于连接两条钢丝绳的固定卡具。

常见吊索具如图 8.4－1 所示。

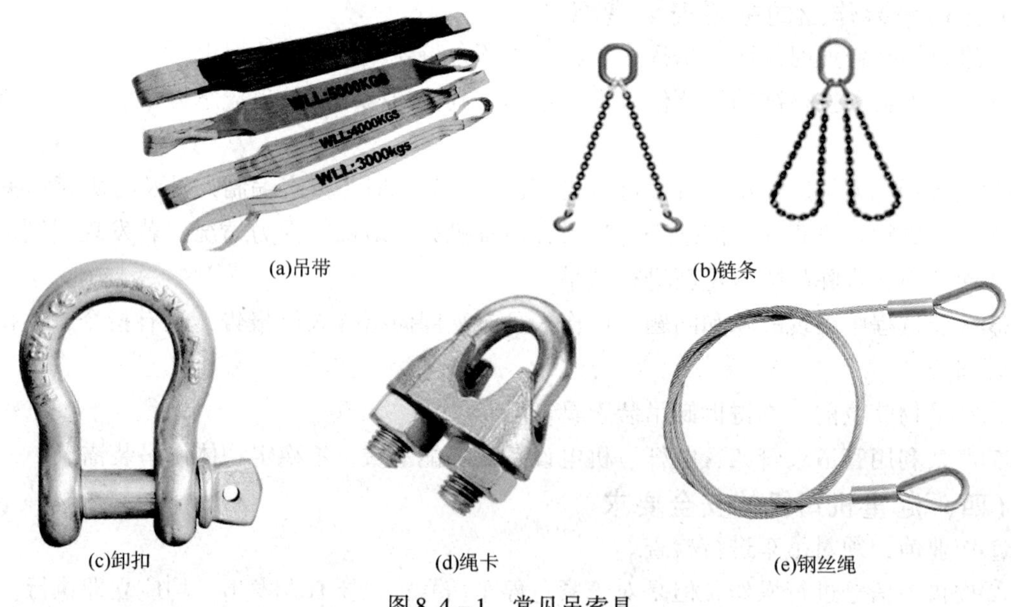


图 8.4－1　常见吊索具

## （二）吊索具的选择

### 1. 基本条件

①新吊索具，都应该提供具有相应资质的第三方的质量认可文件；

②所有使用中或准备使用的吊索具，都应该得到检验合格证书并在有效期内。

### 2. 吊索具选择

（1）材质及结构

①钢丝绳吊索：在较通用的环境下使用。

②人造纤维吊索：在潮湿或腐蚀环境下使用。

③起重链条：在工作条件恶劣或可能发生磨损的情况下使用。

（2）安全系数

最低安全系数不得小于6；当实施化学品、生化等危险物品吊装作业时，安全系数不得小于8。

（3）端部配件选择（材质及制造工艺）

①主环、连接环：应选用镇静钢无缝圆形环和椭圆形环。

②卸扣：应选用符合 JB/T 8112 的弓形卸扣。

③眼吊钩：应选用镇静钢锻造，有自锁或防止吊物滑落机构。

端部配件如图 8.4－2 所示。

图 8.4－2　端部配件示意图

（4）单根吊索具

①极限工作载荷选择：单根吊索具极限工作载荷等于吊索的极限工作载荷，为其配备的端部配件的极限工作载荷应大于等于吊索具的极限工作载荷。单根吊索具连接如图 8.4－3 所示。

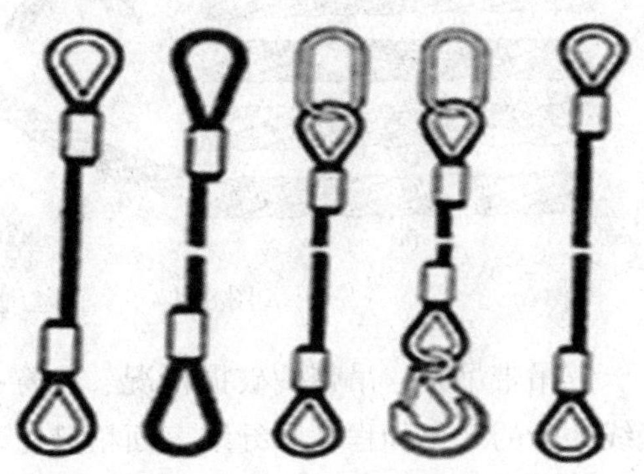

图 8.4－3　单根吊索具连接示意图

②吊索的结构尺寸：无载荷下测量吊索的公称长度，允许偏差应不大于钢丝绳直径的 ±2 倍，或不大于规定长度的 ±0.5%。

（5）多根组装吊索具

配套的吊钩、卸扣或主吊环的工作极限载荷至少应等于相配吊索的工作极限载荷。多根吊索具连接如图 8.4－4 所示。

图 8.4－4　多根吊索具连接示意图

**3. 吊索具的使用**

（1）基本条件

操作人员需经专业培训并合格；制定相应的使用规章制度。

（2）使用前的检查

①端部配件、吊链：塑性变形、裂纹、螺纹倒牙、脱扣、外表面锈蚀、积垢情况；端部配件的危险断面磨损不能超过原尺寸 10%；开口度不能超过原尺寸的 10%。

②钢丝绳吊索：在使用前应检查钢丝绳情况，确定其安全起重量。

a. 断丝：在六倍钢丝绳直径的长度内的断丝数应小于 5 根；局部（同一截面）可见断丝数原则上不得超过 3 根；在索眼金属套管连接部位是否出现断丝；钢丝绳磨损缩径不得超过原公称直径的 10%。

b. 钢丝绳锈蚀。

c. 钢丝绳热损坏：由于带电燃弧引起的钢丝绳烧熔造成的强度下降，钢丝绳结构损坏。

d. 因打结、扭曲、挤压造成的钢丝绳变形、芯损坏或钢丝绳压扁，或绳端固定连接的金属套管连接部分滑出，如图 8.4－5 所示。

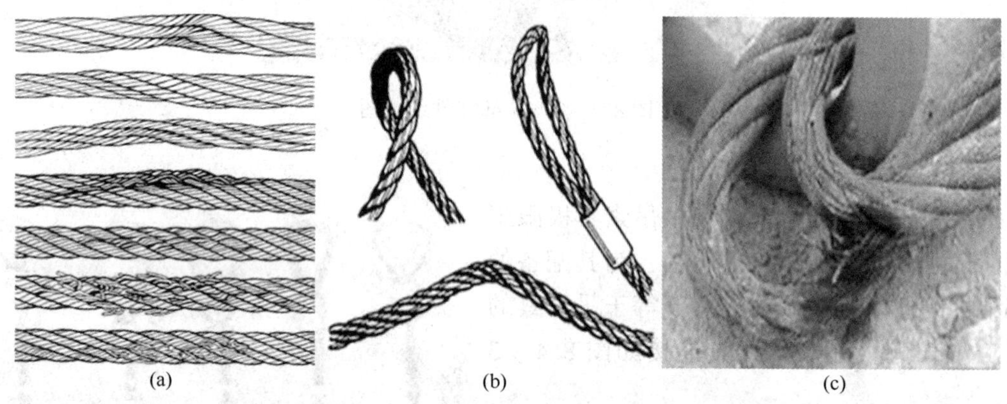

(a) (b) (c)

图 8.4－5 钢丝绳断丝、打结、扭曲示意图

③吊带吊索：吊带的破损情况，如穿孔、切口、撕断的现象和程度；承载接缝绽开、缝线磨断的现象和程度；纤维表面粗糙易于剥落的现象和程度；纤维软化、老化、弹性变小、强度减弱的现象和程度；出现死结的现象和程度；表面有过多的点状疏松、腐蚀、酸碱烧损以及热熔化或烧焦的现象和程度。

④额定工作载荷：额定工作载荷应大于准备起吊的重物质量。如图 8.4－6 所示，吊带的额定工作载荷为 1000kg。吊带的额定工作载荷可以从吊带的颜色上来区分，如表 8.4－1所示。

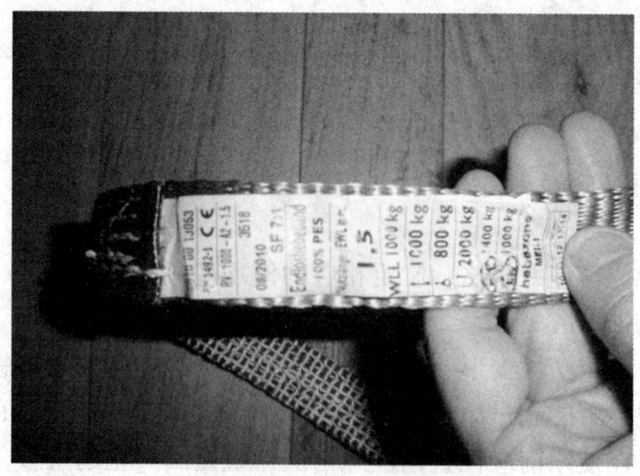


图 8.4－6 吊带的额定工作载荷

表 8.4－1　吊带额定载荷国际标准色

| 额定载荷 | 颜色 | 图例 | 额定载荷 | 颜色 | 图例 |
|---|---|---|---|---|---|
| 1000kg | 紫色 | | 2000kg | 绿色 | |
| 3000kg | 黄色 | | 4000kg | 灰色 | |
| 5000kg | 红色 | | 6000kg | 棕色 | |
| 8000kg | 蓝色 | | 10000kg 及以上 | 橙色 | |

**4. 吊索具的维护保养**

（1）钢丝绳

①钢丝绳应放在清洁阴凉干燥的地方，存放时应盘好不得重叠堆置，防止扭伤。

②钢丝绳端部用钢丝扎紧或焊牢，以免绳头松散。

③应经常检查存放的钢丝绳，发现生锈后，应急时除锈并涂润滑油。

（2）吊带

①禁止吊带存放在有机酸等挥发物质周围。

②禁止将吊带存放在高温、潮湿的环境。

③在使用吊带时不得长时间浸泡在水或油中，避免太阳暴晒或在高温状态下使用。

④当移动吊带的时候，不要拖拉吊带。

⑤发现缝合处开线时应及时缝合后再使用。

⑥应挂放保存便于日常拿取使用。

**5. 吊索具使用注意事项**

（1）钢丝绳吊索具

①使用前必须检查，发现在一个捻距内 6×19 丝绳有 6～8 条断丝、6×37 丝绳有 11～15条断丝以及断股、压扁、扭结、弯折、严重锈蚀的禁止使用。

②严禁超载荷使用。

③钢丝绳吊索肢间夹角不得大于 120°，采用兜套方法吊运钢材捆等长负载（超过 3000mm）时，索肢间底部间距不得小于 1200mm。绕过负载的曲率半径应不小于该绳径的 2 倍。

④要充分考虑作业周边环境，比如作业空间、障碍、风、气候等自然因素。

⑤使用多肢钢丝绳时长度必须一致，应避免相互缠绕、挤压。

⑥不得在超过－40℃和 100℃温度范围外使用，吊索具不得暴露在腐蚀性的气体、液体或蒸气中使用。

⑦负载落地时严禁使负载挤压钢丝绳，避免与吊重的锐边、粗糙表面接触或摩擦，防止受到机械损伤，禁止拖曳或从高处向下摔扔吊索具。

（2）吊带索具

①应防止纤维受到机械损伤，避免与吊重的锐边、粗糙表面接触或摩擦生热。不能将物品压在吊装带上，否则会造成吊装带损坏，不应试图将吊装带从下面抽出，而造成危险，应用物体垫起，留出足够的空间将吊带顺利取出，如图 8.4－7 所示。

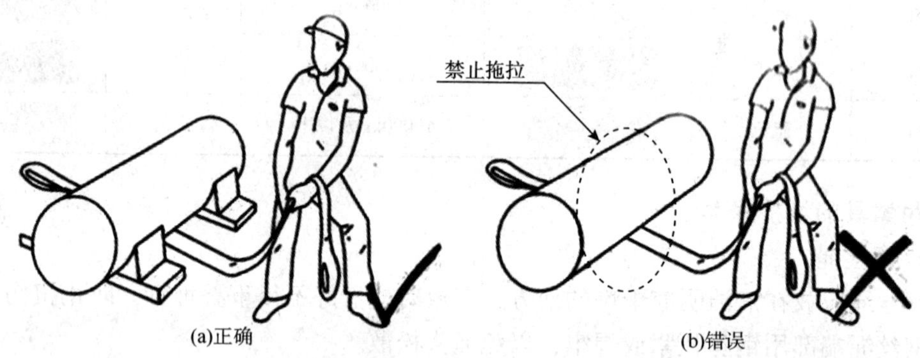


图 8.4－7　吊带禁止拖拽示意图

②在使用中，吊带软索眼连接处夹角不得超过 20°。

③纤维吊索、吊带不得在地面拖拽摩擦，不得沾污泥砂等锐利颗粒杂物。

④保持清洁、干爽，及时清洗。

⑤当使用潮湿聚酰胺纤维绳吊索、吊带时，其极限工作载荷应减少 15%。

⑥防止环境的腐蚀与侵蚀。

⑦注意使用的温度要求，且不得在有热源及焊接作业场所使用。

⑧吊装作用中，禁止交叉、扭转、打结、打拧。

吊带使用如图 8.4－8～图 8.4－10 所示。

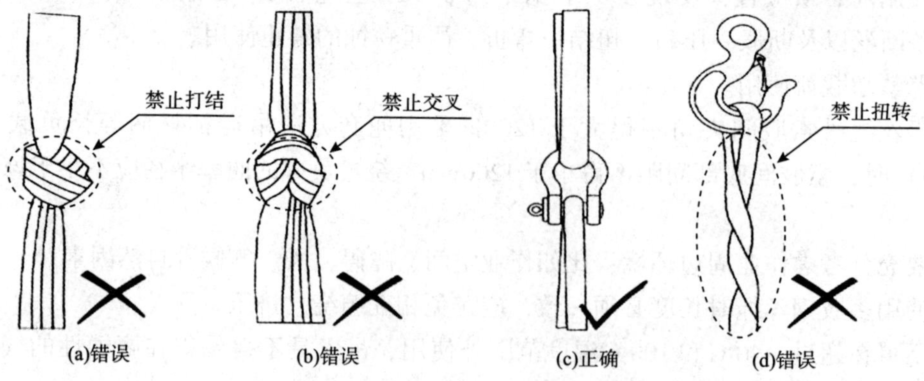


图 8.4－8　吊带禁止打结、交叉、扭转使用

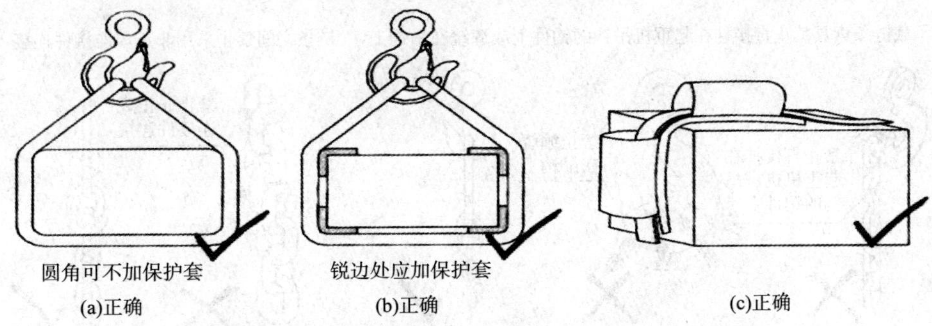


图 8.4－9　吊带负载尖角棱边货物时应采取保护措施

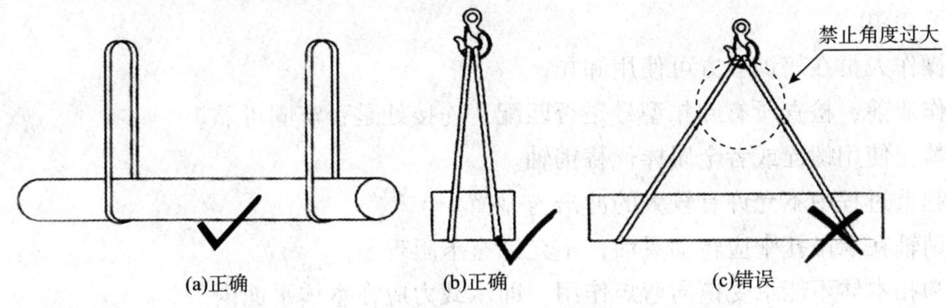


图 8.4－10　吊带吊装管类物体时禁止角度过大

（3）链条

①在链条上没有压印或刻印质量等级代号和检验标志的（每隔 1m 或 20 个连环上），不能作起重链条使用。

②使用焊接链环应注意使用环境温度对负载能力的影响，低于－40°或高于 350°禁止使用。

③链条必须有光滑和清洁的表面，如发现有裂纹、砸扁、塑性变形以及连环伸长达原长度的 5% 或链环直径磨损达原直径的 10% 以及严重弯曲等现象禁止使用。

④使用链条吊物时，不允许超过其工作载荷，吊钩的吊点要与被吊物重心在同一条铅垂线上，起吊物体时升、降、停要缓慢平稳，注意被吊物重心平稳，严禁使用冲击力，并不得长时间将重物悬挂在吊链上。

⑤起重链环之间禁止扭转、打结、扭曲，相邻链环要保持顺滑。

⑥链条吊物时，其两肢之间的推荐使用角度应小于 60°。严禁超过 120°使用。

⑦链条用完后要放在干燥地方，但不许放在高温处。

⑧承载链条索具禁止直接挂在起重机吊钩的钩件上或缠绕在吊钩上。

⑨捆绑吊装注意棱角，棱角处要采取措施，放置时物体下面要用垫木，以防损伤链条。

⑩严禁随意缩短或加长吊索具。

链条使用注意事项如图 8.4－11 所示。

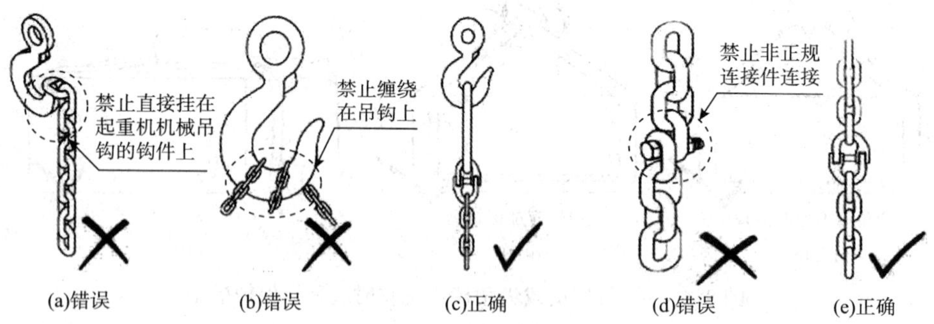


图 8.4－11　链条使用注意事项示

（4）卸扣

①操作人员在培训后方可使用卸扣。

②作业前，检查所有卸扣型号是否匹配，连接处是否牢固可靠。

③禁止使用螺栓或者金属棒代替销轴。

④起重过程中不允许有较大的冲击与碰撞。

⑤销轴在承吊孔中应转动灵活，不允许有卡阻现象。

⑥卸扣本体不能承受横向弯矩作用，即承载力应在本体平面内。

⑦在本体平面内承载力存在不同角度时，卸扣的最大工作荷载也有所调整。

⑧卸扣承载的两腿索具间的最大夹角不得大于 120°。

⑨卸扣要正确地支撑着荷载，即作用力要沿着卸扣中心线的轴线，避免弯曲、不稳定的荷载，更不可过载。

⑩卸扣与钢丝绳索具配套作为捆绑索具使用时，卸扣的横销部分应与钢丝绳索具的索眼连接，避免在索具提升时，钢丝绳与卸扣发生摩擦使得卸扣转动，有脱离的危险。

卸扣使用注意事项如图 8.4－12～图 8.4－15 所示。

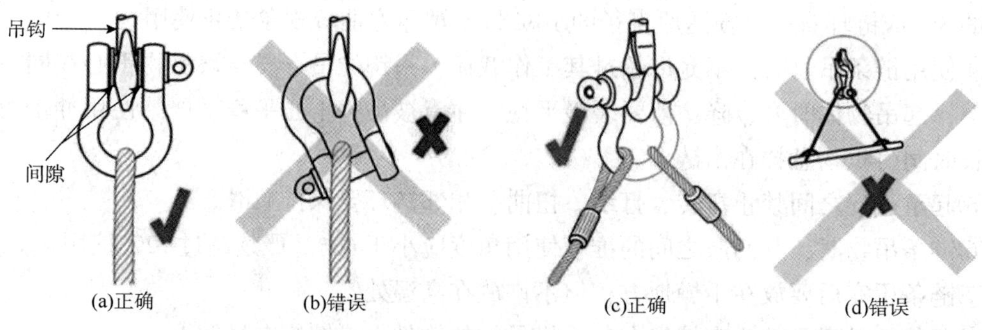


图 8.4－12　卸扣使用方式示意图

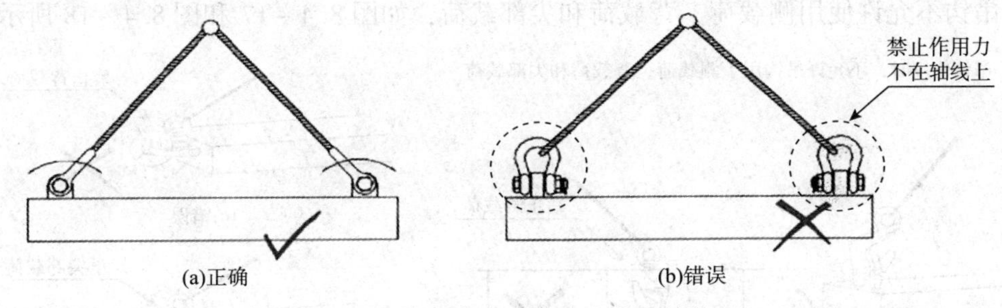


图 8.4－13　卸扣作用力应在中心轴线上

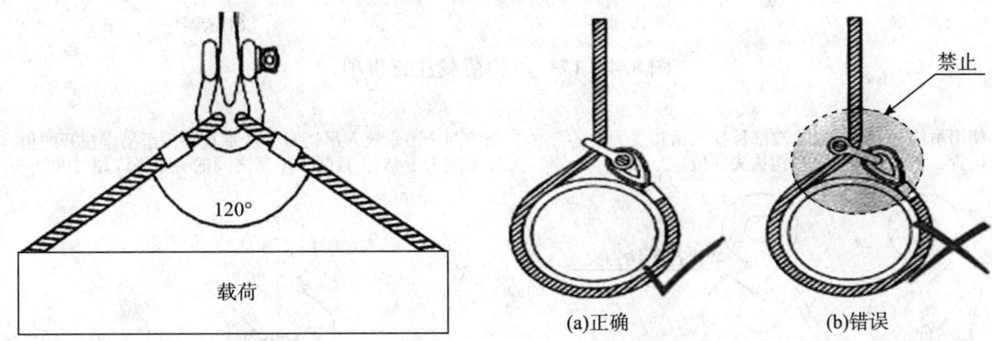


图 8.4－14　卸扣承载索具最大角度

图 8.4－15　卸扣横销应与钢丝绳索眼连接

（5）吊钩

①危险断面：如图 8.4－16 所示，$A-A$ 断面、$B-B$ 断面及 $C-C$ 断面均为危险断面。钩柄尾部的螺纹部位 $C-C$ 断面螺纹根部应力集中，容易受到腐蚀，严重时会在缺陷处断裂。

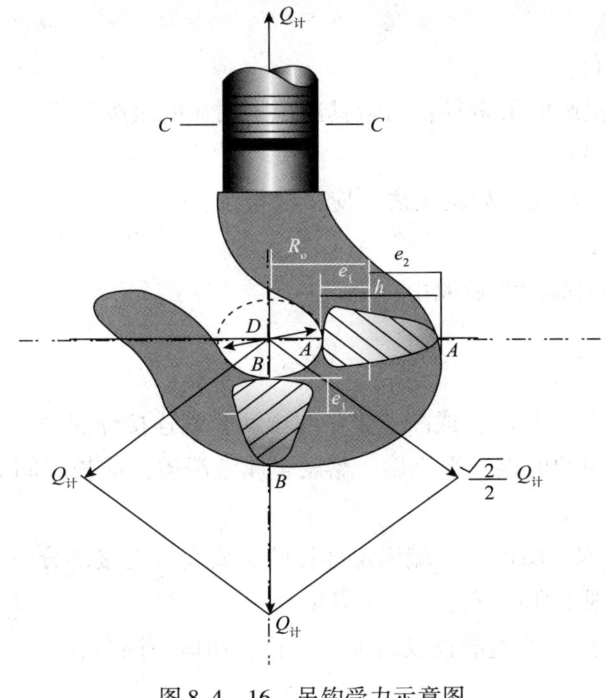


图 8.4－16　吊钩受力示意图

②吊钩不允许使用侧载荷、背载荷和尖部载荷，如图 8.4－17 和图 8.4－18 所示。

吊钩使用时，不允许吊钩用于侧载荷、背载荷和尖部载荷

禁止背载荷

禁止侧载荷

(c)错误

禁止尖部载荷

(a)正确　(b)错误　(d)错误

图 8.4－17　吊钩荷载注意事项

使用吊钩时，应将索具端部件挂入吊钩受力中心位置，不能直接挂入吊钩钩尖部位

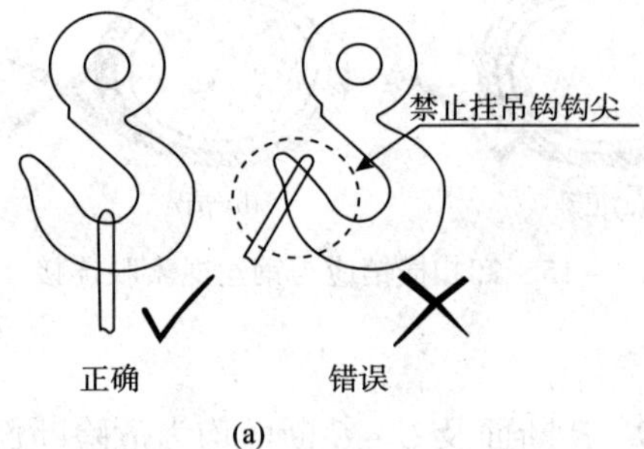


(a)

当将两个吊索放入吊钩时，从垂直平面至吊索拉开的角度不能大于45°，且两个吊索之间的夹角不许超过90°

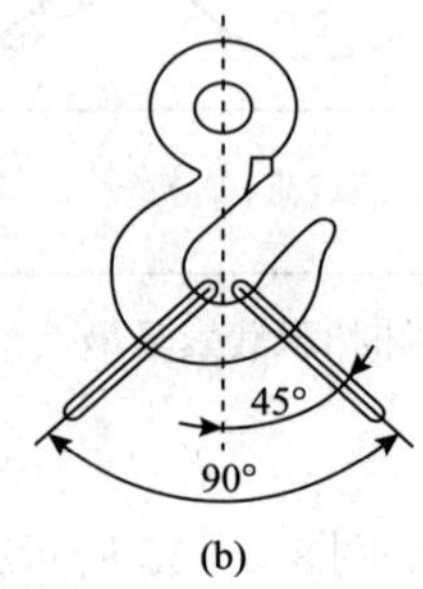


(b)

图 8.4－18　吊钩使用注意事项

**6. 报废**

(1) 强制报废条件

检验单位认定应报废的吊索具；吊索具出现了明显的报废特征。

(2) 吊索具报废特征

①钢丝绳　钢丝绳出现下列情况之一应予以报废：

a. 断丝局部聚集；

b. 由绳芯损坏而引起的绳径减小；

c. 弹性缩小；

d. 变形；

e. 索眼表面出现集中断丝，或断丝集中在金属套管连接绳股中；

f. 由于带电燃弧引起的钢丝绳烧熔、熔融金属液浸烫，或长时间暴露于高温环境中引起的强度下降；

g. 海水长时间浸泡、腐蚀，绳端固定连接的金属套管连接部分滑出。

②吊带　吊带出现下列情况之一应予以报废：

a. 织带（含保护套）严重磨损或腐蚀、穿孔、切口、撕断；

b. 承载接缝绽开、缝线磨断；

c. 纤维表面粗糙、剥落、失去弹性；

d. 吊带出现死结；

e. 带有红色警戒线吊带的警戒线裸露；

f. 吊带表面有过多点状疏松、腐蚀、酸碱烧损以及热熔化或烧焦。

③吊链　吊链出现下列情况之一应予以报废：

a. 链环有裂痕或变形；

b. 塑性变形，链条的任何部位的链环直径减少了10%以上；

c. 链条外部长度增大了3%，链条外部拉长了3%就等于链条内部拉长了5%；

d. 螺纹脱扣，销轴和扣体断面磨损达原尺寸3%～5%；

e. 与环绞间有卡死或僵涩阻等现象且不能排除时禁止使用。

④吊钩　吊钩出现下列情况之一时应予以报废：

a. 板钩产生吊挂不灵活的侧向变形；

b. 钩片侧向弯曲变形，板钩心轴磨损，板钩衬套磨损。

⑤卸扣　卸扣出现下列情况之一时应予以报废：

a. 表面有裂纹；

b. 本体扭曲达10%；

c. 表面磨损达10%；

d. 横销不能闭锁；

e. 横销变形达原尺寸5%；

f. 螺栓坏死或滑牙。

## 三、起重吊点的选择及物体的绑扎

### （一）物体重心的计算

在起重作业中，设备的起重搬运吊装都需考虑到物体的重心，在吊装作业中，重心位置的不正确会造成钢丝绳受力不均，甚至设备在吊装过程中有发生倾覆的危险。

由于地球的引力，物体内部各点都要受到重力的作用；物体上各质点重力的合力，就是物体的重量，各质点重力的合力作用点就是物体的重心，也即物体的重心是物体各部分重量的中心。一个物体不论处在什么地方，不论放置位置如何，它的重心在物体内部的位置是不会改变的。

物体的重心可用合力矩定理求得它的坐标位置。

几何形状简单的物体重心位置如下：长方形物体的重心位置在其对角线的交点上；圆柱形物体的重心位置在其中间横断面的圆心上；三角形物体的重心位置在其三条中线的交点上。

对于不规则的形状的物体，可用悬挂法测定其重心的位置。方法是用匀质薄板（纸板或薄铁板）按比例画出不规则物体的截面形状，并剪下来，如图8.4－19所示。在薄板上任取一$A$点，用细绳悬挂起来，过$A$点画一垂线$AA'$。之后再另选一$B$点，悬挂起来，过

B 点画一垂线 BB′。那么不规则物体的重心必然在两条垂线的交点 O 处。

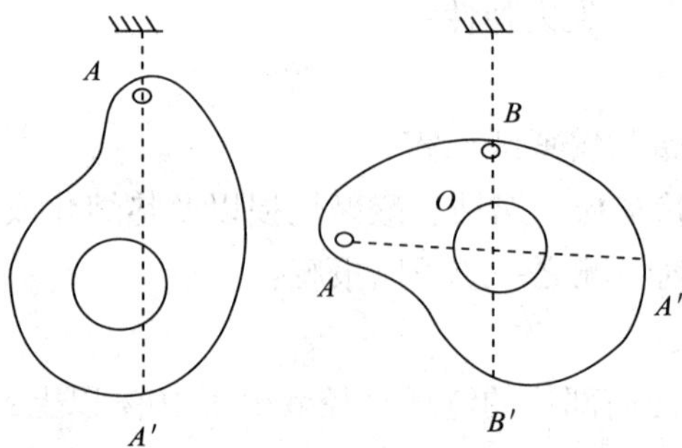


图 8.4－19　不规则物体悬挂测重心示意图

如果物体是由两个或两个以上的基本几何图形组成，则重心的位置可根据物理关系求得，其方法是先分别求出各基本图形的重心位置，然后用静力学力矩平衡的方法求出整个物体的重心位置。

## （二）物体的稳定

### 1. 物体翻倒的受力状态

一般物体从静止到翻倒都要经过 4 种基本状态：稳定状态、稳定平衡状态、不稳定状态和倾覆状态，如图 8.4－20 所示。

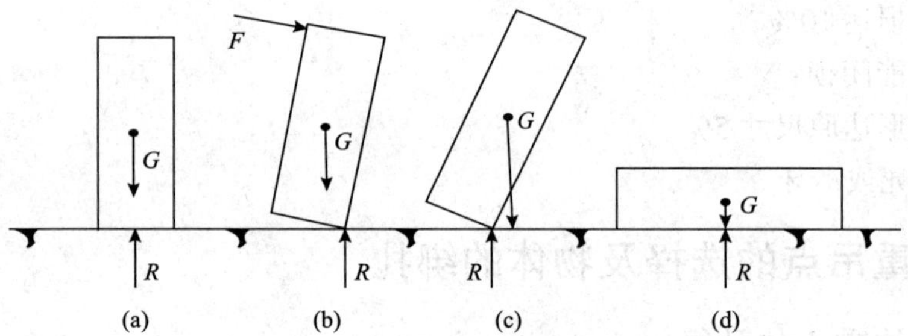


图 8.4－20　物体四种受力状态

### 2. 物体的稳定条件

对于起重司索作业来说，保证物体的稳定条件可以从两个方面考虑：一是物体放置时应保证有可靠的稳定性，不倾倒，如图 8.4－21（a）所示；二是吊装运输过程中，亦应有可靠的稳定性，保证正常吊运中不倾斜和翻转，如图 8.4－21（b）所示。

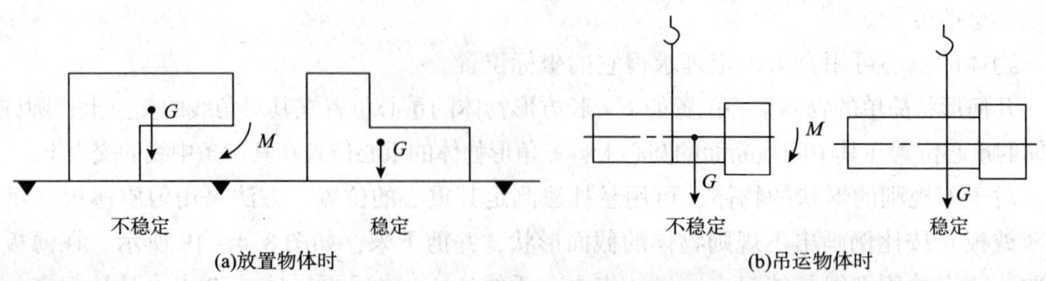


图 8.4－21　物体的稳定性

放置物体时，物体的重心作用线接近或超过物体支承面的边缘时（倾倒临界线），物体是不稳定的。由此可知，物体的重心越低，支承面越大，物体所处的状态越稳定。

吊运物体时，为保证吊运过程中物体的稳定性，应使吊钩吊点与被吊物重心在同一条铅垂线上，如图 8.4－22 所示。

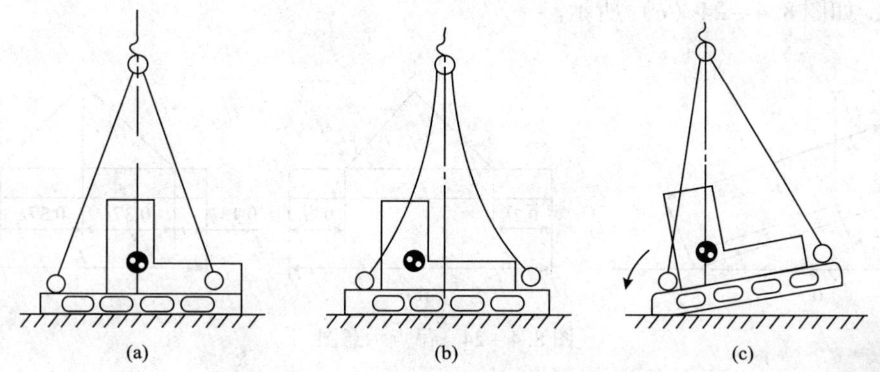


图 8.4－22　吊钩的吊点应与被吊物重心在同一条铅垂线上

流动式起重机工作时也应有足够的稳定性。起重机的稳定性简单地说就是起重机的自重载荷 $G'$ 和起吊载荷 $G$ 对倾覆边的力矩之和要大于零，此条件可保证起重机不发生倾翻事故。图 8.4－23 为计算起重机稳定性的简化示意图。

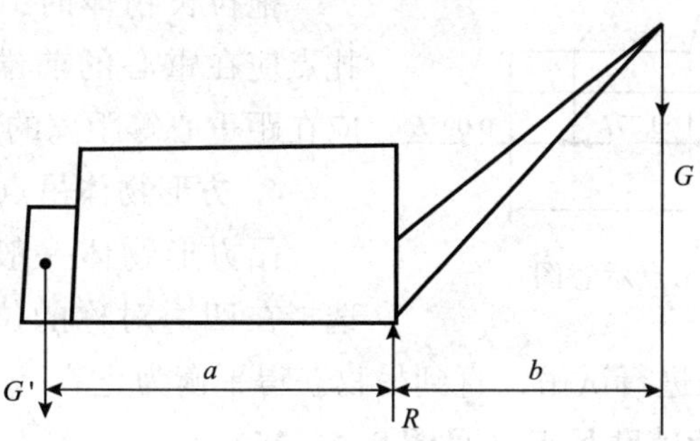


图 8.4－23　计算起重机稳定性简化示意图

## （三）起重吊点选择的原则

在吊装各种物体时，应根据物体的形状特点、重心位置，正确选择起吊点。

**1. 试吊法选择吊点**

在一般吊装工作中，不需准确计算物体的重心位置，只需估计物体的重心位置，然后通过低位试吊来逐步找到重心，确定吊点的绑扎位置。

**2. 有起吊耳环的物件**

对于有起吊耳环的物件，则用耳环作为吊点，在吊装前应确保耳环完好性，若有必要则加保护性辅助吊索。

**3. 长方形物体吊点的选择**

对于长形物体，若采用竖吊，则吊点应在重心之上。

用一个吊点时，吊点的位置拟在距起吊端的 0.3$L$（$L$ 为杆件的长度）处，如图 8.4－24（a）所示。

用两个吊点时，吊点分别距杆件两端的距离为 0.21$L$ 处，如图 8.4－24（b）所示。

用三个吊点时，其中两端的吊点位置距各端的距离为 0.13$L$，中间的个吊点位置在杆件的中心，如图 8.4－24（c）所示。

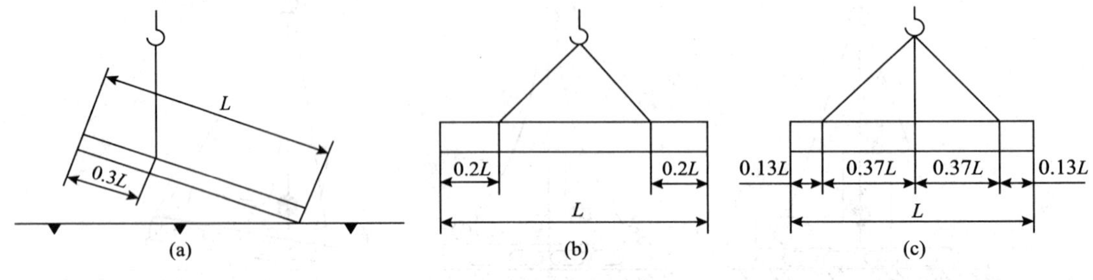


图 8.4－24　吊点示意图

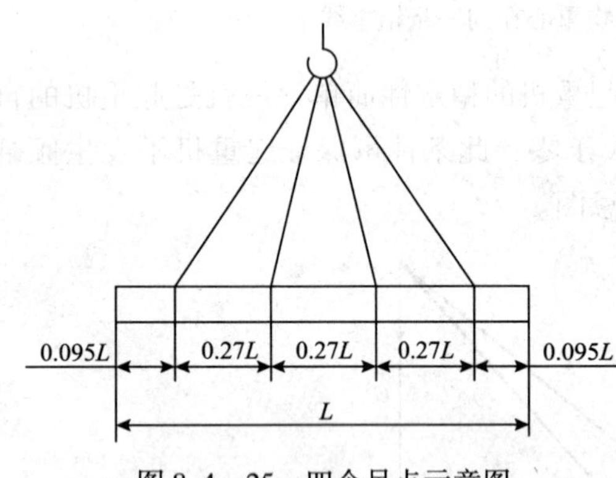


图 8.4－25　四个吊点示意图

四个吊点两端的两个吊点位置距各端的距离为 0.095$L$，然后将两吊点的距离三等分，即可得到中间两个吊点位置。中间吊点的间距为 0.27$L$，如图 8.4－25 所示。

拖拉长物体时，应顺长度方向拖拉，绑扎点应在重心的前端；横拉时，两个绑扎点应在距重心等距离的两端。

**4. 方形物体吊点的选择**

吊方形物体一般采用四个吊点，位置应选择在四边对称的位置上。吊点与吊物重心须在同一条铅垂线上，需进行试吊，直到吊物获得平衡为止。

**5. 机械设备安装平衡辅助吊点（见图 8.4－26）**

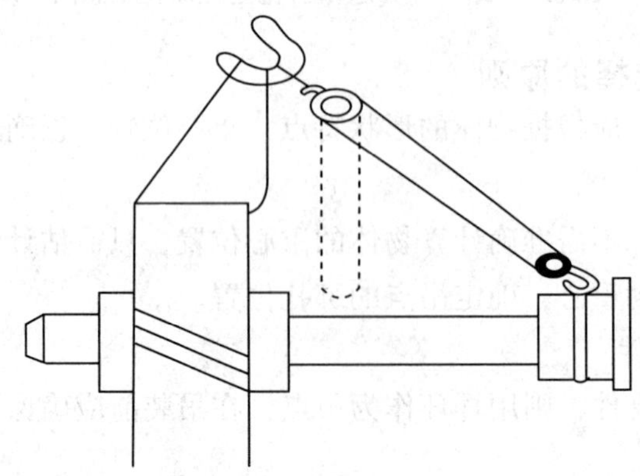

图 8.4－26　调节吊装法

## （四）吊装物体的绑扎方法

### 1. 柱形物体的绑扎方法

（1）平行吊装绑扎法

①一个吊点，用于短小、密度均匀、重量轻的物品。需找到重心，使被吊装的物件处于水平状态，采用单支吊索穿套结索法吊装作业，如图 8.4－27 所示。

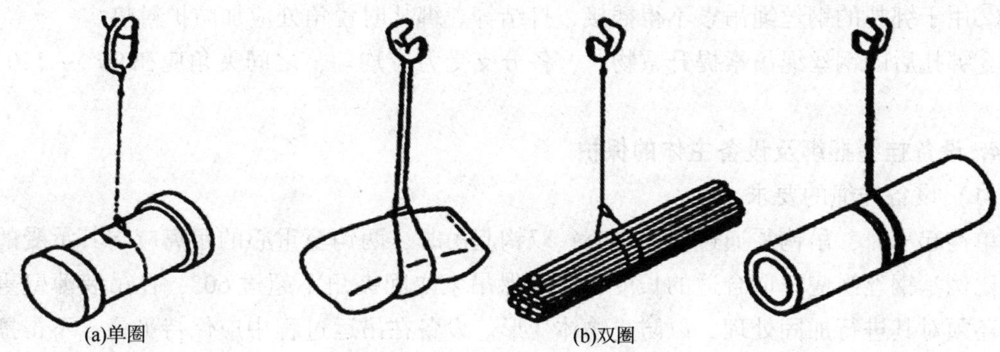


图 8.4－27　单双圈穿套结索法

②两个吊点，是指绑扎在物件的两端，采用双支穿套结索法和吊篮式结索法，如图 8.4－28所示。

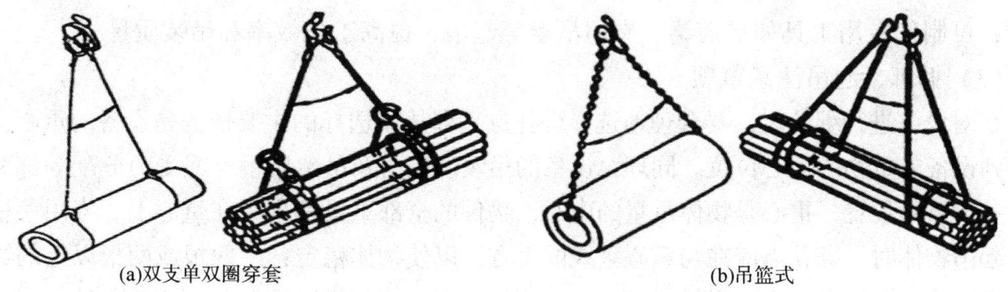


图 8.4－28　单双圈穿套及吊篮结索法

（2）垂直斜形吊装绑扎法

用于物件外形尺寸较长或者对物件安装有特殊要求的场合，多为一点绑法。绑扎位置在物体端部，采用双圈或双圈以上穿套结索法，如图 8.4－29 所示。

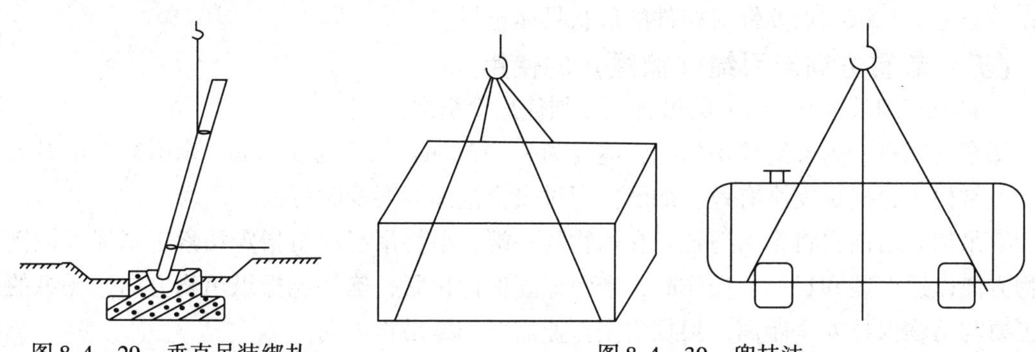

图 8.4－29　垂直吊装绑扎　　　　图 8.4－30　兜挂法

**2. 长方形物体的绑扎方法**

长方形物体绑扎通常采用平行吊装两点绑扎法，如果物件重心居中可不用绑扎，采用兜挂法直接吊装，如图 8.4－30 所示。

**3. 绑扎安全要求注意事项**

①绑扎用钢丝绳吊索、卸扣的选用要在其承载范围内。

②用于绑扎的钢丝绳吊索不得插接、打结等。绑扎时锐角处应加防护衬垫。

③绑扎后的钢丝绳吊索提升重物时，各分支受力应均匀，之间夹角应在 90°～120°范围内。

**4. 设备挂绳捆绑及设备主体的保护**

（1）设备挂绳的要求

单钩起吊时，吊钩须通过设备重心；双钩起吊时，两钩至重心的距离应与其承受的重量成比例。钢丝绳应选取合适的长度，以确保吊索之间夹角不超过 60°，在吊装薄壁重物时，还须对其进行加固处理，以防止物体变形。设备在吊运过程中应保持平稳，不得擦伤表面或造成漆皮脱落。

（2）设备主体保护

在起吊绳索与机体接触部位，应用衬袋、橡胶、木块等隔离衬垫物保护或将钢丝绳吊索用橡胶管套好，这样使用方便，可省去加垫操作时间。对于精密设备或设备安装集中的场合，可制作专用工具如平衡梁、专用吊索等起吊，提高工作效率和吊装质量。

（3）捆绑、起吊注意事项

在对设备进行绑扎时，要合理地选择绑扎点。绑扎点选择的主要依据是设备的重心，即要找到设备或重物的重心位置。同理，设备的吊装、翻身及吊装用钢丝绳受力分配等都要考虑设备的重心位置，重心是物体重量的中心，物件的全部重量都集中在重心上。当用一根绳索来起吊物体时，绑扎点应在与重心垂线的上方，以使物体稳定；用两根或两根以上的绳索来起吊物体时，绳索交点、吊钩或绳索延长线的交点，应与物体重心在一条直线上。

物体吊点选择的原则：

①有吊耳或吊环的物件，其吊点要用原设计的吊点。

②塔类设备吊装，吊耳宜在设备重心上 1～2m 处对称两侧位置。

③吊运设备或物体时，如果没有规定的吊点，要使吊点或吊点连线与重心铅垂线的交点在重心之上，绑扎点要针对构件的形状具体选择。

## （五）起重方向牵引绳（溜绳）的使用

①起吊装卸长度 9m 以上的吊物，必须使用牵引绳。

②牵引绳材质为麻绳或塑料绳，绳径为 8～12mm，长度为 5～8m，牵引绳要由专人保管，经常检查，确保安全有效，如磨损超过安全范围的要及时更换。

③吊物起吊前，将牵引绳挂好在吊物的一端，吊物吊起后由指定司索工牵绳掌握操纵吊物方向以适应装卸目标；操作时，牵引绳要保持拉紧，确保能操纵吊物方向，操纵的司索工要与吊物保持安全距离。根据安全作业需要调整吊物方向。

④吊绳到达目标上空下降到一定高度而牵引绳无法安全操作时，应放开牵引绳，改用拉钩操作。

⑤吊物放下后，先解开牵引绳后再拉出吊索。

## 四、起重作业事故案例分析

### （一）检查时独自行走，小车开动轧断手指

**1. 事故经过**

某日，电炉厂电工黄某对天车进行电气检查，身体被绊倒时用左手扶到天车小车道轨上，小车轧到黄某的手，将其手指压伤。

**2. 事故原因**

①天车运行时，未经允许私自登车。

②天车上行走不够小心。

**3. 防范措施**

严格执行安全操作规程，进行交叉作业时，要向对方进行告知，对方确认后才可进行。

### （二）对吊物重量确认不清，物落伤人致死

**1. 事故经过**

某月某日，某钢铁公司氧气厂进行吊装空气过滤器主体作业时，货物吊出货车槽下放时，货物主体蹭挂货车车槽，货物急速偏甩，引起汽车起重机车头翘起，吊物旋转砸下，将站在吊物旋转半径内的一名工人砸伤，经抢救无效死亡。

**2. 事故原因**

①起重机司机对吊物的重量没有进行确认，导致吊车车头翘起。

②违章操作，没有机械起重指挥，没有拉设溜绳。

③现场没有设置警示带，被砸工人站在吊物旋转半径内。

**3. 防范措施**

起重作业必须坚持“十不吊”，起重作业必须由专业人员进行指挥和操作。

### （三）钢丝绳超负荷使用断裂，渣跎砸下致人死亡

**1. 事故经过**

某月某日，某公司筑炉工赵某站在自卸车上调整渣跎时钢丝绳突然断裂，渣跎砸下引起车头翘起，车内两块渣跎从车上滑下，站在两块渣跎中间的赵某被挤在两块渣跎中间，被挤伤致死。

**2. 事故原因**

①钢丝绳使用前没有进行安全确认，钢丝绳因超负荷使用而拉断。

②吊物未落稳时上车调整摘绳。

**3. 预防措施**

进行吊装工作前必须检查钢丝绳，确认钢丝绳能负载要吊装的重物。

## （四）钢丝绳未拴好，吊物坠落砸人致死

**1. 事故经过**

某月某日，某炼钢厂天车工胡某和指吊工苏某在吊运中间包过程中，由于钢丝绳未拴好，致使中间包倾斜坠落，将正在工作的切割工宋某砸死。

**2. 事故原因**

①没有确认吊物是否挂牢就起吊，且贸然从有工作人员工作的区域上空经过。

②进行吊运工作时，没有按规定进行指挥，对现场安全和人员没有确认。

**3. 防范措施**

天车工必须做到“十不吊”；吊运重物要用专业吊具，要确认捆扎牢固。

## （五）吊车侧翻事故

**1. 事故经过**

某月某日，上海某石油化工建筑有限公司项目部作业队在袋装库进行钢结构吊装作业。期间使用一台8t吊车进行屋面钢梁拼装吊装作业时，突然吊车右后侧支腿下陷，吊车向后倾斜，引起吊物落在办公室屋顶，造成屋顶彩钢板脱落1块，碰伤办公室内的袭某。

**2. 事故原因分析**

①直接原因：没有选用施工方案中要求的25t吊车；没有垫好枕木。

②间接原因：起重指挥周某无证进行指挥吊装作业，严重违章；现场监管不力。

**3. 现场图片（见图8.4－31）**

(a) (b) (c)

图8.4－31　侧翻事故现场照片

### （六）触电事故

某触电事故现场照片如图 8. 4 – 32 所示。在带电高压电线附近进行吊装作业时，应充分评估安全作业距离，并设置警示带圈出限制区域，防止进行起重作业时起重机被电流击穿伤人以及损坏设备。

(a)

(b)

图 8. 4 – 32　触电事故现场图片

## 思考题

1. 抢维修作业中经常要使用空气呼吸器，其结构、使用方法和注意事项有哪些？抢维修作业现场在什么条件下必须佩戴空气呼吸器？

2. 抢维修作业前必须召开班前会和安全交底，班前会和安全交底分别有哪些主要要求？

3. JSA 分析流程有哪些？对作业步骤进行划分及描述应掌握哪些原则？对于 JSA 辨识出来的危害因素后果进行描述时，应考虑哪方面的内容？

4. 在原油泄漏发生后，需要开挖作业坑以便抢修人员进行应急堵漏作业，作业坑开挖过程中有哪些安全要求？

5. 抢（检）维修作业需要用火时，按要求必须办理许可证，在许可证办理前应采取哪些主要安全措施？

6. 硫化氢泄漏事故发生后，经常发生因盲目施救造成事故扩大，结合你的岗位作业实际，应该采取哪些应急防范措施？

7. 吊装时如何正确使用方向牵引绳？

8. 如何做好抢修现场的安全吊装工作？

# 第九章　国外抢维修技术

## 第一节　海底管道悬空段治理

海底管道由于设计缺陷或者海流冲刷，会产生悬空段，如图 9.1－1 所示。

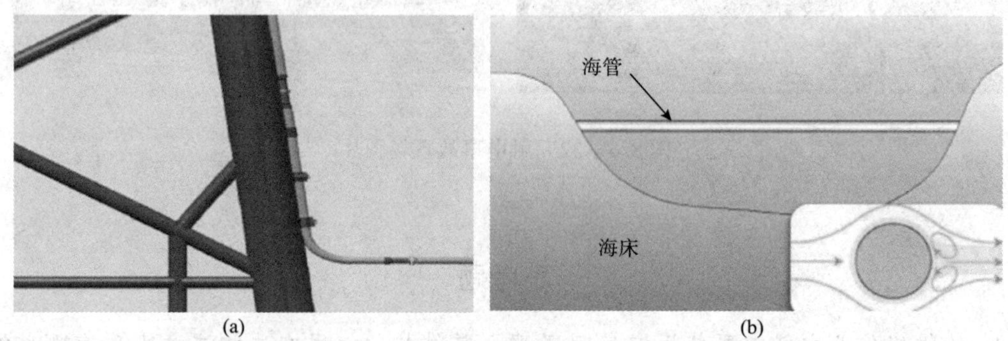


图 9.1－1　悬空产生原因示意图

现阶段国外较为先进的治理方法主要包括灌浆法、人工海藻法、筒型基础支撑法等。

### 一、灌浆法

英国 FoundOcean 公司创建于 1966 年，主营业务为海床上结构物地基灌浆。该公司拥有独特的水下灌浆技术，半个世纪以来，在油气和海上新能源产业成功完成了 1000 余次灌浆作业，如今已经是世界上最大的专门从事海上施工灌浆的公司。FoundOcean 公司主要提供两种维修技术。

#### （一）结构架灌浆法

管道悬空超过一定长度需要在其中间放置支撑物以防止管道承受过大的应力。在管道敷设过程中或投入应用一段时间后，不可避免会出现悬空，此时，就需要沿管道在不同位置安装结构架以支撑管道。

FoundOcean 公司独立设计、生产、安装高质量的结构架。其生产的结构架为一种软性编织纤维，设计时充分考虑安装的技术要求，以应用环境为基础，其断面可为圆形、矩形或其他需要的形状。结构架灌浆法如图 9.1－2 所示。

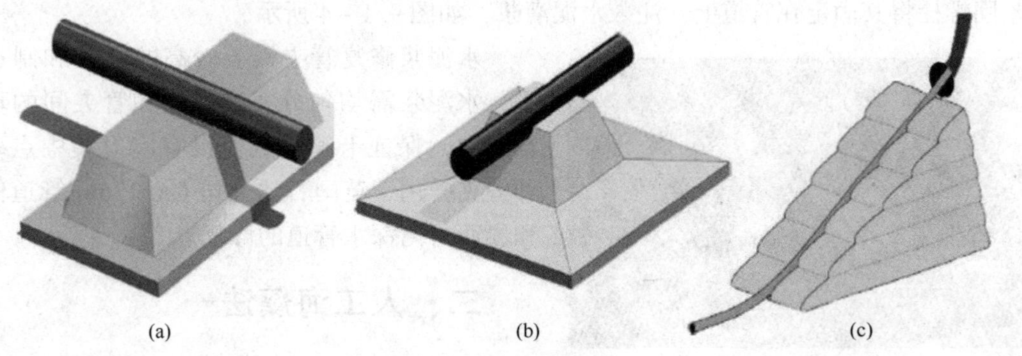
(a)　(b)　(c)

图 9.1－2　结构架灌浆法

在确定支撑点后，可由潜水员或遥控潜水器（ROV）将结构架布置到管道下方，然后向结构架内充填水泥浆，使其达到要求的支撑高度和范围，为欲维修的管道提供永久支撑，如图 9.1－3（a）所示。

这种结构架既可用于管道悬空段的支撑，也适用于管道敷设中将已有的交叉管道提升，以便于新管道的敷设如图 9.1－3（b）所示；在采用管夹方式修复管道时，配套使用它可提供额外支撑。

(a)管道支撑

(b)管道提升

图 9.1－3　结构架施工

FoundOcean 公司自 1980 年开始使用结构架灌浆技术，曾为恶劣环境和超深海域管道提供了良好支撑，最深曾经应用到 1370m 深的海域。

该技术在实施过程中水上吊装量很小且无重型设备和结构件，施工相对简便易行，相比传统的后挖沟技术、预制混凝土吊装就位技术等具有一定优势，可最大限度避免对海底管道造成施工损伤。

FoundOcean 公司结构架灌浆技术为海底交叉管道施工提供了一种新的思路，利用结构架将已运行的管道提升一定高度，便于新敷设管道施工，相比采用海上定向钻穿越技术解决海底管道交叉敷设问题，在技术和经济方面优势明显。

## （二）管夹灌浆法

如果一条管道遭受破坏，最常用的修复方法是在已泄漏、凹陷、腐蚀的管道上安装灌浆管夹（也称灌浆卡箍）。根据管道的管径及修复长度，管夹由两个或多个型钢制造，通过紧固螺栓将其固定在管道上，注入水泥灌浆，如图 9.1－4 所示。

图 9.1－4　管夹灌浆法

水泥浆修复管夹需要较高的设计和制造水平，水泥浆需均匀分布在管道和管夹间的环状空间内，保证卡箍的载荷没有应力集中点。这种管夹曾用于英国石油公司 CA. T36in 管道修复和墨西哥湾深水管道的修复。

## 二、人工海藻法

用聚烯纤维丝束组成的簇丛或屏帘，绑扎在充填沙石的纤维编织袋上，抛投到被保护的海管周围，人工海草对海管被保护区域有明显的缓流作用和促进泥沙淤积的功能，如图 9.1－5所示。

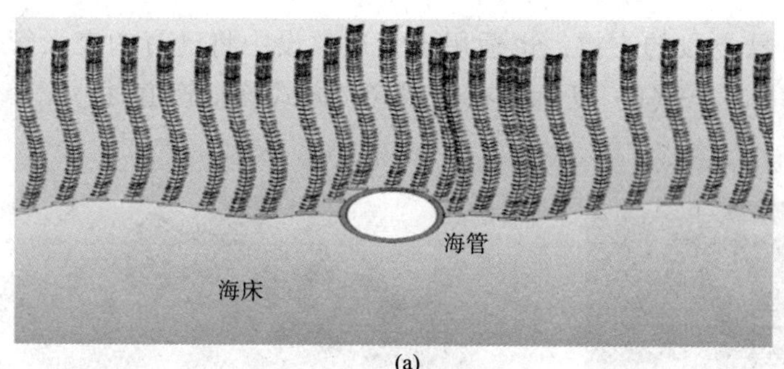


(a)

(b)

图 9.1－5　人工海藻法

## 三、筒形基础支撑法

将吸力桩放置于海管悬空段旁边，通过水力压桩机将吸力桩灌入预定深度，潜水员下水调整旋转支撑梁至海管底部，并进行固定，如图 9.1－6 所示。

(a)

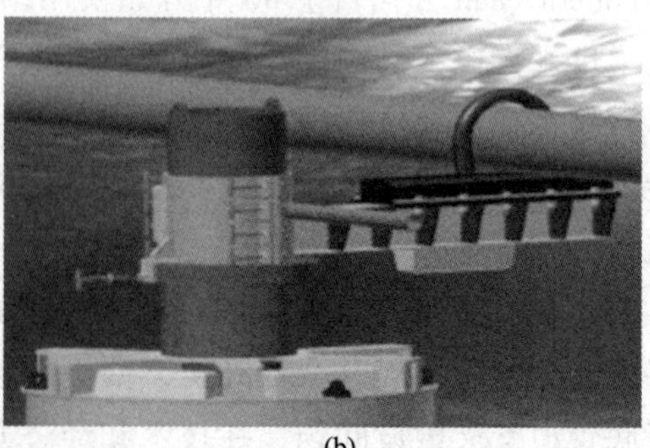

(b)

图 9.1－6　筒形基础支撑法

# 第二节　深海管道无潜式维修连接技术

传统采用潜水员进行的管道维修仅适用于浅海管道，目前深海管道主要由水下机器人（Rov）辅助作业。连接方法分为机械式和焊接式，如图 9.2－1 所示。其中机械式多采用法兰连接，分为卡钳式、卡爪式和螺栓式三种固定方式，焊接式主要采取局部或完全的干式焊接舱进行焊接操作。

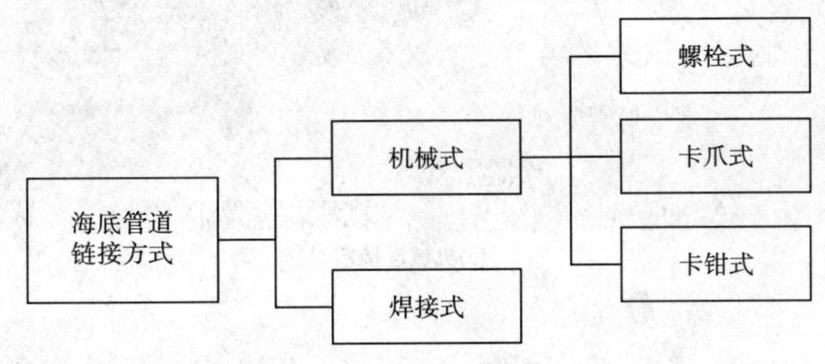


图 9.2－1　海底管道连接方式

## 一、机械维修连接技术

机械维修连接技术是利用机械连接器对管道破损段进行连接或替换的维修方法，国外在深海管道自动连接方面的研究已有近二十年的历史，经过多次工程实践，海底管道连接技术已经趋于成熟。

### （一）螺栓式法兰连接

美国 Oil States Qcs 公司生产的机械式连接器与管道连接的握紧单元和密封单元采用一体式结构设计，如图 9.2－2（a）所示。

采用旋转法兰、球形法兰连接，在可调角度为 10°范围内安装，有效降低了水下测量误差、更换管段下料误差以及水下老管道所处位置不同轴造成的安装难度，提高了作业效率和安装质量。其结构如图 9.2－2（b）、（c）所示。

通过紧固均匀分布在连接器端部的径向紧固定位螺栓，可推动刚性齿条移动，以夹紧待修复管道并密封，防止海管连接脱落，增加了连接的可靠性，并且不需要水下焊接，便于水下安装，作业效率高。适用于海底管道大面积破损、弯曲变形、断管等缺陷非焊接水下换管的永久性修复。修复过程如图 9.2－3 所示。

美国 Sonsub 公司较早开始研制水下管道修复设备，研发的 BRUTUS 无潜式深水管道法兰连接系统，设计工作水深为 3000m，适用管径范围为 254～813mm。在挪威、墨西哥湾、地中海、黑海等地，先后完成了多次深海管道的维修任务。

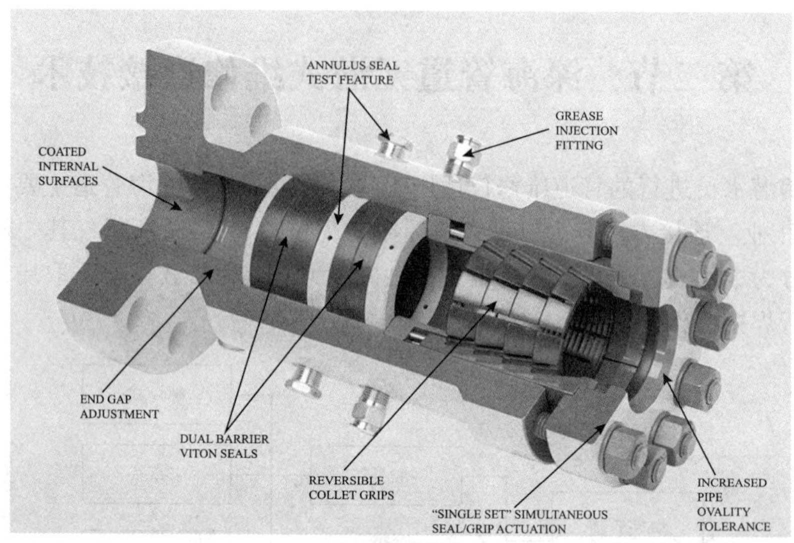


(a)机械连接器

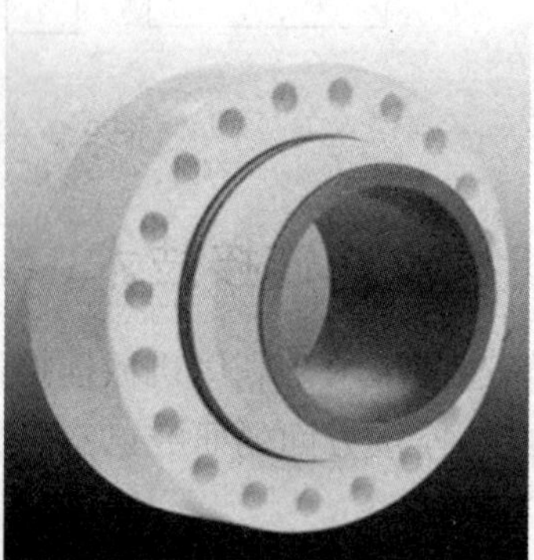

(b)球形法兰　　(c)旋转法兰

图 9.2－2　螺栓式法兰连接系统

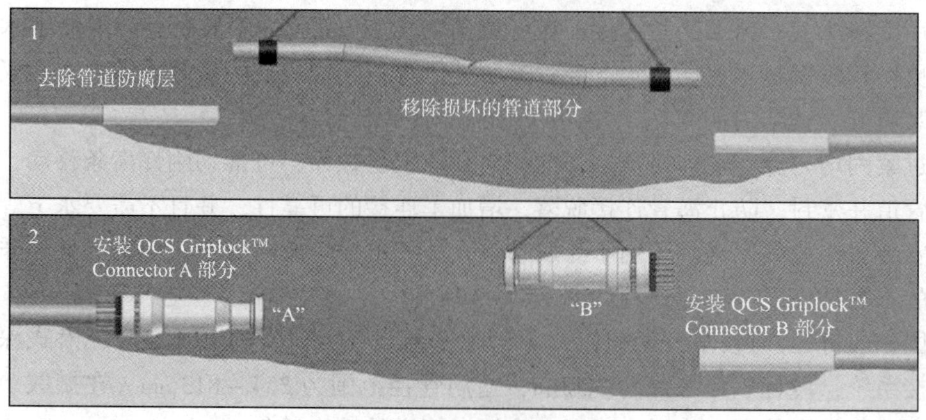

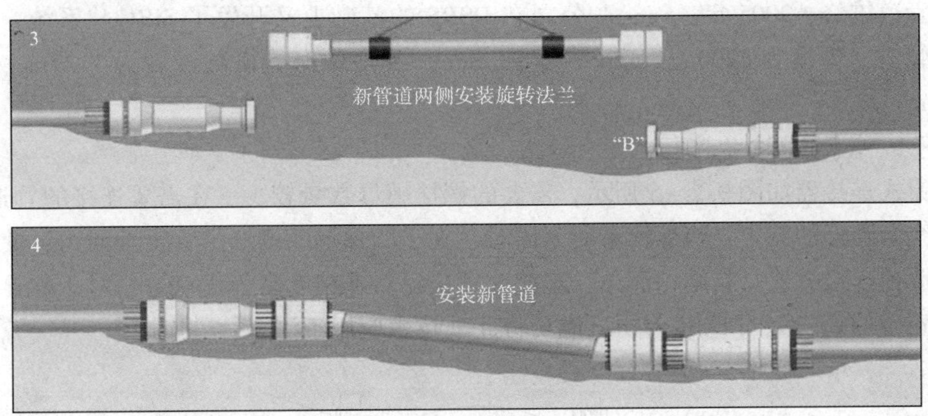


图 9.2－3　螺栓式法兰连接法

挪威 Acergy 公司从 1996 年开始研制水下管道修复设备，于 2000 年成功研发了深水连接系统——MATIS，设计工作水深为 3000m，适用管径范围为 102～914mm。在西非海域使用 MATIS 系统进行了 100 多次深海管道维修，管道直径范围为 228.6～330.2mm，最大深度为 1400m。

### （二）卡爪式法兰连接

美国 Oil States 公司研发的液压卡爪式法兰连接器常用于海底生产系统的最终连接及管道维修。卡爪式法兰连接器通过机械卡爪连接待维修管段，维修过程相对简单、快速，并且可用于水平和竖直管道的连接。卡爪式法兰连接器由弹簧、驱动环、密封圈、机械卡爪及卡爪转轴等组成，结构如图 9.2－4 所示。为解决卡爪式法兰连接器在维修水平管道时对中较难的问题，美国 FMC 公司与挪威 STAOTIL 公司联合推出了新型的卡爪式法兰连接器——UCON，维修最大管径可达 762mm。

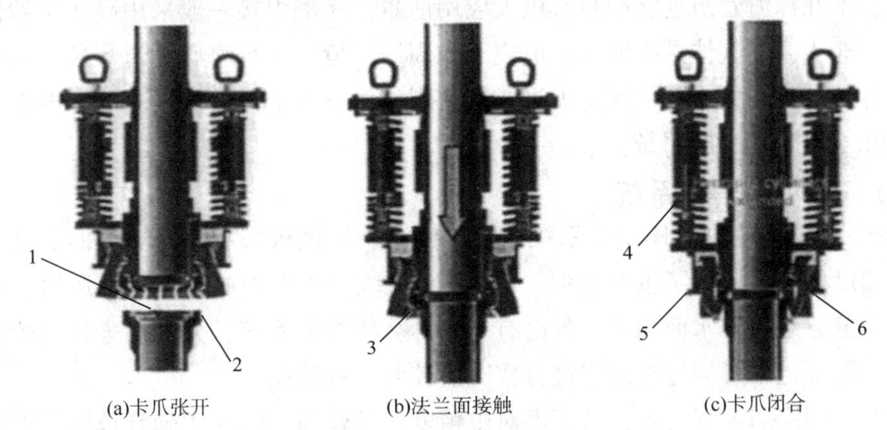


图 9.2－4　卡爪法兰竖直连接过程示意图

1—密封面；2—法兰；3—密封圈；4—弹簧；5—驱动环；6—卡爪转轴

基于卡爪式法兰连接技术，1991 年美国 Sonsub 公司和 SDPI 公司共同研制了 DSRS 系统。同年在挪威进行了试验，试验管径为 660.4mm，水深为 600m。为进一步适应大管径的深海管道维修，2005 年，Sonsub 公司在 DSRS 的基础上又开发了 SiRCoS 系统，可服务于黑海管道（深度为 2200m，管径为 609.6mm）和地中海管道（深度为 1127m，直径为 812.8mm）。

### （三）卡钳式法兰连接

卡钳式连接器如图 9.2-5 所示，需要的螺栓螺母数量较少。在需要连接的管道末端，放置两个半圆形的夹子，当螺栓不断紧固时，夹子的梯形凹槽产生管道轴向力，使得管道合拢。此种连接方式具有结构简单、连接速度快、对准精度高等优点，相对于螺栓式法兰连接器费用偏高。美国 FMC 公司已成功将此项技术应用于深海管道连接中。

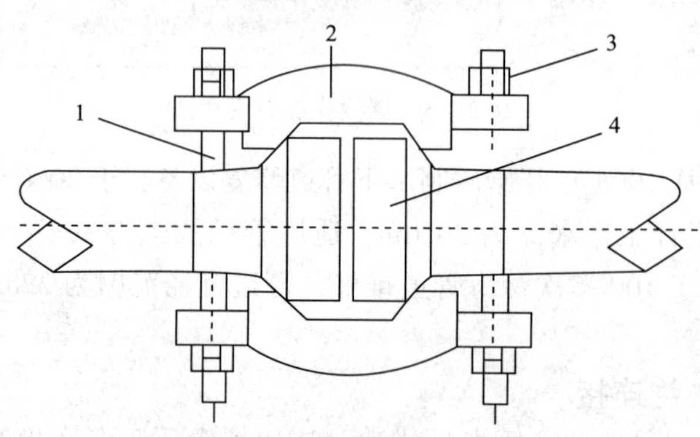


图 9.2-5　卡箍式法兰连接器

1—螺栓；2—卡箍；3—螺母；4—法兰

## 二、无潜式焊接连接维修技术

随着深海管道敷设深度的不断增加，潜水员协助的水下焊接方式将不能满足要求，无潜式焊接技术在深海管道连接中具有极大应用前景。无潜焊接一般采用高压干舱法，通过向焊接舱内充入高压气体排出海水，形成干式高压环境后进行海底管道焊接，可以获得较高质量的焊缝。目前，主要的深海无潜式管道焊接设备有 Comex 公司的 THOR-2 系统和挪威 STATOIL 公司的 RPRS 系统。

### （一）THOR-2 焊接系统

Comex 公司新一代的 THOR-2 系统在实时控制、焊接机头和焊接轨道的安装、专家系统和焊接速度等方面取得了重要进展。THOR-2 系统由水上控制系统、高压舱、焊接机头与轨道等三部分组成，水面和水下各设有一套计算机控制系统，分别用来控制焊接参数和焊机位置。焊接过程可通过控制室进行实时监控和远程控制。

THOR-2 采用 GTA 焊技术，对管道对中精度要求较高；GTA 焊随环境压力的增加，电弧的稳定性变差，电极表面电流密度和弧柱电流密度差异也变大，会产生电弧不稳定、飞溅大和熔滴过渡困难等问题，因此适用于敷设深度不超过 500m 的海底管道。

### （二）RPRS 焊接系统

挪威 STATOIL 公司研发的无潜式 RPRS（Remote Pipeline Repair System）焊接系统结

构示意图和实物图分别如图 9.2－6 和图 9.2－7 所示，由支持模块和焊接舱组成。焊接舱是进行焊接的机构，分为三部分，可抱紧管道形成焊接密闭空间。舱体左右各有一个焊接室，内置焊枪及传感器用以焊接。

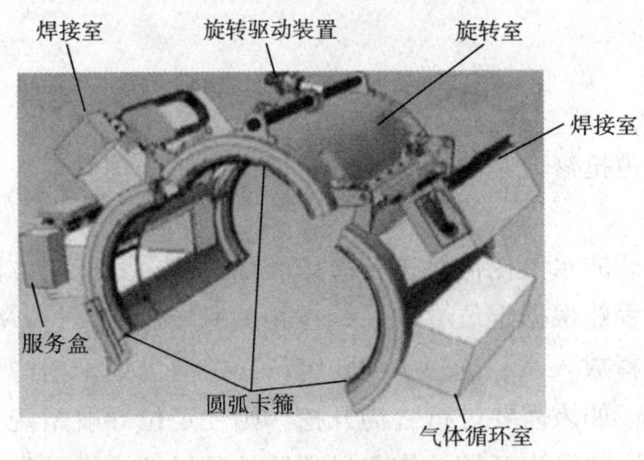


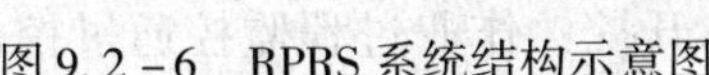
图 9.2－6　RPRS 系统结构示意图

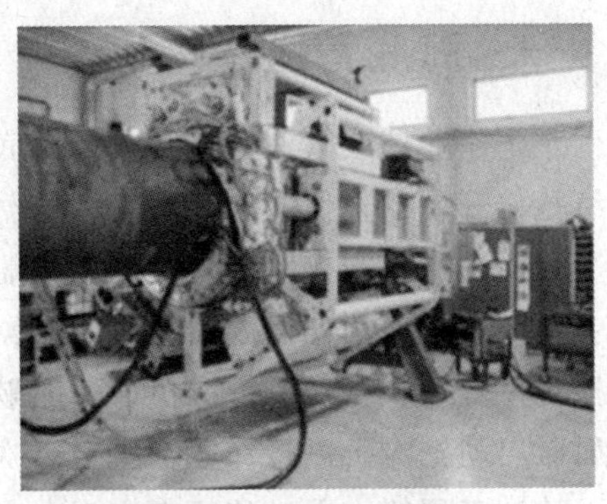
图 9.2－7　RPRS 实物图

对于不同直径的管道，仅需更换圆弧卡箍，维修费用受管径变化的影响较小。RPRS 焊接系统采用 MIG 焊技术，适用于 1000m 以上的海底管道维修。

## （三）摩擦焊接技术

摩擦焊因为焊接接头性能优异、焊接效率高、清洁耗能低等特点，发展越来越迅速。由于不同水深对焊接参数的影响非常小，摩擦螺柱焊已经成功应用到水下维修。

Proserv 公司在水下管道上焊接牺牲阳极时采用了摩擦焊接技术，如图 9.2－8 所示。其工作原理是在压力作用下，两个管件表面之间发生高速摩擦，产生足够的热量，使两个管件锻接在一起，形成焊缝。焊接过程由机器控制，参数设定后容易监控，重复性好，不依赖于操作人员的技术水平和工作态度。焊接过程不发生熔化，属固相热压焊，接头为锻造组织，因此焊缝不会出现气孔、偏析、夹杂及裂纹等缺陷，焊接接头强度远大于熔焊、钎焊的强度，达到甚至超过母材的强度。

(a)

(b)

图 9.2－8　Proserv 摩擦焊接设备及焊接效果

# 第三节　水下管道维修设备

## 一、海底管道挖沟机

水下作业坑或管沟开挖是各类海底管道抢修方案的第一步，目的是暴露受损管道，为后续抢修开展创建作业空间。

目前，水下开挖领域多利用工程船搭载的水下挖沟机进行海床表面开挖。其开挖方法为：在海底管道损伤泄漏位置确定后，工程船根据定位导航系统在相关海域抛锚就位；确定挖沟位置及长度后，挖沟机通过船舷吊释放入水，通过 DGPS 定位，挖沟机处于挖沟位置后，启动挖沟机进行作业基坑定点吹挖，如果需要进行管沟开挖，则在定位导航系统引导下移动工程船，通过移船来实现一定长度的管沟开挖；作业过程监控通过挖沟机携带的声呐来完成，主要包括监控作业坑和管沟的深度、宽度以及海底管道的暴露程度。

国外海底管线挖沟技术可追溯至 1940 年，随着深水管道的铺设以及技术的发展进步，形成深水喷射式、机械式、犁式三种类型，不同类型挖沟机的结构原理与应用范围，如表 9.3－1 所示。

**表 9.3－1　喷射式、犁式、机械式挖沟机参数对比**

| 挖沟机型 | 喷射式 | 犁式 | 机械式 |
|---|---|---|---|
| 工作原理 | 高压水喷射 | 犁式挖掘 | 机械切削＋高压水喷射 |
| 结构 | 简单 | 简单 | 复杂 |
| 维护费用 | 中 | 低 | 高 |
| 工作效率 | 低 | 高 | 较高 |
| 故障率 | 低 | 低 | 高 |
| 受海流影响程度 | 大 | 小 | 极大 |
| 主要类型 | 履带式<br>滑撬自航式 | 拖曳式 | 柱切削式<br>链锯履带自航式 |
| 海床土质条件 | 淤泥、泥沙、砂等<br>土质强度 3～250kPa | 淤泥、泥沙、砂等<br>软性岩石（如石灰岩）<br>土质强度 3～250kPa | 几乎任何土质<br>土质强度 7～1000kPa |

三类深水挖沟机均成系列化发展，其研制技术主要由 SMD、IHC EB、Saipem-Sonsub、Nexans 等公司掌握，尤其是 SMD、IHC EB，已经成为全球海底挖沟机的领先者。

### （一）喷射式挖沟机

喷射式挖沟机通过水射流工作原理将海管周围的泥土冲散，使海管依靠自重沉入沟内。其结构较为简单，主要由 ROV（水下机器人）、水射流喷射系统、疏浚系统、行走机构、中央监控系统等组成。喷射式挖沟机类型如图 9.3－1 所示。

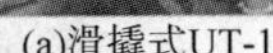
(a)滑撬式UT-1

(b)履带式Triton® T-1000

(c)滚轮式Capj Trencher

图 9.3－1　部分深水喷射式挖沟机

喷射式挖沟机主要适应于砂土、泥土等较软土质，作业水深可达 3000m，且同时适应管线、电缆的挖沟作业。因其自身携带动力系统，无需拖曳船提供拖曳力，对母船依赖较小；可跨骑在管线上，对管线损害风险小；价格相对较低，操作简单；但其作业效率低、不能挖掘硬质土质。

## （二）犁式挖沟机

犁式挖沟机理念始于 20 世纪 50 年代末，犁式挖沟机主要由主体支架、滑撬行走机构、犁刀挖掘机构、拖拉机构、脐带缆、动力系统、中央监控系统等组成。

犁式挖沟机对土质要求不高，易碎的岩土层也适用，可作业最大水深达到 400mm。工作原理是在母船牵引力的作用下，犁架以一定角度牵引犁刀切入土壤中进行挖沟作业。管沟成型面为整齐的 V 形，对临近土壤的剪切强度不构成影响。不受洋流的影响，遇到障碍物可跨越，挖沟作业具有连续性。

犁式挖沟机具有结构简单、费用低；反应灵敏，作业效率高，根据海底土质条件、水深及挖沟深度的不同，每小时最快可铺设 200m 长的油气管道；故障率低、管沟成型稳定等优势，是海底 1000m 水深内管线挖沟的首选设备。部分深水犁式挖沟机及挖沟示意图如图 9.3－2 所示。

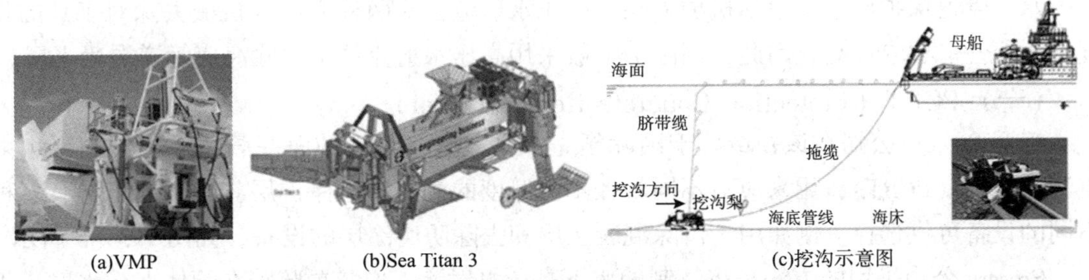

(a)VMP　(b)Sea Titan 3　(c)挖沟示意图

图 9.3－2　部分深水犁式挖沟机及挖沟示意图

## （三）机械式挖沟机

机械式挖沟机始于 20 世纪 70 年代，主要由切割系统、喷射系统、排泥系统、行走机构、动力系统、监控系统等组成。

机械式挖沟机适用于土质强度较大的海底土壤例如岩石等，通过机械切割设备（如链锯、柱状切割刀等）将硬质土质切碎甚至液化，喷射系统将切碎的土质排出形成管沟。

机械式挖沟机弥补了以上两种挖沟机的不足之处，如喷射式挖沟机只适用于软质土质，犁式挖沟机需大马力拖曳船提供动力。但因其结构较为复杂、故障率高、机械切割设备损耗需要更换等原因，目前机械式挖沟机作业水深不超过1500m。部分深水机械式挖沟机如图9.3－3所示。

(a)RT-1　　(b)i-Trencher　　(c)Arthropod 600

图9.3－3　部分深水机械式挖沟机

## 二、水下管道保护层去除设备

海底管道一般外敷高强度的混凝土配重层及防腐层，在对海底管道维修时，有时需要将管道表面的混凝土保护层、防腐层等清理干净，将钢管裸露，如图9.3－4所示。

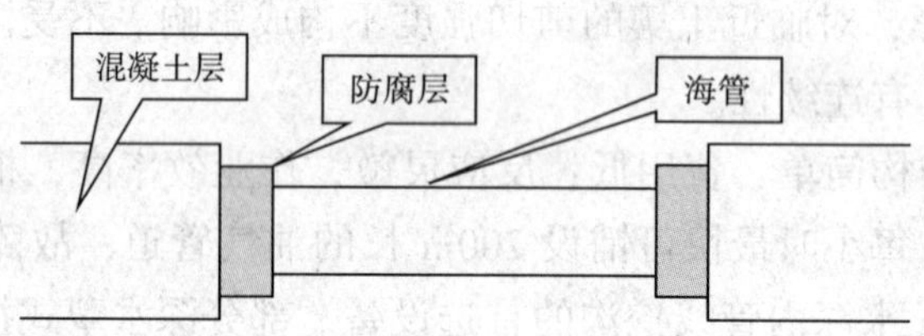


图9.3－4　管道保护层清理

水下管道保护层去除包括机械去除和高压水射流去除两种方法。机械去除对工具的强度和耐磨性能要求极高，因此，国际上一般采用高压水射流技术去除海底管道混凝土层。

### （一）PCRT（Protection Concrete Removal Tool）

美国Proserv公司在该领域处于国际领先水平，有一系列的海底管道保护层高压水射流清除工具（PCRT），用来应对不同管径不同厚度的海底管道保护层，对不同工况有多种不同的设备可供选择。例如用于清除混凝土层和去除防腐涂层的设备，如图9.3－5所示。

Proserv公司采用的方法是将特制的水下高压水射流工作装置骑跨在管体上，水射流工作压力可达36000psi（约250MPa），适用直径为150～1500mm。通过液压动力和水上远程自动操作控制系统，可以实现水射流工作装置沿管道爬行或圆周运动，破碎长度为轴线lm的整个圆柱表面，作业效率高，管道表面清洗效果可达到Sa2.0等级，如图9.3－6所示。

(a)　(b)

图 9.3－5　Proserv 水下管道保护涂层去除装置 PCRT

(a)　(b)

图 9.3－6　工作效果图

## (二) CRF (COAllNG REMOVAL TOOL)

由 UCS 公司研制的海底管道保护层清除系统 CRF，可去除配重混凝土层、防腐层等保护层，如图 9.3－7 所示。

(a)　(b)　(c)

图 9.3－7　CRF 海底管道保护层清除系统

该系统包含数据监测与采集系统，可实时传输水下作业监控画面。操作者可以直观的了解系统工作状态，使保护层的清除效果达到最优的状态。高压水射流机构可以沿着管道轴向、径向两个方向进行操作，喷头包含两个出水口，可根据保护层厚度的不同，沿管道径向方向调节，实现管道360°范围内的保护层清理。

与Prosery公司的PCRT设备相比，CRF设备体积大，喷头的行走轨迹限制在设备的框架范围内，但是可适用管径范围较大，从480mm到1500mm。

## 三、焊缝清除工具CFRT

在切除损坏的海底管道后，需使用外涂层和焊缝清除工具（CFRT）清除管线终端外涂层；如果管道结构有焊接，还需将焊缝余高磨平，以便在管线外表面进行密封。图9.3－8所示CFRT分别为Wachs公司、Sonsub公司、Statoil公司的产品。

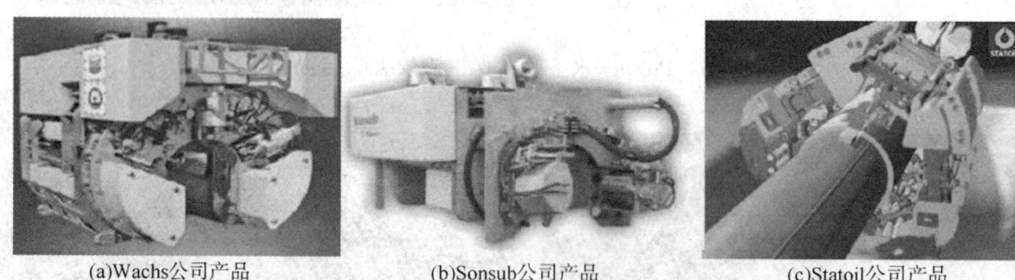

(a)Wachs公司产品　(b)Sonsub公司产品　(c)Statoil公司产品

图9.3－8　外涂层和焊缝清理工具CFRT

## 四、水下管道切割设备

油气管道抢维修切割一般采用冷切割技术，海底油气管道切割由于受水下复杂作业环境和管道本身混凝土配重的限制，陆上使用的普通爬管机切割深度浅，不能适用水下海管切割。

美国Proserv公司采用的海管冷切割技术方法主要有：金刚石绳锯、闸刀式管锯、管道车床、液压剪切、高压水射流等，如图9.3－9所示。通过ROV（水下机器人）、液压动力和水上远程自动操作控制系统，可以实现自动切割作业。

(a)金刚石绳锯

(b)闸刀式管锯

(c)高压水射流

(d)管道车床

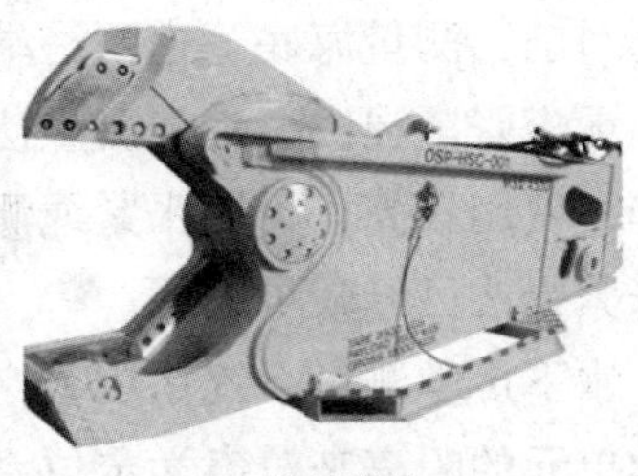

(e)液压剪切

图 9.3－9　Proserv 水下管道冷切割装备图

金刚石绳锯机同时具有金刚石的高硬度和钢丝绳的柔韧等特性，具有作业效率高、操作简单、环境适应性好等特点。经金刚石绳锯机切削的管道切口比较规则平整，切削过程冲击小，它对外敷混凝土配重层的海底管道有较好的适用性，是一种理想的海底管道切削机具。美国 Wachs 公司的深水金刚石绳锯机，可以水平或垂直切割海管，能够切割直径为 0.102～1.27m 的海管，如图 9.3－10 所示。

(a)

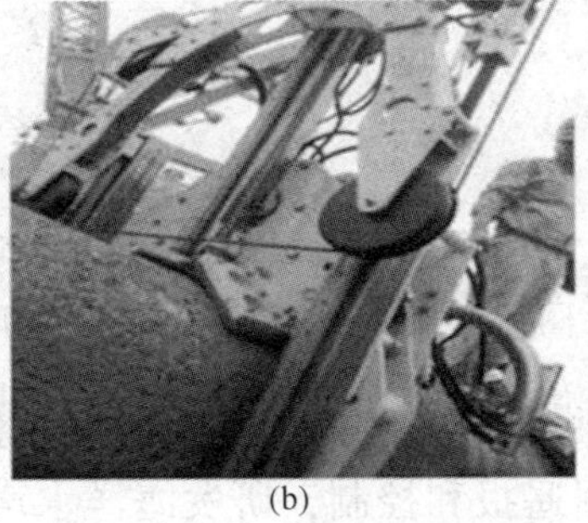
(b)

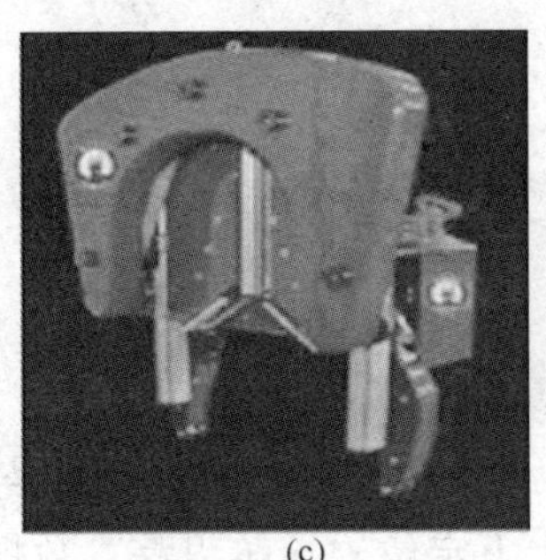
(c)

图 9.3－10　金刚石绳锯

Chopsaw 切割锯是机械切割设备，如图 9.3－11 所示。切割刀片刀刃上的硬质合金是切割锯的管件部位，可以切割传统锯和金刚石绳锯不能切割的材料，例如带有一定张力的管道或者结构。Chopsaw 切割锯较少出现刀片卡在管道上的情况，可以减少回收工具到海上换刀片的时间。

图 9.3－11　切割锯

## 五、水下距离测量设备

国外对声学定位系统的研究开发有近 30 年的历史，较早的是挪威 Kongsberg Simrad 公司。法国 OCEANO Technologies 公司于 1997 年推出的 POSIDONIA 6000 定位系统，工作水深 6000m。此外，英国的 Sonardyne 公司、澳大利亚的 Nautronix 公司、美国的 ORE 公司也从事声学定位系统的技术研究及产品开发。

目前，测量海底管道两终端之间的距离时，通常采用如下四种测量方法：有潜张紧绳法、无潜张紧绳法、水声测量法和惯性测量法。有潜张紧绳测量法一般由 2 个潜水员进行操作，费用较高，无潜张紧绳测量与有潜张紧绳测量所花时间相同，费用仅为其 1/10，目前张紧绳法已经较少应用。

水下声学测量系统运用水声呐技术实现水下目标遥测，通常用声基线的距离或激发的声学单元的距离来对声学定位系统进行分类，目前应用的主要有长基线定位、短基线定位和超短基线定位，以及为满足某些特殊定位要求的组合定位模式——组合基线定位。水声测量系统工作原理如图 9. 3 - 12 所示。

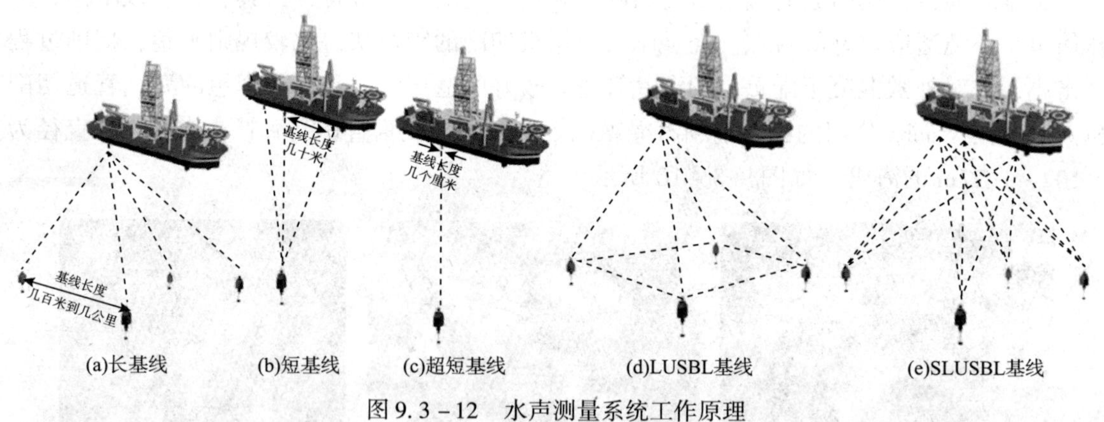


图 9. 3 - 12　水声测量系统工作原理

英国的 Sonardyne 公司是世界上最大的水声定位系统产品设计及生产公司，专门致力于水下定位、导航跟踪、数据遥报和控制，研发海洋水声定位装置超过 30 年，技术水平处于国际领先地位，如图 9. 3 - 13 和图 9. 3 - 14 所示。

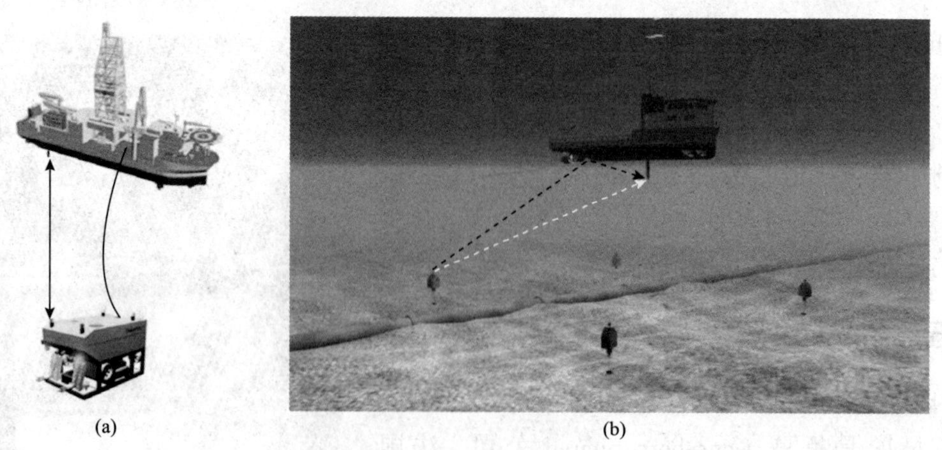


图 9. 3 - 13　Sonardyne 公司的海洋地震探测系统水声定位装置

(a)

(b)

图 9.3－14　在普利茅斯试验基地进行测试

Oil states 公司的水声呐测量系统如图 9.3－15 所示。

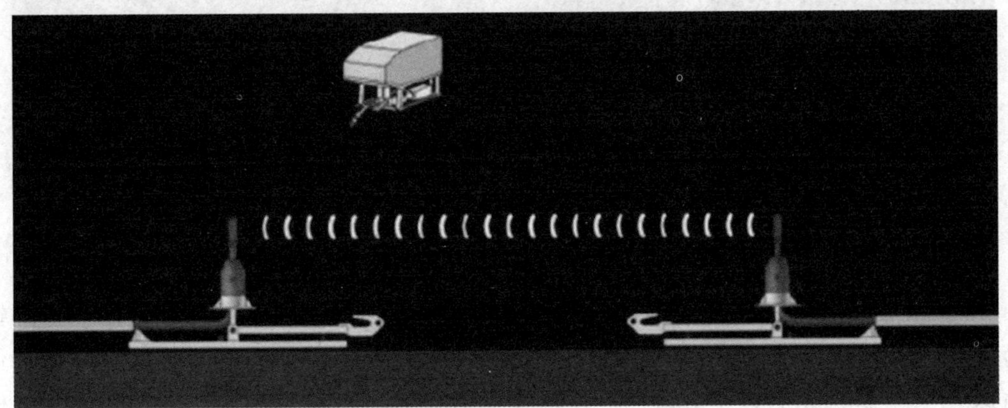

图 9.3－15　Oil states 公司的水声呐测量系统

## 六、结构型管卡

螺栓夹具适用于水深大于 15m 时，管线出现漏点但尚未发生变形时。螺栓夹具由管卡、铰链、螺栓、液压缸、密封圈等部件组成，如图 9.3－16 所示。

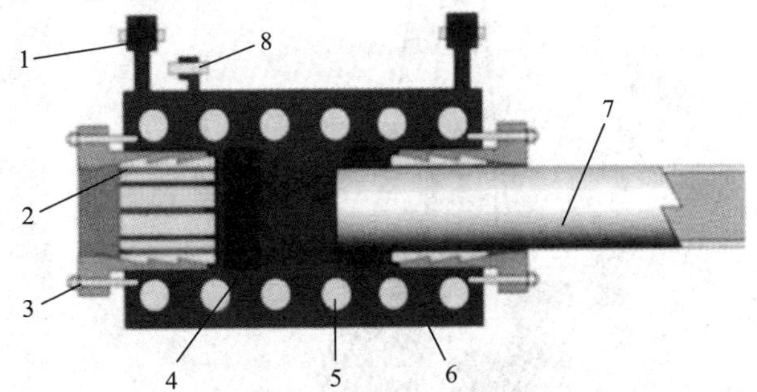


图 9.3－16　螺栓夹具示意图

1—液压缸；2—滑块密封；3—密封螺栓；4—密封圈；5—夹紧螺栓；6—机械夹具；7—管线 SPOOLPIECE；8—铰链

螺栓夹具沿中心线分成 2 部分，通过螺栓连接。维修时管卡在液压缸的推动下，在管道外侧形成封闭的套筒。首先拧紧夹紧螺栓，实现第一道环向密封，然后拧紧密封螺栓，形成第二道环向密封。维修过程如图 9.3－17 所示。

(a)海管表面清理　(b)管卡吊装入水

(c)水下安装　(d)安装完成

图 9.3－17　螺栓夹具连接法施工过程

美国 Oil States Qcs 公司生产的螺栓夹具——结构型管卡如图 9.3－18 所示。专门针对海管堵漏结构设计，有加紧和密封装置，安装更牢靠。密封材料采用氟橡胶，密封件使用寿命达 25 年，同时密封件不会因为一次使用后就失效，可重复使用且不会损坏，可作为永久性的堵漏卡具，适用于海底管道腐蚀穿孔、外力损伤泄漏的应急抢修。

(a)　(b)

图 9.3－18　Oil States Qcs 公司的螺栓夹具——结构型管卡

# 第四节　管内高压智能封堵技术

管内高压智能封堵技术是新兴的管道封堵抢修技术。相对于目前普遍使用的管道带压开孔封堵技术而言，管内高压智能封堵技术的封堵设备可从发球筒进入管道，无需进行管道开孔，避免了动火作业，降低了封堵作业的风险，封堵时间较传统技术更短，停输损失更小，具有突出的优势和广阔的应用前景。

此项技术的核心内容由国外公司掌握，例如美国的TDW公司和英国的STATS GROUPI公司，我国具有自主知识产权的管内高压智能封堵设备正在研制试验中。

## 一、管内高压智能封堵系统 SmartPlug™

SmartPlug™远程遥控压力管道定点封堵设备由美国TDW公司研发，该设备能够对陆地或者海上的管段进行隔离，具有无线、远程遥控和双向通球等性能，如图9.4-1所示。

图9.4-1　管内智能封堵器

## 二、智能封堵系统结构及原理

管内高压智能封堵系统结构如图9.4-2所示，包括清管模块、封堵模块、远程控制系统、微型液压系统和地面控制中心等部分，各个模块之间通过联轴器连接。

封堵器通过清管器的发球端进入管内，在封堵器两侧介质压力差的推动下向下游移动。到达需要封堵的位置时，远程控制系统向负责停车的执行法兰发出信号，被激活的液压系统挤压周向均匀分布的8个锁定锚爪，使其面向管道内壁伸出，锁定锚爪与管道内壁之间的摩擦力不断增大直至封堵器停止移动，进而实现封堵作业。作业完成后远程控制系统发出解锁信号，液压系统恢复初始状态，锁定锚爪被收回，封堵器继续向下游移动，最后从收球筒处取出。

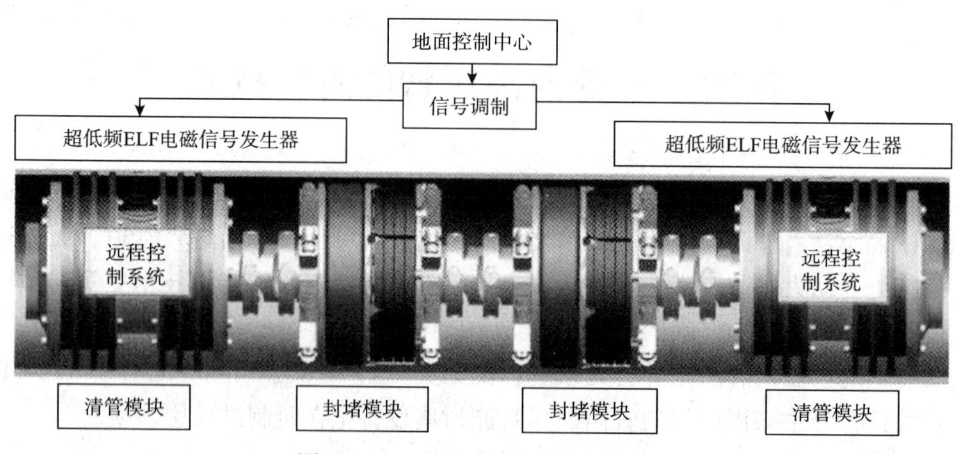


图 9.4-2　管内高压智能封堵系统

## 三、管内智能封堵技术的优点

管内高压智能封堵技术无需对整个系统进行泄压，就可进行管道维修或者维护作业，避免了管道开孔带来的安全隐患，作业时间短，封堵压力高，大大减少了管道的停工时间，极大地降低了施工成本。其优点如下：

①工艺过程安全可靠，适用于陆地和海洋等各种复杂环境。

②工艺简单、方便，无需停输，极大地缩短管道维修周期。

③管道无需焊接三通，保证了管道系统的完整性，降低了管道运行安全隐患。

④不会造成资源浪费与环境污染。

## 四、管内智能封堵技术的应用

到目前为止，TDW 公司已经用不同配置和尺寸（8～48in）的 SmartPlug 进行了超过 240 次的隔离作业，隔离压力从 10bar 至 250bar 不等。在某些具体条件下，采用具有特殊配置的封堵工具，可封堵压力范围可以扩展至 375bar。SmartPlug 是为不同的项目应用而量身定做的，能够针对不同的实际情况确定最佳的配置，因此可以提供非常灵活的解决方案。

成百上千个海上项目已经证明了 SmartPlug 双阻断监控（DBM）技术能够帮助作业者对加压管道进行隔离，能在不对整个系统进行泄压的情况下开展设备维护、维修和更换作业，将平台停工时间最小化。在预期计划或者紧急情况下，作业者都能保证油气正常流动来维持生产和经济效益，避免时间和费用的损失，同时避免泄压和重新调试带来的风险。

由于 SmartPlug 高摩阻清管器具备非常有效的密封能力，其还能用于某些清洗和除水作业。

# 第五节　管体缺陷补强修复技术

环氧填充套筒和复合材料修复技术在国内应用较少，但在欧美的各类油气管道修复中，经过多次应用技术已经较为成熟。

## 一、环氧钢套筒

该技术分别由英国天然气公司（BG）、美国的 Battelle 公司、荷兰的 Gasunie 公司等各自独立开发，原理是利用环氧树脂把缺陷部位的载荷或应力转移到钢制套筒上，能承受较高的环向和轴向应力。

环氧钢套筒修复技术是利用两个由钢板制成的半圆柱外壳覆盖在管体缺陷外，并与管道保持一定环隙，环隙两端用胶封闭，再在此封闭空间内灌注环氧填胶，构成复合套管，等环氧树脂完全固化后（通常为 24h），打磨掉套筒表面的螺栓和通风管即可。其修复原理如图 9.5－1 所示。

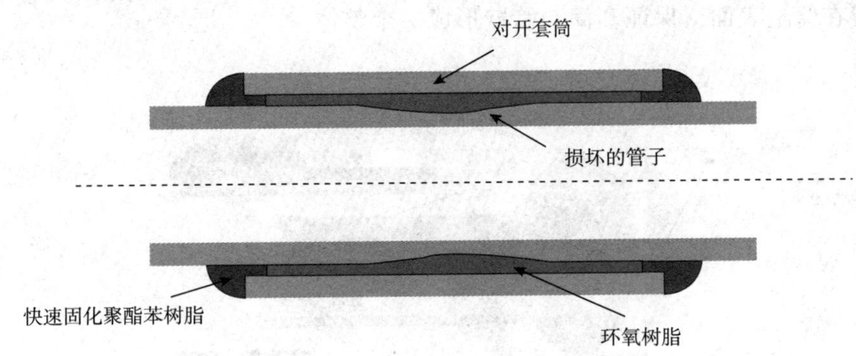


图 9.5－1　环氧填充套筒修复原理

环氧钢套筒长度一般为 2m，直径比待修复管道直径大 30mm，材质及厚度与管体相同或相近；环氧钢套筒修复技术最大适用压力为 10MPa，适用管径范围为 100～1420mm，适用温度范围为 3～100℃。

这种修复技术采用螺栓进行定位安装，无需在管道上进行焊接作业，不存在因动火作业而带来的潜在危险。可实施管道在役带压修复，对管道正常运行基本没有影响，可安全经济有效地恢复整个管道系统的完整性，尤其适合高压天然气管道和成品油管道。

这种修复技术可用于 80% 以下壁厚的腐蚀、非延伸性轴向和环向的各种凹陷或裂纹，以及与环焊缝有关的各种异常缺陷修复。当管壁腐蚀穿孔后，钢套筒内的环氧填胶接触腐蚀介质，可使腐蚀得到彻底抑制。高抗压强度填充料具有非常好的密闭性和耐化学性，即使在管壁腐蚀穿孔后也能充分保证修复效果。

## 二、复合材料修复技术

复合材料修复管道缺陷，具有无需动火焊接、作业时间短、安全经济、可在不停输管道上使用、可永久性恢复管道的承压能力、对作业环境要求低等优点。

其原理是将缺陷部位所承受的应力通过高强度的填充物过渡至复合套筒上，使复合套筒与原管道共同承担圆周应力，达到补强的目的。常用的复合材料有加入玻璃纤维增强聚酯、凯夫拉纤维、碳纤维等强化物质。

### （一）ClockSpring 复合修复套筒

美国 ClockSpring 公司的复合修复套筒是典型的玻璃纤维复合材料补强材料。自 1987 年起，这种套筒由美国天然气技术协会进行了长达 10 年的现场测试和实验室测试，证明其修复效果是永久性的。2000 年，RSPA-DOT 批准 ClockSpring 复合修复套筒可以作为永久性修复方案在长输高压管道上使用，其长期可靠性已经得到现场应用的验证。

ClockSpring 复合修复套筒由三部分组成，如图 9.5－2 所示，外层为高强度的单向玻璃纤维和多种树脂成分构成的复合材料，中间层为快速固化的强力双面黏合剂，里层缺陷处填充具有极高抗压强度的填充填料。玻璃纤维保证了复合套筒的强度，强力黏合层使套筒紧紧包覆在管道表面，保证套筒与管壁形成一个整体。

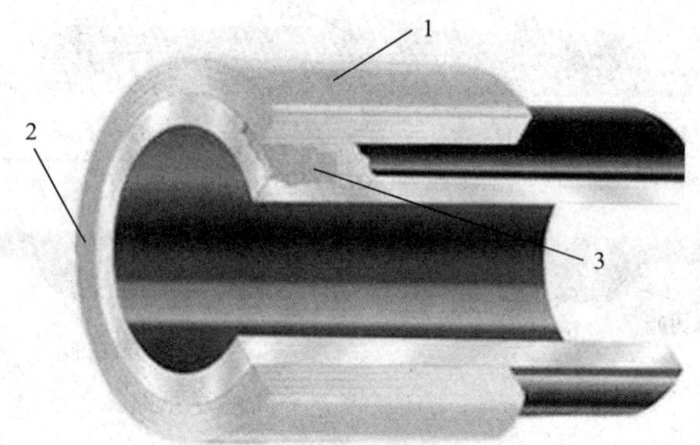


图 9.5－2　ClockSpring 复合修复套筒结构图

1—单向玻璃纤维和多种树脂成分构成的复合材料；2—强力胶；3—极高抗压强度填充填料

ClockSpring 修复套筒适用于以下条件，修复后的管道，其承压能力将会 100% 地恢复到新建管线的水平：

①环境温度在 －29～82℃之间；

②金属损失程度不超过 80% 的腐蚀缺陷；

③当腐蚀缺陷位于焊缝上，金属损失程度应低于 50%，圆周方向上损失低于管道周长的 30%。

ClockSpring 修复套筒具有以下工艺特点：

①安装技术要求低，无需专门的设备和技术工人；

②无需动火焊接，作业风险低，修复期间不需要降压、停输；

③复合套筒在工厂中预制成型，相比于现场缠绕法质量更稳定；

④复合套筒尺寸必须与修复管径相匹配，不能用于异型管道；

⑤复合套筒卷材通常选用模量和强度较低的玻璃纤维布，管道承载能力的恢复受到很大限制。

## （二）凯夫拉纤维补强

摩纳哥 3X Engineering 公司生产的管道长期性补强修复套具 REINFORCEKIT® 4D，主要原料为凯夫拉纤维，这种新型材料密度低、强度高（是钢强度的 5 倍）、韧性好、耐高温、防腐蚀、坚韧耐磨，在军事上被称为装甲卫士。它是目前世界上科技领域内制造避弹衣的最好材料，在相同的情况下，其防护能力比碳纤维至少增加一倍，其韧性以及抗冲击性则远远大于碳纤维。

REINFORCEKIT®4D 长期性补强修复技术通过：ISO 24.817 & ASME PCC-2 的认证，可对腐蚀、裂纹、机械损伤、焊缝缺陷、材质损失等管道缺陷进行修复补强；此外，对于无缺陷管道还可以使用该技术进行抗压能力的增强，例如环境改变导致管道运行压力需要提高等情况都可以用该项技术进行增强处理。其适用温度为 -30 ~ 250℃，适用 80MPa 以下压力，可适用于常温、高温、内腐蚀、外腐蚀、陆上、水下、直管、弯管、三通等环境中，能够取代经济成本高昂的换管修复。其施工过程如图 9.5-3 所示。

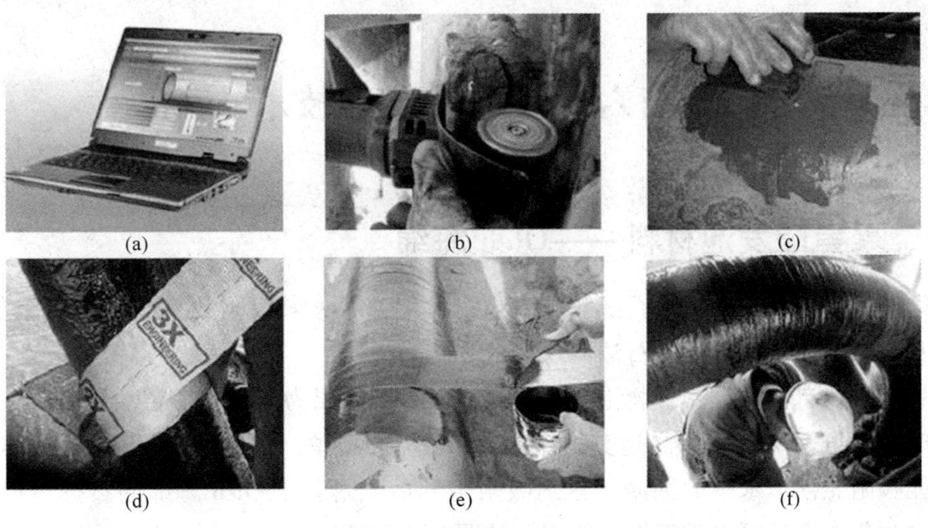


(a) (b) (c)

(d) (e) (f)

图 9.5-3 REINFORCEKIT® 4D 施工过程

## （三）碳纤维补强

碳纤维补强是 Honkel 公司近几年开发应用的，主要应用于石化厂内管架上的管道，部分应用于埋地管道。其具有无需停输、无需动火、安全、便于施工等优点。

碳纤维补强的材料与层数必须根据管径、管材、壁厚、缺陷及设计压力等参数进行选择，并设计出其结构及厚度。其复合材料可耐 70℃ 高温介质，根据压力设计其补强厚度，达到相同补强效果仅需钢材厚度的 1/5，使用寿命达 20 年以上。获得挪威船级社 DNV、德国劳氏船级社 GL、德国莱茵 TUV 等机构的认证，是全世界唯一获得此船级社认证的碳纤维管道补强材料。

Honkel 公司的碳纤维补强复合材料性能经过破坏性水压试验，碳纤维补强处的承受压力大于设计压力。其主要结构如图 9.5 –4 所示。

它可应用于两种工况：有缺陷但未穿孔和已穿孔缺陷。这两种工况结构与补强过程类似，但黏合剂材料有差异。

如图 9.5 –5 所示，黑色管道左侧略粗的管段为经过补强的管道表面，右边略细的为没有补强的管道。补强后的管道壁厚明显大于原管道。

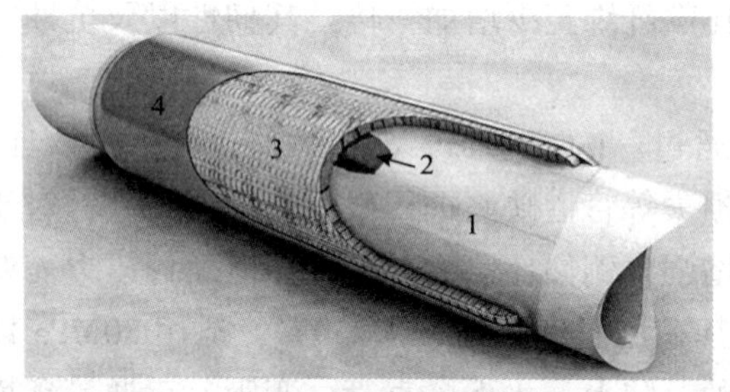


图 9.5 –4　碳纤维补强结构示意图

1—防闪锈底漆；2—超金属泥；3—碳纤维布；4—保护面漆

图 9.5 –5　碳纤维补强应用

# 第六节　溢油处理技术

## 一、聚氨酯发泡材料——Oleo 海绵

美国能源部 Argonne 推出了新型石油吸附海绵 Oleo，其吸附效率高，且可重复利用，是一项具有划时代意义的泄漏石油清理技术。

Oleo 海绵内部由一层聚合物泡沫塑料制成，外部涂层为一种改性亲油化合物。当与石油接触时，Oleo 海绵会吸附高达其自身重量 90 倍的石油，而且 Oleo 海绵不仅作用于水面，还能吸附悬浮于水中的油滴。达到吸附饱和后，附着于 Oleo 海绵的石油可以被轻松地清除并收集，之后可以重新投入使用，如图 9.6 –1 所示。

图 9.6 –1　Oleo 海绵

相比传统的油封和清油方法，Oleo 海绵最大的优势是：

①吸附性强　撇油虽然能够回收石油，但是不能捕捉悬浮于水中的石油，此外，该方法只能够在海面平静且浮油足够厚时才可以采用；现场燃烧石油也无法回收，还会向环境中排放有毒污染物；分散剂也无法回收石油，且由于其潜在的毒性还存在争议。相比之下，Oleo 海绵是一种更经济有效的技术。

②可重复性利用　聚丙烯是目前唯一大规模使用的吸附剂，在重复测试中，Oleo 海绵保持了 97% 的吸附能力，而聚丙烯的吸附能力仅保持了 14%。

## 二、聚硫化物吸附材料

在弗林德斯大学，由 Justin Chalker 博士带领的国际研究团队，发明了一种可以迅速从海水中吸收原油和柴油的产品。采用回收食用油、氯化钠和硫黄作为原材料，打造成了新型聚合物，是一种低成本、能够从水中有效提取和回收石油的新型石油吸附剂（见图 9.6－2）。

图 9.6－2　聚硫化物吸附材料

Chalker 博士称："作为一种硫基聚合物，其开辟了一个全新的、对环境有意的应用。在消耗储存在世界各地的多余硫废弃物的同时，还有助于缓解水环境中长期存在的石油泄漏影响"。这种多硫化物聚合物，可以吸油，但是斥水，如图 9.6－3 所示。

(a)吸水

(b)吸油

图 9.6－3　吸水吸油试验对比

实验室试验中，当聚合物被撒到漂浮在水面上的浮油层时，它就像是一块海绵，在一分钟内吸收掉了大量污染物（见图9.6－4）。更棒的是，通过挤压这种高吸收材料，还可以充分回收油料，然后让它们去吸收更多的原油。团队表示，即便“挤干”后还有一层油膜在材料表面，但这不会对随后的吸油性能产生大的影响，这点他们已经在五次循环使用后得到了验证。实验中，聚合物可以像海绵一样，在一分钟内吸收完污染物。

图9.6－4　吸油试验

## 思考题

1. 哪一种海底挖沟机适用的土质范围比较广？
2. 海底管道螺栓式法兰连接修复过程是怎样的？
3. 常用水下管道机械切割设备包括哪些？
4. 管内智能封堵技术的优点是什么？
5. 复合材料修复管道缺陷的优点有哪些？

# 参考文献


[1] 胡亿沩，杨梅，李鑫. 危险化学品抢险技术与器材 [M]. 北京：化学工业出版社，2016.

[2] SY/T 7033—2016 钢质油气管道抢修技术规范.

[3] 钱锡俊，陈弘. 泵和压缩机. 第二版 [M]. 东营：中国石油大学出版社，2007.

[4] 胡安定. 石油化工厂设备检查指南 [M]. 北京：中国石化出版社，2009.

[5] 盛兆顺. 设备状态监测与故障诊断技术及应用 [M]. 北京：化学工业出版社，2003.

[6] 陈大禧，朱铁光. 大型回转机械诊断现场实用技术 [M]. 北京：机械工业出版社，2002.

[7] 张汉林，张清双，胡远银. 阀门手册：使用与维修 [M]. 北京：化学工业出版社，2013.

[8] 布赖恩·内斯比特. 阀门和驱动装置技术手册 [M]. 北京：化学工业出版社，2010.

[9] 蔺子军. 油库设备应急抢修技术 [M]. 北京：中国石化出版社，2010.

[10] 马国华. 监控组态软件及其应用 [M]. 北京：清华大学出版社，2001.

[11] 李琳，穆向阳，江秀汉. 长输管道自动化技术 [M]. 北京：石油工业出版社，2005.

[12] 黄春芳. 油气管道仪表与自动化 [M]. 北京：中国石化出版社，2009.

[13] 黄泽俊，虞献正，尹旭东. 石油天然气管道 SCADA 系统技术 [M]. 北京：石油工业出版社，2013.

[14]《油库消防与安全设备设施》编写组. 油库消防与安全设备设施 [M]. 北京：中国石化出版社，2016.

[15] 中国石化员工培训教材编审指导委员会. 仪表典型故障案例分析 [M]. 北京：中国石化出版社，2014.

[16] 温建. 原油长输管道 SCADA 系统维护内容及要点浅析 [J]. 化工自动化及仪表，2011 (10)：1265 - 1268.

[17] 中华人民共和国公安部. 火灾自动报警系统设计规范 [S]. 北京：中国计划出版社，2014.

[18] NOTIFIER 公司. 火灾报警控制器 NFS2-3030 用户手册 [Z].

[19] 中国石油化工集团公司. 石油化工企业设计防火规范 [S]. 北京：中国计划出版社，2009.

[20] 中华人民共和国公安部. 泡沫灭火系统设计规范 [S]. 北京：中国计划出版社，2011.

[21] 中华人民共和国公安部. 消防给水及消火栓系统技术规范 [S]. 北京：中国计划出版社，2014.

[22] 陈化刚. 电力设备异常运行及事故处理手册 [M]. 北京：中国水利水电出版社，2015.

[23] 中国石油化工集团公司. 石油化工设备维护检修规程 第六册 电气设备 [M]. 北京：中国石化出版社，2004.

[24] 国家电网公司人力资源部. 电气试验 [M]. 北京：中国电力出版社，2010.

[25] 王维玺. 一起雷击引起的 35kV 变压器故障分析术 [J]. 内燃机与配件，2017 (17)：74 - 75.

[26] 郑洪波，张树深. 溢油环境污染事故应急处置实用技术 [M]. 北京：中国环境出版社，2015.

[27]《溢油水体污染防控与修复技术手册》编委会. 溢油水体污染防控与修复技术手册 [M]. 北京：石油工业出版社，2016.

[28] 中国石油化工集团公司安全监管局，中国石化安全工程研究院．中国石化典型生产安全事故案例汇编（1998～2015）[M]．北京：中国石化出版社，2016.
[29] 李沛，姬宜朋，等．深海管道无潜式维修连接技术 [J]．石油机械，2013（7）：57－61.
[30] 王巨洪，姜世强，等．管道缺陷补强修复新技术 [J]．管道技术与设备，2006（5）：30－31.
[31] 刘华洁，张策，管内高压只能封堵机器人 [J]．石油机械，2013（6）：115－118.
[32] 马明，赵弘，等．油气管道封堵抢修技术发展现状与展望 [J]．石油机械，2014（6）：109－112.
[33] 王玉梅，刘艳双，等．国外油气管道修复技术 [J]．油气储运，2005（12）：13－16.
[34] 崔健，邵秋捷，等．管道修复技术综述 [J]．黑龙江科技信息，2016（30）：15.
[35] 王常文．深水海底管道维修系统工程应用研究．天津：天津大学建筑工程学院，2009.
[36] 马超，孙俔，等．深水海底管道维修方法研究 [J]．海洋工程装备，2015（6）：168－173.
[37] 魏金旺．深水管道测量系统关键技术研究．哈尔滨：哈尔滨工程大学，2012.
[38] 张新明，梁富浩，等．深水海底管线挖沟机的发展现状．中国科协年会—分6　中国海洋工程装备技术论坛论文集．广州：2015.
[39] 李瑞川，谢毅，等．两种管道本体缺陷修复方法适用性概述 [J]．工程技术，2017（8）：271－273.
[40] 迟令宝．海底犁式挖沟机总体结构研究 [D]．哈尔滨：哈尔滨工程大学机电工程学院，2010：9－8.
[41] 周灿丰，焦向东，等．海洋工程水下连接新技术 [J]．北京石油化工学院学报，2006，14（3）：20－24.